《食品安全关键技术研发》重点专项项目
国家食品安全风险评估中心高层次人才队伍建设 523 项目
食品安全检测方法标准操作程序丛书

食品中真菌毒素检测方法
标准操作程序

主　　编　　吴永宁

执行主编　　周　爽　任一平

　　　　　　张　磊　赵云峰

中国质检出版社
中国标准出版社
北　京

图书在版编目(CIP)数据

食品中真菌毒素检测方法标准操作程序/吴永宁等主编.
—北京:中国标准出版社,2018.10(2018.12重印)
(食品安全检测方法标准操作程序丛书)
ISBN 978-7-5066-9016-4

Ⅰ.①食… Ⅱ.①吴… Ⅲ.①真菌霉素—食品检验—
技术操作规程—中国 Ⅳ.①TS207.5-65

中国版本图书馆 CIP 数据核字(2018)第 265500 号

中国质检出版社
中国标准出版社 出版发行
北京市朝阳区和平里西街甲 2 号(100029)
北京市西城区三里河北街 16 号(100045)
网址:www.spc.net.cn
总编室:(010)68533533 发行中心:(010)51780238
读者服务部:(010)68523946
中国标准出版社秦皇岛印刷厂印刷
各地新华书店经销

*

开本 787×1092 1/16 印张 21.75 字数 433 千字
2018 年 10 月第一版 2018 年 12 月第二次印刷

*

定价 88.00 元

编 委 会

主　　编：吴永宁

执行主编：周　爽　任一平　张　磊　赵云峰

编　　委：（按姓氏笔画排序）

序

"民以食为天",食品是人类生存和发展的物质基础。"食以安为先",食品安全事关广大人民群众身体健康和生命安全。我国党和政府高度重视食品安全工作,要求严防严管严控食品安全风险,以确保人民群众"舌尖上的安全"。

真菌毒素是真菌的次级代谢产物,是食用农产品和食品中的主要污染物。摄入真菌毒素污染的食品后,可导致急性和慢性中毒。由真菌毒素引起的食源性疾病和贸易争端一直是全球关注的热点。

国际食品法典委员会和有关国家制定了食品中真菌毒素限量标准。我国早在 1981 年开始制定食品中真菌毒素的限量标准(GB 2761)及其配套检测方法,开展真菌毒素风险监测和风险评估等。各个时期的 GB 2761 标准对我国食品中真菌毒素的安全管理发挥了重要作用。GB 2761—2017 提出了黄曲霉毒素 B_1、黄曲霉毒素 M_1、脱氧雪腐镰刀菌烯醇、展青霉素、赭曲霉毒素 A 及玉米赤霉烯酮的限量指标,修订完善的食品中黄曲霉毒素 B 族和 G 族的测定、食品中黄曲霉毒素 M 族的测定、食品中脱氧雪腐镰刀菌烯醇及其乙酰化衍生物的测定等检测方法标准有力提升了我国食品安全检测方法标准体系。

为增强真菌毒素检测人员对相关检测方法的理解和应用,国家食品安全风险评估中心组织相关检测方法修订和研发人员,编写了食品中真菌毒素标准操作程序。书中简要介绍了有关真菌毒素的化学性质和风险来源,着重介绍了测定的标准操作程序和操作注意事项,概述性介绍了国内外限量标准和检测方法进展。这将有助于食品检验技术机构的从业人员更为系统全面地认识和掌握食品真菌毒素的检验技术,更好地服务于食品安全监督抽检、风险监测以及相关的检验技术活动。

　　本书编写人员均为多年从事真菌毒素检测技术研发的技术骨干，实践能力强，技术基础扎实，并具有一定的理论造诣。当然，随着检验技术的创新性发展和信息网络技术的进步，新的检测技术层出不穷，因此，本书存在的不当之处，遗漏甚至错误之处，敬请读者批评指正！

中国科学院院士

2018 年 **5** 月于北京

前言

真菌毒素是由真菌在适宜的环境条件下产生的具有生物毒性的次生代谢产物。对真菌毒素的认知,最早记载是 11 世纪欧洲的麦角中毒。目前已知的真菌毒素有 400 多种,对人类危害大的真菌毒素有十几种,一般同时具有毒性强和污染严重的特点,主要包括黄曲霉毒素、赭曲霉毒素、杂色曲霉毒素、展青霉素、玉米赤霉烯酮、伏马菌素、3-硝基丙酸、T-2 毒素、脱氧雪腐镰刀菌烯醇、二乙酸镳草镰刀菌烯醇等。据联合国粮农组织(FAO)统计,全球每年有 25% 的农产品受到真菌毒素污染,造成严重的损失。我国地域广阔,跨越多个温度带,是世界上受真菌毒素污染最严重的国家之一。

我国政府十分重视真菌毒素防控工作。1981 年制定了黄曲霉毒素 B_1 的限量标准《食品中黄曲霉毒素 B_1 允许量标准》(GB 2761),以及 GB 16329—1996《小麦、面粉、玉米及玉米粉中脱氧雪腐镰刀菌烯醇限量标准》、GB 9676—2003《乳及乳制品中黄曲霉毒素 M_1 限量》、GB 14974—2003《苹果和山楂制品中展青霉素限量》等真菌毒素限量标准。2000 年我国根据加入 WTO 的需要,按照国际惯例,遵循健康保护、危险性评估和标准符合国情的原则,全面审查了我国食品中真菌毒素限量标准,并与国际食品法典委员会(CAC)标准进行对照比较分析,整合为《食品中真菌毒素限量》(GB 2761—2005),提出了我国食品中黄曲霉毒素 B_1、黄曲霉毒素 M_1、脱氧雪腐镰刀菌烯醇和展青霉素限量标准。随着我国《食品安全法》的颁布实施以及 CAC 和相应国家在食品中真菌毒素限量标准的发展,2009 年我国对食品中真菌毒素限量指标进行全面评估。在 GB 2761—2005 基础上,进一步完善了我国食品中真菌毒素限量标准及相应检验方法,提出了《食品安全国家标准 食品中真菌毒素限量》(GB 2761—2011),规定了食品中黄曲霉毒素 B_1、黄曲霉毒素 M_1、脱氧雪腐镰刀菌烯醇、展青霉素、赭曲霉毒素 A 及玉米赤霉烯酮的限量指标。2017 年对 GB 2761—2011 进行修订,增加了葡萄酒和咖啡中赭曲霉毒素 A 限量及特殊医学用途配方食品、辅食营养补充品、运动营养食品、孕妇及乳母营养补充食品中真菌毒素限量,同时发布了一系列配套的真菌毒素检测标准方法。

2016 年以来,我国先后颁布实施了食品中黄曲霉毒素 B 族和 G 族的测定(GB 5009.22—2016)、食品中黄曲霉毒素 M 族的测定(GB 5009.24—2016)、食品中赭曲霉毒素 A 的测定(GB 5009.96—2016)、食品中脱氧雪腐镰刀菌烯醇及其乙酰化衍生物的测定(GB 5009.111—2016)、食品中玉米赤霉烯酮的测定(GB 5009.209—2016)、食品中伏马毒素的测定(GB 5009.240—2016)、食品中 T-2 毒素的测定(GB 5009.118—2016)、食品中桔青霉素的测定(GB 5009.222—2016)、食品中展青霉素的测定(GB 5009.185—2016)、食品中杂色曲霉素的测定(GB 5009.25—2016)和食品中米酵菌酸的测定(GB 5009.189—2016)等真菌毒素检测方法标准,形成了我国较为系统和完善的真菌毒素检测方法体系,有力推动了真菌毒素限量标准的使用和执行,支撑了食品中真菌毒素的监测和评估工作。

为进一步加强食品中真菌毒素相关检测方法的认识,了解方法研制和验证过程中关键点、影响因素以及操作中的注意事项,国家食品安全风险评估中心牵头组织相关标准方法制修订负责人和技术骨干,共同编写了《食品中真菌毒素检测方法标准操作程序》。本书既包括已颁布的理化检验方法标准中真菌毒素检测项目,也涵盖了近年来引起关注的一些真菌毒素,如交链孢霉毒素、3-硝基丙酸、麦角碱类等,还增加了多种真菌毒素同时检测的方法。同时,本书还以实例介绍了快速检测在食品中真菌毒素检测中的应用以及食品中真菌毒素标准物质研制的典型实例。

本书共分十九章,各章节及撰稿人分别为:第一章《食品中真菌毒素检测技术进展》(周爽、任一平、陈达炜、丁颢),第二章《样品的采样

与制备》(周旌、任一平、苗宏健、张大伟),第三章《食品中黄曲霉毒素
B族和G族的测定标准操作程序》(任一平、王兴龙、许娇娇),第四章
《食品中黄曲霉毒素M族的测定标准操作程序》(王兴龙、任一平),第
五章《食品中赭曲霉毒素的测定标准操作程序》(李国辉、钟其顶),第
六章《食品中雪腐镰刀菌烯醇、脱氧雪腐镰刀菌烯醇及其衍生物的测
定标准操作程序》(许娇娇、周爽),第七章《食品中玉米赤霉烯酮及其
类似物的测定标准操作程序》(许娇娇),第八章《食品中伏马毒素的测
定标准操作程序》(蔡增轩),第九章《食品中T-2和HT-2毒素的测定
标准操作程序》(张京顺、张烁、谢继安),第十章《食品中桔青霉素的测
定标准操作程序》(蔡增轩),第十一章《食品中展青霉毒素的测定》
(任一平、项瑜芝),第十二章《食品中杂色曲霉毒素的测定》(黄百芬、
项瑜芝),第十三章《食品中米酵菌酸的测定》(黄百芬、郑熠斌),第十
四章《甘蔗中3-硝基丙酸的测定标准操作程序》(蔡增轩),第十五章
《食品中交链孢霉毒素的测定标准操作程序》(谢继安、王兴龙),第十
六章《谷物类食品中麦角碱的测定标准操作程序》(郭巧珍、张晶、
邵兵、杨蕴嘉),第十七章《食品中真菌毒素多组分的测定标准操作程
序》(蔡增轩、邱楠楠、任一平),第十八章《食品中真菌毒素的快速筛查
技术》(骆鹏杰、周旌),第十九章《真菌毒素标准物质的研制》(黄百芬、
张磊、周旌、张大伟)。

真菌毒素检测通常包括样品采集制备、样品前处理和毒素测定三
个分析过程。由于真菌毒素污染的不均匀性,样品采集应有代表性,
采集后应充分粉碎混匀,使待分析样品中毒素水平尽可能与原始样品
中毒素水平一致。真菌毒素经过不同方法提取净化后,可采用色谱
法、色谱质谱联用法、免疫分析法、生物传感器法等多种方法进行检
测。在检测方法的选择上,早期主要采用薄层色谱法进行食品中黄曲
霉毒素及其他真菌毒素的检测。随着仪器分析的快速发展,真菌毒素
的检测技术不断提高。色谱与紫外、荧光等传统检测器相结合,已成
为一种成熟的技术,而色谱质谱联用技术为真菌毒素分析提供了有力
手段。由于真菌毒素污染的广泛性,在检测方法的选择上,由单个毒
素或单一种类毒素的检测发展为多毒素乃至多类型的同时检测。在
隐蔽型真菌毒素和新兴毒素的发现及定性定量检测中,高分辨质谱技
术运用日益增加。

本书注重实际应用，旨在帮助读者更好地理解和掌握相关检测方法的背景和操作要点。本书的编者实践经验丰富，多年从事食品中真菌毒素检验技术工作，具有较扎实的理论基础。在着重介绍检测方法标准操作程序和操作注意事项的同时，作者还简要介绍了各类真菌毒素的概况，从化学性质、风险来源到国内外限量及检测方法等，各章附有参考文献。

本书可供出入境检验检疫、疾病预防控制（食品安全与营养）、农产品安全检测、产品质量监督检验政府实验室和食品企业品管部、第三方实验室的技术人员参考，也可供与食品安全检测相关的学校专业、培训机构、科研人员作为参考。

由于编者水平所限，再加上时间仓促，本书遗漏和不足之处在所难免，恳请同行和广大读者予以指正。

在本书的编写过程中得到了中国科学院生态环境研究中心江桂斌院士的鼓励和鞭策，谨此表示衷心的感谢。

本书的出版得到了"十三五"国家重点研发计划《食品安全关键技术研发》重点专项"食品中化学污染物监测检测及风险评估数据一致性评价的参考物质共性技术研究"项目（2017YFC1601300）和国家食品安全风险评估中心高层次人才队伍建设523项目的资助，谨此一并致谢。

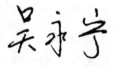

2018 年 4 月

目 录

第一章　食品中真菌毒素检测技术进展 ……… 1

　第一节　概　述 ……… 1

　第二节　样品的采集与制备 ……… 2

　第三节　检测技术进展 ……… 3

　第四节　展　望 ……… 9

　参考文献 ……… 10

第二章　样品的采样与制备 ……… 25

　第一节　真菌毒素检测的采样 ……… 25

　第二节　样品制备 ……… 46

　参考文献 ……… 48

第三章　食品中黄曲霉毒素 B 族和 G 族的测定标准操作程序 ……… 49

　第一节　同位素稀释-液相色谱-串联质谱法 ……… 50

　第二节　高效液相色谱-柱前衍生法 ……… 56

　第三节　高效液相色谱-柱后衍生法 ……… 60

　参考文献 ……… 71

第四章　食品中黄曲霉毒素 M 族的测定标准操作程序 ……… 72

　第一节　同位素稀释-液相色谱-串联质谱法 ……… 72

　第二节　高效液相色谱法 ……… 80

　参考文献 ……… 87

第五章　食品中赭曲霉毒素的测定标准操作程序 ……… 88

　第一节　免疫亲和层析净化液相色谱法 ……… 89

　第二节　离子交换固相萃取柱净化高效液相色谱法 ……… 97

第三节 免疫亲和层析净化液相色谱-串联质谱法 ············ 101
参考文献 ·· 108

第六章 食品中雪腐镰刀菌烯醇及其衍生物的测定标准操作程序 ··· 110

第一节 食品中脱氧雪腐镰刀菌烯醇及其乙酰化衍生物-液相色谱串联质谱法测定 ···································· 110
第二节 食品中脱氧雪腐镰刀菌烯醇及其乙酰化衍生物-高效液相色谱-紫外检测器测定 ······························ 120
第三节 食品中雪腐镰刀菌烯醇及其衍生物的测定 ········ 124
参考文献 ·· 131

第七章 食品中玉米赤霉烯酮及其类似物的测定标准操作程序 ······ 132

第一节 食品中玉米赤霉烯酮及其类似物测定 ············ 133
第二节 食品中玉米赤霉烯酮-液相色谱串联质谱法测定 141
第三节 食品中玉米赤霉烯酮-高效液相色谱法测定 ········ 146
参考文献 ·· 150

第八章 食品中伏马毒素的测定标准操作程序 ················ 152

第一节 液相色谱-串联质谱法 ···························· 152
第二节 免疫亲和层析净化-柱后衍生高效液相色谱法 ······ 161
第三节 免疫亲和层析净化-柱前衍生高效液相色谱法 ······ 166
参考文献 ·· 171

第九章 食品中 T-2 毒素和 HT-2 毒素的测定标准操作程序 ······ 173

第一节 免疫亲和层析净化液相色谱法 ···················· 174
第二节 高效液相色谱-串联质谱法 ······················ 179
参考文献 ·· 183

第十章 食品中桔青霉素的测定标准操作程序 ·············· 185

第一节 液相色谱-串联质谱法 ·························· 185
第二节 高效液相色谱法 ······························ 191
参考文献 ·· 195

第十一章 食品中展青霉素的测定标准操作程序 ·············· 196

第一节 同位素稀释-液相色谱-串联质谱法 ·············· 196
第二节 液相色谱法 ································ 204
参考文献 ·· 208

第十二章 食品中杂色曲霉素的测定标准操作程序 ············ 209

第一节 同位素稀释-液相色谱-串联质谱法 ·············· 209
第二节 液相色谱法 ································ 215

参考文献 ……………………………………………………………… 218

第十三章　食品中米酵菌酸的测定标准操作程序 …………………… 219

第一节　高效液相色谱法 ………………………………………… 219

第二节　高效液相色谱-串联质谱法 …………………………… 223

参考文献 ……………………………………………………………… 227

第十四章　甘蔗中 3-硝基丙酸的测定标准操作程序 ………………… 228

第一节　液相色谱-串联质谱法 ………………………………… 228

第二节　高效液相色谱法 ………………………………………… 233

参考文献 ……………………………………………………………… 236

第十五章　食品中交链孢霉毒素的测定标准操作程序 ……………… 237

参考文献 ……………………………………………………………… 248

第十六章　谷物类食品中麦角碱的测定标准操作程序 ……………… 249

参考文献 ……………………………………………………………… 259

第十七章　食品中真菌毒素多组分的测定标准操作程序 …………… 260

第一节　固相萃取柱净化-液相色谱-串联质谱法 …………… 260

第二节　同位素稀释-液相色谱-串联质谱法 ………………… 272

第三节　免疫亲和层析净化-液相色谱-串联质谱法 ………… 284

参考文献 ……………………………………………………………… 292

第十八章　真菌毒素快速筛查技术 …………………………………… 294

参考文献 ……………………………………………………………… 317

第十九章　真菌毒素标准物质的研制 ………………………………… 318

第一节　真菌毒素标准物质 …………………………………… 318

第二节　真菌毒素标准物质的研制 …………………………… 318

第三节　真菌毒素标准物质的应用 …………………………… 331

第四节　选择和使用真菌毒素标准物质 ……………………… 332

参考文献 ……………………………………………………………… 333

第一章

食品中真菌毒素检测技术进展

第一节　概　述

真菌毒素是真菌的次级代谢产物。真菌毒素是农产品的主要污染物之一,摄入后可导致急、慢性中毒,主要表现为致癌性、致突变性、肝毒性、肾毒性、免疫毒性、神经毒性、致畸性及类雌激素样作用等。目前已知的真菌毒素有 400 余种,其中最受关注的是由曲霉菌属、镰刀菌属、青霉菌属、链格孢属等产生的黄曲霉毒素、赭曲霉毒素、单端孢霉烯毒素、伏马毒素、玉米赤霉烯酮、展青霉素等。国际癌症研究机构(International Agency for Research on Cancer,IARC)对主要真菌毒素的致癌性进行了分类(见表 1-1)。真菌毒素可通过多种途径污染食品:产毒真菌可直接感染谷类等农作物,从而造成真菌毒素污染;使用污染原料进行生产可导致咖啡、果汁等加工食品被真菌毒素污染;此外,污染饲料中毒素的迁移也会造成肉、蛋、奶等动物源性食品的污染。由真菌毒素引起的食源性疾病和贸易争端一直是全球关注的热点。联合国粮农组织(Food and Agriculture Organization of the United Nations,FAO)、世界卫生组织(World Health Organization,WHO)、食品添加剂联合专家委员会(Joint FAO/WHO Expert Committee on Food Additives, JECFA)、欧盟食品科学委员会(Scientific Committee of Food,SCF)、欧盟食品安全局(European Food Safety Authority,EFSA)等对真菌毒素的污染及健康影响开展了持续跟踪研究,现已发布大量具体研究报告,并制定了部分毒素的健康指导值(Health based guidance value,HBGV),见表 1-1。以健康指导值为依据,结合居民的食物消费量数据,一些国际组织和国家制定或等效采纳了真菌毒素最高限量标准,并通过良好的种植、储存和加工规范,尽可能地降低真菌毒素水平,以保护消费者健康。

表 1-1　真菌毒素健康指导值(HBGVs)

真菌毒素	IARC 分类	健康指导值	参考文献
黄曲霉毒素(AFT B_1、AFT B_2、AFG$_1$、AFG$_2$)	Group 1	具有遗传毒性和致癌性,其摄入应遵循尽可能低(as low as reasonably achievable,ALARA)的原则,不设定健康指导值	JECFA
黄曲霉毒素 M_1	Group 2		

表 1-1(续)

真菌毒素	IARC 分类	健康指导值	参考文献
脱氧雪腐镰刀菌烯醇（DON）及其衍生物（3-Ac-DON，15-Ac-DON）	Group 3	TDI＝1μg/（kg 体重·d）	SCF,2002
		PMTDI（DON,3-Ac-DON,15-Ac-DON 总量）＝1μg/（kg 体重·d）；ARfD（DON,3-Ac-DON,15-Ac-DON 总量）＝8μg/kg 体重	JECFA,2010
T-2,HT-2	Group 3	PMTDI（T-2 和 HT-2 总量）＝0.06μg/（kg 体重·d）	JECFA,2002
		TDI（T-2 和 HT-2 总量）＝0.1μg/（kg 体重·d）	EFSA,2011
雪腐镰刀菌烯醇	Group 3	TDI＝1.2μg/（kg 体重·d）	EFSA,2013
赭曲霉毒素	Group 2B	TWI＝120ng/g（kg 体重·w）	EFSA,2006
		PTWI＝100ng/g（kg 体重·w）	JECFA,2008
玉米赤霉烯酮	Group 3	PMTDI＝0.5μg/（kg 体重·d）	JECFA,2000
		TDI＝0.25μg/（kg 体重·d）	EFSA,2011
伏马毒素（FB1,FB2,FB3）	Group 2B	PMTDI（FB1,FB2,FB3 总量）＝2μg/（kg 体重·d）	JECFA,2002
		TDI（FB1,FB2,FB3 总量）＝2μg/（kg 体重·d）	SCF,2003
展青霉素	Group 3	PMTDI＝0.4μg/（kg 体重·d）	JECFA,1995
桔青霉素	Group 3	没有足够数据,暂无 HBGV	EFSA,2012

注：Group 1,对人类是致癌物；Group 2,对人类可能或很可能是致癌物；Group 2B,对人类很可能（possible）是致癌物,但证据有限；Group 3,现有证据不能对人类致癌性进行分类；TDI(tolerable daily intake),每日耐受摄入量；PMTDI(provisional maximum tolerable daily intake),临时每日最大耐受摄入量；ARfD(acute reference dose),急性参考剂量。

第二节　样品的采集与制备

采样和制样的目的是从一批货物中抽取并制备测试样品,使测试样品中目标化合物的含量与整批货物相同。与大多数化合物不同,真菌毒素的污染呈不均匀分布,这为样品的采集与制备提出了更大的挑战。通常在用于评估真菌毒素整体水平的所有步骤中,采样步骤是误差的最主要来源(见图 1-1)。国际食品法典委员会(CAC)、欧盟(EU)、美国食品药品管理局(USFDA)、美国农业部(USDA)等均发布了详细的用于真菌毒素测定的样品采集与制备操作指南。最近 FAO 设计了一种有效的真菌毒素采样工具(Mycotoxin Sampling Tool，Version 1.1），为食品样品中真菌毒素检测的抽样方案制定提供了支持，帮助建立能够满足用户自定义目标的最合适的采样计划，并可以评估不同抽样方案设计参数（如样本大小）对抽样计划代表性的影响。

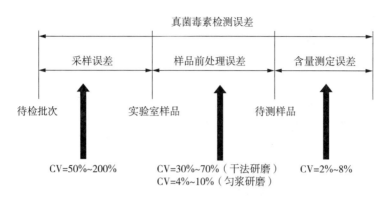

图 1-1 真菌毒素检测过程误差来源分析[16]

第三节 检测技术进展

食品中真菌毒素的检测通常包括样品前处理（提取、净化）和测定，某些情况下，萃取或净化不是必需的。由于食品样品基质复杂，真菌毒素结构性质差异较大，且多为痕量污染，因此快速高效的样品前处理方法和灵敏精准的测定方法成为真菌毒素检测技术的研究热点。

一、样品前处理

真菌毒素前处理方法通常包括提取和净化两个步骤。

（一）提取

将目标毒素从样品基质中提取出来是分析实验的第一步。在综合考虑目标毒素理化性质、后续净化步骤、溶剂毒性、成本等多因素的基础上，选用合适的提取溶剂，以助于真菌毒素充分、高效地从基质中溶出。目前在提取食品中真菌毒素过程中较常使用的溶剂为水、甲醇、乙腈、三氯甲烷、乙酸乙酯、异丙醇等溶剂及其混合溶剂。提取过程可以采用涡旋震荡、高速均质以及超声等方式辅助加速提取。

（二）净化

为了减少对目标化合物的干扰、延长仪器使用寿命，样品提取液在分析前通常需要进行净化，将提取液中的大量存在的干扰物质，如脂肪、蛋白质、色素以及矿物质、纤维素等除去。目前常用的净化手段包括以下几种：

1. 液液萃取法（Liquid-liquid extraction，LLE）

液液萃取法主要原理是利用待测物和杂质在不同溶剂中溶解度的差异来完成萃取

净化。如使用一些弱极性溶剂如正己烷、石油醚等去除提取液中的油脂、胆固醇等弱极性杂质,而极性目标物则被保留在极性溶剂中;或使用弱极性溶剂提取水相中的弱极性目标物等。液液萃取法方法简单,对设备要求低,但耗时长、效率低、溶剂用量较大。

2. 固相萃取法(solid phase extraction,SPE)

SPE 是食品中真菌毒素检测的常用前处理方法。根据毒素的结构和性质选择合适填料的 SPE 柱,可有效保留目标化合物,除去杂质,达到分离纯化的目的。SPE 柱常用填料为硅胶或带有—OH、—CN、—C_{18}、—C_6H_5 或阴阳离子的化学键和填料。SPE 的一般步骤包括:活化,使用适当溶剂对 SPE 柱进行淋洗,去除柱子中可能存在的杂质并使填料表面溶剂化;上样,使提取液缓慢通过 SPE 柱,达到一个充分接触、分配平衡的过程;淋洗,使用中等强度溶剂将保留在柱上的干扰物质洗脱,而目标物继续保留;洗脱,将待测物完全洗脱并收集。SPE 具有试剂用量少、操作过程快、净化效果好、方法重现性好、易实现自动化、洗脱液便于浓缩富集等有点,但对上样液洁净度要求较高,且填料选择范围有限。

近年来,一些新的 SPE 填料,如石墨烯、碳纳米管、分子印迹聚合物等材料已逐步应用于真菌毒素的检测,可增强目标物的保留,改善 SPE 选择性。此外,SPE 易与液相色谱在线联用,可显著简化实验操作并提高方法灵敏度,特别适用与液体样品中真菌毒素的检测。

3. 免疫亲和层析法(immunoaffinity chromatography,IAC)

IAC 利用生物分子(抗体、受体、核酸适配体等)与目标化合物间高度特异性结合作用保留目标毒素,去除杂质,而后通过使生物分子变性进行真菌毒素的洗脱,实现分离和富集。目前,大多数主要真菌毒素(黄曲霉毒素、赭曲霉毒素、脱氧雪腐镰刀菌烯醇、玉米赤霉烯酮、伏马毒素、T-2 和 HT-2 毒素等)的免疫亲和柱均已商品化。免疫亲和柱非常适合于食品、饲料等复杂基质中真菌毒素的检测,并已成熟应用于多项国家标准。与常规固相萃取相比,IAC 亲和力强、特异性高、净化效果好,但机械强度低、成本高且大多不能重复使用。因此,免疫亲和柱的进一步研究主要包括两个方面:一是能同时检测多种真菌毒素的多合一亲和柱的开发,二是可重复使用的免疫亲和柱的研制。

4. 多功能柱净化法

多功能柱以物理吸附为主,由不同的吸附材料(极性、非极性或离子交换等)混合填装,能够选择性地保留去除提取液中的蛋白、脂类等杂质,而目标毒素不被保留。多功能柱在操作上比传统 SPE 法更加快速,不需要活化、淋洗及洗脱等过程,适用于多种毒素的同时测定;与免疫亲和柱相比,检测成本较低,适合大批量样品的测定。但多功能柱对于复杂基质的净化效果有限,部分目标物绝对回收率较差。

5. QuEChERS 法

分散固相萃取法(dispersion-solid phase extraction,d-SPE)是由美国农业部农业研究中心的 Anastassiades 等人于 2003 年提出的一种快速样品前处理方法,利用吸附剂填料与样品中杂质相互作用而达到除杂净化的目的。因具有快速(quick)、简单(easy)、廉价(cheap)、高效(effective)、稳定(rugged)、安全(safe)等特点,因而又被称为 QuEChERS

法。QuEChERS 法最初被用于农药残留检测,自公布以来,因其可分析对象范围广、大大简化了前处理步骤,很快得到广泛的认可和应用,近年来已逐渐应用于真菌毒素多组分检测。QuEChERS 方法具有显著优势:(1)方法适用性强,对待测物性质要求低;(2)净化可除去提取液中大部分色素、脂类、蛋白质等杂质,效果理想;(3)操作简单快速,无需复杂步骤;(4)稳定性好;(5)方法易于小型化、微型化,与未来分析化学发展趋势符合。然而,QuEChERS 方法的选择受目标毒素和食品基质的制约,例如 PSA 填料能吸附伏马菌素,但从方法中去除 PSA 将明显影响食品基质的净化;同样,去除极性基质的要求也可能导致极性毒素被去除(如,雪腐镰刀菌烯醇),导致分析物丢失。

6. 直接稀释法(dilute-and-shoot)

在测定样品中极性差异较大的多组分真菌毒素时,常规预处理技术通常难以兼顾净化效果和回收率,导致定量结果准确性差,直接稀释法因此而被提出。直接稀释法,也被称作 dilute-and-shoot 法,其原理十分简单:对样品提取液经适当比例稀释后即可直接检测,以牺牲方法灵敏度来达到兼顾多个目标化合物回收率的目的。该方法操作简单迅速,整个前处理只需提取和稀释两步,理论回收率接近 100%;但该方法对检测灵敏度要求较高,同时随着进样次数的增加会造成对色谱柱、检测器的严重污染。目前,直接稀释法已开始用于生物样品及食品样品中真菌毒素多组分的检测。

7. 分散液液微萃取(dispersive liquid-liquid microextraction,DLLME)

分散液液微萃取法(DLLME)由 Assadi 及其同事于 2006 年首次提出。DLLME 方法原理类似均质液液萃取和浊点萃取的结合,是基于三元溶剂(样品溶液、萃取剂以及分散剂)混合萃取体系之间的分散平衡过程。三元溶剂通常包括:(1)微升级别的有机萃取剂,种类依据待测物性质而定;(2)适当的分散剂,要求能与水溶液、有机萃取剂互溶;(3)样品水溶液。操作时将萃取剂与分散剂混合后快速注入样品水溶液中,萃取剂在分散剂的作用下发生乳化,以非常细小的液滴形态均匀地分布在样品溶液中,达到巨大的接触面积,因此待测物在三相中很快就达到分配平衡,最后通过离心分层完成萃取。DLLME 法因其有机试剂消耗极少、操作简单、萃取速度快、富集倍数高、环境友好等优点而受到广泛关注。近年来,DLLME 技术逐渐在食品中真菌毒素的检测中得到应用,也有与 SPE 柱或 ICA 柱联合使用的报道,一些强极性、低密度、低毒性萃取溶剂以及离子液体、混合萃取溶剂等新型萃取溶剂相继出现,并衍生了一系列与微波辅助萃取、超声萃取等技术相联用的 DLLME 装置。

二、样品测定

霉菌毒素经过不同方法进行前处理后,可采用色谱法、色谱质谱联用法、免疫分析法、生物传感器法等多种方法进行分析。这些方法既可以按目的分为定量方法和快速筛查方法,也可以按原理分为基于色谱分离的方法和基于生物识别的方法。

(一)色谱法

在真菌毒素发现的早期,薄层色谱(thin layer chromatography,TLC)曾作为主要的检测方法,应用于食品中黄曲霉毒素及其他真菌毒素的检测。随着色谱技术的发展,真菌毒素的检测技术也随之并行发展。目前,虽然 TLC 仍在一些发展中国家的实验室使用,并被列为美国分析化学家协会(Association of Official Analytical Chemists,AOAC)官方方法,但在实际使用中已逐渐被气相色谱(gas chromatography,GC)和液相色谱(liquid chromatography,LC)所取代。

1. 气相色谱法

气相色谱的分离原理是待测物进样后在气化室中被高温气化,在载气(惰性气体)的携带下进入色谱柱,通过不同组分与固定相间相互作用的差异进行分离。传统 GC 检测器主要有热导检测器、氢火焰离子化检测器、电子捕获检测器、火焰光度检测器、光学离子化检测器等。GC 方法曾用于分析沸点较低的单端孢霉烯类毒素和展青霉素,但由于其无法直接检测高沸点、大分子量、离子态化合物及热不稳定物质的缺陷,经常需要衍生化后进行测定,因而在真菌毒素检测中使用较少,并逐渐被液相色谱方法所取代。

2. 液相色谱法

高效液相色谱法(high performance liquid chromatography,HPLC)是建立在经典色谱基础上发展起来的分离分析方法,可同时实现真菌毒素的定性与定量,是目前国内外检测真菌毒素的主要仪器方法,被列为我国的国标检测方法,同时也是 AOAC 和欧洲标准化委员会(European Standardization Committee,CEN)的官方检测方法。HPLC 常用检测器包括紫外检测器、荧光检测器等,其中紫外检测器灵敏度可达 10^{-9} g,而荧光检测器更是可达到 10^{-11} g 水平。特别是液相色谱-荧光检测(HPLC-FLD)方法,能够获得与质谱检测器(MS)相当的灵敏度,通常与 HPLC-MS 一起成为真菌毒素检测的金标准。HPLC 法覆盖了绝大部分单类毒素的检测,包括典型的黄曲霉毒素、赭曲霉毒素、脱氧雪腐镰刀菌烯醇、伏马毒素、玉米赤霉烯酮等;并已开始用于多类毒素的同时检测。

近年来,随着超高效液相色谱技术(ultrahigh performance liquid chromatography,UPLC)的出现,真菌毒素的检测也由传统的 HPLC 向 UPLC 转化。UPLC 技术采用更小尺寸的均匀颗粒($1.5\mu m \sim 1.8\mu m$)填充色谱柱,在更大的比表面积及更高的压力下,显著提高色谱柱的理论塔板数(Van Deemter 方程),从而缩短分析时间、减少溶剂消耗、提高分辨率、增强灵敏度、改善分析效率。

(二) 色谱质谱联用

随着仪器分析的快速发展,真菌毒素的检测技术不断提高。色谱与紫外、荧光等传统检测器相结合,已成为一种成熟的技术,而色谱质谱联用技术为真菌毒素分析开启了新的篇章。质谱技术基于目标化合物特异性的质荷比(m/z)进行检测,灵敏度高、特异性强、能够获得化学结构信息,且生成的特征碎片离子谱图为目标化合物的确证提供了理想的手段。它使多毒素测定,甚至毒素、农残、有机污染物等多类食品危害物的同时测定成为了现实,为联合暴露(aggregate exposure)评估与累积暴露(cumulative exposure)评估提供了有力手段。

1. 气相色谱-质谱法

随着检测项目和基质复杂程度的增加,GC 通常与质谱(mass spectrometer,MS)技术联用。GC-MS 保留了 GC 的气路系统、进样系统、温控系统等，仅将检测器更换成质谱检测器，混合物经过气相部分可得到高效分离，而 MS 检测器则拥有灵敏度高、定性能力强等优点，可以确定待测化合物的相对分子质量、分子式甚至官能团结构，因此 GC-MS 在早期的食品中真菌毒素检测领域得到较为广泛的应用。

2. 液相色谱-质谱法

传统 HPLC 光学检测器在选择性、抗干扰能力、通用性方面具有一定局限性，因此液相色谱-质谱(liquid chromatography-mass spectrometry，LC-MS)技术得到了迅速的发展。LC-MS 拥有 LC 分离效率高、适用范围广和质谱法高选择性、高灵敏度以及能够了解结构信息等优点，越来越广泛地被应用于食品分析领域中，为食品生产过程中质量控制、风险监测提供了有效的分析手段。与 GC-MS 相比，液质联用虽然在制造难度、制造成本上大得多(因使用液体作为流动相，气化时产生的气压远远超过质谱真空的耐受范围)，但其对待测物性质、前处理要求更低，应用范围更广。近年来报道的食品中真菌毒素检测方法大多基于 LC-MS 技术。液相色谱-串联质谱(LC-MS/MS)方法配合目标毒素同位素内标试剂的使用，可以实现对样品提取、净化、仪器测定全过程的回收率校准，实现精准定量检测。因此，同位素稀释-液相色谱-串联质谱方法也被列为我国的国标检测方法以及确证方法。

LC-MS 不但胜任单个毒素和单一种类毒素的分析，更能够实现多类毒素的同时检测，目前已有能够同时检测 200 余种真菌毒素的 LC-MS/MS 方法。特别是将直接稀释或 QuEChERS 等通用型前处理方法与 LC-MS 相结合，实现了真菌毒素与农残、兽残、生物碱等其他食品污染物的同时测定。此外，随着新兴毒素的不断发现，一些基于 LC-MS/MS 的靶向检测技术被用于新兴毒素，如链格孢霉毒素、拟茎点霉毒素、恩镰孢菌素、白僵菌素的测定及污染状况研究。

3. 高分辨质谱法

高分辨质谱(high-resolution MS，HRMS)检测器(如 ToF、Orbitrap 等)能够提供化合物的精确质量数(分辨率>50000，质量准确度<5×10^{-6})，配合全扫描、全离子裂解、平行反应监测、数据独立性采集、数据依赖性采集等多种数据采集模式，不但能够实现多毒素同时检测，还能够依赖精确相对分子质量和碎片结构信息，进行非靶向筛查，为未知毒素结构鉴定、新兴毒素(emerging toxins)和隐蔽型毒素(modified/masked toxins)的发现和鉴定提供了可能。

Ates 等用 HRMS 建立了 670 种植物毒素及真菌毒素数据库用于小麦、玉米及饲料的筛查;结合非选择性的前处理方法，运用 HRMS 及 HRMS/MS 技术发现并鉴定了一些新型毒素，如 NX-2 及其乙酰化产物 NX-3 和 NX-4、Feruloyl-T2、DON-2H-glutathione、Pentahydroxyscirpene 以及 DON-3-Glc lactone 等。

4. 离子淌度质谱法

近年来出现的离子淌度(ion mobility)技术，为毒素的分离鉴定提供了新的手段。离子淌度是一种气相电泳技术，离子在电场作用下运动，与气相介质中的惰性分子碰撞而减慢速度，从而根据离子的大小、形状和电荷提供新的分离维度。离子淌度技术与 MS

相结合成为一种强大的分析工具：①提高峰容量、过滤背景信息、改善质谱信噪比；②帮助同分异构体的分离和鉴别；③能够获得化合物离子的特征碰撞截面（collision cross section，CCS）参数，用于结构比对及鉴定。

离子淌度质谱已开始用于食品中真菌毒素的检测。离子淌度与低分辨质谱联用测定坚果中的黄曲霉及玉米中的 ZEN 及其代谢物；离子淌度与高分辨质谱联用分离并发现新的 DON 葡萄糖加合物，以及解析 T-2 毒素和 HT-2 毒素与葡萄糖加合物的异构体结构。

（三）免疫分析

色谱质谱方法为真菌毒素的精准检测提供了理想的解决方案，但考虑到仪器配备、操作复杂性、检测成本、样本量，以及现场检测需求等方面的因素，以免疫分析为代表的快速检测方法也有其广泛的应用空间，在食品生产、筛查抽检，甚至民用领域发挥了重要作用。免疫分析法基于抗原和抗体间特异性结合作用对目标物进行识别和测定。建立免疫分析法的关键在于获得高亲和性和高特异性的针对目标化合物的抗体。此类方法在真菌毒素检测领域应用较为成熟，主要可分为酶联免疫吸附分析法（enzyme linked immunosorbent assay，ELISA）和免疫层析法。

ELISA 在免疫分析原理基础上，利用酶标试剂催化底物反应进行定量，可分为直接法、间接法、竞争法、夹心法等多种模式。在真菌毒素检测方面，ELISA 法既可以用于单一真菌毒素的测定，也可用于多类真菌毒素的同时测定。此外，通过改进标记物进行信号放大，可以获得更高的灵敏度。

免疫层析法是建立在免疫分析和色谱层析技术基础上的快速分析法，其原理是将抗原/抗体固定在条状的纤维材料中，借助毛细和层析作用使样品发生泳动，并在此过程中发生抗原抗体特异性结合，复合物富集在一定区域内并显色，通过目测判定结果。免疫层析法同样存在双抗夹心、间接竞争等多种检测模式。目前使用较多的是胶体金免疫层析法，并广泛用于食品中单组分和多组分真菌毒素的检测。

免疫分析方法允许对大量样本同时进行检测，然而缺点是易出现假阳性和假阴性。因此，当进行大量样本检测时，可将免疫分析方法作为筛选方法，但对可疑结果须进行色谱质谱方法的确证。

（四）生物传感器

生物传感器由生物识别体系（核酸、酶、抗体、细胞）与信号转导系统组成，能够将生物体系与目标化合物之间的相互作用转换为可观测或可测量信号，并进行分析。按照识别体系可将生物传感器分为：免疫传感器（immunosensor）、适配体传感器（aptasensor）、分子印迹传感器（MIPsensor）等；按照是否需要示踪标记物分为：标记传感器（labeled sensor）和非标记传感器（label-free sensor）；也可以根据信号产生方式分为：光学传感器、电传感器、热传感器等。多种类型的生物传感器均已用于食品中真菌毒素的检测，如基于抗原抗体作用的量子点标记免疫传感器、表面等离子共振免疫传感器、石英晶体微天平免疫传感器、纳米磁珠免疫传感器、非标记免疫传感器；基于核酸适配体的荧光标记适配体传感器、酶标记适配体传感器;以及基于分子印迹聚合物的电化学分子印迹传感器。大多数生物传感器方法目前仍处于学术研究阶段,商品化应用较少。

(五)其他检测技术

一些其他检测原理和技术也应用于食品中真菌毒素的检测,但报道较少。如毛细管电泳法测定果汁中展青霉素、谷物中玉米赤霉烯酮、葡萄酒中赭曲霉毒素 A;近红外(700nm～2500nm)光谱法测定咖啡豆中赭曲霉毒素 A、无花果表面黄曲霉毒素;傅里叶变换中红外(2500nm～30000nm)光谱法测定奶酪中环匹阿尼酸等。

三、真菌毒素分析过程的质量控制

真菌毒素分析过程通常包括样品采集制备、样品前处理、毒素测定三个部分,做好质量控制应着重注意以下几点:(1)样品采集应有代表性,采集后应充分粉碎混匀,使待分析样品中毒素水平尽可能与原始样品中毒素水平一致;(2)选择适宜、可靠的分析方法,尽可能采用国际组织认可的方法或国标方法,这些方法在批准过程中经过多家实验室协同验证和评估,可靠性较高;(3)对于自行开发的分析方法,首先要按照规范,如 2002/657/EC、SANCO/12495/2011 或 GB/T 27417—2017,对准确度、精密度、灵敏度、重复性、再现性、特异性,以及是否有残留等方法学参数进行详细评价,最好可以开展不同实验室间的方法验证,以确保方法的可行性和有效性;(4)采用可溯源的有证纯度标准品或标准溶液,有条件的实验室可对标准品进行纯度测定;(5)实际样品分析时,需要同时测定试剂空白、过程空白和质控参考物,以检查每批次样品测定结果的可靠性;(6)若无法获得商品化质控参考物,可采用实验室留存的已知浓度的均匀样品作为质控参考物使用,也可以选取此批次中若干样品进行加标回收实验,对测定结果进行质量控制。

第四节　展　望

近年来,真菌毒素检测技术的发展呈现出几个主要特点:由单个毒素或单一种类毒素的检测发展为多毒素乃至多类型食品污染物同时检测;高分辨质谱技术用于隐蔽型真菌毒素的发现及定性定量检测;新兴毒素的发现及检测方法的建立。这些方面也成为真菌毒素检测的发展趋势。

一、多毒素分析技术

近年来,针对真菌毒素多组分,甚至包含真菌毒素在内的多类型污染物同步检测技术迅速发展,这类方法大多基于色谱-质谱联用技术,实现了样品的"一针式"检测,大大节约了时间和成本,这是食品分析领域的一个显著变化,也将持续成为该领域的未来发展趋势。

二、隐蔽型毒素分析技术

植物和动物等生命体受到真菌毒素污染后,可以通过Ⅰ相代谢(氧化、还原、水解等)

或Ⅱ相代谢(与氨基酸、葡萄糖、硫酸基团和谷胱甘肽结合等)作用改变真菌毒素的化学结构,称为隐蔽型真菌毒素,这个定义还包括了热降解或过程降解后产生的代谢物。隐蔽型毒素可与其母体毒素共存污染食品或饲料,至今为止,单端孢霉烯毒素、玉米赤霉烯酮、伏马毒素、链格孢霉毒素和赭曲霉毒素 A 的隐蔽型毒素已陆续被发现。这些隐蔽型真菌毒素在哺乳动物消化过程中,能够水解释放出母体毒素,从而增加了人类/动物对于真菌毒素的暴露风险。EFSA 报告统计,玉米赤霉烯酮、雪腐镰刀菌烯醇、T-2 和 HT-2 毒素、伏马毒素的隐蔽型毒素分别占其原型的 100%、30%、10% 和 60%。传统分析方法在缺乏标准品和参考物质的情况下难以发现测定这些隐蔽型毒素,导致样品的真菌毒素总量被低估。因此,发现并监测这些隐蔽的毒素代谢物是确保食品安全和人类/动物健康的一项重大挑战。在这一领域中,液相色谱-质谱法,特别是高分辨质谱的使用具有突出优势。

三、新兴毒素分析技术

随着全球气候变化,产毒真菌谱及真菌毒素也发生了显著变化,新兴毒素不断被发现报道。新兴毒素概念在 2008 年被提出,后被定义为常规方法无法检测,也没有法规管理的毒素,如镰刀菌属产生的白僵菌素(beauvericin,BEA)、恩镰孢菌素(enniatins,ENNs)、串珠镰刀菌素(moniliformin,MON)、fusaproliferin(FP)、fusaric acid(FA)、culmorin(CUL)、butenolide(BUT);链格孢属产生的链格孢酚(alternariol,AOH)、链格孢酚甲基乙醚(alternariol methyl ether,AME)、链格孢霉素(altenue,ALT)、细交链孢菌酮酸(tetramic acid,TeA)、腾毒素(tentoxin,TEN)等;曲霉属或青霉属产生的杂色曲霉素(sterigmatocystin,STE)、霉酚酸(mycophenolic Acid,MPA)、emodin(EMO)等。欧洲食品安全局在近期的一系列科学报告中发布了对链格孢霉毒素、拟茎点霉毒素、橘青霉素、恩镰孢菌素、白僵菌素等新兴毒素的高度关注及对污染状况数据的迫切需求。新兴毒素的发现、鉴定及检测技术的发展,将为相关政策制定及污染防控提供关键技术和数据支持。

参 考 文 献

[1] JECFA. Aflatoxins. In:WHO Technical Report Series 868. Evaluation of Certain Food Additives and Contaminants. Geneva:WHO,1997:45.

[2] SCF. Opinion of the Scientific Committee on Food on Fusarium toxins. Part 6: Group evaluation of T-2 toxin, HT-2 toxin, nivalenol and deoxynivalenol [R]. 2002.

[3] JECFA. Seventy-second meeting Rome,Summary and conclusions[C]. 2010.

[4] JECFA. Evaluation of certain mycotoxins in food(Fifty-sixth report of the Joint FAO/WHO Expert Committee on Food Additives). WHO Technical Report Series No. 906[R]. 2002.

[5] EFSA. Scientific Opinion on the Risks for Animal and Public Health Related to

the Presence of T-2 and HT-2 Toxin in Food and Feed[R]. Parma,Italy,2011.

[6] EFSA. Scientific Opinion on risks for animal and public health related to the presence of nivalenol in food and feed[J]. EFSA Journal,2013,11(6):3262.

[7] EFSA. Opinion of the Scientific Panel on Contaminants in the Food Chain on a request from the Commission related to ochratoxin A in food[J]. EFSA Journal,2006(365):1-56.

[8] JECFA. Safety evaluation of certain food additives and contaminants. Prepared by the sixty-eighth meeting of the Joint FAO/WHO Expert Committee on Food Additives(JEFCA)[R]. 2008.

[9] JECFA. Zearalenone. Safety evaluation of certain food additives and contaminants,WHO Food Additives Series 44[R]. 2000.

[10] EFSA. Scientific opinion on the risks for public health related to the presence of zearalenone in food[J]. EFSA Journal,2011,9(6):2197.

[11] SCF. Updated opinion of the Scientific Committee on Food on Fumonisin B_1, B_2 and B_3[R]. 2003.

[12] JECFA. Evaluation of certain food additives and contaminants,forty-fourth report of the Joint FAO/WHO Expert Committee on Food Additives(JECFA) [R]. 1995.

[13] EFSA. Scientific opinion on the risks for public and animal health related to the presence of citrinin in food and feed[R]. EFSA Journal,2012(10):2605.

[14] CXS 93-1995　General standard for contaminants and toxins in food and feed.

[15] Commission regulation(EC)No. 1881/2006 of 19 December setting maximum levels for certain contaminants in food stuffs.

[16] TURNER N W,BRAMHMBHATT H,SZABOVEZSE M,et al. Analytical methods for determination of mycotoxins:An update(2009—2014)[J]. Analytica Chimica Acta,2015,901(2):12.

[17] Food and Agriculture Organization(FAO),Mycotoxin Sampling Tool(Version 1.1)[OL]. http://tools.fstools.org/mycotoxins/.

[18] EDIAGE EN,DI MAVUNGU JD,MONBALIU S,et al. A validated multianalyte LC-MS/MS method for quantification of 25 mycotoxins in cassava flour, peanut cake and maize samples[J]. Journal of Agricultural and Food Chemistry,2011,59(10):5173-5180.

[19] LATTANZIO VM,CIASCA B,POWERS S,et al. Improved method for the simultaneous determination of aflatoxins,ochratoxin A and Fusarium toxins in cereals and derived products by liquid chromatography-tandem mass spectrometry after multi-toxin immunoaffinity clean up[J]. Journal of chromatography A,2014(1354):139-143.

[20] CAMPONE L,PICCINELLI AL,CELANO R,et al. Application of dispersive

liquid-liquid microextraction for the determination of aflatoxins B_1, B_2, G_1 and G_2 in cereal products[J]. Journal of chromatography A, 2011, 1218(42): 7648-7654.

[21] Rodríguez-Carrasco Y, Berrada H, Font G, Mañes J. Multi-mycotoxin analysis in wheat semolina using an acetonitrile-based extraction procedure and gas chromatography-tandem mass spectrometry[J]. Journal of Chromatography A, 2012, 1270: 28-40.

[22] NATHANAIL AV, SYVAHUOKO J, MALACHOVA A, et al. Simultaneous determination of major type A and B trichothecenes, zearalenone and certain modified metabolites in Finnish cereal grains with a novel liquid chromatography-tandem mass spectrometric method[J]. Analytical and bioanalytical chemistry, 2015, 407(16): 4745-4755.

[23] JUAN C, CHAMARI K, OUESLATI S, et al. Rapid Quantification Method of Three Alternaria, Mycotoxins in Strawberries[J]. Food Analytical Methods, 2016, 9(6): 1573-1579.

[24] MENG W, NAN J, HONG X, et al. A single-step solid phase extraction for the simultaneous determination of 8 mycotoxins in fruits by ultra-high performance liquid chromatography tandem mass spectrometry[J]. Journal of Chromatography A, 2016(1429): 22-29.

[25] WANG H L, YU L, LI P W, et al. Determination of aflatoxin B-1 and aflatoxin B-2 in edible oil by using graphene oxide-SiO_2 as soild phase extraction coupled with HPLC[J]. Chin. J. Anal. Chem., 2014(9): 1338-1342.

[26] MORENO V, ZOUGAGH M, ángel Ríos. Hybrid nanoparticles based on magnetic multiwalled carbon nanotube-nano C18 SiO_2, composites for solid phase extraction of mycotoxins prior to their determination by LC-MS[J]. Microchimica Acta, 2016, 183(2): 871-880.

[27] CAO J, KONG W, ZHOU S, et al. Molecularly imprinted polymer-based solid phase clean-up for analysis of ochratoxin A in beer, red wine, and grape juice[J]. Journal of Separation Science, 2014, 36(7): 1291-1297.

[28] LEE T P, SAAD B, KHAYOON W S, et al. Molecularly imprinted polymer as sorbent in micro-solid phase extraction of ochratoxin A in coffee, grape juice and urine[J]. Talanta, 2012, 88(1): 129-135.

[29] ABOU—HANY R A, URRACA J L, DESCALZO A B, et al. Tailoring molecularly imprinted polymer beads for alternariol recognition and analysis by a screening with mycotoxin surrogates[J]. Journal of Chromatography A, 2015(1425): 231-239.

[30] MICHAEL A, JACKSON M A, WANG L C, et al. Determination of fusaric acid in maize using molecularly imprinted SPE clean-up[J]. Journal of Separa-

tion Science,2014,37(3):281-286.

[31] GIOVANNOLI C,PASSINI C,NARDO F D,et al. Determination of ochratox-in A in Italian red wines by molecularly imprinted solid phase extraction and HPLC analysis[J]. Journal of Agricultural & Food Chemistry,2014,62(22):5220-5225.

[32] CAMPONE L,PICCINELLI A L,CELANO R,et al. Rapid and automated a-nalysis of aflatoxin M$_1$ in milk and dairy products by online solid phase extrac-tion coupled to ultra-high-pressure-liquid-chromatography tandem mass spec-trometry. [J]. Journal of Chromatography A,2016(1428):212-219.

[33] GB 5009.22—2016 食品安全国家标准 食品中黄曲霉毒素 B 族和 G 族的测定

[34] GB 5009.24—2016 食品安全国家标准 食品中黄曲霉毒素 M 族的测定

[35] GB 5009.25—2016 食品安全国家标准 食品中杂色曲霉素的测定

[36] GB 5009.96—2016 食品安全国家标准 食品中赭曲霉毒素 A 的测定

[37] GB 5009.111—2016 食品安全国家标准 食品中脱氧雪腐镰刀菌烯醇及其乙酰化衍生物的测定

[38] GB 5009.209—2016 食品安全国家标准 食品中玉米赤霉烯酮的测定

[39] SUGITA-KONISHI Y,TANAKA T,NAKAJIMA M,et al. The comparison of two clean-up procedures,multifunctional column and immunoaffinity col-umn,for HPLC determination of ochratoxin A in cereals,raisins and green coffee beans[J]. Talanta,2006,69(3):650-655.

[40] WANG R G,XIAO-OU S U,CHENG F F,et al. Determination of 26 myco-toxins in feedstuffs by multifunctional clean-up column and liquid chromatog-raphy-tandem mass spectrometry[J]. Chinese Journal of Analytical Chemis-try,2015,43(2):264-270.

[41] TAMURA M,UYAMA A,MOCHIZUKI N. Development of a multi-myco-toxin analysis in beer-based drinks by a modified QuEChERS method and ul-tra-high-performance liquid chromatography coupled with tandem mass spec-trometry[J]. Analytical Sciences,2011(27):629-635.

[42] FERREIRA I,FERNANDES JO,CUNHA SC. Optimization and validation of a method based in a QuEChERS procedure and gas chromatography-mass spectrometry for the determination of multi-mycotoxins in popcorn[J]. Food control,2012,27(1):188-193.

[43] KOESUKWIWAT U,SANGUANKAEW K,LEEPIPATPIBOON N. Evalua-tion of a modified QuEChERS method for analysis of mycotoxins in rice[J]. Food chemistry,2014(153):44-51.

[44] ZHU R,ZHAO Z,WANG J,et al. A simple sample pretreatment method for multi-mycotoxin determination in eggs by liquid chromatography tandem mass

spectrometry[J]. Journal of chromatography A,2015(1417):1-7.

[45] ZHOU Q,LI F,CHEN L,et al. Quantitative Analysis of 10 Mycotoxins in Wheat Flour by Ultrahigh Performance Liquid Chromatography-Tandem Mass Spectrometry with a Modified QuEChERS Strategy[J]. Journal of Food Science,2016,81(11):2886-2890.

[46] SUN J,LI W,ZHANG Y,et al. QuEChERS purification combined with ultra-high-performance liquid chromatography tandem mass spectrometry for simultaneous quantification of 25 mycotoxins in cereals[J]. Toxins, 2016, 8 (12):375.

[47] DZUMAN Z,ZACHARIASOVA M,VEPRIKOVA Z,et al. Multi-analyte high performance liquid chromatography coupled to high resolution tandem mass spectrometry method for control of pesticide residues,mycotoxins,and pyrrolizidine alkaloids[J]. Analytica Chimica Acta,2015,863(1):29-40.

[48] PIZZUTTI I R,KOK A D,SCHOLTEN J,et al. Development,optimization and validation of a multimethod for the determination of 36 mycotoxins in wines by liquid chromatography-tandem mass spectrometry[J]. Talanta,2014, 129(10):352-363.

[49] HEYNDRICKX E,SIOEN I,HUYBRECHTS B,et al. Human biomonitoring of multiple mycotoxins in the Belgian population:Results of the BIOMYCO study[J]. Environment International,2015,84(2):82-89.

[50] BERIJANI S,ASSADI Y,ANBIA M,et al. Dispersive liquid-liquid microextraction combined with gas chromatography-flame photometric detection. Very simple,rapid and sensitive method for the determination of organophosphorus pesticides in water[J]. Journal of Chromatography A,2006,1123(1):1-9.

[51] REZAEE M,YAMINI Y,FARAJI M. Evolution of dispersive liquid-liquid microextraction method[J]. Journal of Chromatography A,2010,1217(16):2342-2357.

[52] Viñas P,Campillo N,López-García I,et al. Dispersive liquid-liquid microextraction in food analysis. A critical review[J]. Analytical & Bioanalytical Chemistry,2014,406(8):2067-2099.

[53] ARROYO-MANZANARES N,GAMIZ-GRACIAL L,GARCIA-CAMPANA AM. Determination of ochratoxin A in wines by capillary liquid chromatography with laser induced fluorescence detection using dispersive liquid-liquid microextraction[J]. Food chemistry,2012,135(2):368-372.

[54] CAMPONE L,PICCINELLI AL,RASTRELLI L. Dispersive liquid-liquid microextraction combined with high-performance liquid chromatography-tandem mass spectrometry for the identification and the accurate quantification by isotope dilution assay of ochratoxin A in wine samples[J]. Analytical and bioana-

lytical chemistry,2011,399(3):1279-1286.

[55] ARROYO-MANZANARES N,GARCIA-CAMPANA AM,et al. Comparison of different sample treatments for the analysis of ochratoxin A in wine by capillary HPLC with laser-induced fluorescence detection. Analytical and bioanalytical chemistry,2011,401(9):2987-2994.

[56] KARAMI-OSBOO R,MAHAM M,MIRI R,et al. Evaluation of Dispersive Liquid-Liquid Microextraction-HPLC-UV for Determination of Deoxynivalenol(DON)in Wheat Flour. Food Analytical Methods,2012,6(1):176-180.

[57] CAMPONE L,PICCINELLI A L,CELANO R,et al. PH-controlled dispersive liquid-liquid microextraction for the analysis of ionisable compounds in complex matrices:Case study of ochratoxin A in cereals[J]. Analytica Chimica Acta,2012,754(22):61-66.

[58] ANTEP H M,MERDIVAN M. Development of new dispersive liquid-liquid microextraction technique for the identification of zearalenone in beer[J]. Analytical Methods,2012,4(12):4129-4134.

[59] AFZALI D,GHANBARIAN M,MOSTAFAVI A,et al. A novel method for high preconcentration of ultra trace amounts of B_1,B_2,G_1 and G_2 aflatoxins in edible oils by dispersive liquid-liquid microextraction after immunoaffinity column clean-up[J]. Journal of Chromatography A,2012,1247(1247):35-41.

[60] BOZKURT S S,Işık G. Ionic Liquid Based Dispersive Liquid-Liquid Microextraction for Preconcentration of Zearalenone and Its Determination in Beer and Cereal Samples by High-Performance Liquid Chromatography with Fluorescence Detection[J]. Journal of Liquid Chromatography & Related Technologies,2015,38(17):1601-1607.

[61] WANG L,LUAN C,CHEN F,et al. Determination of zearalenone in maize products by vortex-assisted ionic-liquid-based dispersive liquid-liquid microextraction with high-performance liquid chromatography[J]. Journal of Separation Science,2015,38(12):2126-2131.

[62] WELKE J E,HOELTZ M,DOTTORI H A,et al. Quantitative analysis of patulin in apple juice by thin-layer chromatography using charge coupled device detector[J]. Food Additives & Contaminants,2009,26(5):754-758.

[63] Klarić M š,Cvetnić Z,Pepeljnjak S,et al. Co-occurrence of aflatoxins,ochratoxin A,fumonisins,and zearalenone in cereals and feed,determined by competitive direct enzyme-linked immunosorbent assay and thin-layer chromatography[J]. Arhiv Za Higijenu Rada I Toksikologiju,2009,60(4):427-434.

[64] PEREIRA V L,FERNANDES J O,CUNHA S C. Mycotoxins in cereals and related foodstuffs:A review on occurrence and recent methods of analysis[J]. Trends in Food Science & Technology,2014,36(2):96-136.

［65］ ORATA，F. Derivatization reactions and reagents for gas chromatography analysis［M］. In Advanced Gas Chromatography e Progress in Agricultural，Biomedical and Industrial Applications，1st ed. ；Mohd，M. A. ，Ed. ；InTech：Rijeka，Croatia，2012：83-108.

［66］ GB 5009. 185—2016　食品安全国家标准　食品中展青霉素的测定

［67］ Vosough M，Bayat M，Salemi A. Matrix-free analysis of aflatoxins in pistachio nuts using parallel factor modeling of liquid chromatography diode-array detection data［J］. Analytica Chimica Acta，2010，663(1)：11-18.

［68］ Herzallah S M. Determination of aflatoxins in eggs，milk，meat and meat products using HPLC fluorescent and UV detectors［J］. Food Chemistry，2009，114(3)：1141-1146.

［69］ Uscarella M，Iammarino M，Nardiello D，et al. Determination of deoxynivalenol and nivalenol by liquid chromatography and fluorimetric detection with on-line chemical post-column derivatization［J］. Talanta，2012，97(97)：145-149.

［70］ XU J J，ZHOU J，HUANG B F，et al. Simultaneous and rapid determination of deoxynivalenol and its acetylate derivatives in wheat flour and rice by ultra high performance liquid chromatography with photo diode array detection［J］. Journal of Separation Science，2016，39(11)：2028-2035.

［71］ PAGLIUCA G，ZIRONI E，CECCOLINI A，et al. Simple method for the simultaneous isolation and determination of fumonisin B1 and its metabolite aminopentol-1 in swine liver by liquid chromatography-fluorescence detection［J］. Journal of chromatography B，Analytical technologies in the biomedical and life sciences，2005，819(1)：97-103.

［72］ ZUZANA SYPECKA MK，PAUL BRERETON. Deoxynivalenol and Zearalenone Residues in Eggs of Laying Hens Fed with a Naturally Contaminated Diet：Effects on Egg Production and Estimation of Transmission Rates from Feed to Eggs［J］. Journal of Agricultural & Food Chemistry，2004，52：5463-5471.

［73］ BERTHILLER F，SULYOK M，KRSKA R，et al. Chromatographic methods for the simultaneous determination of mycotoxins and their conjugates in cereals［J］. International journal of food microbiology，2007，119(1-2)：33-37.

［74］ WANG Y，CHAI T，LU G，et al. Simultaneous detection of airborne aflatoxin，ochratoxin and zearalenone in a poultry house by immunoaffinity clean-up and high-performance liquid chromatography［J］. Environmental research，2008，107(2)：139-144.

［75］ Ibáñez-Vea M，CORCUERA LA，REMIRO R，et al. Validation of a UHPLC-FLD method for the simultaneous quantification of aflatoxins，ochratoxin A and zearalenone in barley［J］. Food chemistry，2011，127(1)：351-358.

［76］ RAHMANI A，JINAP S，KHATIB A，et al. Simultaneous determination of aflatoxins,ochratoxin A,and zearalenone in cereals using a validated RP-HPLC method and PHRED derivatization system[J]. Journal of Liquid Chromatography & Related Technologies,2013,36(5):600-617.

[77] GOBEL R,LUSKY K. Simultaneous determination of aflatoxins,ochratoxin A,and zearalenone in grains by new immunoaffinity column/liquid chromatography[J]. Journal of AOAC International,2004,87(2):411-416.

[78] OFITSEROVA M,NERKAR S,Pickering M,et al. Multiresidue mycotoxin analysis in corn grain by column high-performance liquid chromatography with postcolumn photochemical and chemical derivatization:Single-laboratory validation[J]. Journal of AOAC International,2009,92(1):15-25.

[79] SCOTT P M,WEBER D,KANHERE S R. Gas chromatography-mass spectrometry of Alternaria mycotoxins[J]. Journal of Chromatography A,1997, 765(2):255-263.

[80] PEREIRA VL,FERNANDES JO,Cunha SC,Comparative assessment of three cleanup procedures after QuEChERS extraction for determination of trichothecenes(type A and type B)in processed cereal-based baby foods by GC-MS [J]. Food Chemistry,2015,182:143-149.

[81] Rodríguez-Carrasco Y,Moltó JC,Berrada H,et al. A survey of trichothecenes, zearalenone and patulin in milled grain-based products using GC-MS/MS[J]. Food Chemistry,2014,1:212-219.

[82] CUNHA S C,FERNANDES J O. Development and validation of a method based on a QuEChERS procedure and heart-cutting GC-MS for determination of five mycotoxins in cereal products[J]. Journal of Separation Science,2010, 33(4-5):600-609.

[83] WANG H,ZHOU X J,LIU Y Q,et al. Simultaneous determination of chloramphenicol and aflatoxin M1 residues in milk by triple quadrupole liquid chromatography-tandem mass spectrometry[J]. Journal of Agricultural & Food Chemistry,2011,59(8):3532-3538.

[84] ROLAND A,BROS P,BOUISSEAU A,et al. Analysis of ochratoxin A in grapes,musts and wines by LC-MS/MS:first comparison of stable isotope dilution assay and diastereomeric dilution assay methods[J]. Analytica Chimica Acta,2014,818(818):39-45.

[85] SOSPEDRA I,BLESA J,SORIANO J M,et al. Use of the modified quick easy cheap effective rugged and safe sample preparation approach for the simultaneous analysis of type A-and B-trichothecenes in wheat flour[J]. Journal of Chromatography A,2010,1217(9):1437-1440.

[86] ANTONELLO S,ROSALIA F,MARIACARMELA S,et al. Multitoxin extraction and detection of trichothecenes in cereals:an improved LC-MS/MS

approach[J]. Journal of the Science of Food & Agriculture,2009,89(7):1145-1153.

[87] ZACHARIASOVA M,LACINA O,Malachova A,et al. Novel approaches in analysis of Fusarium mycotoxins in cereals employing ultra performance liquid chromatography coupled with high resolution mass spectrometry[J]. Analytica Chimica Acta,2010,662(1):51-61.

[88] REN Y,ZHANG Y,SHAO S,et al. Simultaneous determination of multi-component mycotoxin contaminants in foods and feeds by ultra-performance liquid chromatography tandem mass spectrometry[J]. Journal of Chromatography A,2007,1143(1-2):48-64.

[89] HICKERT S,GERDING J,NCUBE E,et al. A new approach using micro HPLC-MS/MS for multi-mycotoxin analysis in maize samples[J]. Mycotoxin Research,2015,31(2):109-115.

[90] MAO J,ZHENG N,WEN F,et al. Multi-mycotoxins analysis in raw milk by ultra high performance liquid chromatography coupled to quadrupole orbitrap mass spectrometry[J]. Food Control,2017(84):305-311.

[91] Alachová A,Sulyok M,Beltrán E,et al. Optimization and validation of a quantitative liquid chromatography-tandem mass spectrometric method covering 295 bacterial and fungal metabolites including all regulated mycotoxins in four model food matrices[J]. Journal of Chromatography A,2014(1362):145-156.

[92] MOL H G J,Plazabolaños P,Zomer P,et al. Toward a Generic Extraction Method for Simultaneous Determination of Pesticides,Mycotoxins,Plant Toxins,and Veterinary Drugs in Feed and Food Matrixes[J]. Analytical Chemistry,2008,80(24):9450-9459.

[93] Artínez-Domínguez G,Romero-González R,Garrido F A. Multi-class methodology to determine pesticides and mycotoxins in green tea and royal jelly supplements by liquid chromatography coupled to Orbitrap high resolution mass spectrometry[J]. Food Chemistry,2016,197(Pt A):907-915.

[94] LACINA O,ZACHARIASOVA M,URBANOVA J,et al. Critical assessment of extraction methods for the simultaneous determination of pesticide residues and mycotoxins in fruits,cereals,spices and oil seeds employing ultra-high performance liquid chromatography-tandem mass spectrometry[J]. Journal of Chromatography A,2012,1262(4):8-18.

[95] Cladière M,DELAPORTE G,Le E R,et al. Multi-class analysis for simultaneous determination of pesticides, mycotoxins, process-induced toxicants and packaging contaminants in tea[J]. Food Chemistry,2018(242):113-121.

[96] HICKERT S,BERGMANN M,ERSEN S,et al. Survey of Alternaria, toxin contamination in food from the German market,using a rapid HPLC-MS/MS

approach[J]. Mycotoxin Research,2016,32(1):7-18.

[97] WALRAVENS J,MIKULA H,RYCHLIK M,et al. Validated UPLC-MS/MS Methods to Quantitate Free and Conjugated Alternaria Toxins in Commercially Available Tomato Products,Fruit and Vegetable Juices in Belgium[J]. Journal of Agricultural & Food Chemistry,2016,64(24):5101-5109.

[98] ZWICKEL T,KLAFFKE H,RICHARDS K,et al. Development of a high performance liquid chromatography tandem mass spectrometry based analysis for the simultaneous quantification of various Alternaria toxins in wine,vegetable juices and fruit juices[J]. Journal of Chromatography A,2016(1455):74-85.

[99] Schloß S,KOCH M,ROHN S,et al. Development of a SIDA-LC-MS/MS Method for the Determination of Phomopsin A in Legumes[J]. Journal of Agricultural & Food Chemistry,2015,63(48):10543-10549.

[100] DECLEER M,RAJKOVIC A,SAS B,et al. Development and validation of ultra-high-performance liquid chromatography-tandem mass spectrometry methods for the simultaneous determination of beauvericin,enniatins(A,A1,B,B1)and cereulide in maize,wheat,pasta and rice[J]. Journal of Chromatography A,2016(1472):35-43.

[101] León N,Pastor A,Yusà V. Target analysis and retrospective screening of veterinary drugs,ergot alkaloids,plant toxins and other undesirable substances in feed using liquid chromatography-high resolution mass spectrometry[J]. Talanta,2016(149):43-52.

[102] DOMINICIS E D,COMMISSATI I,GRITTI E,et al. Quantitative targeted and retrospective data analysis of relevant pesticides,antibiotics and mycotoxins in bakery products by liquid chromatography-single-stage Orbitrap mass spectrometry[J]. Food Additives & Contaminants Part A Chemistry Analysis Control Exposure & Risk Assessment,2015,32(10):1617-1627.

[103] ATES E,GODULA M,STROKA J,et al. Screening of plant and fungal metabolites in wheat,maize and animal feed using automated on-line clean-up coupled to high resolution mass spectrometry[J]. Food Chemistry,2014,142(142):276-284.

[104] ELISABETH V,GERLINDE W,CHRISTIAN H,et al. New tricks of an old enemy: isolates of Fusarium graminearumproduce a type Atrichothecene mycotoxin[J]. Environmental Microbiology,2015,17(8):2588-2600.

[105] JACQUELINE M R,ELISABETH V,NATHANAIL A V,et al. Tracing the metabolism of HT-2 toxin and T-2 toxin in barley by isotope-assisted untargeted screening and quantitative LC-HRMS analysis[J]. Analytical & Bioanalytical Chemistry,2015,407(26):8019-8033.

[106] KLUGER B,BUESCHL C,LEMMENS M,et al. Biotransformation of the

mycotoxin deoxynivalenol in fusarium resistant and susceptible near isogenic wheat lines[J]. Plos One,2015,10(3):e0119656.

[107] FRUHMANN P, MIKULA H, WIESENBERGER G, et al. Isolationand Structure Elucidation of Pentahydroxyscirpene, a Trichothecene Fusarium Mycotoxin[J]. Journal of Natural Products,2014,77(1):188-192.

[108] KOSTELANSKA M,DZUMAN Z,MALACHOVA A,et al. Effects of milling and baking technologies on levels of deoxynivalenol and its masked form deoxynivalenol-3-glucoside[J]. Journal of Agricultural & Food Chemistry, 2011,59(17):9303-9312.

[109] KAFLE G K,KHOT L R,SANKARAN S,et al. State of ion mobility spectrometry and applications in agriculture: A review[J]. Engineering in Agriculture Environment & Food,2016,9(4):346-357.

[110] SHEIBANI A,TABRIZCHI M,GHAZIASKAR H S. Determination of aflatoxins B1 and B2 using ion mobility spectrometry[J]. Talanta,2008,75(1): 233-238.

[111] MCCOOEYE M,KOLAKOWSKI B,BOISON J,et al. Evaluation of highfield asymmetric waveform ion mobility spectrometry mass spectrometry for the analysis of the mycotoxin zearalenone. [J]. Analytica Chimica Acta, 2008,627(1):112-116.

[112] Fenclová,M. ,Lacina,O. ,Zachariášová,M. ,et al. Application of ion-mobility Q-TOF LC/MS platform in masked mycotoxins research[C]. In Proceedings of the Recent Advances in Food Analysis,Prague,Czech Republic,3-6 November 2015; Pulkrabová, J. , Tomaniová, M. , Nielen, M. , Hajšlová, J. , Eds. ;UCT Prague Press:Prague,Czech Republic,2015:122.

[113] STEAD,S. ,JOUMIER,J. M. ,MCCULLAGH,M. ,et al. Using ion mobility mass spectrometry and collision cross section areas to elucidate the α and β epimeric forms of glycosilated T-2 and HT-2 toxins[C]. In Proceedings of the Recent Advances in Food Analysis,Prague,Czech Republic,3-6 November 2015; Pulkrabová, J. , Tomaniová, M. , Nielen, M. , Hajšlová, J. , Eds. ; UCT Prague Press:Prague,Czech Republic,2015:338.

[114] ZHAO F,SHEN Q,WANG H,et al. Development of a rapid magnetic beadbased immunoassay for sensitive detection of zearalenone[J]. Food Control, 2017(79):227-233.

[115] QI D,MEI Q,WANG Y,et al. A sensitive and validated immunomagneticbead based enzyme-linked immunosorbent assay for analyzing total T-2(free and modified)toxins in shrimp tissues[J]. Ecotoxicology & Environmental Safety,2017(142):441-447.

[116] XUN Y. Determination of deoxynivalenol,zearalenone,aflatoxin B1,and och-

ratoxin by an enzyme-linked immunosorbent assay[J]. Analytical Letters, 2014,47(11):1912-1920.

[117] VENKATARAMANA M,RASHMI R,UPPALAPATI S R,et al. Development of sandwich dot-ELISA for specific detection of Ochratoxin A and its application on to contaminated cereal grains originating from India[J]. Frontiers in Microbiology,2015(6):511.

[118] URUSOV A E,PETRAKOVA A V,BARTOSH A V,et al. Immunochromatographic assay of t-2 toxin using labeled anti-species antibodies[J]. Applied Biochemistry & Microbiology,2017,53(5):594-599.

[119] OUYANG S,ZHANG Z,He T,et al. An on-site,ultra-sensitive,quantitative sensing method for the determination of total Aflatoxin in Peanut and Rice Based on Quantum Dot Nanobeads Strip[J]. Toxins,2017,9(4):137.

[120] KOLOSOVA A Y,SIBANDA L,DUMOULIN F,et al. Lateral-flow colloidal gold-based immunoassay for the rapid detection of deoxynivalenol with two indicator ranges[J]. Analytica Chimica Acta,2008,616(2):235-244.

[121] KONG D,LIU L,SONG S,et al. A gold nanoparticle-based semi-quantitative and quantitative ultrasensitive paper sensor for the detection of twenty mycotoxins[J]. Nanoscale,2016,8(9):5245-5253.

[122] GAN N,ZHOU J,XIONG P,et al. An ultrasensitive electrochemiluminescent immunoassay for aflatoxin M1 in milk,based on extraction by magnetic graphene and detection by antibody-labeled CdTe quantumn dots-carbon nanotubes nanocomposite[J]. Toxins,2013(5):865-883.

[123] URUSOV A E,KOSTENKO S N,SVESHNIKOV P G,et al. Ochratoxin A immunoassay with surface plasmon resonance registration:Lowering limit of detection by the use of colloidal gold immunoconjugates[J]. Sensors & Actuators B Chemical,2011,156(1):343-349.

[124] JIN X,JIN X,CHEN L,et al. Piezoelectric immunosensor with gold nanoparticles enhanced competitive immunoreaction technique for quantification of aflatoxin B1[J]. Biosensors & Bioelectronics,2009,24(8):2580-2585.

[125] VIDAL J C,BONEL L,EZQUERRA A,et al. An electrochemical immunosensor for ochratoxin A determination in wines based on a monoclonal antibody and paramagnetic microbeads.[J]. Analytical & Bioanalytical Chemistry,2012,403(6):1585-1593.

[126] KANUNGO L,BACHER G,BHAND S. Flow-Based Impedimetric Immunosensor for Aflatoxin Analysis in Milk Products[J]. Applied Biochemistry & Biotechnology,2014,174(3):1157-1165.

[127] LI T,BYUN J Y,BO B K,et al. Label-free homogeneous FRET immunoassay for the detection of mycotoxins that utilizes quenching of the intrinsic

fluorescence ofantibodies[J]. Biosensors & Bioelectronics, 2013, 42（1）: 403-408.

[128] SHENG L, REN J, MIAO Y, et al. PVP-coated graphene oxide for selective determination of ochratoxin A via quenching fluorescence of free aptamer [J]. Biosensors & Bioelectronics, 2011, 26(8): 3494-3499.

[129] YANG C, LATES V, Prietosimón B, et al. Rapid high-throughput analysis of ochratoxin A by the self-assembly of DNAzyme-aptamer conjugates in wine. [J]. Talanta, 2013, 116(22): 520-526.

[130] GAO X, CAO W, CHEN M, et al. A high sensitivity electrochemical sensor based on Fe^{3+}-ion molecularly imprinted film for the detection of T-2 Toxin [J]. Electroanalysis, 2015, 26(12): 2739-2746.

[131] Güray T, TUNCEL M, UYSAL U D. A Rapid Determination of Patulin Using Capillary Zone Electrophoresis and its Application to Analysis of Apple Juices[J]. Journal of Chromatographic Science, 2013, 51(4): 310-317.

[132] Güray T, TUNCEL M, UYSAL U D, et al. Determination of zearalenone by the capillary zone electrophoresis-uv detection and its application to poultry feed and cereals[J]. Journal of Liquid Chromatography & Related Technologies, 2013, 36(10): 1366-1378.

[133] ALMEDA S, ARCE L, Valcárcel M. Combined use of supported liquid membrane and solid-phase extraction to enhance selectivity and sensitivity in capillary electrophoresis for the determination of ochratoxin a in wine[J]. Electrophoresis, 2010, 29(7): 1573-1581.

[134] TARADOLSIRITHITIKUL P, SIRISOMBOON P, DACHOUPAKAN S C. Qualitative and quantitative analysis of ochratoxin a contamination in green coffee beans using fourier transform near infrared spectroscopy[J]. Journal of the Science of Food & Agriculture. 2017, 97(4): 1260-1266.

[135] DurmuşE, Güneş A, KALKAN, H. Detection of aflatoxin and surface mould contaminated figs by using fourier transform near-infrared reflectance spectroscopy[J]. Journal of the Science of Food & Agriculture, 2016, 97(1): 317-323.

[136] MONACI L, VATINNO R, BENEDETTO G E D. Fast detection of cyclopiazonic acid in cheese using fourier transform mid-infrared atr spectroscopy [J]. European Food Research & Technology, 2007, 225(3-4): 585-588.

[137] 2002/657/EC Implementing Council Directive 96/23/EC concerning the performance of analytical methods and the interpretation of results

[138] SANCO/12495/2011. Method validation and quality control procedures for pesticide residues analysis in food and feed

[139] GB/T 27417—2017 合格评定化学分析方法确认和验证指南

[140] Dall'ASTA C,BERTHILLER F. Masked mycotoxins in food:Formation,occurrence and toxicological relevance[M]. Royal Society of Chemistry:Cambridge,UK,2016(24).

[141] EFSA Panel on Contaminants in the Food Chain(CONTAM). Scientific Opinion on the risks for human and animal health related to the presence of modified forms of certain mycotoxins in food and feed[R]. EFSA Journal, 2014:12.

[142] BERTHILLER F,CREWS C,Dall'Asta C,et al. Masked mycotoxins:A review[J]. Molecular Nutrition & Food Research,2013,57(1):165-186.

[143] DE BOEVRE M,JACXSENS L,LACHAT C,et al. Human exposure to mycotoxins and their masked forms through cereal-based foods in Belgium[J]. Toxicology Letters,2013,218(3):281-292.

[144] FALAVIGNA C,LAZZARO I,GALAVERNA G,et al. Fatty acid esters of fumonisins:first evidence of their presence in maize[J]. Food Additives & Contaminants Part A Chemistry Analysis Control Exposure & Risk Assessment,2013,30(9):1606-1613.

[145] RIGHETTI L,PAGLIA G,GALAVERNA G,et al. Recent Advances and Future Challenges in Modified Mycotoxin Analysis:Why HRMS Has Become a Key Instrument in Food Contaminant Research[J]. Toxins,2016,8 (12):361.

[146] JESTOI M. Emerging fusarium-mycotoxins fusaproliferin,beauvericin,enniatins,and moniliformin:A review[J]. Critical Reviews in Food Science & Nutrition,2008,48(1):21-49.

[147] VACLAVIKOVA M,MALACHOVA A,VEPRIKOVA Z,et al. 'Emerging' mycotoxins in cereals processing chains:changes of enniatins during beer and bread making[J]. Food Chemistry,2013,136(2):750-757.

[148] EFSA Panel on Contaminants in the Food Chain(CONTAM). Scientific Opinion on the risks to human and animal health related to the presence of beauvericin and enniatins in food and feed[J]. EFSA Journal, 2014 (12):3802.

[149] SYCORDERO A A,PEARCE C J,OBERLIES N H. Revisiting the enniatins:A review of their isolation,biosynthesis,structure determination,and biological activities[J]. Journal of Antibiotics,2012,65(11):541-549.

[150] Hallasmøller M,NIELSEN K F,FRISVAD J C. Production of the Fusarium Mycotoxin Moniliformin by Penicillium melanoconidium[J]. Journal of Agricultural & Food Chemistry,2016,64(22):4505-4510.

[151] SANTINI A,MECA G,UHLIG S,et al. Fusaproliferin,beauvericin and enniatins:Occurrence in food-A review[J]. World Mycotoxin Journal,2012,5(1):

71-81.

[152] BACON C W,PORTER J K,NORRED W P,et al. Production of fusaric acid by Fusarium species[J]. Applied & Environmental Microbiology,1996,62 (11):4039-4043.

[153] PEDERSEN PB,MILLER JD. The fungal metabolite culmorin and related compounds[J]. Neurogastroenterology & Motility,1999,7(6):305-309.

[154] GUO J,ZHANG L S,WANG Y M,et al. Study of embryotoxicity of Fusarium mycotoxin butenolide using a whole rat embryo culture model[J]. Toxicology in Vitro An International Journal Published in Association with Bibra,2011,25(8):1727-1732.

[155] EFSA Panel on Contaminants in the Food Chain(CONTAM). Scientific Opinion on the risks for animal and public health related to the presence of Alternaria toxins in feed and food[J]. EFSA Journal,2011,9(10):2407.

[156] EFSA Panel on Contaminants in the Food Chain(CONTAM). Scientific opinion on the risk for public and animal health related to the presence of sterigmatocystin in food and feed[J]. EFSA Journal,2013(11):3254.

[157] BENTLEY R. Mycophenolic Acid:a one hundred year odyssey from antibiotic to immunosuppressant[J]. Cheminform,2000,100(10):3801-3826.

[158] FRISVAD JC,LARSEN TO. Chemodiversity in the genus Aspergillus[J]. Applied microbiology and biotechnology,2015,99(19):7859-7877.

[159] EFSA Panel on Contaminants in the Food Chain(CONTAM). Scientific Opinion on the risks for animal and public health related to the presence of phomopsins in feed and food[J]. EFSA Journal,2012,10(2):2567.

第二章

样品的采样与制备

第一节　真菌毒素检测的采样

一、采样面临的挑战

真菌毒素分析的一个重要原则是其检测结果可重复性,这意味着当反复分析特定批次样品时,应该得到相同的结果。只有这样才能确保结果准确无误。高重复性意味着同一样品不同检测结果之间的差异性很小。而偏差是指测试值与真实值的差异。真菌毒素测试过程所需的各个步骤构成了其偏差。抽样、样品制备和分析是真菌毒素测试偏差的三个主要来源,其中抽样是真菌毒素测试中最大的偏差来源。相关文献报道中指出黄曲霉毒素测试的误差近90%可归因于抽样。

真菌毒素抽样误差大的两方面原因:一是给定商品中的真菌毒素浓度低,二是批次中分布不均匀。例如,在大量的玉米中,绝大多数的颗粒不含真菌毒素,只有少于0.1%的颗粒被真菌毒素污染。就玉米而言,已经发现个别颗粒含有高达400000000μg/kg的黄曲霉毒素。因此,代表性的样本应该涵盖足够比例的具有高污染水平的颗粒。如果样本不具有代表性,测试结果将是"假阴性"或"假阳性",无论哪种方式都会导致抽样或检测的成本增加。

(一) 低浓度

尽管某些颗粒中真菌毒素的含量极高,但许多谷物中真菌毒素的总体浓度通常很低。呕吐毒素、伏马菌素、橘霉素等真菌毒素的"百万分之一"(ppm 或 mg/kg),像黄曲霉毒素、赭曲霉毒素和展青霉则是"十亿分之一"(ppb 或 μg/kg)。

(二) 分布不均匀

不同于玉米或小麦中的蛋白质及水分含量,其中每个测试的试样颗粒具有相似的含量水平(即均匀分布),真菌毒素不会污染每个颗粒。在极端情况下,只会发生在整个作物的"顶端"或"侧面"等部位。这意味着一些颗粒可能含有高水平的毒素,而另外一些不含有毒素,导致真菌毒素分布不均匀。

这是因为霉菌不能在整个田地或粮仓中同时生长,并且所产生的毒素沉积在某些颗粒中,而不是在所有颗粒中。因此真菌毒素往往集中在一个地方,即所谓的"热点"或"熔核",而剩余部分则不含毒素(见图2-1)。

真菌毒素污染程度越大,其分布越均匀,测试结果越准确。相反,当"大量"粮食中的真菌毒素总浓度低时,则容易出现分布不均匀的情况。

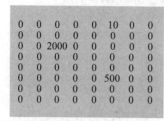

a) 典型的真菌毒素不均匀分布　　　　b) 典型蛋白质均匀分布

图2-1　真菌毒素和蛋白质分布情况对比图

如前所述,正确的分析意味着确定整个批次的平均污染。如果不遵循适当的抽样程序,分析结果很可能会偏低或偏高:如果只对非污染地区进行抽样,则真菌毒素浓度测试结果偏低;如果样品是从受污染的区域中取出,则真菌毒素浓度测试结果偏高。

(三) 假阴性和假阳性

"假阴性"是指霉菌毒素的测试结果低于准确值。"假阴性"在真菌毒素测试中非常常见,主要是由于取样和样品制备不当造成的。当采集太少的增量样本或总批次样本数太小时,"遗漏"一个受污染的区域比"命中"更常见。当研究中的整个样品被分割或分裂时,"假阴性"也是常见的,因为分析样品中被污染的颗粒被"分离"。

获得的假阴性结果数量取决于:

(1) 所采用的增量样本和总样本量,从卡车或轨道车辆获得的总样本量越小,获得代表性数量的受污染区域的机会越少。

(2) 粒度大小:如果在采集分析样品前样品研磨得不够细,实际的污染水平可能会被低估。

正常情况下假阴性的比率是小于5%,如果0.45kg样品仅进行粗粉碎(例如用搅拌器)或者只从磨碎的样品上部取样测试会使假阴性的比率达到90%。假阴性测试结果会造成重大的财务损失,比如:如果由于抽样程序不佳而产生不可靠的结果,导致真菌毒素测试费用的浪费。如果样品被超过20ppm的黄曲霉毒素污染,那么可能会因超过法律规定限值而遭受罚款。粮食加工商拒收货物并将其退还给卖方时,也会产生额外的运输成本。卖方失去信誉,将导致粮食销售减少。如果重新测试假阴性的谷物并分析准确值,则加工厂可能会因此停产,直至可以购买到合格的谷物。如果商品被处理或食品被消费而导致损害健康,可能会导致较高成本的诉讼费。

另一方面,"假阳性"是真菌毒素分析的结果高于准确值。这种类型的答案并不像假阴性那样常见,因为当抽样做错误时,会更容易"遗漏"污染区域而不是"命中"它们。

然而,假阳性检测结果也会造成经济损失:因为受污染的粮食价格低于未受污染的粮食而使质量好的粮食以较低价格出售。混合或处理好的粮食会产生不必要的费用。不准确的结果在整体测试计划上反映不佳,并阻碍潜在的卖家供应粮食。

二、静态批次取样

静态批次的定义为:从一辆货车、卡车或一个铁路车厢等大型容器或袋子、箱子等小容器中采样。真正从静态批次中随机选取样本均较困难,因为无法接触到容器中的所有货物。

从静态批次中抽取合并样本通常需要使用适当的取样设备从批次中选取样本。所使用的取样设备应专门针对某种类型的容器设计。该取样设备应满足以下条件:(1)长度足以触及所有样本;(2)让批次中的任何个体都能被选中而不受限制;(3)不改变批次中的个体。

对于采用独立包装进行销售的批次,采样频率(SF)或抽取的份样件数,是关于批次质量(LT)、份样质量(IS)、合并样本质量(AS)和单个包装质量(IP)的函数,如式(2-1)所示:

$$SF = (LT \times IS)/(AS \times IP) \quad\quad\quad\quad\quad (2\text{-}1)$$

采样频率(SF)为抽样的件数。所有质量都应采用同一质量单位,例如 kg。

(一)取样工具

如图 2-2 所示的取样工具可以用来进行静态批次取样。

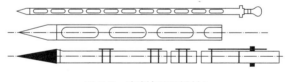

图 2-2 穿刺杆(取样针)

美国农业部(USDA)批准的取样设备为外径 4.13cm 的穿刺杆,穿刺杆有两个管组成,其中一个套在另外一个管外面,内管被隔成若干段,这样每段收集不同深度的样品,材质要求为铜制或铝制,根据不同的样本容器建议使用如下长度的取样器从而可以触及容器底部。长度以及内管间隔建议如下:

(1) 平板货车或者拖车:152.4cm 或者 182.88cm(11 或 12 个内管间隔);

(2) 料斗车:182.88cm、243.84cm 或者 304.8cm(12、16 或 20 个内管间隔);

(3) 箱式车:182.88cm(12 个内管间隔);

(4) 漏斗车:304.8cm 或者 365.76cm(20 个内管间隔);

(5) 驳船和湾船:365.76cm(20 个内管间隔)。

(二)取样模型设计

取样模型是指当抽取样本时,从哪些取样点进行取样以保证取到的样品具有代表性,下文将针对不同的装载容器讲述几种常见的取样模型,图 2-3 所示为美国农业部针对大批次花生取样设计的 5 点和 8 点采取模型。

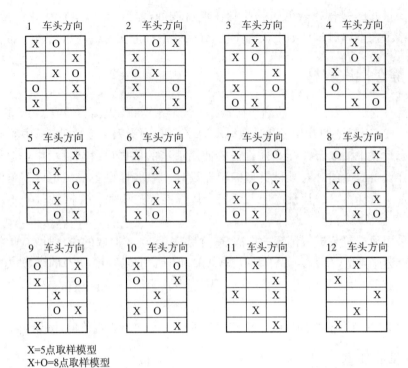

X=5点取样模型
X+O=8点取样模型

图 2-3　美国农业部针对大批次花生 5 点和 8 点取样模型

如果装载容器为平底卡车和拖车,如果深度大于 1.2m 应使用 9 点模式并且拖车应按照独立容器处理。平底卡车或拖车装载的粮食深度不足 1.2m 应使用 7 点模式,见图 2-4。

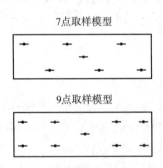

图 2-4　平底卡车和拖车 7 点和 9 点取样模型

如果是 3-间隔、廊道式或门式底卸式货车取样时应在中心位置或者稍偏离中心位置与垂直方向成 10°角插入穿刺杆,避免接触横梁,见图 2-5。

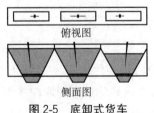

俯视图

侧面图

图 2-5　底卸式货车

平顶驳船,在距离驳船尾部1.2m和距侧面2.1m的位置进行第一次采样。然后向船头方向每隔4.5m采一次样。最后一次采样位置需距船头1.2m、距侧面2.1m,见图2-6。

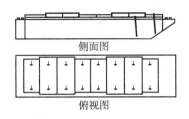

侧面图

俯视图

图 2-6　平顶驳船

储藏箱的采样需要使用气动/机械的自动采样设备或合适的取样器进行。如果不具有此条件,就需要根据采样模式(见图2-7)对饲料、食品类进行5点采样、对谷物进行9点采样。使用螺旋采样器和采样管联用,从储藏箱底部收集大约250g样品。如果怀疑储藏箱受潮,则采用图2-8的采样模式从容器边缘采集可能受潮的样品,并从容器中心采集受潮可能性最小的样品。将边缘样品和中心样品分别装入不同的取样袋,系紧袋口。在检测前置于干燥避光的环境里保存。将一个样品标记为"储藏箱边缘",另一个标记为"储藏箱中央"。

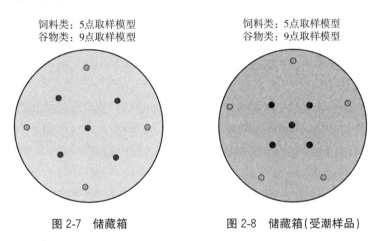

饲料类:5点取样模型
谷物类:9点取样模型

饲料类:5点取样模型
谷物类:9点取样模型

图 2-7　储藏箱　　　　图 2-8　储藏箱(受潮样品)

三、动态批次取样

当某批次货物从某地点被移至另一地点时,从货物移动流中选择合并样本时更能接近真正的随机采样。从移动流中采样,是从整个移动流中抽取产品小型份样,再将这些样本混合为合并样本;如果合并样本大于所需实验室样本,则将合并样本混合并缩分,以获得所需规模的实验室样本。

(一)取样工具介绍

采用鹈鹕式取样器在流水线上抽样。这种取样器是一个大约18英寸(1inch=2.54cm)长、2英寸宽、7英寸深的皮革袋,沿边缘有铁镶边使得袋子呈打开状态。袋子与一长杆相连。鹈鹕取样器是在向下流动的货物中摆动或拉动袋子来取样。在货车卸货时用鹈鹕取样器非常方便,外观如图 2-9 所示。

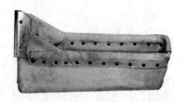

图 2-9 鹈鹕取样器

当货物在传送带运输时则必须使用 Ellis 取样杯进行取样,使用 Ellis 取样杯进行取样时需要在货物流的中部,左侧和右侧各取满杯构成一个合并样本。取样器外观如图 2-10 所示。

图 2-10 Ellis 取样杯

除了以上两种方便快捷的手动工具以外,更多的自动取样器会被运用到动态批次的取样当中,如图 2-11 所示的自动取样装置会以固定的速度在样品流中平移以随机取到具有代表性的样品。

对于大颗粒的谷物来说,有一种名为"D/T"(如图 2-12 所示)的自动取样系统可以用来进行自动取样,对于粉状的货物可以使用另外一种名为"P/T"(如图 2-13 所示)的自动取样器,由于粉状货物的均一性高于粒装货物,因此可以用这种管状自动取样器代替鹈鹕取样器。

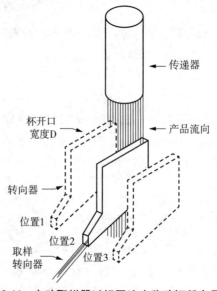

图 2-11 自动取样器以相同速度移动切断产品流

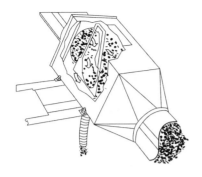 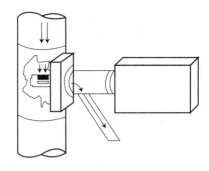

图 2-12　D/T 自动取样装置　　　　　图 2-13　P/T 自动取样装置

动态批次的取样无法像静态批次一样进行取样点的设计,因此对于动态批次的取样可以按照数学模型计算出取样频率以取到足够有代表性的样品。

(二)取样模型

市场上可购买配备计时器的自动采样设备,能够自动以设定的均匀间隔在移动流中放置分流杯。当无法获得自动设备时,可指定人员在移动流中以定期间隔手动放置分流杯收集份样。无论使用自动或手动方法,都应在货物流经过某采样点的整个时段内,以频繁、均匀的间隔收集小型份样并加以混合。

应按照以下方式安装采样器:(1)分流杯杯口平面应与流向垂直;(2)分流杯应经过移动流的整个横截面;(3)分流杯杯口宽度应足以容纳该批次中的所有相关个体。一般情况下,分流杯杯口的宽度应大约为该批次中最大个体尺寸的 3 倍。运用正交采样器从批次中抽取的合并样本的规模(S)以千克计,计算如式(2-2)所示:

$$S=(D×LT)/(T×V) \cdots\cdots(2-2)$$

式中:D 是分流杯杯口的宽度(以 cm 计),LT 是批次规模(以 kg 计),T 是杯子从移动流中采样的间隔或时间(以 s 计),V 是杯子流速(以 cm/s 计)。如果已知移动流的质量流率 MR(kg/s),则自动采样杯的采样频率(SF)或采样次数如式(2-3)所示:

$$SF=(S×V)/(D×MR) \cdots\cdots(2-3)$$

式(2-3)也可用于计算其他相关参数,如各次采样的间隔时间(T)。例如,宽度为5.08cm(2 英寸)的分流杯从 30000kg 的批次中获得 20kg 合并样本时,各次采样之间所需的时间,杯子经过移动流的速度为 30cm/s。用式(2-4)求解 T 值。

$$T=(5.08cm×30000kg)/(20kg×30cm/s)=254s \cdots\cdots(2-4)$$

如果某批次以每分钟 500kg 的速度移动,整个批次将在 60s 内经过采样器,采样杯只会对整个批次做出 14 次采样(14 个份样)。可能有人认为采样频率不够,但是在杯子在移动流上采样的间隔时间内会有很多产品经过采样器。

四、谷物以及谷物类产品大批次取样计划

(一)相关定义

批次:同一次交付的一定数量且工作人员确定具有共同特征(如产地、种类、包装类

型、包装员、发货人或标记)的食品商品。

子批次:一个较大批次中的指定部分,用来实施抽样计划。每个子批次都必须分开放置,并做出标记。

份样:从某批次或子批次的一个随机位置选取的一定数量的材料。

合并样本:从某批次或子批次中选取的所有份样合并而成的总体。合并样本至少应与实验室样本或与组合样本的大小相当。

(二)欧盟发布委员会条例

欧盟发布委员会条例(EC)No. 401/2006:关于官方控制食品中真菌毒素含量的取样和分析方法中针对谷物以及谷物产品给出了批次采样程序规定,对于谷物类产品重点关注的真菌毒素为黄曲霉毒素、赭曲霉毒素 A 以及镰刀菌毒素。

对于谷物类批次取样,份样的重量要达到 100g,如果是零售包装样品质量取决于包装形式;如果包装大于 100g,则总的取样量要大于 10kg;如果包装质量远大于 100g,则需要从单个零售包装中取 100g 作为单个样品,取样活动也可以在实验室进行。如果这种取样方法会使整个批次损坏而产生无法接受的商业后果(因为包装形式和运输方式等等)则可以采用其他取样方法,比如,当高价值的产品在市场是以 500g 或者 1kg 包装,则取样数目可以少于表 2-1 或表 2-2 的规定,但是总的取样量仍需要保持一致。

表 2-1　根据产品以及批次质量的取样

货物名称	批次质量/t	重量或小批数目/t	取样数	样品量/kg
谷物以及 谷物产品	≥1500	500	100	10
	>300~<1500	3 个小批次	100	10
	≥50~≤300	100	100	10
	<50	—	3~100(＊)	1~10
注:(＊)根据批次质量不同见表 2-2。				

1. 批次质量大于 50t 时谷物以及谷物制品的取样方法

(1)如果小批次可以物理分隔,则每个批次可以按照表 2-1 取样。但是往往大部分的时候小批次的加和可能会超过理论上总质量的 20％,如果批次不能被分成小批次则每个批次至少取样 100 个。

(2)每个小批次需要独立取样。

(3)取样数目是 100 个,每个样品的总量为 10kg。

(4)如果由于某些原因比如(因为包装形式、运输方式、采样等)导致无法进行规范取样,应当尽可能取到有代表性的样品同时对取样活动进行充分的描述和记录。其他情况下也可实际应用上述取样方法。例如,大量的谷物储存在仓库中或筒仓中。

2. 当谷物以及谷物类产品的批次小于 50t 的取样数量

对于谷物以及谷物类产品批次小于 50t 时,取样计划应该根据批次质量取 10~100

个样品数量,从而使得总的取样量达到 1kg～10kg。非常小的批次小于 0.5t 时,则取样数目可以减少但是总的取样量不少于 1kg。

表 2-2　谷物和谷物类产品按照质量的取样方案

批次质量	取样数目	样品总量/kg
<50kg	3	1
>50kg～≤500kg	5	1
>500kg～≤1t	10	1
>1t～≤3t	20	2
>3t～≤10t	40	4
>10t～≤20t	60	6
>20t～≤50t	100	10

如果取样发生在零售店那么上述方法就不太适用,一般情况下可以选用替代的取样方法但是需要保证至少样品总量达到 1kg。

(三) 美国农业部(USDA)条例

美国农业部编制了一本真菌毒素取样手册中详细介绍了对于谷物类产品的真菌毒素取样,并且针对不同的毒素均做出了一些取样建议详见表 2-3。

表 2-3　批次取样计划

真菌毒素种类	官方批次类型的最少取样量/g			送检样品/g
	货车或集装箱	轨道车	驳船,子批次和合并样品	
黄曲霉毒素	908	1362	4540g	4540
脱氧雪腐镰刀菌烯醇	200/908(仅玉米适用后者取样量)	200/1000(仅玉米适用后者取样量)	200/1000(仅玉米适用后者取样量)	200/1000(仅玉米适用后者取样量)
玉米赤霉烯酮	908	1362	4540g	4540(推荐)
伏马毒素	908	1362	4540g	4540(推荐)
赭曲霉毒素 A	908	1362	4540g	1000/4540(仅玉米适用后者取样量)(推荐)

五、其他类食品大批次采样计划

对于其他类食品的大批次取样规范,包括国际食品法典委员会(CAC)、欧盟以及美国食品药品监督管理局(FDA)均对各类食品进行了批次取样计划的建议,其中 CAC 和 FDA 仅针对黄曲霉毒素制定规范,但是由于黄曲霉毒素的限量低,其他真菌毒素的批次取样计划同样可以参考,下文会分别进行阐述。

(一)国际食品法典委员会标准

国际食品法典委员会于 1995 年制定了 CODEX STAN 193—1995 并且经过 1997 年、2006 年、2008 年、2009 年修订后的食品和饲料中污染物和毒素通用标准中针对自然存在的污染物和真菌毒素做出了限量规定,同时针对黄曲霉毒素在 3 种食品中(深加工的花生、木生坚果、无花果干)的取样计划给出了批次取样的建议,下文将分别进行详细阐述。

1. 用于深加工的花生中所含黄曲霉毒素总量的采样计划

为实施该采样计划,需要从花生批次(子批次)中选取 20kg 去壳花生作为实验室样本(即 27kg 未去壳花生),随后测试其中所含黄曲霉毒素总量是否超过 15ppb 的最大限量。

该采样计划旨在执行和管控出口市场上交易的散装花生中的黄曲霉毒素总量。为了协助成员国实施采样计划,本书描述了挑选样本的方法、样本制备的方法以及所需分析方法,以便确定各批次散装花生中的黄曲霉毒素含量。

待检查的每一批次,都必须分别采样。大批次应细分为子批次,再分别采样。这种细分可遵照表 2-4 的取样规范。

考虑到每一批次的质量并不一定总是各子批次质量的准确倍数,子批次的质量不超过表 2-4 中 20％时仍适用。

表 2-4　子批次的取样规范

大宗货物	批次质量/t	总质量(t)或子批次数	份样数量	实验室样品量/kg
花生	≥500	100t	100	20
	>100～<500	均为 5 子批次	100	20
	≥25～≤100	25t	100	20
	>15～≤25	作为 1 个子批次	100	20

待抽取的份样数量视批次质量而定,最小值为 10,最大值为 100。表 2-5 中的数据可用于确定待抽取的份样数量。样本总质量必须达到 20kg。

表 2-5　依据批次质量的取样数目

批次质量 T/t	份样数量
$T \leqslant 1$	10
$1 < T \leqslant 5$	40
$5 < T \leqslant 10$	60
$10 < T \leqslant 15$	80

从花生批次中抽取份样所使用的程序十分重要。同一批次中的每个花生应具有均等的选中机会。如果用于选择份样的设备和程序阻碍或降低了批次中任何个体的选中

机率,则样本选取方法将产生偏差。

由于无法得知受污染的花生仁是否在整个批次中均匀分布,合并样本必须是从批次不同位置选取的多个小份样本或份样的集合。如果合并样本的规模过大,则应将其混合后再缩分,直至达到所需的实验室样本规模。

2. 即食和用于深加工的木本坚果中黄曲霉毒素污染的采样计划:杏仁、榛子、开心果和去壳巴西坚果

进行黄曲霉毒素检测的每一批次,都必须单独采样。大于 25t 的批次应细分为子批次单独采样。如果某批次大于 25t,则子批次的数量等于该批次质量(吨)除以 25t。建议批次或子批次的质量不要超过 25t。最小批次质量应为 500kg。

考虑到每一批次的质量并不一定是 25t 子批次的准确倍数,子批次的质量最高不得超出上述重量的 25%。

应从相同批次中选取样本,即样本应具有相同批次代码或至少相同保质期。应避免发生任何可能影响霉菌毒素含量、分析测定或影响所收集的合并样本的代表性的变化。例如,应避免在不利的天气条件下打开包装,或将样本暴露在过度潮湿或暴晒环境下。避免与附近可能被污染的货物发生交叉污染。

在大多数情况下,必须将货车或集装箱卸货,以便进行代表性采样。

从木本坚果批次中抽取份样的程序十分重要。该批次中每一颗坚果应具有相同的选中机率。如果用于选择份样的设备和程序阻碍或降低了批次中任何个体的选中机率,则样本选取方法将产生偏差。

由于无法得知受污染的木本坚果仁是否在整个批次中均匀分布,合并样本必须是从批次不同位置选取的产品的多个小份样本或份样的集合。如果合并样本的规模过大,则应将其混合后再细分,直至达到所需的实验室样本规模。

实验室样本的数量和规模不因批次(子批次)规模的变化而变化,但份样数量和规模将根据批次(子批次)规模的变化而变化。

从批次(子批次)中所抽取的份样数量取决于该批次的质量。表 2-6 用于确定从低于25t 的不同重量的批次或子批次中所抽取的份样数量。份样数量最小为 10,最大为 100。

表 2-6　组成批次(子批次)合并样本的份样数量和规模

批次或子批次质量(T)/t	份样的最小数目	最小份样规模/g	最小实验室样本量/kg
$T<1$	10	2000	20
$1<T<5$	25	800	20
$5<T<10$	50	400	20
$10 \leq T \leq 15$	75	267	20
$15 \leq T$	100	200	20

批次质量为 25t 时,建议最小份样量为 200g。份样数量和(或)规模须超过表 2-6 对规模低于 25000kg 的批次所做规定,以便取得大于或等于 20kg 实验室样本的合并样本。

3. 无花果干所含黄曲霉毒素的采样计划

有待进行黄曲霉毒素检测的每一批次,都必须单独采样。大于15t的批次应细分为子批次单独采样。如果某批次大于15t,则子批次的数量等于该批次质量(t)除以15t。建议批次或子批次的质量不应超过15t。

考虑到每一批次的质量并不一定是15t的准确倍数,子批次的质量最高不得超过上述重量的25%。

对于少于10t的批次则减少合并样本的规模,使其规模不会大大超过该批次或子批次的规模。

从批次(子批次)中所抽取的份样数量取决于该批次的质量。表2-7应用于决定从各大小批次或子批次选取的份样的数目。从各大小批次或子批次选取的份样的数目从10~100不等。

表 2-7　组成批次(或子批次)的合并样本的份样数量和规模

批次或子批次质量 (T,以 t 为单位)	份样的最小数目	份样的最小 样本规模/g	合并样本的最小 样本规模/kg	实验室 样本规模/kg	实验室样本数量
15.0≥T≥10.0	100	300	30	10	3
10.0≥T≥5.0	80	300	24	8	3
5.0≥T>2.0	60	300	18	9	2
2.0≥T>1.0	40	300	12	6	2
1.0≥T>0.5	30	300	9	9	1
0.5≥T>0.2	20	300	6	6	1
0.2≥T>0.1	15	300	4.5	4.5	1
0.1≥T	10	300	3	3	1

对于不同大小的批次和子批次,建议最小份样质量为300g。

(二)欧盟发布委员会条例

欧盟对于除谷物外的九大类食品的真菌毒素检测取样计划作出了详细的规定。

1. 干果包括蔓生果和衍生产品(除干无花果以外)取样方法

干果类重点关注的真菌毒素为黄曲霉毒素和赭曲霉毒素 A。单个样品的质量要达到100g,如果是零售则取样量取决于包装形式。如果包装大于100g,则总的取样量要大于10kg,如果包装质量远大于100g,则需要从单个零售包装中取100g 作为单个样品,取样活动也可以在实验室进行。如果这种取样方法会使整个批次损坏而产生无法接受的商业后果(因为包装形式和运输方式等),则可以采用其他取样方法,比如,当高价值的产品在市场是以500g 或者 1kg 包装,则取样数目可以少于表 2-8 或表 2-9 的规定,但是总的取样量仍需要保持一致。

如果包装小于100g 但是接近100g,则每个零售包装可以当作一个单独样品,从而总的取样量会小于10kg。如果包装远小于100g,则单个样品需要两个或者更多的零售包装组成达到接近100g。

（1）干果的取样方案（无花果干以外）

表2-8　根据产品以及批次质量的取样

货物名称	批次质量/t	质量/t 或者 小批次数量	取样数目	样品总量/kg
干果类	≥15	15～30t	100	10
	<15	无须分子批次	10～100（＊）	1～10
注:（＊）根据批次重量不同见表2-9。				

（2）大于15t干果（无花果干以外）取样方案

① 如果小批次无法物理分隔,则每个批次需要按照表2-8进行,考虑到有时批次质量不完全等于小批次的加和,小批次的质量可能会超出20％,则取样数目至少要达到100个,样品总量要达到10kg。

② 如果由于一些商业原因导致无法完成取样（包装形式、运输方法等）可以选用替代的抽样方法,但是必须保证样品尽可能有代表性,并且抽样活动需要被描述和记录。

③ 干果（无花果干除外）的抽样方法（批次小于15t）。

对于干果（无花果除外）的批次小于15t时,抽样计划需要取10个～100个样品,根据结果不同最终的取样量从1kg～10kg不等,参考表2-9。

表2-9　批次小于15t的取样数量

批次质量（T）	取样数目	样品总量/kg
T≤100kg	10	1
100kg<T≤200kg	15	1.5
200kg<T≤500kg	20	2
500kg<T≤1000kg	30	3
1t<T≤2t	40	4
2t<T≤5t	60	6
5t<T≤10t	80	8
10t<T≤15t	100	10

（3）当产品采取真空包装时

当批次等于或者大于15t时,至少要取25个样品,取样量达到10kg。当批次小于15t时,则至少要满足25％的取样数,但是样品总量仍然需要达到对应的质量。

2. 无花果干,花生和坚果取样方法

无花果干、花生和坚果重点关注真菌毒素为黄曲霉毒素。如果是零售店的批次,则取样量需要和零售包装相对应,如果零售包装超过300g,则取样量要超过30kg。如果零售包装远远大于300g,则300g的零售包装将作为一个独立的取样包装,取样活动也可以在实验室完成。如果抽样方法造成大批量的拒收导致销毁整批货物(包装形式、运输方式等等)则可以采用替代的方法。举例来说,货物在零售店的包装是500g或者1kg,则可以按照表2-10、表2-11、表2-12进行相应抽样,取样数目可以小于表中列出取样数目但是最终取样量需要相同。

当零售包装小于300g,并且差异不大时,则一个零售包装可以当作一个样品单元,样品总量可以小于30kg。如果零售包装远小于300g时,则一个样品需要含有两个或多个零售包装,尽可能接近300g。

(1)无花果干、花生和坚果的取样规范

表2-10 根据产品以及批次质量的取样

货物名称	批次质量(T)/t	质量/t 或者 小批次数量	取样数目	样品总量/kg
无花果干	$T \geqslant 15$	15~30	100	30
	$T < 15$	—	10~100(*)	≤30
花生、开心果、巴西坚果和其他坚果	$T \geqslant 500$	100	100	30
	$125 < T < 500$	5 小批次	100	30
	$15 \leqslant T \leqslant 125$	25	100	30
	< 15	—	10~100(*)	≤30
注:(*)根据批次质量不同见表2-11。				

(2)无花果干、花生以及其他坚果抽样方法(批次≥15t)

① 如果小批次可以物理分隔,则每个大批次需要按照表2-10分成小批次,考虑到小批次的重量加和可能大于整批的20%。

② 每个小批次需要独立取样。

③ 取样数目均为100。

④ 取样量30kg需要被分成10kg1份的3份给到实验室进行研磨(对于花生和其他坚果本身就需要进一步挑选或者进行物理处理,有设备可以混合30kg的样品则不必分成3份)。

⑤ 每个实验室抽样10kg需保证样品的完全研磨以及彻底混合均匀。

(3)批次小于15t的取样数量,根据批次重量取样数目从10~100,样品总量参考表2-11。

表2-11 根据批次重量的取样规范

批次质量(T)	取样数目	样品总量/kg	总取样量实验室样品数
$T \leqslant 100$kg	10	3	1
100kg $< T \leqslant 200$kg	15	4.5	1
200kg $< T \leqslant 500$kg	20	6	1

表 2-11(续)

批次质量(T)	取样数目	样品总量/kg	总取样量实验室样品数
500kg＜T≤1000kg	30	9～12	1
1t＜T≤2t	40	12	2
2t＜T≤5t	60	18～24	2
5t＜T≤10t	80	24	3
10t＜T≤15t	100	30	3

（4）坚果类衍生产品和复合食品

颗粒较小的坚果类衍生产品,比如坚果粉、花生酱(黄曲霉污染均匀分布)。

① 取样数为 100,批次质量小于 50t,则取样数应当在 10～100 之间,根据批次质量参考表 2-12。

表 2-12　根据产品以及批次质量的取样

批次质量(T)/t	取样数目	总的取样量/kg
T≤1	10	1
1＜T≤3	20	2
3＜T≤10	40	4
10＜T≤20	60	6
20＜T≤50	100	10

② 单个样品的取样量要达到 100g,如果是零售包装则单个取样量取决于零售包装的质量。

③ 总的取样量要在 1kg～10kg 并充分混合。

其他的颗粒较大的坚果衍生产品(黄曲霉毒素污染均匀分布)可以参考无花果干、花生的取样规范。

（5）花生,无花果干和衍生产品真空包装形式的特殊取样方法

对于开心果、花生、巴西坚果和无花果干,当批次大于等于 15t 时,至少需要取 50 个样且总的样品量达到 30kg,当批次质量小于 15t 时,取样数至少达到表 2-11 中一半的水平,总的样品量和表 2-11 保持一致。

对于除了开心果、花生和巴西坚果外的产品,当批次大于等于 15t 时,至少取 25 个样品且总的样品量达到 30kg,当批次质量小于 15t 时,取样数至少达到表 2-11 中四分之一的水平,总的样品量和表 2-11 保持一致。

对于坚果衍生物,无花果干、花生等小颗粒产品,当批次大于等于 50t 时,至少需要取 25 个样且总的样品量达到 10kg,当批次小于 50t 时,取样数至少达到表 2-12 中四分之一的水平,总的样品量和表 2-12 保持一致。

3. 香料取样方法

香料中重点关注黄曲霉毒素和赭曲霉毒素 A。如果是零售包装的批次,取样量取决

于零售包装的重量。如果零售包装大于 100g,则总取样量要大于 10kg,如果单个零售包装远大于 100g,则需要从单个零售包装中取样。取样工作既可以在取样现场完成也可以在实验室完成。然而,如果由此取样导致损坏了整个批次的商业包装(因为包装形式、运输方式等等)则可以采取替代方法。例如,有一类高价值产品的零售包装为 500g 或者 1kg,则取样数目可以比表 2-13 或表 2-14 中规定的取样数少,但是要保证总的取样量是一致。

如果零售包装小于 100g 而且质量差的不多,则每个零售包装可视为单个样品,则总的取样量会小于 10kg;如果零售包装远远小于 100g,则单个样品要包括两三个零售包装,使得单个样品量接近 100g。

表 2-13　根据产品以及批次质量的取样

货物名称	批次质量/t	质量/t 或者小批次数量	取样数目	样品总量/kg
香料	≥15	25	100	10
	<15	—	5~100(＊)	0.5~10

注:(＊)根据批次质量不同见表 2-14。

(1) 香料取样方法(批次大于等于 15t)

① 如果小批次可以分开取样,则单一批次取样请参考表 2-13。考虑到大批次的质量不可能正好等于小批次质量的加和,允许总的质量有不超过 20% 的偏差。

② 每个小批次必须单独取样。

③ 取样数目为 100,总的取样量为 10kg。

④ 当由于一些商业原因(包装形式、运输方式等等)无法采用上述抽放方法时,可以采用替代的抽样方法以保证样品尽可能有代表性,并且抽样活动需要被描述和记录。

(2) 香料取样方法(批次小于 15t)

对于香料的批次重量小于 15t 的取样方案根据批次的质量不同取样数目为 5 个~100 个,总的取样量为 0.5kg~10kg。具体的取样方案如下表 2-14 所示。

表 2-14　批次小于 15t 的取样数量

批次质量(T)	取样数目	样品总量/kg
$T \leqslant 10kg$	5	0.5
$10kg < T \leqslant 100kg$	10	1
$100kg < T \leqslant 200kg$	15	1.5
$200kg < T \leqslant 500kg$	20	2
$500kg < T \leqslant 1000kg$	30	3
$1t < T \leqslant 2t$	40	4
$2t < T \leqslant 5t$	60	6
$5t < T \leqslant 10t$	80	8
$10t < T \leqslant 15t$	100	10

（3）真空包装的香料特殊取样方法

批次质量大于等于 15t 时，至少需要取 25 个样品，总量达到 10kg，当批次小于 15t 时，至少要按照表 2-14 中取样数目的四分之一取样，同时总样品量和表 2-14 一致。

4. 牛奶和乳制品以及婴幼儿配方奶粉的取样方法

牛奶和乳制品重点关注黄曲霉毒素 M_1、取样总量至少达到 1kg 或者 1L，取样的数目请参考按表 2-15。取样量基于商品化的产品而言，如果是散装的液体产品，在不影响产品质量的前提下采取人工或者机械的方式充分混合后立即取样，这种情况下需要取 3 个样品更能代表本批次的黄曲霉毒素 M_1 的分布情况。

如果取样是瓶装或者小包装时，则单个样品至少为 100g，取样的总量达到 1kg 或者 1L，如果采用其他取样方法则需要记录整个采样方法和过程。

表 2-15 批次的最小取样规则

商品形式	取样数目	样品总量/kg
散装	3～5	1
瓶装/小包装	3	1
瓶装/小包装	5	1
瓶装/小包装	10	1

5. 咖啡和咖啡产品的取样方法

咖啡中重点关注的真菌毒素为赭曲霉毒素 A，如果批次为零售包装，则取样量取决于包装的重量。如果零售包装大于 100g，则总的取样量为 10kg，如果单个包装形式重量远大于 100g，则需要在每个零售包装中取样，取样活动也可以在实验室中进行。如果取样方案可能会破坏包装形式对整个批次造成影响（由于包装形式和运输方式等等）则可以采取其他方法替代，比如高价值的产品在市场的包装为 500g 或者 1kg，则取样数目可以少于表 2-16 或表 2-17 规定，但是总的样品量仍要和表 2-16 或表 2-17 保持一致。

如果零售包装小于 100g 并且差的不多，则每个零售包装视作单独一个样品，样品总量可以小于 10kg，如果零售包装远小于 100g 则需要取两个或者更多个零售包装使得每个样品数量尽可能达到 100g。

表 2-16 根据批次重量的取样方法

货物名称	批次质量/t	质量/t 或者小批次数量	取样数目	样品总量/kg
烘烤的咖啡豆,研磨的咖啡和速溶咖啡	≥15	15～30	100	10
	<15	—	10～100(＊)	1～10
注:(＊)根据批次质量不同见表 2-17。				

（1）批次大于 15t 烘烤的咖啡豆，研磨的咖啡和速溶咖啡的取样方法

① 如果小批次可以物理分隔，则每个批次需要按照表 2-16 进行取样，并且由于小批次的质量加和可能不完全等于总的批次质量，可以允许有 20% 的偏差。

② 每个小批次需要单独取样。

③ 取样的数目为100。

④ 总的取样量为10kg。

⑤ 当由于一些商业原因(包装形式、运输方式等等)无法采用上述抽放方法时,可以采用替代的抽样方法以保证样品尽可能有代表性,并且抽样过程需要被描述和记录。

(2)批次小于15t烘烤的咖啡豆、研磨的咖啡和速溶咖啡的取样方法

对于批次小于15t烘烤的咖啡豆、研磨的咖啡和速溶咖啡的取样方法,取样数目为5个~100个样品,依据批次质量取样总量为0.5kg~10kg。具体的取样方法参考表2-17。

表2-17　批次小于15t的取样数量

批次质量(T)	取样数目	样品总量/kg
$T \leqslant 100kg$	10	1
$100kg < T \leqslant 200kg$	15	1.5
$200kg < T \leqslant 500kg$	20	2
$500kg < T \leqslant 1000kg$	30	3
$1t < T \leqslant 2t$	40	4
$2t < T \leqslant 5t$	60	6
$5t < T \leqslant 10t$	80	8
$10t < T \leqslant 15t$	100	10

(3)真空包装的烘烤的咖啡豆,研磨的咖啡和速溶咖啡的取样方法

批次质量大于15t,至少取25个样品,总质量达到10kg;如果批次数小于15t,则至少要达到表2-17的取样数目的四分之一,但样品总量保持一致。

6. 果汁包括葡萄汁、苹果汁和葡萄酒

果汁中重点关注的真菌毒素为赭曲霉A以及展青霉毒素,最小取样数需要按照表2-18中规定,产品的商业化决定了产品的包装形式和取样数。如果是散装的液体产品,在不影响产品质量的前提下采取人工或者机械的方式充分混合后立即取样,这种情况下需要取三个样品,这样更能代表本批次的赭曲霉A毒素和展青霉毒素的分布情况。

如果取样是瓶装或者小包装时,则单个样品至少为100g,取样的总量达到1kg或者1L,如果采用其他取样方法则需要记录整个采样方法和过程。

表2-18　批次中最小取样量

包装形式	批次体积/L	取样数目	样品体积
散装	—	3	1
瓶装/小包装(葡萄酒除外)	$\leqslant 50$	3	1
	50~500	5	1
	>500	10	1

表 2-18(续)

包装形式	批次体积/L	取样数目	样品体积
瓶装/小包装(只针对葡萄酒)	≤50	1	1
	50~500	2	1
	>500	3	1

7. 固体苹果产品,苹果汁和婴幼儿苹果泥的取样方法

重点关注展青霉毒素,取样总量至少为 1kg,如果无法实现则取独立包装。取样计划需要按照表 2-19 进行。如果是液体产品则需要在取样前充分混合均匀,使得最终取到的 3 个样品能充分代表展青霉毒素在产品中的分布情况。

表 2-19 批次最小取样数目

批次质量/kg	最小取样数目	样品总量/kg
<50	3	1
50~500	5	1
>500	10	1

如果含有独立包装,则包装的数目需要参照表 2-20。

表 2-20 独立包装的取样数目

批次中包装或单位的件数	包装或单位的取样数	样品总量/kg
1~25	1 个包装	1
26~100	约 5% 至少 2 个包装	1
>100	约 5% 至少 10 个包装	1

8. 加工谷物产品、基本食品等婴幼儿食品的取样方法

(1) 谷物产品类婴幼儿食品重点关注黄曲霉毒素、赭曲霉毒素 A 和镰刀菌类毒素。

① 膳食食品等为婴幼儿定制的医疗用途食品,重点关注黄曲霉毒素,赭曲霉毒素 A (牛奶和乳制品除外)。

② 除了谷物产品以外婴幼儿食品关注展青霉素。

(2) 取样方法

① 谷物类产品可以按照第一类谷物产品取样方法,取样数量根据批次重量从 10g~100g,但是总的样品量达到 1kg。

② 样品总量 1kg~10kg 充分混合。

9. 植物油取样方法

植物油需要重点关注的真菌毒素有黄曲霉毒素 B_1、黄曲霉毒素总量以及玉米赤霉烯酮,带包装的植物油的份样质量至少为 100g 或者 100mL,散装植物油至少 3 个份样,每个 350mL,从而合并成为 1kg 或者 1L 的合并样本。最少取样数目如表 2-21 所示,批次

在取样前需要进行手动或自动混合,从而使得黄曲霉毒素的分布是均匀的。

表 2-21　批次中最小取样数目

包装形式	批次质量/kg 或者体积/L	批次中最少取样数
散装	—	3
带包装	≤50	3
带包装	50～500	5
带包装	>500	10

注:(＊)如果子批次可以物理分隔,则大型散装批次的植物油需要按照表 2-22 进行取样。

表 2-22　不同批次质量下子批次合并样本量

大宗产品	批次质量/t	重量/t 或子批次数量	份样数	最小合并样本量/kg
植物油	≥1500	500t	3	1
	300～1500	3 子批次	3	1
	50～300	100t	3	1
	<50	—	3	1

10. 零售环节取样

对于所有食品中零售环节取样方法,如果上述方法不适用可以采用替代的方法但必须描述取样过程并进行记录。取样数目可以少于规定要求,但是最少取样量不得低于各类食品中最小取样量的规定。

(三)美国食品药品监督管理局

美国 FDA 已发布的调查操作手册(IOM)其第 4 章涵盖抽样,第 450 章专门用于"抽样:准备、处理、运输"。作为样品计划的一部分,IOM 还包括"真菌毒素样品量"图表(见表 2-23),表 2-23 定义了尽可能多的随机位点收集的增量样品单位的数量,批次大小和总样本量。这些用于真菌毒素分析的样品大小是针对特定产品定义的。

表 2-23　黄曲霉毒素取样量

产品名称	包装形式	批次大小	样品数量*	增量样品量	总样品量
花生酱(光滑)	大货或直接消费	—	24	225g	5.4kg
			12	454g	5.4kg
花生酱(碎粒)碎花生粒	大货或直接消费		监督样 10	监督样 454g	4.5kg
			合规样 48	合规样 454g	21.8kg
花生,带壳烘烤	大货或直接消费	—	监督样 15	监督样 454g	6.8kg
			合规样 75	合规样 454g	34kg

表 2-23(续)

产品名称	包装形式	批次大小	样品数量	增量样品量	总样品量
树生坚果(除了巴西坚果以及所有进口开心果)脱壳、带壳,粒或者粉	大货或直接消费	—	监督样 10 合规样 50	监督样 454g 合规样 454g	4.5kg 22.7kg
树生坚果酱	—	—	12	454g	5.4kg
带壳巴西坚果(进口)	大货	<200 包 201~800 包 801~2000 包	20 40 60	454g	9kg 18kg 27kg
脱壳开心果(进口)	大货	34100kg 混合(75000ibs)	20%	—	从每 34100kg 中取 22.7kg
带壳开心果(进口)	—	同上	同上	—	从每 34100kg 中取 11.35kg
脱壳玉米、玉米粉、粗玉米粉	大货或直接消费	—	10	454g	4.5kg
油类籽粒(花生粕、棉籽粕)	大货	—	20	454g	9kg
可食籽粒,西瓜子,南瓜子,芝麻子	大货	—	监督样 10 合规样 50	监督样 454g 合规样 454g	4.5kg 22.7kg
磨碎的生姜根	大货 直接消费	"n"单位 —	根"n" 16	— 16g~28g	0.8kg 4.5kg
液体牛奶(全脂、低脂、脱脂)	直接消费 大货	— —	10 —	454g	4.5kg 4.5kg
小型谷物(小麦、高粱、大麦等)	大货	—	10	454	4.5kg
干果**(例如无花果干)	直接消费或者大货	—	监督样 10 合规样 50	监督样 454g 合规样 454g	4.5kg 22.7kg
可能被真菌毒素污染的混合大宗货物 相对颗粒较大 相对颗粒较小	直接消费		50 10	454g 454g	22.7kg 4.5kg

表 2-23(续)

产品名称	包装形式	批次大小	样品数量	增量样品量	总样品量

注 1:盛装未经处理的样品,比如完整的果仁,种子和谷物的容易需要多孔透气以便于果仁、种子和谷物水分扩散。

注 2:* 批次中随机的取样点越多越好,对于监督样品在寄送实验室前需要准备好替代样,对于合规样需要保证替代样的完整性。

注 3:** 对于种子或者干果类低污染可能性的样品可以采用选择性取样方案,一开始取样 10×454g,如果检测出黄曲霉毒素,则重新取样 50×454g 检查污染水平供法规判定。

第二节　样品制备

一、固体颗粒(包含谷物类、坚果类、干果类等)样品制备

(一) 概述

样品从取样到进行实验室测试还需要进行样品制备,由于取样的样品量比较大,直接从大量试样中提取真菌毒素不现实,因此样品中真菌毒素的提取通常是在样品扦样后进行。同时由于真菌毒素的分布极不均匀,对于固体样品而言整个试样应先经过研磨,达到同质化的效果,同质化作用是一项细化颗粒尺寸以及将受污染颗粒完全分散至粉碎后的实验室样本中的程序。

对于固体颗粒类样品官方有一些推荐的方法可以进行参考,比如美国化学协会(AOAC)推荐方法如下:

(1) 用锤磨机、盘磨机磨碎样品使其通过 14 目的筛网;

(2) 用扦样器进行扦样使样品缩分至 1kg~2kg;

(3) 对 1kg~2kg 的样品进行二次研磨使其通过 20 目的筛网;

(4) 用滚筒搅拌机或行星搅拌机进行充分混匀;

(5) 从混合样品中扦样得到测试样品。

Whitaker 方法如下:

(1) 先对样品进行粗磨;

(2) 充分混合样品;

(3) 用扦样器进行扦样,得到 1.13kg 样品;

(4) 对 1.13kg 样品进行细磨;

(5) 再次充分混合样品;

(6) 用扦样器进行扦样得到 500g 样品;

(7) 混匀后取 50g 样品进行检测。

我国真菌毒素检测标准中对于固体样品的制备进行了阐述,黄曲霉毒素需经过高速

粉碎机,过筛,粒径要求小于 2mm,对于赭曲霉毒素 A、T2-HT2 毒素和伏马毒素粒径要求为 1mm,对于脱氧雪腐镰刀菌烯醇的粒径要求为 0.5mm～1.0mm。

对于葡萄干、无花果干等样品制备建议使用均质机或商品化粉粹机进行打碎混匀后取合适样品重量进行提取。

为了使二级样品的真菌毒素含量可以基本反映试样中的污染水平,合适的研磨机的选择就显得至关重要,后面会针对固体样品的研磨机选择进行重点介绍。同时对于半固体和流体类产品国家标准中也有所涉及可作为参考。

(二) 磨的选型

试样必须要进行研磨达到一定的颗粒度才能进行充分混合,美国农业部推荐的真菌毒素检测的粒径要求为 60％研磨后的样品能通过美国标准的 20 目筛网。同时美国农业部在真菌毒素手册中推荐了几种类型的研磨机供参考,一种是 Romer 公司生产的研磨机,另一种是 Bunn 咖啡研磨机或者其他可以替代的产品。

当样品中水分含量超过 20％时会对样品的研磨有影响,高水分含量的固体样品无法研磨成合适的粒度从而对检测结果的准确性有影响。因此对于水分含量超过 20％的样品需要先自然晾干(在通风条件下)至水分含量低于 20％后进行研磨。对于油脂含量高的样品建议先进行粗磨然后再进行细磨直到达到合适的粒径为止。

(三) 颗粒度检查

首先称取 100g 样品然后按照下面的程序进行:
(1) 选择水分含量大约 14％的玉米 100g;
(2) 称取所有研磨完的样品;
(3) 使所有样品通过 20 目筛网;
(4) 准确记录过筛后的样品质量;
(5) 计算样品过筛的百分含量,以质量计,见式(2-5):

$$粒度 = \frac{上述步骤中(4)的质量}{上述步骤中(2)的质量} \times 100\% \quad\cdots\cdots\cdots\cdots\cdots (2-5)$$

对于研磨机需要定期进行颗粒度的检查以保证研磨样品的粒度能持续满足测试要求,周期性检查重点包含下列关键指标:
(1) 对于研磨后样品进行目视检查;
(2) 上次检查后研磨的样品总数;
(3) 上次检查后的天数,记录所有检查事项以备后续参考使用。

二、半固体、流体类的样品制备

食品安全国家标准真菌毒素检测方法中对于半固体、流体样品制备有一些涉及,比如对于半固体类样品(如腐乳、豆豉、苹果泥以及苹果酱)等需要用组织捣碎机捣碎混匀后,储存于样品瓶中,密封保存,供检测用。

对于液体样品(酱油、苹果汁、山楂汁、牛奶等)需要使用匀浆机进行均质后,储存于样品瓶中;密封保存,供检测用。

对于酒类样品,含有二氧化碳的酒类样品需要先在 4℃冰箱冷藏 30min,过滤或超声脱气,对于不含二氧化碳的酒类试样则用均质机混匀后,密封保存,供检测用。

参 考 文 献

[1] GB 5009.22—2016 食品安全国家标准 食品中黄曲霉毒素 B 族和 G 族的测定

[2] GB 5009.96—2016 食品安全国家标准 食品中赭曲霉毒素 A 的测定

[3] GB 5009.111—2016 食品安全国家标准 食品中脱氧雪腐镰刀菌烯醇及其衍生物的测定

[4] GB 5009.185—2016 食品安全国家标准 食品中展青霉素的测定

[5] GB 5009.240—2016 食品安全国家标准 食品中伏马毒素的测定

[6] GB 5009.118—2016 食品安全国家标准 食品中 T-2 毒素的测定

[7] CODEX CAC STAN 193—1995 General standard for contaminants and toxins in food and feed

[8] (EC)No. 401/2006 Laydown the method of sampling and analysis for the official control of the levels of mycotoxins in foodstuffs

[9] RUDOLF KRSKA, JOHN L. RICHARD, RAINER SCHUHMACHER, et al. Guide to Mycotoxins. 4th Edition. Anytime Publishing Services.

[10] Grain Inspection, Packers and Stockyards Administration. Mycotoxin Handbook. 2015.

[11] Grain Inspection, Packers and Stockyards Administration. Grain Inspection Handbook, Book I Sampling, 2013.

第三章

食品中黄曲霉毒素B族和G族的测定标准操作程序

黄曲霉毒素是由黄曲霉、寄生曲霉及集峰曲霉产生的一类二呋喃香豆素的衍生物,广泛分布于各类农产品中。黄曲霉毒素主要有黄曲霉毒素 B_1(Aflatoxin B_1,AFT B_1)、AFT B_2、AFT G_1 和 AFT G_2 四种,其中以 AFT B_1 最常见且污染水平最高。四种毒素非常稳定,268℃～269℃方被分解,故一般的家庭烹饪温度不破坏其毒性。几乎不溶于水,不溶于己烷、石油醚和无水乙醚,易溶于甲醇、乙醇、三氯甲烷、丙酮、乙腈、苯、二甲基甲酰胺等有机溶剂,具体化学结构式见图3-1。

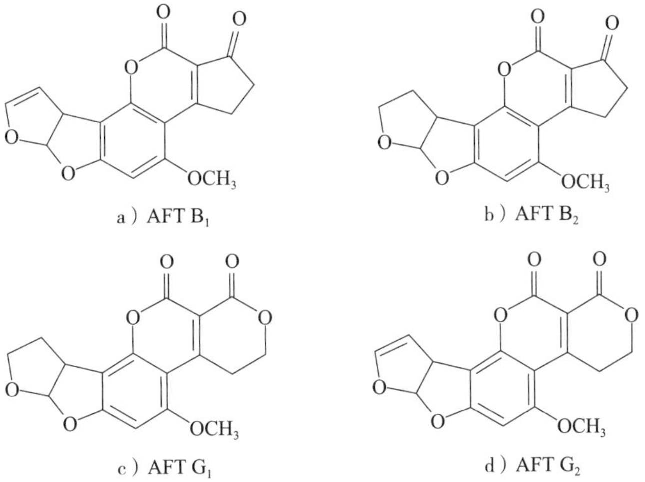

a）AFT B_1

b）AFT B_2

c）AFT G_1

d）AFT G_2

图3-1 四种黄曲霉毒素化学结构式

黄曲霉毒素分子中的二呋喃环是其毒性的重要结构基础,而香豆素可能与致癌作用有关。此外,黄曲霉毒素可抑制 DNA 的复制、通过抑制 RNA 的合成而影响蛋白质的生物合成、通过干扰氧化磷酸化作用对大鼠线粒体细胞色素氧化酶有抑制作用。黄曲霉毒素对动物肝脏剧毒,并有致畸、致突变和致癌作用,其中以 AFT B_1 毒性最大,并被国际癌症研究机构列为Ⅰ级致癌剂。黄曲霉毒素的毒性、致突变及致癌作用由强到弱的顺序依次为 AFT B_1＞AFT G_1＞AFT B_2＞AFT G_2。

黄曲霉毒素的检测可采用薄层色谱法、高效液相色谱法和液相色谱串联质谱法以及免疫分析法。薄层色谱法因操作耗时长等不足已被逐步替代;高效液相色谱法和液相色谱串联质谱法具有检测灵敏度高、分析速度快、选择性好等优点,是黄曲霉毒素检测广泛采用的方法。

黄曲霉毒素 B_1 和 G_1 因在双呋喃环上有一个双键,荧光特性较弱,直接荧光检测无法达到痕量检测的要求。为了提高检测 AFT B_1 和 AFT G_1 的灵敏度,通常采用衍生方法。目前较为常用的衍生方法包括三氟乙酸衍生、光化学衍生、卤素(溴或碘)衍生和电化学衍生法。

第一节　同位素稀释-液相色谱-串联质谱法

一、测定标准操作程序

GB 5009.22—2016《食品安全国家标准　食品中黄曲霉毒素 B 族和 G 族的测定》第一法采用同位素稀释-液相色谱-串联质谱法进行食品中黄曲霉毒素 B 族和 G 族的测定,其标准操作程序如下:

1　范围

本程序适用于谷物及其制品、豆类及其制品、坚果及籽类、油脂及其制品、调味品、婴幼儿配方食品和婴幼儿辅助食品中 AFT B_1、AFT B_2、AFT G_1 和 AFT G_2 含量的测定。

2　原理

试样中的 AFT B_1、AFT B_2、AFT G_1 和 AFT G_2,用甲醇-水溶液提取,提取液用含吐温-20 的磷酸盐缓冲溶液稀释后,通过免疫亲和柱净化和富集,净化液浓缩、定容和过滤后经液相色谱分离,串联质谱检测,同位素内标法定量。

3　试剂和材料

注:除非另有说明,本方法所用试剂均为分析纯,水为 GB/T 6682 规定的一级水。

3.1　试剂

3.1.1　乙腈(CH_3CN):色谱纯。

3.1.2　甲醇(CH_3OH):色谱纯。

3.1.3　乙酸铵(CH_3COONH_4):色谱纯。

3.1.4　氯化钠(NaCl)。

3.1.5　磷酸氢二钠(Na_2HPO_4)。

3.1.6　磷酸二氢钾(KH_2PO_4)。

3.1.7　氯化钾(KCl)。

3.1.8　盐酸(HCl)。

3.1.9　吐温-20($C_{58}H_{114}O_{26}$)。

3.2 试剂配制

3.2.1 乙酸铵溶液(5mmol/L)：称取 0.39g 乙酸铵,用水溶解后稀释至 1000mL,混匀。

3.2.2 甲醇-水溶液(70+30)：取 700mL 甲醇加入 300mL 水,混匀。

3.2.3 甲醇-水溶液(50+50)：取 500mL 甲醇加入 500mL 水,混匀。

3.2.4 乙腈-甲醇溶液(50+50)：取 50mL 乙腈加入 50mL 甲醇,混匀。

3.2.5 10% 盐酸溶液：取 1mL 盐酸,用纯水稀释至 10mL,混匀。

3.2.6 磷酸盐缓冲溶液(PBS)：称取 8.00g 氯化钠、1.20g 磷酸氢二钠、0.20g 磷酸二氢钾、0.20g 氯化钾,用 900mL 水溶解,用盐酸调节 pH 至 7.4±0.1,加水稀释至 1000mL。

3.2.7 1% 吐温-20 的 PBS：取 10mL 或吐温-20,用 PBS 稀释至 1000mL。

3.3 标准品

3.3.1 AFT B_1 标准品($C_{17}H_{12}O_6$)：纯度≥98%。

3.3.2 AFT B_2 标准品($C_{17}H_{14}O_6$)：纯度≥98%。

3.3.3 AFT G_1 标准品($C_{17}H_{12}O_7$)：纯度≥98%。

3.3.4 AFT G_2 标准品($C_{17}H_{14}O_7$)：纯度≥98%。

3.3.5 同位素内标$^{13}C_{17}$-AFT B_1($C_{17}H_{12}O_6$)：纯度≥98%,浓度为 0.5μg/mL。

3.3.6 同位素内标$^{13}C_{17}$-AFT B_2($C_{17}H_{14}O_6$)：纯度≥98%,浓度为 0.5μg/mL。

3.3.7 同位素内标$^{13}C_{17}$-AFT G_1($C_{17}H_{12}O_7$)：纯度≥98%,浓度为 0.5μg/mL。

3.3.8 同位素内标$^{13}C_{17}$-AFT G_2($C_{17}H_{14}O_7$)：纯度≥98%,浓度为 0.5μg/mL。

3.4 标准溶液配制

3.4.1 标准储备溶液(10μg/mL)：分别称取 AFT B_1、AFT B_2、AFT G_1 和 AFT G_2 1mg(精确至 0.01mg),用乙腈溶解并定容至 100mL。此溶液浓度约为 10μg/mL。溶液转移至试剂瓶中后,在−20℃下避光保存,备用。

3.4.2 混合标准工作液(100ng/mL)：准确移取混合标准储备溶液(10μg/mL) 1.00mL 至 100mL 容量瓶中,乙腈定容。此溶液密封后避光−20℃下保存,3 个月有效。

3.4.3 混合同位素内标工作液(100ng/mL)：准确移取 0.5μg/mL $^{13}C_{17}$-AFT B_1、$^{13}C_{17}$-AFT B_2、$^{13}C_{17}$-AFT G_1 和 $^{13}C_{17}$-AFT G_2 各 2.00mL,用乙腈定容至 10mL。在−20℃下避光保存,备用。

3.4.4 标准系列工作溶液：准确移取混合标准工作液(100ng/mL)10μL、50μL、100μL、200μL、500μL、800μL、1000μL 至 10mL 容量瓶中,加入 200μL 100ng/mL 的同位素内标工作液,用甲醇-水(50+50)定容至刻度,配制浓度点为 0.1ng/mL、0.5ng/mL、1.0ng/mL、2.0ng/mL、5.0ng/mL、8.0ng/mL、10.0ng/mL 的系列标准溶液。

4 仪器设备

4.1 天平:感量 0.01g 和 0.00001g。

4.2 超声波。

4.3 涡旋混合器。

4.4 离心机:转速≥6000r/min。

4.5 固相萃取装置(带真空泵)。

4.6 液相色谱-串联质谱仪:带电喷雾离子源。

4.7 液相色谱柱。

4.8 黄曲霉毒素免疫亲和柱。

4.9 微孔滤头:带 0.22μm 微孔滤膜。

4.10 pH 计。

5 操作步骤

5.1 样品提取

5.1.1 一般样品

　　称取 5g 试样(精确至 0.01g)于 50mL 离心管中,加入 100μL 同位素内标工作液(3.4.3)振荡混合后静置 30min。加入 20mL 甲醇-水溶液(70+30),涡旋混匀,置于超声波下超声 20min,在 6000r/min 下离心 10min,取上清液备用。

5.1.2 酱油、醋

　　称取 5g 试样(精确至 0.01g)于 50mL 离心管中,加入 125μL 同位素内标工作液(3.4.3)振荡混合后静置 30min。用甲醇定容至 25mL(精确至 0.1mL),涡旋混匀,置于超声波下超声 20min,在 6000r/min 下离心 10min,取上清液备用。

5.2 样品净化

5.2.1 上样液和免疫亲和柱的准备

　　准确移取 4mL 上清液,加入 20mL 吐温-20 的 PBS,待用。将低温下保存的免疫亲和柱恢复至室温。

5.2.2 试样的净化

　　待免疫亲和柱内原有液体流尽后,将上述样液移至 50mL 注射器筒中,调节下滴速度,控制样液以 1mL/min~3mL/min 的速度稳定下滴。待样液滴完后,往注射器筒内加入 2×10mL 水,以稳定流速淋洗免疫亲和柱。待水滴完后,用真空泵抽干亲和柱。脱离真空系统,在亲和柱下部放置 10mL 刻度试管,取下 50mL 的注射器筒,加入 2×0.5mL 甲醇洗脱亲和柱,控制 1mL/min~3mL/min 的速度下滴,再加 2×0.5mL 水淋洗亲和柱,收集全部洗脱液和淋洗液至试管中,混合均匀。0.22μm 滤膜过滤,收集滤液于进样瓶中以备进样。

5.3 液相色谱参考条件

　　液相色谱参考条件列出如下:

　　流动相:A 相:5mmol/L 乙酸铵溶液;B 相:乙腈-甲醇溶液(50+50);

梯度洗脱：32%B(0min～0.5min)，45%B(3min～4min)，100%B(4.2min～4.8min)，32%B(5.0min～7.0min)；

色谱柱：C18柱(柱长100mm,柱内径2.1mm;填料粒径1.7μm)，或相当者；

流速：0.3mL/min；

柱温：40℃；

进样体积：5μL。

5.4 质谱参考条件

质谱参考条件列出如下：

检测方式：多离子反应监测(MRM)；

离子源控制条件：参见表1；

离子选择参数：参见表2。

表1 离子源控制条件

电离方式	ESI+
毛细管电压/kV	3.5
锥孔电压/V	30
射频透镜1电压/V	14.9
射频透镜2电压/V	15.1
离子源温度/℃	150
锥孔反吹气流量/(L/h)	50
脱溶剂气温度/℃	500
脱溶剂气流量/(L/h)	800
电子倍增电压/V	650

表2 离子选择参数表

化合物名称	母离子（m/z）	定量离子（m/z）	碰撞能量/eV	定性离子（m/z）	碰撞能量/eV	离子化方式
AFT B_1	313	285	22	241	38	ESI+
$^{13}C_{17}$-AFT B_1	330	255	23	301	35	ESI+
AFT B_2	315	287	25	259	28	ESI+
$^{13}C_{17}$-AFT B_2	332	303	25	273	28	ESI+
AFT G_1	329	243	25	283	25	ESI+
$^{13}C_{17}$-AFT G_1	346	257	25	299	25	ESI+
AFT G_2	331	245	30	285	27	ESI+
$^{13}C_{17}$-AFT G_2	348	259	30	301	27	ESI+

5.5 标准曲线法测定样品

在 5.3、5.4 的液相色谱串联质谱仪分析条件下,将标准系列溶液由低到高浓度进样检测,以 AFT B_1、AFT B_2、AFT G_1 和 AFT G_2 色谱峰与各对应内标色谱峰的峰面积比值-浓度作图,得到标准曲线回归方程,其线性相关系数应大于 0.99。

6 分析结果的表述

见式(1):

$$X = \frac{\rho \times V_1 \times V_3 \times 1000}{V_2 \times m \times 1000} \quad \cdots\cdots\cdots\cdots\cdots\cdots\cdots (1)$$

式中:

X——试样中 AFT B_1、AFT B_2、AFT G_1 或 AFT G_2 的含量,单位为微克每千克($\mu g/kg$);

ρ——进样溶液中 AFT B_1、AFT B_2、AFT G_1 或 AFT G_2 按照内标法在标准曲线中对应的浓度,单位为纳克每毫升(ng/mL);

V_1——试样提取液体积(一般样品按加入的提取液体积;酱油、醋按定容总体积),单位为毫升(mL);

V_3——样品经净化洗脱后的最终定容体积,单位为毫升(mL);

1000——换算系数;

V_2——用于净化分取的样品体积,单位为毫升(mL);

m——试样的称样量,单位为克(g)。

计算结果保留三位有效数字。

7 灵敏度和精密度

当称取样品 5.00g 时,AFT B_1 的检出限为 $0.03\mu g/kg$,AFT B_2 的检出限为 $0.03\mu g/kg$,AFT G_1 的检出限为 $0.03\mu g/kg$,AFT G_2 的检出限为 $0.03\mu g/kg$;

当取样量为 5.00g 时,AFT B_1 的定量限为 $0.1\mu g/kg$,AFT B_2 的定量限为 $0.1\mu g/kg$,AFT G_1 的定量限为 $0.1\mu g/kg$,AFT G_2 的定量限为 $0.1\mu g/kg$。

在重复性条件下获得的两次独立测定结果的绝对差值不得超过算术平均值的 20%。

谱图见图 1。

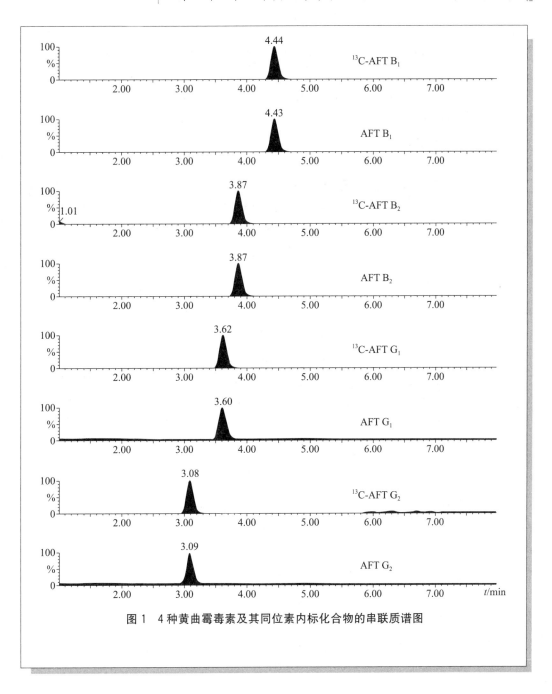

图1 4种黄曲霉素及其同位素内标化合物的串联质谱图

二、注意事项

1. 本程序是在 GB 5009.22—2016《食品安全国家标准 食品中黄曲霉毒素 B 族和 G 族的测定》方法一的基础上进行了调整。

2. 试验过程应在指定区域内进行。该区域应避光、具备相对独立的操作台和废弃物存放装置。在整个试验过程中,操作者应按照接触剧毒物的要求采取相应的保护措施。试验后,污染的玻璃和塑料器具用 50g/L 次氯酸钠溶液浸泡,以达到去毒效果。废液也

55

应加次氯酸钠处理后排放。

3. 试验中使用的磷酸盐缓冲液（PBS 溶液），可购买市售的磷酸盐缓冲液试剂包，按说明配制 PBS，以简化试验操作。

4. 使用不同厂商的免疫亲和柱，操作方法可能略有差异，应该按照供应商所提供的操作说明书进行操作。

5. 免疫亲和柱的选择：应注意所使用免疫亲和柱是适用于黄曲霉毒素 B_1 还是适用于 4 种黄曲霉毒素。

6. 免疫亲和柱净化后的洗脱液经过氮气吹干至近干时，必须保证剩余少量的溶剂，绝对不可完全吹干，这可能导致试验的回收率偏低。

7. 样品中加入内标后，静置 30min 只是为了使同位素内标充分进入到样品中，模仿天然样品状态。若试验条件允许，过夜放置更佳。

8. 同位素内标：原则上应该使用 4 种同位素内标，考虑到同位素内标价格昂贵，如使用一种同位素内标（如 ^{13}C-AFT B_1），需要做基质效应评估试验，根据在不同基质中 4 种黄曲霉毒素的基质干扰情况，加以修正。或使用基质匹配的校正曲线。从表 3-1 可以看出，在玉米基质中，4 种黄曲霉毒素的基质效应是不一致的。

表 3-1　玉米基质的基质效应

毒素种类	AFT B_1	AFT B_2	AFT G_1	AFT G_2
基质效应/%	44.80±6.61	62.48±7.21	80.06±10.20	66.13±8.31

注：100% 为无基质效应，小于 100% 为基质抑制，大于 100% 为基质增强。

9. 提高灵敏度的方法：适当加大样品处理量、适当提高浓缩倍数或加大进样量。

10. 进样前的样品溶液中的有机溶剂（甲醇）与水的比率不得高于 50%，避免产生溶剂效应。

第二节　高效液相色谱-柱前衍生法

GB 5009.22—2016《食品安全国家标准　食品中黄曲霉毒素 B 族和 G 族的测定》第二法采用三氟乙酸柱前衍生的高效液相色谱法进行食品中黄曲霉毒素 B 族和 G 族的测定，其标准操作程序如下：

1　范围

本程序适用于谷物及其制品、豆类及其制品、坚果及籽类、油脂及其制品、调味品、婴幼儿配方食品和婴幼儿辅助食品中 AFT B_1、AFT B_2、AFT G_1 和 AFT G_2 含量的测定。

2　原理

试样中的 AFT B_1、AFT B_2、AFT G_1 和 AFT G_2,用甲醇-水溶液的混合溶液提取,提取液经黄曲霉毒素固相净化柱净化去除脂肪、蛋白质、色素及碳水化合物等干扰物质,净化液用三氟乙酸柱前衍生,液相色谱分离,荧光检测器检测,外标法定量。

3　试剂和材料

除非另有说明,本方法所用试剂均为分析纯,水为 GB/T 6682 规定的一级水。

3.1　试剂

3.1.1　甲醇(CH_3OH):色谱纯。

3.1.2　乙腈(CH_3CN):色谱纯。

3.1.3　正己烷(C_6H_{14}):色谱纯。

3.1.4　三氟乙酸(CF_3COOH)。

3.2　试剂配制

3.2.1　乙腈-水溶液(84+16):取 840mL 乙腈加入 160mL 水。

3.2.2　甲醇-水溶液(70+30):取 700mL 甲醇加入 300mL 水。

3.2.3　乙腈-水溶液(50+50):取 500mL 乙腈加入 500mL 水。

3.2.4　乙腈-甲醇溶液(50+50):取 500mL 乙腈加入 500mL 甲醇。

3.3　标准品

3.3.1　AFT B_1 标准品($C_{17}H_{12}O_6$):纯度≥98%。

3.3.2　AFT B_2 标准品($C_{17}H_{14}O_6$):纯度≥98%。

3.3.3　AFT G_1 标准品($C_{17}H_{12}O_7$):纯度≥98%。

3.3.4　AFT G_2 标准品($C_{17}H_{14}O_7$):纯度≥98%。

3.4　标准溶液配制

3.4.1　标准储备溶液(10μg/mL):分别称取 AFT B_1、AFT B_2、AFT G_1 和 AFT G_2 1mg(精确至 0.01mg),用乙腈溶解并定容至 100mL。此溶液浓度约为 10μg/mL。溶液转移至试剂瓶中后,在 −20℃下避光保存,备用。

3.4.2　混合标准工作液(AFT B_1 和 AFT G_1:100ng/mL,AFT B_2 和 AFT G_2:30ng/mL):准确移取 AFT B_1 和 AFT G_1 标准储备溶液各 1mL,AFT B_2 和 AFT G_2 标准储备溶液各 300μL 至 100mL 容量瓶中,乙腈定容。密封后避光−20℃下保存,3 个月内有效。

3.4.3　标准系列工作溶液:分别准确移取混合标准工作液 10μL、50μL、200μL、500μL、1000μL、2000μL、4000μL 至 10mL 容量瓶中,用初始流动相定容至刻度(含 AFT B_1 和 AFT G_1 浓度为 0.1ng/mL、0.5ng/mL、2.0ng/mL、5.0ng/mL、10.0ng/mL、20.0ng/mL、40.0ng/mL,AFT B_2 和 AFT G_2 浓度为 0.03ng/mL、0.15ng/mL、0.6ng/mL、1.5ng/mL、3.0ng/mL、6.0ng/mL、12ng/mL 的系列标准溶液)。

4 仪器和设备

4.1 超声波。

4.2 天平:感量 0.01g 和 0.00001g。

4.3 涡旋混合器。

4.4 离心机:转速≥6000r/min。

4.5 氮吹仪。

4.6 液相色谱仪:配荧光检测器。

4.7 色谱分离柱。

4.8 黄曲霉毒素多功能净化柱(以下简称净化柱)。

4.9 一次性微孔滤头:带 0.22μm 微孔滤膜。

4.10 恒温箱。

4.11 pH 计。

5 分析步骤

5.1.1 液体样品

称取 5g 试样(精确至 0.01g)于 50mL 离心管中,加入 20mL 甲醇-水溶液(70+30),涡旋混匀,置于超声波下超声 20min,在 6000r/min 下离心 10min,取上清液备用。

5.1.2 酱油、醋

称取 5g 试样(精确至 0.01g)于 50mL 离心管中,用乙腈或甲醇定容至 25mL(精确至 0.1mL),涡旋混匀,置于超声波下超声 20min,在 6000r/min 下离心 10min,取上清液备用。

5.2 样品黄曲霉毒素多功能净化柱净化

移取适量上清液,按净化柱操作说明进行净化,收集全部净化液。

5.3 衍生

用移液管准确吸取 4.0mL 净化液于 10mL 离心管后在 50℃下用氮气缓缓地吹干,分别加入 200μL 正己烷和 100μL 三氟乙酸,涡旋 30s,在 40℃±1℃的恒温箱中衍生 15min,衍生结束后,在 50℃下用氮气缓缓地将衍生液吹至近干,用初始流动相定容至 1.0mL,涡旋 30s 溶解残留物,过 0.22μm 滤膜,收集滤液于进样瓶中以备进样。

5.4 色谱参考条件

色谱参考条件列出如下:

流动相:A 相,水,B 相:乙腈-甲醇溶液(50+50);

梯度洗脱:24%B(0min～6min),35%B(8min～10min),100%B(10.2min～11.2min),24%B(11.5min～13.0min);

色谱柱:C18 柱(柱长 150mm 或 250mm,柱内径 4.6mm,填料粒径 5.0μm),或相当者;

流速:1.0mL/min;

柱温:40℃;

进样体积:50μL;

检测波长:激发波长360nm;发射波长440nm。

5.5 样品测定

5.5.1 标准曲线的制作

系列标准工作溶液由低到高浓度依次进样检测,以峰面积为纵坐标-浓度为横坐标作图,得到标准曲线回归方程。

5.5.2 试样溶液的测定

待测样液中待测化合物的响应值应在标准曲线线性范围内,浓度超过线性范围的样品则应稀释后重新进样分析。

6 分析结果的表述

试样中 AFT B_1、AFT B_2、AFT G_1 和 AFT G_2 的残留量按式(1)计算:

$$X = \frac{\rho \times V_1 \times V_3 \times 1000}{V_2 \times m \times 1000} \quad \cdots\cdots\cdots\cdots\cdots\cdots (1)$$

式中:

X——试样中 AFT B_1、AFT B_2、AFT G_1 或 AFT G_2 的含量,单位为微克每千克($μg/kg$);

ρ——进样溶液中 AFT B_1、AFT B_2、AFT G_1 或 AFT G_2 按照外标法在标准曲线中对应的浓度,单位为纳克每毫升(ng/mL);

V_1——试样提取液体积一般样品按加入的提取液体积;酱油、醋按定容总体积),单位为毫升(mL);

V_3——净化液的最终定容体积,单位为毫升(mL);

1000——换算系数;

V_2——净化柱净化后的取样液体积,单位为毫升(mL);

m——试样的称样量,单位为克(g)。

计算结果保留三位有效数字。

7 灵敏度和精密度

当称取样品5g时,柱前衍生法的 AFT B_1 的检出限为0.03μg/kg,AFT B_2 的检出限为0.03μg/kg,AFT G_1 的检出限为0.03μg/kg,AFT G_2 的检出限为 0.03μg/kg;柱前衍生法的 AFT B_1 的定量限为0.1μg/kg,AFT B_2 的定量限为0.1μg/kg,AFT G_1 的定量限为0.1μg/kg,AFT G_2 的定量限为0.1μg/kg。

在重复性条件下获得的两次独立测定结果的绝对差值不得超过算术平均值的20%。

谱图见图1。

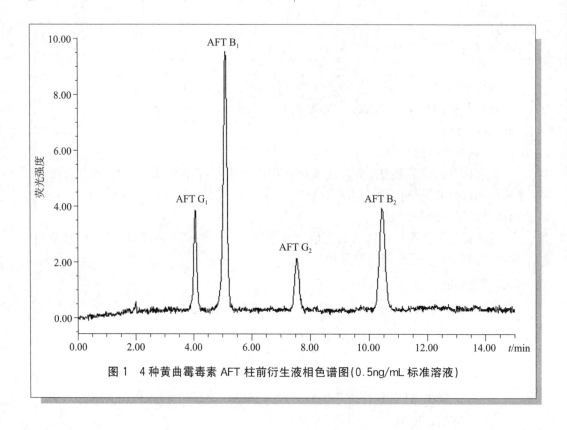

图 1　4 种黄曲霉毒素 AFT 柱前衍生液相色谱图(0.5ng/mL 标准溶液)

第三节　高效液相色谱-柱后衍生法

一、测定标准操作程序

GB 5009.22—2016《食品安全国家标准　食品中黄曲霉毒素 B 族和 G 族的测定》第三法采用高效液相色谱-柱后衍生法进行食品中黄曲霉毒素 B 族和 G 族的测定,其标准操作程序如下:

1　范围

本程序适用于谷物及其制品、豆类及其制品、坚果及籽类、油脂及其制品、调味品、婴幼儿配方食品和婴幼儿辅助食品中 AFT B$_1$、AFT B$_2$、AFT G$_1$ 和 AFT G$_2$ 含量的测定。

2　原理

试样中的 AFT B$_1$、AFT B$_2$、AFT G$_1$ 和 AFT G$_2$,用甲醇-水溶液的混合溶液提取,提取液经免疫亲和柱净化和富集,净化液浓缩、定容和过滤后经液相色谱分离,柱后衍生(碘或溴试剂衍生、光化学衍生、电化学衍生等),经荧光检测器检测,外标法定量。

3　试剂和材料

除非另有说明,本方法所用试剂均为分析纯,水为GB/T 6682规定的一级水。

3.1　试剂

3.1.1　甲醇(CH_3OH):色谱纯。

3.1.2　乙腈(CH_3CN):色谱纯。

3.1.3　氯化钠(NaCl)。

3.1.4　磷酸氢二钠(Na_2HPO_4)。

3.1.5　磷酸二氢钾(KH_2PO_4)。

3.1.6　氯化钾(KCl)。

3.1.7　盐酸(HCl)。

3.1.8　吐温-20($C_{58}H_{114}O_{26}$)。

3.1.9　碘衍生使用试剂:碘(I_2)。

3.1.10　溴衍生使用试剂:三溴化吡啶($C_5H_6Br_3N_2$)。

3.1.11　电化学衍生使用试剂:溴化钾(KBr)、浓硝酸(HNO_3)。

3.2　试剂配制

3.2.1　甲醇-水溶液(70+30):取700mL甲醇加入300mL水。

3.2.2　甲醇-水溶液(50+50):取500mL甲醇加入500mL水。

3.2.3　乙腈-甲醇溶液(50+50):取500mL乙腈加入500mL甲醇。

3.2.4　磷酸盐缓冲溶液(以下简称PBS):称取8.00g氯化钠、1.20g磷酸氢二钠、0.20g磷酸二氢钾、0.20g氯化钾,用900mL水溶解,用盐酸调节pH至7.4,用水定容至1000mL。

3.2.5　1%吐温-20的PBS:取10mL吐温-20,用PBS定容至1000mL。

3.2.6　0.05%碘溶液:称取0.1g碘,用20mL甲醇溶解,加水定容至200mL,用$0.45\mu m$的滤膜过滤,现配现用(仅碘柱后衍生法使用)。

3.2.7　5mg/L三溴化吡啶水溶液:称取5mg三溴化吡啶溶于1L水中,用$0.45\mu m$的滤膜过滤,现配现用(仅溴柱后衍生法使用)。

3.3　标准品

3.3.1　AFT B_1标准品($C_{17}H_{12}O$):纯度≥98%。

3.3.2　AFT B_2标准品($C_{17}H_{14}O_6$):纯度≥98%。

3.3.3　AFT G_1标准品($C_{17}H_{12}O_7$):纯度≥98%。

3.3.4　AFT G_2标准品$C_{17}H_{14}O_7$):纯度≥98%。

3.4　标准溶液配制

3.4.1　标准储备溶液($10\mu g/mL$):分别称取AFT B_1、AFT B_2、AFT G_1和AFT G_2 1mg(精确至0.01mg),用乙腈溶解并定容至100mL。此溶液浓度约为$10\mu g/mL$。溶液转移至试剂瓶中后,在-20℃下避光保存,备用。

3.4.2　混合标准工作液(AFT B_1 和 AFT G_1:100ng/mL,AFT B_2 和 AFT G_2:30ng/mL):准确移取 AFT B_1 和 AFT G_1 标准储备溶液各 1mL,AFT B_2 和 AFT G_2 标准储备溶液各 300μL 至 100mL 容量瓶中,乙腈定容。密封后避光−20℃下保存,3 个月内有效。

3.4.3　标准系列工作溶液:分别准确移取混合标准工作液 10μL、50μL、200μL、500μL、1000μL、2000μL、4000μL 至 10mL 容量瓶中,用甲醇-水(50＋50)定容至刻度(含 AFT B_1 和 AFT G_1 浓度为 0.1ng/mL、0.5ng/mL、2.0ng/mL、5.0ng/mL、10.0ng/mL、20.0ng/mL、40.0ng/mL,AFT B_2 和 AFT G_2 浓度为 0.03ng/mL、0.15ng/mL、0.6ng/mL、1.5ng/mL、3.0ng/mL、6.0ng/mL、12ng/mL 的系列标准溶液)。

4　仪器和设备

4.1　超声波。

4.2　天平:感量 0.01g 和 0.00001g。

4.3　涡旋混合器。

4.4　离心机:转速≥6000r/min。

4.5　固相萃取装置(带真空泵)。

4.6　液相色谱仪:配荧光检测器(带一般体积流动池或者大体积流通池)。
　　注:当带大体积流通池时不需要再使用任何型号或任何方式的柱后衍生器。

4.7　液相色谱柱。

4.8　光化学柱后衍生器(适用于光化学柱后衍生法)。

4.9　溶剂柱后衍生装置(适用于碘或溴试剂衍生法)。

4.10　电化学柱后衍生器(适用于电化学柱后衍生法)。

4.11　黄曲霉毒素免疫亲和柱。

4.12　一次性微孔滤头:带 0.22μm 微孔滤膜。

5　分析步骤

5.1　样品提取

5.1.1　一般样品

　　称取 5g 试样(精确至 0.01g)于 50mL 离心管中,加入 20mL 甲醇-水溶液(70＋30),涡旋混匀,置于超声波下超声 20min,在 6000r/min 下离心 10min,取上清液备用。

5.1.2　酱油、醋

　　称取 5g 试样(精确至 0.01g)于 50mL 离心管中,用乙腈或甲醇定容至 25mL(精确至 0.1mL),涡旋混匀,置于超声波下超声 20min,在 6000r/min 下离心 10min,取上清液备用。

5.2　样品净化

5.2.1　上样液和免疫亲和柱的准备

　　准确移取 4mL 上清液,加入 20mL 吐温-20 的 PBS,待用。将低温下保存的免疫亲和柱恢复至室温。

5.2.2 试样的净化

免疫亲和柱内的液体放弃后,将上述样液移至 50mL 注射器筒中,调节下滴速度,控制样液以 1mL/min～3mL/min 的速度稳定下滴。待样液滴完后,往注射器筒内加入 2×10mL 水,以稳定流速淋洗免疫亲和柱。待水滴完后,用真空泵抽干亲和柱。脱离真空系统,在亲和柱下部放置 10mL 刻度试管,取下 50mL 的注射器筒,2×0.5mL 甲醇洗脱亲和柱,控制 1mL/min～3mL/min 的速度下滴,再加 2×0.5mL水淋洗亲和柱,收集全部洗脱液和淋洗液至试管中,混匀。0.22μm 滤膜过滤,收集滤液于进样瓶中以备进样。

5.3 液相色谱参考条件

5.3.1 无衍生器法(大流通池直接检测)

流动相:A 相:水,B 相:乙腈-甲醇(50+50);

等梯度洗脱条件:A,65%;B,35%;

色谱柱:C_{18}柱(柱长 100mm,柱内径 2.1mm,填料粒径 1.7μm),或相当者;

流速:0.3mL/min;

柱温:40℃;

进样体积:10μL;

激发波长:365nm;发射波长:436nm(AFT B_1、AFT B_2),463nm(AFT G_1、AFT G_2)。

5.3.2 柱后光化学衍生法

流动相:A 相:水,B 相:乙腈-甲醇(50+50);

等梯度洗脱条件:A,68%;B,32%;

色谱柱:C18 柱(柱长 150mm 或 250mm,柱内径 4.6mm,填料粒径 5μm),或相当者;

流速:1.0mL/min;

柱温:40℃;

进样体积:50μL;

光化学柱后衍生器;

激发波长:360nm;发射波长:440nm。

5.3.3 柱后碘或溴试剂衍生法

5.3.3.1 柱后碘衍生法

流动相:A 相:水,B 相:乙腈-甲醇(50+50);

等梯度洗脱条件:A,68%;B,32%;

色谱柱:C18 柱(柱长 150mm 或 250mm,柱内径 4.6mm,填料粒径 5μm),或相当者;

流速:1.0mL/min;

柱温:40℃;

进样体积:50μL;

柱后衍生化系统;

衍生溶液:0.05%碘溶液;

衍生溶液流速:0.2mL/min;

衍生反应管温度:70℃;

激发波长:360nm;发射波长:440nm。

5.3.3.2 柱后溴衍生法

流动相:A 相:水,B 相:乙腈-甲醇(50+50);

等梯度洗脱条件:A,68%;B,32%;

色谱柱:C18 柱(柱长 150mm 或 250mm,柱内径 4.6mm,填料粒径 5μm),或相当者;

流速:1.0mL/min;

柱温:40℃;

进样体积:50μL;

柱后衍生化系统;

衍生溶液:5mg/L 三溴化吡啶水溶液;

衍生溶液流速:0.2mL/min;

衍生反应管温度:70℃;

激发波长:360nm;发射波长:440nm。

5.3.4 柱后电化学衍生法

流动相:A 相,水(1L 水中含 119mg 溴化钾,350μL 4mol/L 硝酸);B 相,甲醇;

等梯度洗脱条件:A,60%;B,40%;

色谱柱:C18 柱(柱长 150mm 或 250mm,柱内径 4.6mm,填料粒径 5μm),或相当者;

柱温:40℃;

流速:1.0mL/min;

进样体积:50μL;

电化学柱后衍生器:反应池工作电流 100μA;1 根 PEEK 反应管路(长度 50cm,内径 0.5mm);

激发波长:360nm;发射波长:440nm。

5.4 样品测定

5.4.1 标准曲线的制作

系列标准工作溶液由低到高浓度依次进样检测,以峰面积为纵坐标、浓度为横坐标作图,得到标准曲线回归方程。

5.4.2　试样溶液的测定

待测样液中待测化合物的响应值应在标准曲线线性范围内,浓度超过线性范围的样品则应稀释后重新进样分析。

6　分析结果的表述

试样中 AFT B$_1$、AFT B$_2$、AFT G$_1$ 和 AFT G$_2$ 的残留量按式(1)计算:

$$X = \frac{\rho \times V_1 \times V_3 \times 1000}{V_2 \times m \times 1000} \quad\text{················· (1)}$$

式中:

X——试样中 AFT B$_1$、AFT B$_2$、AFT G$_1$ 或 AFT G$_2$ 的含量,单位为微克每千克(μg/kg);

ρ——进样溶液中 AFT B$_1$、AFT B$_2$、AFT G$_1$ 或 AFT G$_2$ 按照外标法在标准曲线中对应的浓度,单位为纳克每毫升(ng/mL);

V_1——试样提取液体积(一般样品按加入的提取液体积;酱油、醋按定容总体积),单位为毫升(mL);

V_3——样品经免疫亲和柱净化洗脱后的最终定容体积,单位为毫升(mL);

V_2——用于免疫亲和柱的分取样品体积,单位为毫升(mL);

1000——换算系数;

m——试样的称样量,单位为克(g)。

计算结果保留三位有效数字。

7　灵敏度和精密度

当称取样品 5g 时,柱后光化学衍生法、柱后溴衍生法、柱后碘衍生法、柱后电化学衍生法的 AFT B$_1$ 的检出限为 0.03μg/kg,AFT B$_2$ 的检出限为 0.03μg/kg,AFT G$_1$ 的检出限为 0.03μg/kg,AFT G$_2$ 的检出限为 0.03μg/kg;无衍生器法的 AFT B$_1$ 的检出限为 0.03μg/kg,AFT B$_2$ 的检出限为 0.03μg/kg,AFT G$_1$ 的检出限为 0.03μg/kg,AFT G$_2$ 的检出限为 0.03μg/kg;

当称取样品 5g 时,柱后光化学衍生法、柱后溴衍生法、柱后碘衍生法、柱后电化学衍生法:AFT B$_1$ 的定量限为 0.1μg/kg,AFT B2 的定量限为 0.1μg/kg,AFT G$_1$ 的定量限为 0.1μg/kg,AFT G$_2$ 的定量限为 0.1μg/kg;无衍生器法:AFT B$_1$ 的定量限为 0.1μg/kg,AFT B$_2$ 的定量限为 0.1μg/kg,AFT G$_1$ 的定量限为 0.1μg/kg,AFT G$_2$ 的定量限为 0.1μg/kg。

谱图见图 1～图 5。

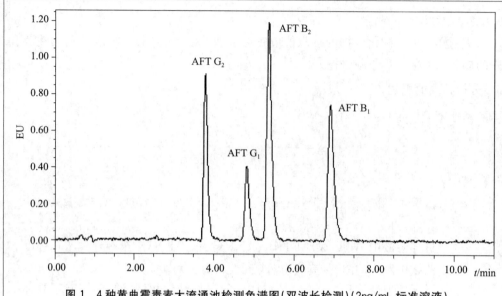

图1 4种黄曲霉毒素大流通池检测色谱图（双波长检测）（2ng/mL 标准溶液）

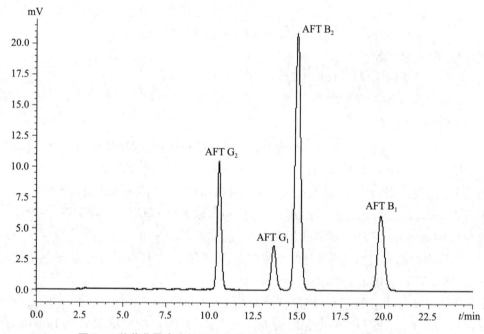

图2 4种黄曲霉毒素柱后光化学衍生法色谱图（5ng/mL 标准溶液）

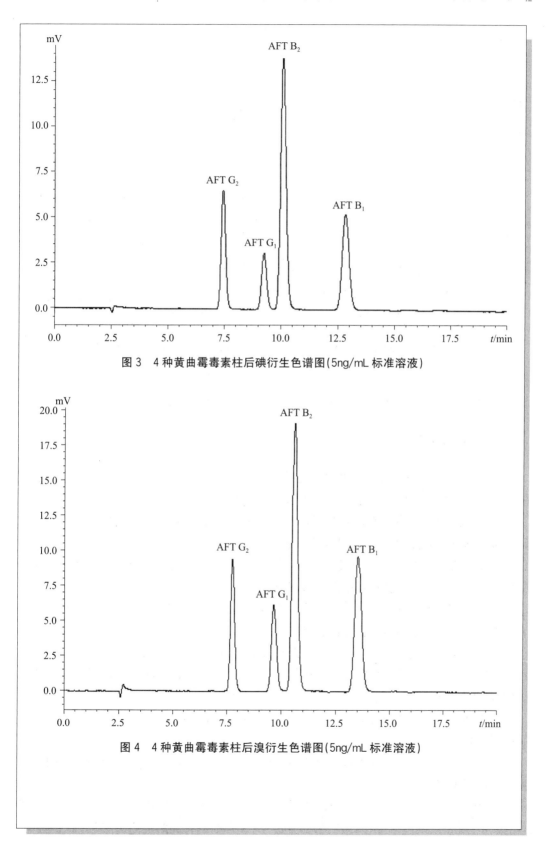

图3 4种黄曲霉毒素柱后碘衍生色谱图(5ng/mL 标准溶液)

图4 4种黄曲霉毒素柱后溴衍生色谱图(5ng/mL 标准溶液)

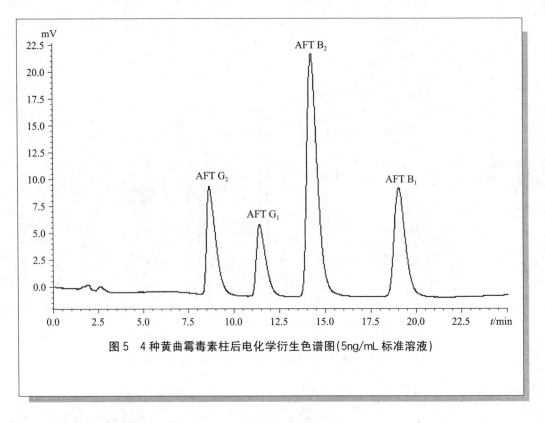

图5　4种黄曲霉毒素柱后电化学衍生色谱图(5ng/mL 标准溶液)

二、注意事项

1. 黄曲霉毒素测定的液相色谱法包括三氟乙酸柱前衍生及光化学、溴、碘、电化学等柱后衍生。各衍生方法具有等效性,实验室可根据设备条件任选其一。

2. 三氟乙酸柱前衍生反应需在无水条件下进行,在加入正己烷之前应吹干样液。三氟乙酸易挥发,加完衍生液后需迅速盖紧盖子。

3. 光化学衍生器中产生的紫外光对人体有较大伤害,因此对部分未做好紫外光保护的衍生器可在其表面包裹一层铝箔纸,以防止紫外线直接接触人体。

4. 使用碘衍生溶液时,衍生结束后,管路常会被碘溶液染黄。故在实验结束后,应用超纯水冲洗衍生管路,直至把碘溶液冲洗掉。

5. 使用碘或溴进行衍生时,样品液跟衍生剂在衍生器中发生反应。当实验结束以后,要先停止衍生液的流速,再停止液相的流速,以防止强氧化性的衍生剂反冲到液相色谱中,损坏液相仪器。

6. 电化学衍生器装置线路连接较为复杂,需按说明书中连接方式进行连接,切勿盲目连接进行实验,损坏衍生器。

7. 电化学衍生反应过程中需要使用电流,实验结束时,先关闭电流,再停止流速,否则会致使衍生器损坏。

8. 其他注意事项同第一法(同位素稀释液相色谱-串联质谱法),需要在特定区域操作;按净化柱的说明要求操作;氮气浓缩至近干;进样前的样品溶液中有机溶剂(甲醇)与水的比率不得高于50%,避免产生溶剂效应;适当加大样品处理量、适当提高浓缩倍速或加大进样量,以提高方法的灵敏度。

三、国内外限量及检测方法

国际法典委员会(CAC)和美国食品与药品监督管理局(FDA)规定食品中黄曲霉毒素含量(指 AFT B_1、AFT B_2、AFT G_1 和 AFT G_2 的总量)不能超过15μg/kg;2010 年 3 月,欧盟No.165/2010 条例生效,该条例规定了 17 类食品中黄曲霉毒素 B_1 以及黄曲霉毒素总量的限量指标,其中,黄曲霉毒素 B_1 的限量值范围为 0.1μg/kg～12.0μg/kg,其中花生、坚果及其加工产品、谷类食品及加工产品中黄曲霉毒素 B_1 限量为 2.0μg/kg。我国新发布的GB 2761—2017《食品安全国家标准　食品中真菌毒素限量》规定了不同食品种黄曲霉毒素的最高限量。具体国内外限量见表 3-2 和表 3-3。

表 3-2　国外食品中黄曲霉毒素限量

食品		欧盟		美国	日本
		最高限量/(μg/kg)		最高限量/	最高限量/
		AFT B_1	总量	(μg/kg)	(μg/kg)
花生及其制品	直接供食用的花生	2	4	20	10
	食用前经物理处理的花生	8	15	20	10
直接供人类食用的谷类或用作食物成分的谷类		2	4	—	10
坚果、干制水果	直接供食用或做食用成分	2	4	20	10
	食用前需经物理处理	5	10	20	10

表 3-3　中国规定的食品中黄曲霉毒素 B_1 限量指标

食品类别(名称)	限量/(μg/kg)
谷物及其制品	
玉米、玉米面(渣、片)及玉米制品	20
稻谷[a]、糙米、大米	10
小麦、大麦、其他谷物	5.0
小麦粉、麦片、其他去壳谷物	5.0
豆类及其制品	
发酵豆制品	5.0

表 3-3(续)

食品类别(名称)	限量/(μg/kg)
坚果及籽类	
花生及其制品	20
其他熟制坚果及籽类	5.0
油脂及其制品	
植物油脂(花生油、玉米油除外)	10
花生油、玉米油	20
调味品	
酱油、醋、酿造酱	5.0
特殊膳食用食品	
婴幼儿配方食品[b]	
婴幼儿配方食品[b]	0.5(以粉状产品计)
较大婴儿和幼儿配方食品[b]	0.5(以粉状产品计)
特殊医学用途婴儿配方食品	0.5(以粉状产品计)
婴幼儿辅助食品	
婴幼儿谷类辅助食品	0.5
特殊医学用途配方食品[b](特殊医学用途婴儿配方食品涉及的品种除外)	0.5(以固态产品计)
辅食营养补充品[c]	0.5
运动营养食品[b]	0.5
孕妇及乳母营养补充食品[c]	0.5

[a] 稻谷以糙米计。
[b] 以大豆及大豆蛋白制品为主要原料的产品。
[c] 只限于含谷类、坚果和豆类的食品。

国内有关黄曲霉毒素的检测标准方法为现行的 GB 5009.22—2016《食品安全国家标准 食品中黄曲霉毒素 B 族和 G 族的测定》。

国际上有关黄曲霉毒素检测标准方法主要有 AOAC 的系列方法及欧盟的相关方法。标准方法对比具体见表 3-4。

表 3-4 国内外黄曲霉毒素的检验方法标准比较

标准号	标准名称	前处理	测定方法
GB 5009.22—2016	食品中黄曲霉毒素 B 族和 G 族的测定	固相萃取法(多功能柱净化,免疫亲和柱净化)	三氟乙酸柱前衍生、柱后衍生(碘衍生、溴衍生、电化学衍生、光化学衍生、无衍生器法)、质谱法

表 3-4(续)

标准号	标准名称	前处理	测定方法
SN/T 3868—2014	出口植物油中黄曲霉毒素 B$_1$、B$_2$、G$_1$、G$_2$ 的检测-免疫亲和柱净化高效液相色谱法	免疫亲和柱	电化学衍生、光化学衍生法
AOAC Official Method 2003.02	牛饲料中黄曲霉毒素 B$_1$ 的检测　免疫亲和柱净化高效液相色谱法	免疫亲和柱	柱后电化学衍生法
AOAC Official Method 2005.08	谷物、花生、花生酱中黄曲霉毒素的检测　柱后光化学衍生高效液相色谱法	免疫亲和柱	光化学衍生法

参 考 文 献

［1］GB 5009.22—2016　食品安全国家标准　食品中黄曲霉毒素 B 族和 G 族的测定

［2］GB 2761—2017　食品安全国家标准　食品中真菌毒素限量

［3］CODEX STAN 193—1995　Codex General Standard For Contaminants and toxins in food and feed (Adopted 1995；Revised 1997，2006，2008，2009；Amended 2009,2010)(食品和饲料中污染物和毒素通用标准)

［4］Commission Regulation(EU)No. 165/2010 of 26 February 2010 amending Regulation(EC)No. 1881/2006　Setting maximum levels for certain contaminants in foodstuffs as regards aflatoxins

［5］SN/T 3868—2014　出口植物油中黄曲霉毒素 B$_1$、B$_2$、G$_1$、G$_2$ 的检测　免疫亲和柱净化高效液相色谱法

［6］AOAC Official Method 2003.02　Aflatoxin B$_1$ in cattle feed immunoaffinity column liquid chromatography method

［7］AOAC Official Method 2005.08　Aflatoxins in corn, raw peanuts, and peanut butter liquid chromatography with post-column photochemical derivatization

第四章

食品中黄曲霉毒素M族的
测定标准操作程序

第一节　同位素稀释-液相色谱-串联质谱法

一、概述

黄曲霉毒素被国际癌症研究机构(IARC)列为 1 类致癌物。黄曲霉毒素 M_1(AFT M_1)和黄曲霉毒素 M_2(AFT M_2)分别为黄曲霉毒素 B_1 和 B_2 的羟基化代谢物,具体结构见图4-1,理化性质见表4-1。当哺乳动物食用黄曲霉毒素污染的食物后,代谢物会分泌到乳汁中造成污染。黄曲霉毒素主要损伤人及动物肝脏组织,可导致肝癌甚至死亡。研究发现,在污染严重的牛奶和奶制品中,同时存在着 AFT M_1、AFT M_2。AFT M_1 对光敏感,遇光易分解,在 365nm 紫外光下发蓝紫色荧光。AFT M_1、AFT M_2 易溶于多种有机溶剂(如三氯甲烷、乙腈、甲醇)和水,不溶于正己烷、石油醚、乙醚等非极性溶剂。由于粒子的静电荷作用,为防止毒素向周围环境中散发,严禁在无防护条件下称取 AFT M_1 固态标准品。AFT M_1 的乙腈、甲苯-乙腈(9+1)、苯-乙腈(98+2)和甲醇溶液 0℃ 避光保存可稳定 1 年以上。AFT M_1 耐热,在一般的烹饪加工温度下不被破坏。将牛奶进行巴氏杀菌或在火上直接加热 3h~4h 并不能使其中的 AFT M_1 破坏,而奶制品(如奶粉、乳酪、黄油等)加工过程 AFT M_1 的量也未减少。紫外线对牛奶中的 AFT M_1 具有破坏作用,破坏的量依照射时间、处理牛奶的量、过氧化氢存在与否等不同而降低 3.6%~100% 不等。

AFT M_1 的毒性仅次于 AFT B_1,但强于 AFT G_1、AFT B_2 和 AFT M_2。AFT M_1 对雌雄一日龄北京雏鸭经口的 LD_{50} 为 0.34mg/kg 体重。急性毒性研究结果表明,AFT M_1 和 AFT B_1 引起急性毒性和亚细胞改变的机制相似,最常见的为肝细胞改变、核糖体从粗面内质网上分离、滑面内质网增生等。AFT M_1 对哺乳动物有基因毒性,可导致 DNA 的损伤,该作用约为 AFT B_1 的三分之一。AFT M_1 具有致大鼠、虹鳟鱼肝细胞癌的作用,但其致癌性较 AFT B_1 低 1~2 数量级。截至 2004 年年底,世界上已有 60 个国家制定了 AFT M_1 的限量标准,范围在 $0.01\mu g/kg$~$0.5\mu g/kg$。

表 4-1 黄曲霉毒素 M 族的物理参数

中文名称	黄曲霉毒素 M₁	黄曲霉毒素 M₂
分子式	$C_{17}H_{12}O_7$	$C_{17}H_{14}O_7$
相对分子质量	328.27	330.29
CAS 号	6795-23-9	6885-57-0
贮存条件	2℃~8℃	2℃~8℃
熔点	299℃	182℃
闪点	11℃	6℃

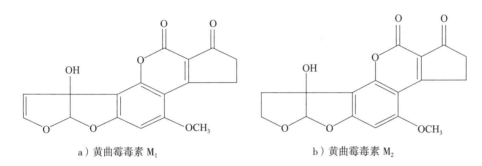

a）黄曲霉毒素 M₁   b）黄曲霉毒素 M₂

图 4-1 黄曲霉毒素 M₁、M₂ 的结构式

我国现有的黄曲霉毒素 M₁ 国家标准和行业标准方法包括薄层色谱法（TLC）、高效液相色谱法（HPLC）、液相色谱串联质谱法（LC-MS）等。TLC 具有操作简便，成本低廉等优点，但重复性差，仅为定性筛选方法；HPLC 具有灵敏度高，重现性好，普及性广泛，但样品处理较为烦琐，时间长，劳动强度大，偶尔也会出现干扰；LC-MS 是目前公认的最有效的确证方法，可排除检测过程中出现的假阳性现象。

二、测定标准操作程序

GB 5009.24—2016《食品安全国家标准 食品中黄曲霉毒素 M 族的测定》第一法采用同位素稀释-液相色谱-串联质谱法进行食品中黄曲霉毒素 M 族测定，其标准操作程序如下：

1 范围

本程序适用于乳、乳制品和含乳特殊膳食用食品中 AFT M₁ 和 AFT M₂ 的测定。

当称取液态乳、酸奶 4g 时，本程序 AFT M₁ 检出限（LOD）为 0.03μg/kg，AFT M₂ 检出限（LOD）为 0.03μg/kg，AFT M₁ 定量限（LOQ）为 0.1μg/kg，AFT M₂ 定量限（LOQ）为 0.1μg/kg。

当称取乳粉、特殊膳食用食品、奶油和奶酪 1g 时，本程序 AFT M₁ 检出限（LOD）为 0.03μg/kg，AFT M₂ 检出限（LOD）为 0.03μg/kg，AFT M₁ 定量限（LOQ）为 0.1μg/kg，AFT M₂ 定量限（LOQ）为 0.1μg/kg。

2 原理

试样中的 AFT M_1 和 AFT M_2 用甲醇-水溶液提取,上清液用水或磷酸盐缓冲液稀释后,经免疫亲和柱净化和富集,净化液浓缩、定容和过滤后经液相色谱分离,串联质谱检测,同位素内标法定量。

3 试剂和材料

注:除非另有规定,本方法所用试剂均为分析纯,水为 GB/T 6682 规定的一级水。所用试剂用时现配。

3.1 试剂

3.1.1 乙腈(CH_3CN):色谱纯。

3.1.2 甲醇(CH_3OH):色谱纯。

3.1.3 乙酸铵(CH_3COONH_4)。

3.1.4 氯化钠(NaCl)。

3.1.5 磷酸氢二钠(Na_2HPO_4)。

3.1.6 磷酸二氢钾(KH_2PO_4)。

3.1.7 氯化钾(KCl)。

3.1.8 盐酸(HCl)。

3.1.9 石油醚(C_nH_{2n+2}):沸程为 30℃~60℃。

3.2 试剂配制

3.2.1 乙酸铵溶液(5mmol/L):称取 0.39g 乙酸铵,溶于 1000mL 水中,混匀。

3.2.2 甲醇-水溶液(50+50):量取 500mL 甲醇加入 500mL 水中,混匀。

3.2.3 乙腈-甲醇溶液(50+50):量取 500mL 乙腈加入 500mL 甲醇中,混匀。

3.2.4 磷酸盐缓冲溶液(以下简称 PBS):称取 8.00g 氯化钠、1.20g 磷酸氢二钠(或 2.92g 十二水磷酸氢二钠)、0.20g 磷酸二氢钾、0.20g 氯化钾,用 900mL 水溶解后,用盐酸调节 pH 至 7.4,再加水至 1000mL。

3.3 标准品

3.3.1 AFT M_1 标准品($C_{17}H_{12}O_7$,CAS:6795-23-9):纯度≥98%,或经国家认证并授予标准物质证书的标准物质。

3.3.2 AFT M_2 标准品($C_{17}H_{14}O_7$,CAS:6885-57-0):纯度≥98%,或经国家认证并授予标准物质证书的标准物质。

3.3.3 $^{13}C_{17}$-AFT M_1 同位素溶液($^{13}C_{17}H_{12}O_7$):0.5μg/mL。

3.4 标准溶液配制

3.4.1 标准储备溶液(10μg/mL):分别称取 AFT M_1 和 AFT M_2 1mg(精确至0.01mg),分别用乙腈溶解并定容至 100mL。将溶液转移至棕色试剂瓶中,在 -20℃下避光密封保存。临用前进行浓度校准。

3.4.2 混合标准储备溶液(1.0μg/mL):分别准确吸取 10μg/mL AFT M_1 和 AFT M_2 标准储备液 1.00mL 于同一 10mL 容量瓶中,加乙腈稀释至刻度,得到 1.0μg/mL

的混合标准液。此溶液密封后避光 4℃保存,有效期 3 个月。

3.4.3 混合标准工作液(100ng/mL):准确吸取混合标准储备溶液(1.0μg/mL) 1.00mL 至10mL 容量瓶中,乙腈定容。此溶液密封后避光3℃下保存,有效期3个月。

3.4.4 50ng/mL 同位素内标工作液 1(^{13}C$_{17}$-AFT M$_1$):取 AFT M$_1$ 同位素内标 (0.5μg/mL)1mL,用乙腈稀释至 10mL。在－20℃下保存,供测定液体样品时使用。有效期 3 个月。

3.4.5 5ng/mL 同位素内标工作液 2(^{13}C$_{17}$-AFT M$_1$):取 AFT M$_1$ 同位素内标 (0.5μg/mL)100μL,用乙腈稀释至 10mL。在－20℃下保存,供测定固体样品时使用。有效期 3 个月。

3.4.6 标准系列工作溶液:分别准确吸取标准工作液 5μL、10μL、50μL、100μL、 200μL、500μL 至 10mL 容量瓶中,加入 100μL 50ng/mL 的同位素内标工作液,用甲醇-水(50+50)定容至刻度,配制 AFT M$_1$ 和 AFT M$_2$ 的浓度均为 0.05ng/mL、 0.1ng/mL、0.5ng/mL、1.0ng/mL、2.0ng/mL、5.0ng/mL 的系列标准溶液。

4 仪器设备

4.1 天平:感量 0.01g、0.001g 和 0.00001g。

4.2 水浴锅:温控 50℃±2℃。

4.3 涡旋混合器。

4.4 超声波清洗器。

4.5 离心机:≥6000r/min。

4.6 旋转蒸发仪。

4.7 固相萃取装置(带真空泵)。

4.8 液相色谱-串联质谱仪:带电喷雾离子源。

4.9 圆孔筛:1mm～2mm 孔径。

4.10 玻璃纤维滤纸:快速,高载量,液体中颗粒保留 1.6μm。

4.11 一次性微孔滤头:带 0.22μm 微孔滤膜。

4.12 免疫亲和柱:柱容量≥100ng。

注:对于每个批次的亲和柱在使用前需进行质量验证。

5 操作步骤

使用不同厂商的免疫亲和柱,在样品的上样、淋洗和洗脱的操作方面可能略有不同,应该按照供应商所提供的操作说明书要求进行操作。

警示:整个分析操作过程应在指定区域内进行。该区域应避光(直射阳光),具备相对独立的操作台和废弃物存放装置。在整个实验过程中,操作者应按照接触剧毒物的要求采取相应的保护措施。

5.1 样品提取

5.1.1 液态奶、酸奶

称取 4g 混合均匀的试样(精确到 0.001g)于 50mL 离心管中,加入 100μL

$^{13}C_{17}$-AFT M_1 内标溶液(5ng/mL)振荡混匀后静置 30min,加入 12mL 甲醇,涡旋 3min。置于 4℃、6000r/min 下离心 10min 或经玻璃纤维滤纸过滤,将适量上清液或滤液转移至烧杯中,加 10 倍于上清液或滤液的水或 PBS 稀释,备用。

5.1.2 乳粉、特殊膳食用食品

称取 1g 样品(精确到 0.001g)于 50mL 离心管中,加入 $100\mu L$ $^{13}C_{17}$-AFT M_1 内标溶液(5ng/mL)振荡混匀后静置 30min,加入 4mL 50℃热水,涡旋混匀。如果乳粉不能完全溶解,将离心管置于 50℃的水浴中,将乳粉完全溶解后取出。待样液冷却至 20℃后,加入 12mL 甲醇,涡旋 3min。置于 4℃、6000r/min 下离心 10min 或经玻璃纤维滤纸过滤,将适量上清液或滤液转移至烧杯中,加 10 倍于上清液或滤液的水或 PBS 稀释,备用。

5.1.3 奶油

称取 1g 样品(精确到 0.001g)于 50mL 离心管中,加入 $100\mu L$ $^{13}C_{17}$-AFT M_1 内标溶液(5ng/mL)振荡混匀后静置 30min,加入 8mL 石油醚,待奶油溶解,再加 9mL 水和 11mL 甲醇,振荡 30min,将全部液体移至分液漏斗中。加入 0.3g 氯化钠充分摇动溶解,静置分层后,将下层移到圆底烧瓶中,旋转蒸发至 10mL 以下,用 PBS 稀释至 30mL。

5.1.4 奶酪

称取 1g 已切细、过孔径 1mm～2mm 圆孔筛混匀样品(精确到 0.001g)于 50mL 离心管中,加 $100\mu L$ $^{13}C_{17}$-AFT M_1 内标溶液(5ng/mL)振荡混匀后静置 30min,加入 1mL 水和 18mL 甲醇,振荡 30min,置于 4℃、6000r/min 下离心 10min 或经玻璃纤维滤纸过滤,将适量上清液或滤液转移至圆底烧瓶中,旋转蒸发至 2mL 以下,用 PBS 稀释至 30mL。

5.2 净化

5.2.1 免疫亲和柱的准备

将低温下保存的免疫亲和柱恢复至室温。

5.2.2 净化

免疫亲和柱内的液体放弃后,将上述样液移至 50mL 注射器筒中,调节下滴流速为 1mL/min～2mL/min。待样液滴完后,往注射器筒内加入 10mL 水,以稍快于上样的流速淋洗免疫亲和柱。待水滴完后,抽干或吹干免疫亲和柱。然后在亲和柱下放置 10mL 刻度试管,取下 50mL 的注射器筒,加 2×0.5mL 甲醇洗脱免疫亲和柱,控制 1mL/min～2mL/min 下滴速度,再加 2×0.5mL 水淋洗免疫亲和柱,收集全部洗脱液和淋洗液至试管中,混匀。0.22μm 滤膜过滤,收集滤液于进样瓶中以备进样。

注:全自动(在线)或半自动(离线)的固相萃取仪器可优化操作参数后使用。

5.3 仪器测试条件

液相色谱参考条件列出如下:

（1）液相色谱柱：C18柱（柱长100mm，柱内径2.1mm，填料粒径1.7μm），或相当者；

（2）色谱柱柱温：40℃；

（3）流动相：A相，5mmol/L乙酸铵水溶液；B相，乙腈-甲醇（50＋50）。梯度洗脱：参见表1；

（4）流速：0.3mL/min；

（5）进样体积：10μL。

表1　液相色谱梯度洗脱条件

时间/min	流动相A/%	流动相B/%
0.0	68.0	32.0
0.5	68.0	32.0
4.2	55.0	45.0
5.0	0.0	100.0
5.7	0.0	100.0
6.0	68.0	32.0
8.0	68.0	32.0

5.4　质谱参考条件

质谱参考条件列出如下：

（1）检测方式：多离子反应监测（MRM）；

（2）离子源控制条件：参见表2；

（3）离子选择参数：见表3。

表2　离子源控制条件

电离方式	ESI＋
毛细管电压/kV	17.5
锥孔电压/V	45
射频透镜1电压/V	12.5
射频透镜2电压/V	12.5
离子源温度/℃	120
锥孔反吹气流量/（L/h）	50
脱溶剂气温度/℃	350
脱溶剂气流量/（L/h）	500
电子倍增电压/V	650

表3　离子选择参数

化合物名称	母离子 (m/z)	定量子离子 (m/z)	碰撞能量/ eV	定性子离子 (m/z)	碰撞能量/eV	离子化方式
AFT M$_1$	329	273	23	259	23	ESI+
^{13}C-AFT M$_1$	346	317	23	288	24	ESI+
AFT M$_2$	331	275	23	261	22	ESI+

5.5　定性测定

试样中目标化合物色谱峰的保留时间与相应标准色谱峰的保留时间相比较,变化范围应在±2.5％之内。每种化合物的质谱定性离子必须出现,至少应包括一个母离子和两个子离子,而且同一检测批次,对同一化合物,样品中目标化合物的两个子离子的相对丰度比与浓度相当的标准溶液相比,其允许偏差不超过表4规定的范围。

表4　定性时相对离子丰度的最大允许偏差

相对离子丰度/％	＞50	20～50	10～20	≤10
允许相对偏差/％	±20	±25	±30	±50

5.6　标准曲线的制作

在5.3、5.4液相色谱-串联质谱仪分析条件下,将标准系列溶液由低到高浓度进样检测,以AFT M$_1$和AFT M$_2$色谱峰与内标色谱峰^{13}C$_{17}$-AFT M$_1$的峰面积比值-浓度作图,得到标准曲线回归方程,其线性相关系数应大于0.99。

5.7　试样溶液的测定

取5.2下处理得到的待测溶液进样,内标法计算待测液中目标物质的质量浓度。

5.8　空白试验

不称取试样,按5.1和5.2的步骤做空白试验。应确认不含有干扰待测组分的物质。

6　分析结果的表述

试样中AFT M$_1$或AFT M$_2$的残留量按式(1)计算:

$$X = \frac{\rho \times V \times f \times 1000}{m \times 1000} \quad\cdots\cdots\cdots\cdots\cdots\cdots\cdots\cdots\cdots (1)$$

式中:

X——试样中AFT M$_1$或AFT M$_2$的含量,单位为微克每千克($\mu g/kg$);

ρ——进样溶液中AFT M$_1$或AFT M$_2$按照内标法在标准曲线中对应的浓度,单位为纳克每毫升(ng/mL);

V——样品经免疫亲和柱净化洗脱后的最终定容体积,单位为毫升(mL);

f——样液稀释因子,为试样提取液体积与用于免疫亲和柱的分取样品体积比值;

1000——换算系数;

m——试样的称样量,单位为克(g)。

计算结果保留三位有效数字。

7 精密度

在重复性条件下获得的两次独立测定结果的绝对差值不得超过算术平均值的20%。

8 液相色谱-质谱图

见图1。

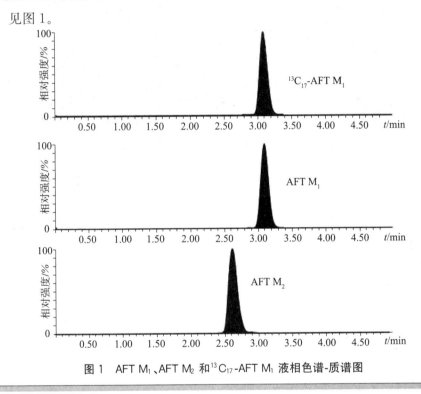

图1 AFT M_1、AFT M_2 和 $^{13}C_{17}$-AFT M_1 液相色谱-质谱图

三、注意事项

1. 本程序是在 GB 5009.24—2016《食品安全国家标准 食品中黄曲霉毒素 M 族的测定》的基础上进行了调整。

2. 试验过程应在指定区域内进行。该区域应避光、具备相对独立的操作台和废弃物存放装置。在整个试验过程中,操作者应按照接触剧毒物的要求采取相应的保护措施。试验后,污染的玻璃和塑料器具用 50g/L 次氯酸钠溶液浸泡,以达到去毒效果。废液也应加次氯酸钠处理后排放。

3. 样品中加入内标后,静止 30min 只是为了使同位素内标充分进入到样品中,模仿天然样品状态,以达到更高的提取效率。若试验条件允许,过夜放置更佳。

4. 样品提取过程中,使得原乳与甲醇比例小于 1 : 2.5 或乳粉中水与甲醇比例小于 1 : 2.5,确保溶液中的蛋白质尽量完全沉淀,降低杂质对检测过程的影响。不同比例水与甲醇对乳中蛋白的沉淀效果见图 4-2。

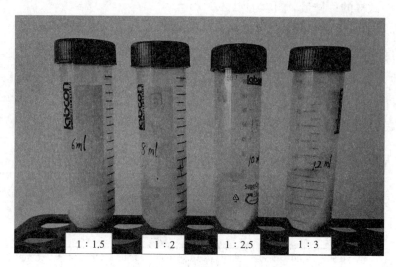

图 4-2　不同比例水与甲醇对乳中蛋白的沉淀效果

5. 使用不同厂商的免疫亲和柱,操作方法可能略有差异,应该按照供应商所提供的操作说明书进行操作。

6. 过滤膜在使用前,应进行吸附性验证试验,比较同一浓度的标准品过膜前后的峰面积,确保过滤膜不会对毒素有吸附作用。

7. 同位素内标:原则上应该使用 2 种同位素内标,但目前尚没有黄曲霉毒素 M_2 的同位素内标,只能使用黄曲霉毒素 M_1 的内标来校正。

第二节　高效液相色谱法

一、测定标准操作程序

GB 5009.24—2016《食品安全国家标准　食品中黄曲霉毒素 M 族的测定》第二法采用高效液相色谱法进行食品中黄曲霉毒素 M_1 和 M_2 的测定,其标准操作程序如下:

1　范围

本程序适用于乳、乳制品和含乳特殊膳食用食品中 AFT M_1 和 AFT M_2 的测定。

当称取液态乳、酸奶 4g 时,本程序 AFT M_1 检出限(LOD)为 $0.03\mu g/kg$,AFT M_2 检出限(LOD)为 $0.03\mu g/kg$,AFT M_1 定量限(LOQ)为 $0.1\mu g/kg$,AFT M_2 定量限(LOQ)为 $0.1\mu g/kg$。

当称取乳粉、特殊膳食用食品、奶油和奶酪 1g 时，本程序 AFT M_1 检出限 (LOD) 为 $0.03\mu g/kg$，AFT M_2 检出限 (LOD) 为 $0.03\mu g/kg$，AFT M_1 定量限 (LOQ) 为 $0.1\mu g/kg$，AFT M_2 定量限 (LOQ) 为 $0.1\mu g/kg$。

2　原理

试样中的黄曲霉毒素 M_1 和黄曲霉毒素 M_2 用甲醇-水溶液提取，上清液用 PBS 稀释后，经免疫亲和柱净化和富集，净化液浓缩、定容和过滤后经液相色谱分离，荧光检测器检测。外标法定量。

3　试剂和材料

注：除非另有规定，本程序所用试剂均为分析纯，水为 GB/T 6682 规定的一级水。所用试剂用时现配。

3.1　试剂

3.1.1　乙腈(CH_3CN)：色谱纯。

3.1.2　甲醇(CH_3OH)：色谱纯。

3.1.3　氯化钠(NaCl)。

3.1.4　磷酸氢二钠(Na_2HPO_4)。

3.1.5　磷酸二氢钾(KH_2PO_4)。

3.1.6　氯化钾(KCl)。

3.1.7　盐酸(HCl)。

3.1.8　石油醚(C_nH_{2n+2})：沸程为 30℃～60℃。

3.2　试剂配制

3.2.1　甲醇-水溶液(50+50)：量取 500mL 甲醇加入 500mL 水中，混匀。

3.2.2　乙腈-甲醇溶液(50+50)：量取 500mL 乙腈加入 500mL 甲醇中，混匀。

3.2.3　磷酸盐缓冲溶液(以下简称 PBS)：称取 8.00g 氯化钠、1.20g 磷酸氢二钠(或 2.92g 十二水磷酸氢二钠)、0.20g 磷酸二氢钾、0.20g 氯化钾，用 900mL 水溶解后，用盐酸调节 pH 至 7.4，再加水至 1000mL。

3.3　标准品

3.3.1　AFT M_1 标准品($C_{17}H_{12}O_7$，CAS：6795-23-9)：纯度≥98%，或经国家认证并授予标准物质证书的标准物质。

3.3.2　AFT M_2 标准品($C_{17}H_{14}O_7$，CAS：6885-57-0)：纯度≥98%，或经国家认证并授予标准物质证书的标准物质。

3.4　标准溶液配制

3.4.1　标准储备溶液($10\mu g/mL$)：分别称取 AFT M_1 和 AFT M_2 1mg(精确至 0.01mg)，分别用乙腈溶解并定容至 100mL。将溶液转移至棕色试剂瓶中，在 －20℃下避光密封保存。

3.4.2　混合标准储备溶液($1.0\mu g/mL$)：分别准确吸取 $10\mu g/mL$ AFT M_1 和 AFT M_2 标准储备液 1.00mL 于同一 10mL 容量瓶中，加乙腈稀释至刻度，得到 $1.0\mu g/mL$

的混合标准液。此溶液密封后避光 4℃保存,有效期 3 个月。

3.4.3 100ng/mL 混合标准工作液(AFT M₁ 和 AFT M₂):准确移取混合标准储备溶液(1.0μg/mL)1.0mL 至 10mL 容量瓶中,加乙腈稀释至刻度。此溶液密封后避光 4℃下保存,有效期 3 个月。

3.4.4 标准系列工作溶液:分别准确移取标准工作液 5μL、10μL、50μL、100μL、200μL、500μL 至 10mL 容量瓶中,用甲醇-水(50+50)定容至刻度,AFT M₁ 和 AFT M₂ 的浓度均为 0.05ng/mL、0.1ng/mL、0.5ng/mL、1.0ng/mL、2.0ng/mL、5.0ng/mL 的系列标准溶液。

4 仪器和设备

4.1 天平:感量 0.01g、0.001g 和 0.00001g。

4.2 水浴锅:温控 50℃±2℃。

4.3 涡旋混合器。

4.4 超声波清洗器。

4.5 离心机:转速≥6000r/min。

4.6 旋转蒸发仪。

4.7 固相萃取装置(带真空泵)。

4.8 圆孔筛:1mm~2mm 孔径。

4.9 液相色谱仪(带荧光检测器).

4.10 玻璃纤维滤纸:快速、高载量、液体中颗粒保留 1.6μm。

4.11 一次性微孔滤头:带 0.22μm 微孔滤膜。

4.12 免疫亲和柱:柱容量≥100ng。

注:对于不同批次的亲和柱在使用前需进行质量验证。

5 分析步骤

使用不同厂商的免疫亲和柱,在样品的上样、淋洗和洗脱的操作方面可能略有不同,应该按照供应商所提供的操作说明书要求进行操作。

警示:整个分析操作过程应在指定区域内进行。该区域应避光(直射阳光),具备相对独立的操作台和废弃物存放装置。

在整个实验过程中,操作者应按照接触剧毒物的要求采取相应的保护措施。

5.1 试液提取

5.1.1 液态乳、酸奶

称取 4g 混合均匀的试样(精确到 0.001g)于 50mL 离心管中,加入 12mL 甲醇,涡旋 3min。置于 4℃、6000r/min 下离心 10min 或经玻璃纤维滤纸过滤,将上清液或滤液转移至烧杯中,加 10 倍于上清液或滤液的水或 PBS 稀释,备用。

5.1.2 乳粉、特殊膳食用食品

称取 1g 样品(精确到 0.001g)于 50mL 离心管中,加入 4mL 50℃热水,涡旋混匀。如果乳粉不能完全溶解,将离心管置于 50℃的水浴中,将乳粉完全溶解后取出。

待样液冷却至 20℃后,加入 12mL 甲醇,涡旋 3min。置于 4℃、6000r/min 下离心 10min 或经玻璃纤维滤纸过滤,将适量上清液或滤液转移至烧杯中,加 10 倍于上清液或滤液的水或 PBS 稀释,备用。

5.1.3　奶油

称取 1g 样品(精确到 0.001g)于 50mL 离心管中,加入 8mL 石油醚,待奶油溶解,再加 9mL 水和 11mL 甲醇,振荡 30min,将全部液体移至分液漏斗中。加入 0.3g 氯化钠充分摇动溶解,静置分层后,将下层移到圆底烧瓶中,旋转蒸发至 10mL 以下,用 PBS 稀释至 30mL。

5.1.4　奶酪

称取 1g 已切细、过孔径 1mm～2mm 圆孔筛混匀样品(精确到 0.001g)于 50mL 离心管中,加入 1mL 水和 18mL 甲醇,振荡 30min,置于 4℃、6000r/min 下离心 10min 或经玻璃纤维滤纸过滤,将全部上清液或滤液转移至圆底烧瓶中,旋转蒸发至 2mL 以下,用 PBS 稀释至 30mL。

5.2　净化

5.2.1　免疫亲和柱的准备

将低温下保存的免疫亲和柱恢复至室温。

5.2.2　净化

免疫亲和柱内的液体放弃后,将上述样液移至 50mL 注射器筒中,调节下滴流速为 1mL/min～2mL/min。待样液滴完后,往注射器筒内加入 10mL 水,以稍快于上样的流速淋洗免疫亲和柱。待水滴完后,抽干或吹干亲和柱。然后在亲和柱下放置 10mL 刻度试管,取下 50mL 的注射器筒,加入 2×0.5mL 甲醇洗脱亲和柱,控制 1mL/min～2mL/min 下滴速度,再加入 2×0.5mL 水淋洗亲和柱,收集全部洗脱液和淋洗液至试管中。0.22μm 滤膜过滤,收集滤液于进样瓶中以备进样。

注:全自动(在线)或半自动(离线)的固相萃取仪器可优化操作参数后使用。

5.3　液相色谱参考条件

液相色谱参考条件如下:

(1) 液相色谱柱:C18 柱(柱长 150mm,柱内径 4.6mm;填料粒径 5μm),或相当者;

(2) 柱温:40℃;

(3) 流动相:A 相,水;B 相,乙腈-甲醇(50+50);

等梯度洗脱条件:A,70%;B,30%。

(4) 流速:1.0mL/min;

(5) 荧光检测波长:激发波长 360nm;发射波长 430nm;

(6) 进样量:50μL。

5.4　测定

5.4.1　标准曲线的制作

将系列标准溶液由低到高浓度依次进样检测,以峰面积—浓度作图,得到标准曲线回归方程。

5.4.2 试样溶液的测定

待测样液中的响应值应在标准曲线线性范围内,超过线性范围的则应稀释后重新进样分析。

5.4.3 空白试验

不称取试样,按 5.1 和 5.2 的步骤做空白试验。确认不含有干扰待测组分的物质。

6 分析结果

表述试样中 AFT M_1 或 AFT M_2 的残留量按式(1)计算:

$$X = \frac{\rho \times V \times f \times 1000}{m \times 1000} \quad \cdots\cdots\cdots\cdots\cdots (1)$$

式中:

X——试样中 AFT M_1 或 AFT M_2 的含量,单位为微克每千克($\mu g/kg$);

ρ——进样溶液中 AFT M_1 或 AFT M_2 的色谱峰由标准曲线所获得 AFT M_1 或 AFT M_2 的浓度,单位为纳克每毫升(ng/mL);

V——样品经免疫亲和柱净化洗脱后的最终定容体积,单位为毫升(mL);

f——样液稀释因子,为试样提取液体积与用于免疫亲和柱的分取样品体积比值;

1000——换算系数;

m——试样的称样量,单位为克(g)。

计算结果保留三位有效数字。

7 精密度

在重复性条件下获得的两次独立测定结果的绝对差值不得超过算术平均值的 20%。

8 AFT M_1 和 AFT M_2 液相色谱图

详见图 1。

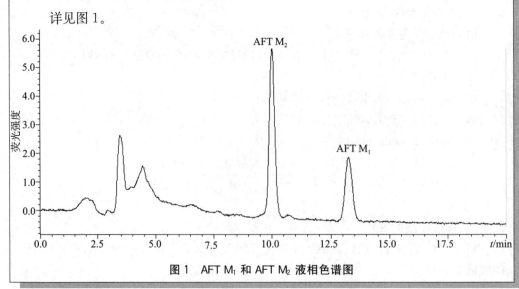

图 1 AFT M_1 和 AFT M_2 液相色谱图

二、注意事项

1. 由图 4-3、图 4-4 对比可知,经过免疫亲和柱净化,基本可以消除杂质对黄曲霉毒素 M_1 的干扰问题。然而,采用 MycoSep 226 多功能柱净化,在目标峰前面出现大量杂质峰,干扰了黄曲霉毒素 M_1 的定量,所以选用黄曲霉毒素 M_1 免疫亲和柱作为净化柱。

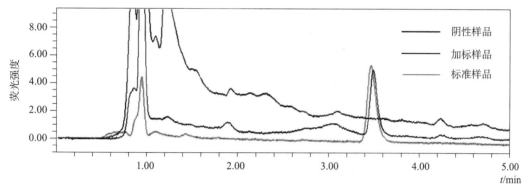

图 4-3 免疫亲和柱净化效果图

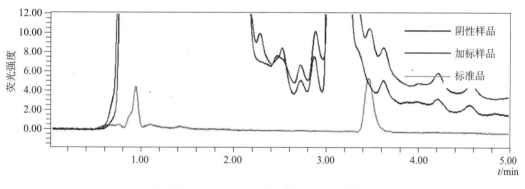

图 4-4 MycoSep 226 多功能柱净化效果图

2. 当出现溶剂峰时,可适当降低有机相比例,使得峰型成正态分布状。

3. 荧光检测器中的氙灯有一定的使用寿命,频繁开关灯对其有严重的损害,5 小时以内不使用仪器可选择待机。

4. 在试样提取过程中,需将离心后的上清液或滤液稀释后过柱,有机相比例不得超过免疫亲和柱的最大耐受值。

5. 其他注意事项同第一法(同位素稀释液相色谱-串联质谱法),需要在特定区域操作;按净化柱的说明要求操作;氮气浓缩至近干;适当加大样品处理量、适当提高浓缩倍速或加大进样量,以提高方法的灵敏度。

三、国内外黄曲霉毒素 M₁ 的限量及检测方法

黄曲霉毒素 M₁ 是动物摄入黄曲霉毒素 B₁ 后在体内经羟基化形成的代谢产物。黄曲霉毒素 M₁ 是一种强致癌物质,毒性仅次于 AFT B₁,急性毒性与 AFT B₁ 相似,WHO将其列为ⅡB类致癌物。AFT M₁ 主要存在于动物的乳、肾脏、肝脏、蛋、肉和尿中,其中以乳中最为常见。通常当动物摄入了 AFT B₁ 污染的食物后,排出 AFT M₁ 的量为 AFT B₁摄入量的 1%～3%。牛奶经过巴氏杀菌后,AFT M₁ 几乎不被破坏。

由于 AFT M₁ 具有致癌性和致基因突变性。世界各国包括我国在内纷纷制定了乳与乳制品中 AFT M₁ 限量标准加以控制。黄曲霉毒素 M₁ 的限量见表 4-2。

表 4-2　黄曲霉毒素 M₁ 的限量

国家或地区	产品	限量/(μg/kg)
中国	婴幼儿配方食品	0.5(以粉状产品计)
	特殊医学用途配方食品	0.5(以固态产品计)
	辅食营养补充品	0.5
	运动营养食品	0.5
	孕妇及乳母营养补充食品	0.5
美国、印度、肯尼亚、沙特阿拉伯、伊朗	牛奶	0.5
日本	牛奶、乳制品	0.5
巴西	液态奶	0.5
欧盟	牛奶	0.05
	婴幼儿配方食品	0.025
澳大利亚	婴幼儿配方食品	0.01
法国	牛奶	0.05
	牛奶(<3 岁儿童)	0.03
瑞士	婴幼儿配方食品	0.01
土耳其	牛奶	0.05

AFT M₁ 的检测方法分为两大类,一类是建立在色谱基础上的分析方法,其中包括薄层色谱法、高效液相色谱法以及近年来发展的质谱检测法等;另一类是可快速检测的免疫化学方法,其中包括放射免疫法和酶联免疫吸附法。

目前国际上 AOAC 的方法是免疫亲和高效液相色谱法(AOAC Official Method 2000.08,Aflatoxin M₁ in liquid milk)。目前,针对食品中食品中黄曲霉毒素 M 族检测方法标准主要采用高效液相色谱法和液相色谱质谱法,国内外食品中黄曲霉毒素 M 族的检验方法标准比较见表 4-3。

表 4-3　国内外食品中食品中黄曲霉毒素 M 族的检验方法标准

标准号	标准名称	前处理	测定方法
AOAC986.16	液态奶中黄曲霉毒素 M 族的测定	硅胶柱净化	液相色谱法
AOAC2000.08	液态奶中黄曲霉毒素 M_1 的测定	免疫亲和柱净化	液相色谱法
EN ISO 14501:2007	奶和奶粉、黄曲霉毒素 M_1 含量测定	免疫亲和柱净化	高效液相色谱法
GB 5009.24—2016	食品安全国家标准 食品中黄曲霉毒素 M 族的测定	免疫亲和柱净化、同位素稀释	同位素稀释液相色谱-串联质谱法及高效液相色谱法

参 考 文 献

[1] GB 2761—2017　食品安全国家标准　食品中真菌毒素限量

[2] GB 5009.24—2016　食品安全国家标准　食品中黄曲霉毒素 M 族的测定

[3] AOAC Official Method 986.16　Aflatoxins M_1 and M_2 in fluid milk liquid chromatographic method

[4] AOAC Official Method 2000.08　Aflatoxin M_1 in liquid milk immunoaffinity column by liquid chromatography

[5] EN ISO 14501:2007　Milk and milk powder-determination of aflatoxin M_1 content-clean-up by immunoaffinity chromatography and determination by high-performance liquid Chromatography

[6] CODEX STAN 193—1995　Codex general standard for contaminants and toxins in foods

第五章

食品中赭曲霉毒素的
测定标准操作程序

赭曲霉毒素是一类霉菌(包括疣孢青霉菌、赭曲霉,以及炭黑曲霉)的次级代谢产物的总称,上述霉菌在感染作物以及食品原料后,在适宜的条件下产生并最终带入食品中。它是异香豆素连接到 β-苯基丙氨酸上的衍生物,有 A、B、C、D 4 种化合物,此外还有赭曲霉毒素 A(Ochratoxin A,以下简称 OTA)的甲酯、赭曲霉毒素 B(Ochratoxin B,以下简称 OTB)的甲酯或乙酯化合物。而 OTA 是其中分布最广,毒性最强,对人类威胁最大的毒素之一,广泛存在于谷物、咖啡、食物和饮料(葡萄酒、啤酒、葡萄汁)中。OTA 是一种稳定的化合物,不会在食品的生产与加工过程中分解,在超过 250℃ 的温度下,加热几分钟,可以降低毒素的含量。其分子式为 $C_{20}H_{18}ClNO_6$,相对分子质量为 403.8,化学结构见图5-1,CAS 号:303-47-9。OTA 易溶于水和碳酸氢钠溶液,在极性有机溶剂中稳定,冷藏条件下其乙醇溶液可稳定 1 年以上,但在谷物中随时间延长而降解。在苯-冰乙酸(99:1,体积分数)溶液中的最大激发波长为 333nm,最大发射波长为 465nm。在荧光灯下呈明亮绿色荧光。OTA 为半抗原,需与大分子物质结合后才具有免疫原性,

食品中 OTA 的产生菌在不同的地区存在一定的差异,热带地区农作物中 OTA 的主要产生菌为赭曲霉。在欧洲、北美洲等温带、亚寒带地区谷物和谷物制品中的 OTA 主要是由疣孢青霉所引起。近几年发现一些黑曲霉也可以产生 OTA,并且其与葡萄的霉变有直接关系。毒理学实验证明 OTA 具有肾毒性、肝脏毒性、致畸性、致突变性、致癌性和免疫毒性。欧洲整体膳食评估中对食品中 OTA 进行了分析,结果发现欧洲人从谷物中摄取到的 OTA 含量占到总摄取量的 50%,而葡萄酒以 13% 仅次于谷物。OTA 在食物与饲料中常伴随着存在一种无氯的结构类似物——OTB,其结构式见图 5-1($C_{20}H_{19}NO_6$,CAS号:4825-86-9)。OTB虽然也存在与谷物与食品中,但其在体内含量与毒性远低于 OTA。

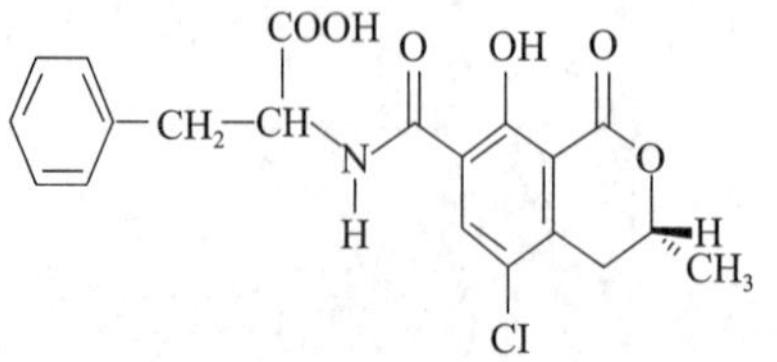

a) OTA

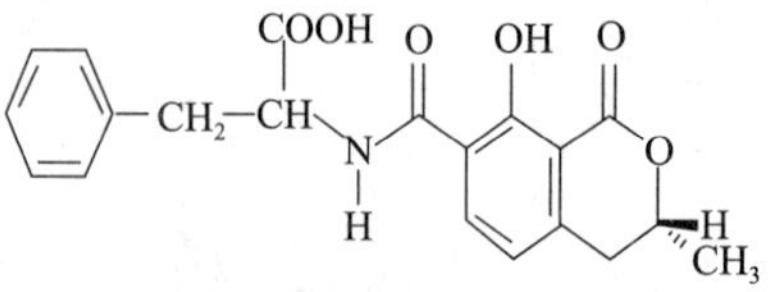

b) OTB

图 5-1　OTA 与 OTB 化学结构

第一节 免疫亲和层析净化液相色谱法

一、测定标准操作程序

食品中赭曲霉毒素的免疫亲和层析净化液相色谱法测定标准操作程序如下:

1 范围

本程序适用于谷物、油料及其制品、酒类、酱油、醋、酱及酱制品、葡萄干、胡椒粒/粉中赭曲霉毒素 A(OTA)和赭曲霉毒素 B(OTB)的测定。

粮食和粮食制品、食用植物油、大豆、油菜籽、葡萄干、胡椒粒/粉的检出限和定量限分别为 0.3μg/kg 和 1μg/kg。酒类的检出限和定量限分别为 0.1μg/kg 和 0.3μg/kg。酱油、醋、酱及酱制品的检出限和定量限分别为 0.5μg/kg 和 1.5μg/kg。

2 原理

用提取液提取试样中的赭曲霉毒素 A 和赭曲霉毒素 B,经免疫亲和柱净化后,采用高效液相色谱结合荧光检测器测定,外标法定量。

3 试剂和材料

注:除非另有说明,本方法所用试剂均为分析纯,水为 GB/T 6682 规定的一级水。

3.1 试剂

3.1.1 甲醇(CH_3OH):色谱纯。

3.1.2 乙腈(CH_3CN):色谱纯。

3.1.3 冰乙酸($C_2H_4O_2$):色谱纯。

3.1.4 氯化钠($NaCl$)。

3.1.5 聚乙二醇[$HOCH_2(CH_2O \cdot CH_2)nCH_2OH$]。

3.1.6 吐温-20($C_{58}H_{114}O_{26}$)。

3.1.7 碳酸氢钠($NaHCO_3$)。

3.1.8 磷酸二氢钾(KH_2PO_4)。

3.1.9 浓盐酸(HCl)。

3.1.10 氮气(N_2):纯度≥99.9%。

3.2 试剂配制

3.2.1 提取液Ⅰ:甲醇-水(80+20)。

3.2.2 提取液Ⅱ:称取 150.0g 氯化钠、20.0g 碳酸氢钠溶于约 950mL 水中,加水定容至 1L。

3.2.3 提取液Ⅲ:乙腈-水(60+40)。

3.2.4 冲洗液:称取 25.0g 氯化钠、5.0g 碳酸氢钠溶于约 950mL 水中,加水定容至 1L。

3.2.5　真菌毒素清洗缓冲液:称取 25.0g 氯化钠、5.0g 碳酸氢钠溶于水中,加入 0.1mL 吐温-20,用水稀释至 1L。

3.2.6　磷酸盐缓冲液:称取 8.0g 氯化钠、1.2g 磷酸氢钠、0.2g 磷酸二氢钾、0.2g 氯化钾溶解于约 990mL 水中,用浓盐酸调节 pH 至 7.0,用水稀释至 1L。

3.2.7　碳酸氢钠溶液(10g/L):称取 1.0g 碳酸氢钠,用水溶解并稀释到 100mL。

3.2.8　淋洗缓冲液:在 1000mL 磷酸盐缓冲液中加入 1.0mL 吐温-20。

3.3　标准品

　　赭曲霉毒素 A($C_{20}H_{18}ClNO_6$,CAS 号:303-47-9),赭曲霉毒素 B($C_{20}H_{19}NO_6$,CAS 号:4825-86-9),纯度≥99%。或经国家认证并授予标准物质证书的标准物质。

3.4　标准溶液配制

3.4.1　赭曲霉毒素 A 和赭曲霉毒素 B 标准储备液:分别准确称取一定量的赭曲霉毒素 A 和赭曲霉毒素 B 标准品,用甲醇-乙腈(50+50)溶解,配成 0.1mg/mL 的标准储备液,在 -20℃保存,可使用 3 个月。

3.4.2　赭曲霉毒素 A 和赭曲霉毒素 B 标准工作液:根据使用需要,准确移取一定量的赭曲霉毒素 A 和赭曲霉毒素 B 标准储备液(3.4.1),用流动相稀释,分别配成相当于 1ng/mL、5ng/mL、10ng/mL、20ng/mL、50ng/mL 的标准工作液,4℃保存,可使用 7 天。

3.5　材料

3.5.1　赭曲霉毒素 A 免疫亲和柱:柱规格 1mL 或 3mL,柱容量≥100ng,或等效柱。

3.5.2　定量滤纸。

3.5.3　玻璃纤维滤纸:直径 11cm,孔径 1.5μm,无荧光特性。

4　仪器和设备

4.1　分析天平:感量 0.001g 和 0.0001g。

4.2　高效液相色谱仪,配荧光检测器。

4.3　高速均质器:≥12000r/min。

4.4　玻璃注射器:10mL。

4.5　试验筛:孔径 1mm。

4.6　空气压力泵。

4.7　超声波发生器:功率>180W。

4.8　氮吹仪。

4.9　离心机:≥10000r/min。

4.10　涡旋混合器。

4.11　往复式摇床:≥250r/min。

4.12　pH 计:精度为 0.01。

5 分析步骤

5.1 试样制备与提取

5.1.1 谷物、油料及其制品

5.1.1.1 粮食和粮食制品

颗粒状样品需全部粉碎通过试验筛(孔径1mm),混匀后备用。

提取方法1:称取试样25.0g(精确到0.1g),加入100mL提取液Ⅲ,高速均质3min或振荡30min,定量滤纸过滤,移取4mL滤液加入26mL磷酸盐缓冲液混合均匀,混匀后于8000r/min离心5min,上清作为滤液A备用。

提取方法2:称取试样25.0g(精确到0.1g),加入100mL提取液Ⅰ,高速均质3min或振荡30min,定量滤纸过滤,移取10mL滤液加入40mL磷酸盐缓冲液稀释至50mL,混合均匀,经玻璃纤维滤纸过滤,滤液B收集于干净容器中,备用。

5.1.1.2 食用植物油

准确称取试样5.0g(精确到0.1g),加入1g氯化钠及25mL提取液Ⅰ,振荡30min,于6000r/min离心10min,取15mL上层提取液,加入30mL磷酸盐缓冲液混合均匀,经玻璃纤维滤纸过滤,滤液C收集于干净容器中,备用。

5.1.1.3 大豆、油菜籽

准确称取试样50.0g(精确到0.1g)(大豆需要磨细且粒度≤2mm)于均质器配置的搅拌杯中,加入5g氯化钠及100mL甲醇(适用于油菜籽)或100mL提取液Ⅰ,以均质器高速均质提取1min。定量滤纸过滤,移取10mL滤液并加入40mL水稀释,经玻璃纤维滤纸过滤至滤液澄清,滤液D收集于干净容器中,备用。

5.1.2 酒类

取脱气酒类试样(含二氧化碳的酒类样品使用前先置于4℃冰箱冷藏30min,过滤或超声脱气)或其他不含二氧化碳的酒类试样20.0g(精确0.1g),置于25mL容量瓶中,加提取液Ⅱ定容至刻度,混匀,经玻璃纤维滤纸过滤至滤液澄清,滤液E收集于干净容器中,备用。

5.1.3 酱油、醋、酱及酱制品

称取25.0g(精确0.1g)混匀的试样,加提取液Ⅰ定容至50mL,超声提取5min。定量滤纸过滤,移取10mL滤液于50mL容量瓶中,加水定容至刻度,混匀,经玻璃纤维滤纸过滤至滤液澄清,滤液F收集于干净容器中,备用。

5.1.4 葡萄干

称取粉碎试样50.0g(精确到0.1g)于均质器配置的搅拌杯中,加入100mL碳酸氢钠溶液,将搅拌杯置于均质器上,以22000r/min高速均质提取1min。定量滤纸过滤,准确移取10mL滤液并加入40mL淋洗缓冲液稀释,经玻璃纤维滤纸过滤至滤液澄清,滤液G收集于干净容器中,备用。

5.1.5 胡椒粒/粉

称取粉碎试样25.0g(精确到0.1g)于均质器配置的搅拌杯中,加入100mL碳酸氢钠溶液,将搅拌杯置于均质器上,以22000r/min高速均质提取1min。将提取

物置离心杯中以 4000r/min 离心 15min。移取 20mL 滤液并加入 30mL 淋洗缓冲液稀释,经玻璃纤维滤纸过滤至滤液澄清,滤液 H 收集于干净容器中,备用。

5.2 试样净化

5.2.1 谷物、油料及其制品

5.2.1.1 粮食和粮食制品

将免疫亲和柱连接于玻璃注射器下,准确移取提取方法 1 中全部滤液 A 或提取方法 2 中 20mL 滤液 B,注入玻璃注射器中。将空气压力泵与玻璃注射器相连接,调节压力,使溶液以约 1 滴/s 的流速通过免疫亲和柱,直至空气进入亲和柱中,依次用 10mL 真菌毒素清洗缓冲液、10mL 水先后淋洗免疫亲和柱,流速为 1 滴/s～2 滴/s,弃去全部流出液,抽干小柱。

5.2.1.2 食用植物油

将免疫亲和柱连接于玻璃注射器下,准确移取 30mL 滤液 C,注入玻璃注射器中。将空气压力泵与玻璃注射器相连接,调节压力,使溶液以约 1 滴/s 的流速通过免疫亲和柱,直至空气进入亲和柱中,依次用 10mL 真菌毒素清洗缓冲液、10mL 水先后淋洗免疫亲和柱,流速为 1 滴/s～2 滴/s,弃去全部流出液,抽干小柱。

5.2.1.3 大豆、油菜籽

将免疫亲和柱连接于玻璃注射器下,准确移取 10mL 滤液 D,注入玻璃注射器中。将空气压力泵与玻璃注射器相连接,调节压力,使溶液以约 1 滴/s 的流速通过免疫亲和柱,直至空气进入亲和柱中,依次用 10mL 真菌毒素清洗缓冲液、10mL 水先后淋洗免疫亲和柱,流速为 1 滴/s～2 滴/s,弃去全部流出液,抽干小柱。

5.2.2 酒类

将免疫亲和柱连接于玻璃注射器下,准确移取 10mL 滤液 E,注入玻璃注射器中。将空气压力泵与玻璃注射器相连接,调节压力,使溶液以约 1 滴/s 的流速通过免疫亲和柱,直至空气进入亲和柱中,依次用 10mL 冲洗液(3.2.4)、10mL 水先后淋洗免疫亲和柱,流速为 1 滴/s～2 滴/s,弃去全部流出液,抽干小柱。

5.2.3 酱油、醋、酱及酱制品

将免疫亲和柱连接于玻璃注射器下,准确移取 10mL 滤液 F,注入玻璃注射器中。将空气压力泵与玻璃注射器相连接,调节压力,使溶液以约 1 滴/s 的流速通过免疫亲和柱,直至空气进入亲和柱中,依次用 10mL 真菌毒素清洗缓冲液、10mL 水先后淋洗免疫亲和柱,流速为 1 滴/s～2 滴/s,弃去全部流出液,抽干小柱。

5.2.4 葡萄干

将免疫亲和柱连接于玻璃注射器下,准确移取 10mL 滤液 G,注入玻璃注射器中。将空气压力泵与玻璃注射器相连接,调节压力,使溶液以约 1 滴/s 的流速通过免疫亲和柱,直至空气进入亲和柱中,依次用 10mL 淋洗缓冲液、10mL 水先后淋洗免疫亲和柱,流速为 1 滴/s～2 滴/s,弃去全部流出液,抽干小柱。

5.2.5 胡椒粒/粉

将免疫亲和柱连接于玻璃注射器下,准确移取 10mL 滤液 H,注入玻璃注射器

中。将空气压力泵与玻璃注射器相连接,调节压力,使溶液以约1滴/s的流速通过免疫亲和柱,直至空气进入亲和柱中,依次用10mL淋洗缓冲液、10mL水先后淋洗免疫亲和柱,流速为1滴/s~2滴/s,弃去全部流出液,抽干小柱。

5.3　洗脱

准确加入1.5mL甲醇或免疫亲和柱厂家推荐的洗脱液进行洗脱,流速约为1滴/s,收集全部洗脱液于干净的玻璃试管中,45℃下氮气吹干。用流动相溶解残渣并定容到500μL,供检测用。

5.4　试样测定

5.4.1　高效液相色谱参考条件

高效液相色谱参考条件列出如下:

(1) 色谱柱:C18柱(150mm×4.6mm,5μm)或等效柱;

(2) 流动相:乙腈-水-冰乙酸(96+102+2);

(3) 流速:1.0mL/min;

(4) 柱温:35℃;

(5) 进样量:50μL;

(6) 检测波长:激发波长333nm,发射波长460nm。

5.4.2　色谱测定

在5.4.1色谱条件下,将赭曲霉毒素A和赭曲霉毒素B标准工作溶液按浓度从低到高依次注入高效液相色谱仪,待仪器条件稳定后,以目标物质的浓度为横坐标(x轴),目标物质的峰面积积为纵坐标(y轴),指标赭曲霉毒素A和赭曲霉毒素B的标准曲线。

5.4.3　空白试验

不称取试样按5.1、5.2和5.3的步骤做空白试验。应确认不含有干扰待测组分的物质。

6　分析结果的表述

试样中赭曲霉毒素A或赭曲霉毒素B的含量按式(1)计算:

$$X = \frac{\rho \times V \times f \times 1000}{m \times 1000} \times f \quad\quad\quad\quad\quad (1)$$

式中:

X——试样中赭曲霉毒素A或赭曲霉毒素B的含量,单位为微克每千克($\mu g/kg$);

ρ——由标准曲线得到的试样测定液中赭曲霉毒素A或赭曲霉毒素B的浓度,单位为纳克每毫升(ng/mL);

V——试样测定液最终定容体积,单位为毫升(mL);

1000——单位换算常数;

m——试样的质量,单位为克(g);

f——稀释倍数。

　　计算结果时需扣除空白值,检测结果以两次测定值的算数平均值表示,计算结果保留两位有效数字。

7　精密度

　　样品中赭曲霉毒素 A 含量或赭曲霉毒素 B 在重复性条件下获得的两次独立测试结果的绝对差值不得超过算术平均值的 15%。

8　附图

　　见图 1。

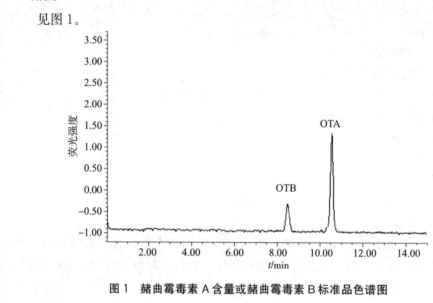

图 1　赭曲霉毒素 A 含量或赭曲霉毒素 B 标准品色谱图

二、注意事项

　　1. 本程序是在 GB 5009.96—2016《食品安全国家标准　食品中赭曲霉毒素 A 的测定》的基础上进行了调整。

　　2. 检测样品时,对于不同批次的亲和柱在使用前须质量验证。

　　3. 空白试验是为了防止试剂和免疫亲和柱中存在未知干扰物。如果试验使用的试剂和亲和柱是同一批次,且按照要求保存的话,可以使用同一个空白试验结果用于计算。

　　4. 为了提高回收率,洗脱前可以保留甲醇在小柱内 1min～2min。洗脱时不可加压,使甲醇的流速缓慢、稳定。

　　5. 上样前,让柱子内的保护液完全流净。上样时,为了使毒素与抗体充分接触、结合,过柱的速度应尽可能地缓慢、稳定。清洗时,应当适当加压,加快流速。

　　6. 整个分析操作过程应在指定区域内进行。该区域应避光(直射阳光)、具备相对独立的操作台和废弃物存放装置。在整个试验过程中,操作者应按照接触剧毒物的要求采取相应的保护措施。

　　7. 免疫亲和柱应冷藏保存,使用时需回复到室温,以保证试验结果的准确性。

　　8. 赭曲霉毒素在氮吹过干时,容易损失,因此要控制温度和氮吹速度。

9. 洗脱液氮吹至干,用流动相定容,保证了出峰的保留时间一致,峰型对称,不出现托尾现象。

10. 整个分析操作过程应在指定区域内进行。该区域应避光(直射阳光)、具备相对独立的操作台和废弃物存放装置。在整个试验过程中,操作者应按照接触剧毒物的要求采取相应的保护措施。

三、部分国家和地区赭曲霉毒素 A 的限量

国内外赭曲霉毒素 A 的限量标准比较见表 5-1。

表 5-1 主要组织与国家对赭曲霉毒素 A 的限量标准

组织或国家	种类	最大限量/(ng/kg)
中国	谷物(以糙米计)	5.0
	谷物碾磨加工品	5.0
	豆类	5.0
	葡萄酒	2.0
	烘焙咖啡豆	5.0
	研磨咖啡(烘焙咖啡)	5.0
	速溶咖啡	10.0
欧盟委员会(EC)	烘烤咖啡	5.0
	液体咖啡	10.0
	葡萄干	10.0
	葡萄酒(白葡萄酒、红葡萄酒、玫瑰葡萄酒)以及其他葡萄酒和葡萄发酵饮料	2.0
	葡萄汁以及葡萄为原料的饮料	2.0
	婴幼儿食品	0.5
	特殊膳食	0.5
	谷物	5.0
OIV	葡萄酒	2.0
保加利亚	啤酒	0.2
	葡萄汁	3.0
意大利	啤酒	0.2
法国	谷物	5.0
丹麦	谷物与谷物产品	5.0
瑞典	谷物与谷物产品	5.0

国内外食品中赭曲霉毒素 A 的检验方法比较见表 5-2。

表5-2　国内外酿酒原料和酒中赭曲霉毒素A的检验方法标准比较

方法	GB 5009.96—2016				薄层色谱测定法	AOAC 2001.01	BS EN 14133—2009
方法	免疫亲和层析净化液相色谱法	离子交换固相萃取净化高效液相色谱法	免疫亲和层析净化液相色谱-串联质谱法	酶联免疫吸附测定法	薄层色谱测定法		
仪器	液相色谱荧光检测器	液相色谱高效液相色谱荧光检测器	液相色谱-串联质谱	酶标测定仪	薄层色谱板	液相色谱-荧光检测器	液相色谱-荧光检测器
定量方法	外标法	外标法	外标法	外标法	外标法	外标法	外标法
样品前处理	甲醇-水、氯化钠或甲醇-碳酸氢钠溶液提取，免疫亲和柱净化	氢氧化钾溶液-甲醇-水，离子交换固相萃取柱净化	甲醇-水、氯化钠或甲醇-碳酸氢钠溶液提取，离子交换固相萃取柱净化	甲醇-水提取试样	三氯甲烷-0.1 mol/L 磷酸或石油醚-甲醇-水提取	乙腈-水提取，免疫亲和柱净化	乙腈-水提取，免疫亲和柱净化
检出限	粮食和粮食制品、食用植物油、大豆、油菜籽、葡萄干、胡椒粒、粉的检出限为 0.3μg/kg；酒类样品的检出限为 0.1μg/kg；酱油、醋、酱及酱制品的检出限为 0.5μg/kg	葡萄酒检出限为 0.1μg/L；其他样品检出限为 1.0μg/kg	玉米、小麦等粮食产品、辣椒等制品、啤酒等检出限为 1.0μg/kg，熟咖啡、酱油等的检出限为 0.5μg/kg	1μg/kg	5μg/kg	0.1ng/mL～2.0ng/mL 白葡萄酒 0.2ng/mL～3.0ng/mL 红葡萄酒	0.1μg/kg
适用范围	本法适用于谷物、油料及其制品、酒类、醋、酱油、酱及酱制品、葡萄干、胡椒粒、粉中	玉米、稻谷（糙米）、大豆、小麦、小麦粉、咖啡	玉米、小麦、酒类制品、辣椒及其制品、酱油、生咖啡、熟咖啡	玉米、小麦、大麦、大米、大豆及其制品	粮食	啤酒、葡萄酒	啤酒、葡萄酒

第二节 离子交换固相萃取柱净化高效液相色谱法

一、测定标准操作程序

食品中赭曲霉毒素的离子交换固相萃取柱净化高效液相色谱法测定标准操作程序如下：

1 范围

本程序适用于玉米、稻谷（糙米）、小麦、小麦粉、大豆、咖啡中赭曲霉毒素 A 和赭曲霉毒素 B 的测定。

葡萄酒检出限为 $0.1\mu g/L$，定量限为 $0.33\mu g/L$；其他样品检出限为 $1.0\mu g/kg$，定量限为 $3.3\mu g/kg$。

2 原理

用提取液提取试样中的赭曲霉毒素 A 和赭曲霉毒素 B 经离子交换固相萃取柱净化后，采用高效液相色谱仪结合荧光检测器测定赭曲霉毒素 A 和赭曲霉毒素 B 的含量，外标法定量。

3 试剂和材料

注：除非另有说明，本方法所用试剂均为分析纯，水为 GB/T 6682 规定的一级水。

3.1 试剂

3.1.1 乙腈（CH_3CN）：色谱纯。

3.1.2 甲醇（CH_3OH）：色谱纯。

3.1.3 冰乙酸（$C_2H_4O_2$）。

3.1.4 石油醚：分析纯，$60℃\sim90℃$。

3.1.5 甲酸（CH_2O_2）。

3.1.6 三氯甲烷（$CHCl_3$）。

3.1.7 碳酸氢钠（$NaHCO_3$）。

3.1.8 磷酸（H_3PO_4）。

3.1.9 氢氧化钾（KOH）。

3.2 试剂配制

3.2.1 氢氧化钾溶液（$0.1mol/L$）：称取氢氧化钾 $0.56g$，溶于 $100mL$ 水。

3.2.2 磷酸水溶液（$0.1mol/L$）：移取 $0.68mL$ 磷酸，溶于 $100mL$ 水。

3.2.3 碳酸氢钠溶液（$30g/L$）：称取碳酸氢钠 $30.0g$，溶于 $1000mL$ 水。

3.2.4 乙酸水溶液（2%）：移取 $20mL$ 冰乙酸，溶于 $980mL$ 水。

3.2.5 提取液：氢氧化钾溶液（$0.1mol/L$）-甲醇-水（$2+60+38$）。

3.2.6　淋洗液：氢氧化钾溶液(0.1mol/L)-乙腈-水(3+50+47)。

3.2.7　洗脱液：甲醇-乙腈-甲酸-水(40+50+5+5)。

3.2.8　甲醇-碳酸氢钠溶液(30g/L)(50+50)。

3.2.9　乙腈-2%乙酸水溶液(50+50)。

3.3　标准品

赭曲霉毒素 A($C_{20}H_{18}ClNO_6$，CAS 号：303-47-9)，赭曲霉毒素 B($C_{20}H_{19}NO_6$，CAS 号：4825-86-9)，纯度≥99%。或经国家认证并授予标准物质证书的标准物质。

3.4　标准溶液配制

3.4.1　赭曲霉毒素 A 和赭曲霉毒素 B 标准储备液：准确称取一定量的赭曲霉毒素 A 和赭曲霉毒素 B 标准品，用甲醇溶解配制成 100μg/mL 的标准储备液，于－20℃避光保存。

3.4.2　赭曲霉毒 A 和赭曲霉毒素 B 标准工作液：准确移取一定量的赭曲霉毒素 A 和赭曲霉毒素 B 标准储备液(3.4.1)，用甲醇溶解配制成 1μg/mL 的标准储备液，于 4℃避光保存。

3.4.3　赭曲霉毒素 A 和赭曲霉毒素 B 系列标准工作液：准确移取适量赭曲霉毒素 A 和赭曲霉毒素 B 标准工作液(3.4.2)，用甲醇稀释配制成 1ng/mL、2.5ng/mL、5ng/mL、10ng/mL、50ng/mL 的系列标准工作液。

4　仪器和设备

4.1　高效液相色谱仪配荧光检测器。

4.2　分析天平：感量 0.01g 和 0.0001g。

4.3　固相萃取柱：高分子聚合物基质阴离子交换固相萃取柱，柱规格 3mL，柱床重量 200mg，或等效柱。

4.4　氮吹仪。

4.5　涡旋振荡器。

4.6　旋转蒸发仪。

4.7　高速万能粉碎机：≥12000r/min。

4.8　20 目筛。

4.9　有机滤膜：孔径 0.45μm。

4.10　快速定性滤纸。

5　分析步骤

5.1　试样制备

玉米、稻谷(糙米)、小麦、小麦粉、大豆及咖啡豆等用高速万能粉碎机将样品粉碎，过 20 目筛后混匀备用。

5.2　试样提取

5.2.1　玉米

称取试样 10.0g(精确至 0.01g)，加入 50mL 三氯甲烷和 5mL0.1mol/L 的磷

酸水溶液,于涡旋振荡器上振荡提取 3min～5min,提取液用定性滤纸过滤,取 10mL 下层滤液至 100mL 平底烧瓶中,于 40℃水浴中用旋转蒸发仪旋转蒸发至近干,用 20mL 石油醚溶解残渣后加入 10mL 提取液,再用涡旋振荡器振荡提取 3min～5min,静置分层后取下层溶液,用滤纸过滤,取 5mL 滤液进行固相萃取净化。

5.2.2　稻谷(糙米)、小麦、小麦粉、大豆

称取试样 10.0g(精确至 0.01g),加入 50mL 提取液,于涡旋振荡器上振荡提取 3min～5min,用定性滤纸过滤,取 10mL 滤液至 100mL 平底烧瓶中,加入 20mL 石油醚,涡旋振荡器振荡提取 3min～5min,静置分层后取下层溶液,用滤纸过滤,取 5mL 滤液进行固相萃取净化。

5.2.3　咖啡

称取试样 2.5g(精确至 0.01g)于 50mL 聚丙烯锥形试管(带盖)中,加入 25mL 甲醇-碳酸氢钠溶液于涡旋振荡器振荡提取 3min～5min,4000r/min 离心 10min 后上清液用滤纸过滤,取 10mL 滤液进行固相萃取净化。

5.2.4　葡萄酒

移取试样 10.0g(精确至 0.01g)于烧杯中,加入 6mL 提取液,混匀,再用氢氧化钾溶液调 pH 至 9.0～10.0 进行固相萃取净化。

5.3　试样净化

分别用 5mL 甲醇、3mL 提取液活化固相萃取柱,然后将 5.2 制备的样品提取液加入固相萃取柱,调节流速以 1 滴/s～2 滴/s 的速度通过柱子,分别依次用 3mL 淋洗液、3mL 水、3mL 甲醇淋洗柱,抽干,用 5mL 洗脱液洗脱,收集洗脱液于玻璃试管中,于 45℃下氮气吹干,用 1mL 乙腈-2‰乙酸水溶液溶解,过滤后备用。

5.4　高效液相色谱参考条件

(1) 色谱柱:C18 柱,柱长 150mm,内径 4.6mm,粒径 5μm,或等效柱;

(2) 柱温:30℃;

(3) 进样量:10μL;

(4) 流速:1mL/min;

(5) 检测波长:激发波长:333nm,发射波长:460nm;

(6) 流动相及洗脱条件:

流动相:A:冰乙酸-水(2+100),B:乙腈;等度洗脱条件:A-B(50+50);梯度洗脱条件见表 1。

5.5　色谱测定

在 5.4 的色谱条件下,将赭曲霉毒素 A 和赭曲霉毒素 B 标准工作溶液按浓度从低到高依次注入高效液相色谱仪;待仪器条件稳定后,以目标物质的浓度为横坐标(x 轴),目标物质的峰面积为纵坐标(y 轴),制作标准曲线。

表 1　流动相及梯度洗脱条件

时间/min	流动相 A/%	流动相 B/%
0	88	12
2	88	12
10	80	20
12	70	30
19	50	50
30	50	50
31	0	100
39	0	100
40	88	12
45	88	12

注:咖啡和葡萄酒样品测定采用梯度洗脱程序,其他样品采用等度洗脱程序。

6　分析结果的表述

试样中赭曲霉毒素 A 和赭曲霉毒素 B 的含量按式(1)计算:

$$X=\frac{\rho \times V \times 1000}{m \times 1000} \times f \quad\cdots\cdots\cdots\cdots\cdots\cdots\cdots\cdots \quad(1)$$

式中:

X——试样中赭曲霉毒素 A 或赭曲霉毒素 B 的含量,单位为微克每千克($\mu g/kg$);

ρ——由标准曲线得到的试样测定液中赭曲霉毒素 A 或赭曲霉毒素 B 的浓度,单位为纳克每毫升(ng/mL);

V——试样测定液最终定容体积,单位为毫升(mL);

1000——单位换算常数;

m——试样的质量,单位为克(g);

f——稀释倍数。

计算结果(需扣除空白值)以重复性条件下获得的两次独立测定结果的算术平均值表示,结果保留两位有效数字。

7　精密度

在重复性条件下获得的两次独立测定结果的绝对差值不得超过算术平均值的15%。

8　附图

见图 1。

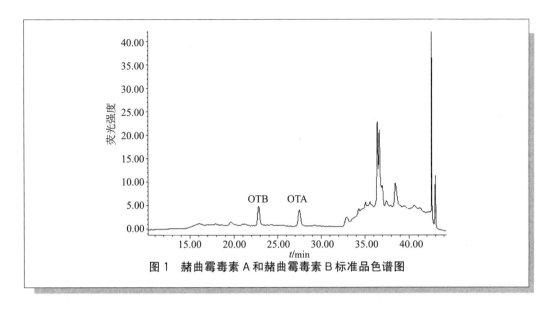

图 1　赭曲霉毒素 A 和赭曲霉毒素 B 标准品色谱图

二、注意事项

1. 本程序是在 GB 5009.96—2016《食品安全国家标准　食品中赭曲霉毒素 A 的测定》的基础上进行了调整。

2. 赭曲酶毒 A 毒性强,通常不使用固体标准物质配制相应的标准溶液,建议直接采用有证书的标准溶液。

3. 赭曲酶毒 A 具有弱酸性,采用阴离子交换固相柱进行样品前处理,上样品前应保证样品 pH 在 9.0～10.0 之间,以保证吸附效率。

4. 固相萃取过程中流速应始终保持在 1 滴/s～2 滴/s,洗脱之前应抽干离子交换柱,氮吹时注意气流量,避免将样液吹溢。

5. 由于咖啡和葡萄酒基质相对复杂,须进行梯度洗脱。

6. 为了保证分析结果的准确,要求在分析每批样品时,依样品中赭曲霉毒素含量进行加标试验,加标量为 $1.0\mu g/kg$～$10.0\mu g/kg$,回收率应在 70%～115% 范围之内。

第三节　免疫亲和层析净化液相色谱-串联质谱法

一、测定标准操作程序

食品中赭曲霉毒素的免疫亲和层析净化液相色-串联质谱法测定标准操作程序如下:

1　范围

本程序适用于玉米、小麦、酒类、辣椒及其制品、酱油、生咖啡、熟咖啡中赭曲霉毒素 A 和赭曲霉毒素 B 的测定。

玉米、小麦等粮食产品、辣椒及其制品等检出限和定量限分别为 1.0μg/kg 和 3.0μg/kg，啤酒等的检出限和定量限分别为 1.0μg/kg 和 3.0μg/kg，熟咖啡、酱油等的检出限和定量限分别为 0.5μg/kg 和 1.5μg/kg。

2 原理

用提取液提取试样中的赭曲霉毒素 A 和赭曲霉毒素 B，经免疫亲和柱净化后，采用液相色谱-串联质谱测定赭曲霉毒素 A 和赭曲霉毒素 B 的含量，同位素内标法定量。

3 试剂和材料

注：除非另有说明，本方法所用试剂均为优级纯，水为 GB/T 6682 规定的一级水。

3.1 试剂

3.1.1 甲醇(CH_3OH)：色谱纯。

3.1.2 乙腈(CH_3CN)：色谱纯。

3.1.3 甲酸(HCOOH)：色谱纯。

3.1.4 甲酸铵($HCOONH_4$)：色谱纯。

3.1.5 氯化钠(NaCl)。

3.1.6 碳酸氢钠($NaHCO_3$)。

3.2 试剂配制

3.2.1 提取液Ⅰ：甲醇-水(80＋20)。

3.2.2 提取液Ⅱ：称取 150.0g 氯化钠、20.0g 碳酸氢钠溶于约 950mL 水中，加水定容至 1L。

3.2.3 提取液Ⅲ：甲醇-3‰碳酸氢钠溶液(50＋50)。

3.2.4 3‰碳酸氢钠溶液：称取 30.0g 碳酸氢钠，加水定容至 1L。

3.2.5 苯基硅烷固相萃取柱淋洗液Ⅰ：甲醇-3‰碳酸氢钠溶液(15＋85)。

3.2.6 苯基硅烷固相萃取柱淋洗液Ⅱ：称取 10.0g 碳酸氢钠，加水定容至 1L。

3.2.7 苯基硅烷固相萃取柱洗脱液：甲醇-水(10＋90)。

3.2.8 磷酸盐缓冲液(PBS)：称取 8.0g 氯化钠、1.2g 磷酸氢二钠、0.2g 磷酸二氢钾、0.2g 氯化钾，用水溶解，调节 pH 至 7.0，加水定容至 1L。

3.2.9 定容溶液：乙腈-水(35＋65)。

3.3 标准品

赭曲霉毒素 A($C_{20}H_{18}ClNO_6$，CAS 号：303-47-9)，赭曲霉毒素 B($C_{20}H_{19}NO_6$，CAS 号：4825-86-9)，纯度≥99%，^{13}C-赭曲霉毒素 A($^{13}C_{20}H_{18}ClNO_6$)。或经国家认证并授予标准物质证书的标准物质。

3.4 标准溶液配制

3.4.1 赭曲霉毒素 A 和赭曲霉毒素 B 标准储备液：准确称取一定量的赭曲霉毒素 A 和赭曲霉毒素 B 标准品，用甲醇-乙腈(1＋1)溶解后配成 0.1mg/mL 的标准储备液，于−20℃避光保存，可使用 3 个月。

3.4.2 [13]C-赭曲霉毒素 A 标准工作液:将[13]C-赭曲霉毒素 A 标准储备液用乙腈稀释为 100ng/mL,于-20℃避光保存。

3.4.3 赭曲霉毒素 A 和赭曲霉毒素 B 标准工作液:根据使用需要移取一定量的赭曲霉毒素 A 赭曲霉毒素 B 标准储备液(3.4.1),分别配成相当于 1ng/mL、5ng/mL、10ng/mL、20ng/mL、50ng/mL 的标准工作溶液,各含[13]C-赭曲霉毒素 A 10ng/mL。

3.5 材料

3.5.1 赭曲霉毒素 A 免疫亲和柱:柱规格 1mL,柱容量≥100ng,或等效柱。

3.5.2 苯基硅烷固相萃取柱:柱床重量 500mg,柱规格 3mL,或等效柱。

3.5.3 玻璃纤维滤纸:直径 11cm,孔径 1.5μm,无荧光特性。

3.5.4 定性滤纸。

3.5.5 微孔滤膜:直径 0.20μm。

4 仪器和设备

4.1 分析天平:感量 0.0001g 和 0.01g。

4.2 液相色谱-串联质谱仪:配有电喷雾电离源。

4.3 固相萃取装置。

4.4 涡旋混合器。

4.5 恒温振荡器。

4.6 氮吹仪。

4.7 高速均质器:≥12000r/min。

4.8 离心机:≥12000r/min。

4.9 样品粉碎机。

5 分析步骤

5.1 试样制备

5.1.1 试样制备与提取

5.1.2 玉米、小麦等粮食产品

将样品充分粉碎混匀,称取试样 25.0g,加入 5g 氯化钠,用提取液Ⅰ定容至 100mL,混匀,高速均质提取 2min。定性滤纸过滤,移取 10mL 滤液于 50mL 容量瓶中,加水定容至刻度,混匀,经玻璃纤维滤纸过滤至滤液澄清,收集滤液 A 于干净的容器中。

5.1.3 辣椒及其制品等

将样品充分粉碎混匀,称取试样 25.0g,加入 5g 氯化钠,用提取液Ⅰ定容至 100mL,混匀,高速均质提取 2min。定性滤纸过滤,移取 10mL 滤液于 50mL 容量瓶中,加水定容至刻度,混匀,用玻璃纤维滤纸过滤至滤液澄清,收集滤液 B 于干净的容器中。

5.1.4　啤酒等酒类

取脱气酒类试样(含二氧化碳的酒类样品使用前先置于4℃冰箱冷藏30min,过滤或超声脱气)或其他不含二氧化碳的酒类试样25.0g,加50mL提取液Ⅱ,混匀,经玻璃纤维滤纸过滤至滤液澄清,收集滤液C于干净的容器中。

5.1.5　酱油等产品

称取25.0g混匀试样,用提取液Ⅰ定容至50mL,超声提取5min。定性滤纸过滤,移取10mL滤液于50mL容量瓶中,加水定容至刻度,混匀,经玻璃纤维滤纸过滤至滤液澄清,收集滤液D于干净的容器中。

5.1.6　生咖啡

将样品充分粉碎混匀,称取试样25.0g,加入200mL提取液Ⅲ,均质提取5min。8000r/min离心5min,上清液先后经定性滤纸和玻璃纤维滤纸过滤。移取4mL滤液于100mL容量瓶中,加PBS缓冲液定容至刻度,混匀,得提取液E。

5.1.7　熟咖啡

将样品充分粉碎混匀,称取试样15.0g,加入150mL提取液Ⅲ,轻摇30min。玻璃纤维滤纸过滤,移取约50mL滤液,4℃下4500r/min离心15min。取10mL上清液,加入10mL 3%碳酸氢钠溶液得提取液F。

5.2　试样净化

5.2.1　玉米、小麦等粮食产品

准确移取10mL滤液A,加入适量同位素内标,混匀后注入玻璃注射器中,使溶液以约1滴/s的流速通过免疫亲和柱,依次用10mL PBS缓冲液、10mL水淋洗免疫亲和柱,流速为1滴/s~2滴/s,弃去全部流出液,抽干小柱。

5.2.2　辣椒及其制品等

准确移取10mL滤液B,加入适量同位素内标,混匀后注入玻璃注射器中,使溶液以约1滴/s的流速通过免疫亲和柱,依次用10mL PBS缓冲液、10mL水淋洗免疫亲和柱,流速为1滴/s~2滴/s,弃去全部流出液,抽干小柱。

5.2.3　啤酒等酒类

准确移取10mL滤液C,加入适量同位素内标,混匀后注入玻璃注射器中,使溶液以约1滴/s的流速通过免疫亲和柱,依次用10mL PBS缓冲液、10mL水淋洗免疫亲和柱,流速为1滴/s~2滴/s,弃去全部流出液,抽干小柱。

5.2.4　酱油等产品

准确移取10mL滤液D,加入适量同位素内标,混匀后注入玻璃注射器中,使溶液以约1滴/s的流速通过免疫亲和柱,依次用10mL PBS缓冲液、10mL水淋洗免疫亲和柱,流速为1滴/s~2滴/s,弃去全部流出液,抽干小柱。

5.2.5　生咖啡

在提取液E中加入适量同位素内标,混匀后,分次全部注入玻璃注射器中,使溶液以约1滴/s的流速全部通过免疫亲和柱,保持柱体湿润,用10mL水淋洗免疫亲和柱,流速为1滴/s~2滴/s,弃去全部流出液,抽干小柱。

5.2.6 熟咖啡

5.2.6.1 苯基硅烷固相萃取柱净化:预先依次用15mL甲醇、5mL 3‰碳酸氢钠溶液活化苯基硅烷固相萃取柱,保持柱体湿润。在提取液F中加入适量同位素内标,混匀后以≤2mL/min的流速通过苯基硅烷固相萃取柱,再依次用10mL苯基硅烷固相萃取柱淋洗液Ⅰ和5mL苯基硅烷固相萃取柱淋洗液Ⅱ淋洗,吹干萃取柱后用10mL苯基硅烷固相萃取柱洗脱液进行洗脱,得洗脱液G,流速始终保持在1滴/s~2滴/s。

5.2.6.2 免疫亲和柱净化:用30mL PBS缓冲液稀释洗脱液G,加入适量同位素内标,混匀后,以1滴/s~2滴/s的流速通过免疫亲和柱,保持柱体湿润,用10mL水淋洗,流速为1滴/s~2滴/s,弃去全部流出液,抽干小柱。

5.3 洗脱

以5mL甲醇分两次洗脱,流速为2mL/min~3mL/min,收集全部洗脱液于干净的玻璃试管中,于40℃下氮气吹干,以1mL乙腈-水溶液(35:65,体积分数)复溶,微孔滤膜过滤后,玉米、小麦、辣椒及其制品等稀释1倍,啤酒等酒类浓缩5倍,酱油等产品等倍稀释后,供液相色谱-串联质谱测定。

5.4 仪器参考条件

5.4.1 高效液相色谱参考条件

高效液相色谱参考条件列出如下:

(1) 色谱柱:C18柱(100mm×2.1mm,1.7μm)或等效柱;

(2) 柱温:30℃;

(3) 进样量:10μL;

(4) 流速:0.3mL/min;

(5) 流动相及梯度洗脱条件:见表1。

流动相A液:水溶液(含有0.1%甲酸),

流动相B液:乙腈。

表1 流动相及梯度洗脱条件

时间/min	流动相A/%	流动相B/%
0	95	5
1	95	5
3.8	15	85
4.0	5	95
4.8	5	95
5	95	5
8	95	5

5.4.2 质谱参考条件

质谱参考条件列出如下：

(1) 离子化方式:电喷雾电离;

(2) 离子源喷雾电压:3.0kV;

(3) 离子源温度:500℃;

(4) 雾化气:800L/h;

(5) 扫描方式:ESI-模式;

(6) 检测方式:多反应监测,参数详见表2。

表2 多反应监测参数

毒素	母离子(m/z)	子离子(m/z)	采集时间/ms	碰撞能量/eV
赭曲霉毒素 A	402	167	100	36
		358*	100	20
赭曲霉毒素 B	368	280	100	28
		324*	100	18
^{13}C-赭曲霉毒素 A	422	175	100	36
		377*	100	20
注:标 * 者为定量离子。				

5.5 液相色谱-串联质谱测定

试样中赭曲霉毒素 A 色谱峰的保留时间与相应标准色谱峰保留时间相比较,变化范围应在±2.5%之内。每种化合物的质谱定性离子必须出现,至少应包括一个母离子和两个子离子,而且同一检测批次,对同一种化合物而言,样品中目标化合物的两个子离子的相对丰度比与浓度相当的标准溶液比,其允许偏差不超过表3规定的范围。

表3 定性时相对离子丰度的最大允许偏差

相对离子丰度	≥50%	20%~50%	10%~20%	≤10%
允许相对偏差	±20%	±25%	±30%	±50%

目标化合物以保留时间和两对离子(特征离子对/定量离子对)所对应的色谱峰面积相对丰度进行定性,同时要求测试样品中目标化合物的两对离子对应的色谱峰面积比与标准溶液中目标化合物的面积比一致。仪器最佳工作条件下,用系列标准工作溶液分别进样,以峰面积为纵坐标,以混合标准工作溶液浓度为横坐标,绘制标准工作曲线。用标准工作曲线对样品进行定量,样品溶液中赭曲霉毒素 A 和赭曲霉毒素 B 的响应值均应在仪器测定的线性范围内。

5.6 空白试验

除不称取试样外,均按上述步骤同时完成空白试验。

6　分析结果的表述

赭曲霉毒素 A 和赭曲霉毒素 B 的含量按式（1）计算：

$$X = \frac{\rho \times V \times 1000}{m \times 1000} \times f \quad\cdots\cdots\cdots\cdots\cdots\cdots\cdots\cdots\cdots\cdots (1)$$

式中：

X——试样中赭曲霉毒素 A 或赭曲霉毒素 B 的含量，单位为微克每千克（μg/kg）；

ρ——试样测定液中赭曲霉毒素 A 或赭曲霉毒素 B 的浓度，单位为纳克每毫升（ng/mL）；

V——试样测定液最终定容体积，单位为毫升（mL）；

1000——单位换算常数；

f——试样稀释倍数；

m——试样的质量，单位为克（g）。

计算结果时需扣除空白值，计算结果保留两位有效数字。

7　精密度

在重复性测定条件下获得的两次独立测定结果的绝对差值不超过其算术平均值的 15%。

8　附图

见图 1。

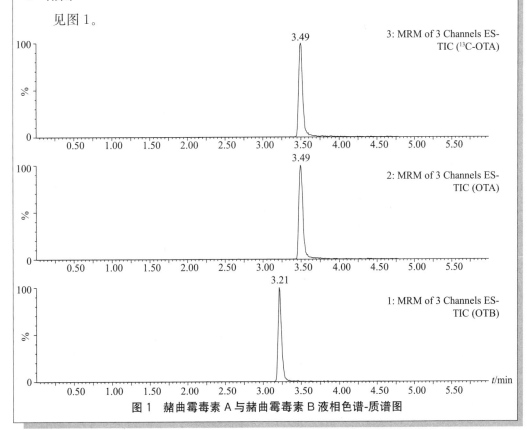

图 1　赭曲霉毒素 A 与赭曲霉毒素 B 液相色谱-质谱图

二、注意事项

1. 本程序是在 GB 5009.96—2016《食品安全国家标准 食品中赭曲霉毒素 A 的测定》的基础上进行了调整。

2. 由于试样中的赭曲霉毒素存在着不均匀性,因此应在抽样中注意抽样量至少 2kg。样品采集和收到后,应尽快粉碎成粉末状,过筛混匀后,放入密闭容器中保存。

3. 由于熟咖啡经过烘烤的特殊性,在分析熟咖啡时,需要增加苯基硅烷固相萃取柱净化步骤,以降低杂质干扰并提高方法回收率。苯基硅烷固相萃取柱淋洗液 I 和洗脱液中的各溶液比例对净化效果影响较大。经系统验证,在淋洗液 1 中甲醇和 3% 碳酸氢钠溶液的比例为 15:85 以及洗脱液中甲醇与水的比例为 10:90 时,可最大程度地减低干扰、提高回收率。

4. 在检测中,尽可能使用阳性标准参考样品作为质量控制样品,也可采用加标回收实验进行质量控制。

5. 尽量选用与样品基质相同或相似的质控样品作为质量监控的标准。质控样与待测样品按相同方法同时进行处理后,测定其赭曲霉毒素含量。测定结果应在证书给定的标准值±不确定度的范围内。每批样品至少分析 1 个质控样品。

6. 加标回收实验采取等量样品,加入一定浓度的赭曲霉毒素标准混合溶液,然后将其与样品同时处理后进行测定,计算加标回收率。每 10 个样品测定 1 个加标回收率,若样品量少于 10 个,则至少测定 1 个加标回收率。加标回收率参考值见表 5-3。

表 5-3 食品中赭曲霉毒素 A 测定的加标回收率参考值

含量范围/(μg/kg)	≤1	1~10	≥10
加标回收率/%	50~120	70~115	80~110

7. 提取的过程需要充分的浸泡和振荡。

8. 固相萃取过程中流速应始终保持在 1 滴/s~2 滴/s,洗脱之前应抽干萃取柱,氮吹时注意气流量,避免将样液吹溢。

9. 为尽可能避免溶剂效应,进样前的定容液应使用初始流动相,可根据样品中赭曲霉毒素含量适当调整复溶体积;

10. 清洗过的所有玻璃容器(试管和进样瓶)需要 75℃烘干后,再放入马弗炉 400℃下灼烧,在放入马弗炉和从中取出时,应防止温度的变化引起的爆裂。

参 考 文 献

[1] GB 5009.96—2016 食品安全国家标准 食品中赭曲霉毒素 A 的测定

[2] GB 2761—2017 食品安全国家标准 食品中真菌毒素限量

[3] BS EN 141333—2009 Foodstuffs determination of ochratoxin A in wine and beer-HPLC method with immunoaffinity column clean-up

[4] AOAC Official Method 2001.01 Determination of ochratoxin A in wine and

beer munoaffinity column cleanup liquid chromatographic analysis

[5] 联合国粮食及农业组织. 2003 年全世界食品和饲料真菌毒素法规. 粮农组织食品及营养论文. 罗马,2004:47-129.

[6] Assessment of dietary intake of Ochratoxin Aby the population of EU member states. Directorate-general health and consumer protection, report of experts participating in Task 3. 2. 7,2002.

[7] AOAC Official Method 2000. 03 Ochratoxin A in barley,immunoaffinity by column HPLC

第六章

食品中雪腐镰刀菌烯醇及其衍生物的测定标准操作程序

第一节　食品中脱氧雪腐镰刀菌烯醇及其乙酰化衍生物-液相色谱串联质谱法测定

一、概述

脱氧雪腐镰刀菌烯醇（deoxynivalenol，DON），其化学名称为 3,7,15-三羟基-12,13-环氧单端孢霉-9-烯-8-酮，分子式为 $C_{15}H_{20}O_6$，相对分子质量为 296，其结构式如图 6-1 所示。

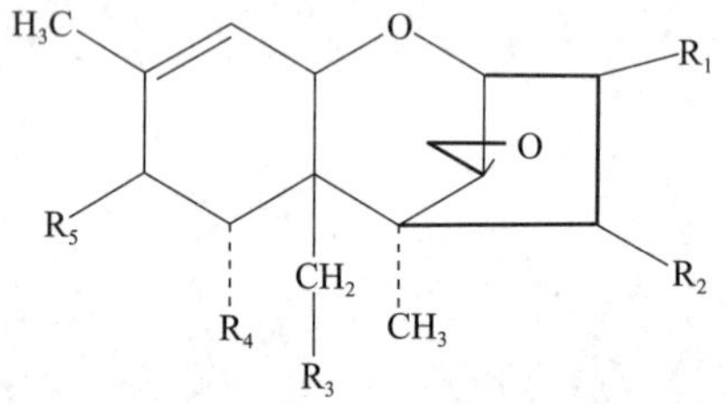

（H₃C结构图）

化合物中文名称	英文缩写	R1	R2	R3	R4	R5
脱氧雪腐镰刀菌烯醇	DON	OH	H	OH	OH	=O
3-乙酰-脱氧雪腐镰刀菌烯醇	3-ADON	OAc	H	OH	OH	=O
15-乙酰-脱氧雪腐镰刀菌烯醇	15-ADON	OH	H	OAc	OH	=O

图 6-1　脱氧雪腐镰刀菌烯醇及其乙酰化衍生物的结构示意图

根据其引发动物呕吐的特性，DON 又称为呕吐毒素（vomitoxin），是单端孢霉烯族毒素中最常见的一种，是主要由禾谷镰刀菌和粉红镰刀菌产生的次级代谢产物。DON 在体内具有一定的蓄积性，具有很强的细胞毒性。人畜摄入了被 DON 污染的食物后，会导致厌食、呕吐、腹泻等中毒症状，严重时损害造血系统导致死亡。另外 DON 还具有一定的遗传毒性。

DON 的乙酰化产物，主要包括 3-乙酰基脱氧雪腐镰刀菌烯醇（3-acetyl-deoxynivalenol，3-ADON）和 15-乙酰基脱氧雪腐镰刀菌烯醇（15-acetyl-deoxynivalenol，15-ADON）（见图 6-1），在受 DON 污染的谷物中占据显著数量（10%～20%）。已有研究表明 3-ADON 和 15-ADON 与 DON 类似，根据剂量和暴露时间的不同可引起急性、慢性和亚慢性毒性反应，因此 WHO 对该毒素及其乙酰化衍生物关注度日益提高。

DON 及其乙酰化衍生物分布广泛，主要存在于大麦、小麦、燕麦、玉米等农作物中，对粮谷的污染情况非常普遍，其检出率和检出量都是最高的一种，世界各地均有报道，特别在中国、日本、美国、阿根廷和南非。因此，对食品中 DON 及其乙酰化衍生物进行有效的定量检测显得尤为重要。目前，DON 及其衍生物检测最为常用的净化方式包括液液萃取净化（LLE）、固相萃取柱净化（SPE）、免疫亲和柱净化（IAC）和多功能柱萃取净化（MFC）。其中，SPE 和 MFC 是目前多毒素检测中较为普遍采用的净化方法，适用的食品基质范围广，能同时净化富集 DON 及其乙酰化衍生物。而 IAC 净化方法可特异性识别具有抗原抗体结合的毒素，提高了净化的专属性，但在多毒素同时检测中，IAC 的使用具有局限性。

在定性定量检测方面，高效液相色谱法（HPLC）是目前最普遍采用的分析技术。超高压液相色谱（UHPLC）方法具有高效、高速等特点，可填补传统液相色谱在 DON 及其乙酰化衍生物色谱分离上的不足，扩大了粮谷类食品中 DON 及其衍生物污染监测的范围。液相色谱-串联质谱（LC-MS/MS）方法是目前大多数真菌毒素检测的核心技术，现已广泛应用于食品中 DON 及其类似物的分离测定。

二、测定标准操作程序

食品中脱氧雪腐镰刀菌烯醇及其乙酰化衍生物-液相色谱串联质谱法测定标准操作程序如下：

1　范围

本程序适用于食品中脱氧雪腐镰刀菌烯醇及其乙酰化衍生物含量的测定。

2　原理

试样中的脱氧雪腐镰刀菌烯醇、3-乙酰脱氧雪腐镰刀菌烯醇、15-乙酰脱氧雪腐镰刀菌烯醇用水和乙腈的混合溶液提取，提取上清液经固相萃取柱或免疫亲和柱净化，浓缩、定容和过滤后，超高压液相色谱分离，串联质谱检测，同位素内标法定量。

3　试剂和材料

注：除非另有规定，本方法所用试剂均为优级纯，水为 GB/T 6682 规定的一级水。所用试剂用时现配。

3.1　试剂

3.1.1　乙腈（CH_3CN）：色谱纯。

3.1.2　甲醇（CH_3OH）：色谱纯。

3.1.3　正己烷（C_6H_{14}）。

3.1.4　氨水（$NH_3 \cdot H_2O$）。

3.1.5 甲酸(HCOOH)。

3.1.6 氮气(N_2):纯度≥99.9%。

3.2 试剂配制

3.2.1 乙腈-水溶液(84+16):量取160mL水加入到840mL乙腈中,混匀。

3.2.2 乙腈饱和的正己烷溶液:量取200mL正己烷于250mL分液漏斗中,加入少量乙腈,剧烈振摇数分钟,静置分层,弃去下层乙腈层即得。

3.2.3 甲醇-水溶液(5+95):量取5mL甲醇加入到95mL水中,混匀。

3.2.4 氨水溶液(0.01%):取100μL氨水加入到1000mL水中,混匀(仅供离子源模式为ESI-时使用)。

3.2.5 甲酸溶液(0.1%):取1mL甲酸加入到1000mL水中,混匀(仅供离子源模式为ESI+时使用)。

3.3 标准品

3.3.1 脱氧雪腐镰刀菌烯醇(DON,$C_{15}H_{20}O_6$,CAS号:51481-10-8):纯度≥99%,或经国家认证并授予标准物质证书的标准物质。

3.3.2 3-乙酰脱氧雪腐镰刀菌烯醇(3-ADON,$C_{17}H_{22}O_7$,CAS号:50722-38-8):纯度≥99%,或经国家认证并授予标准物质证书的标准物质。

3.3.3 15-乙酰脱氧雪腐镰刀菌烯醇(15-ADON,$C_{17}H_{22}O_7$,CAS号:88337-96-6):纯度≥99%,或经国家认证并授予标准物质证书的标准物质。

3.3.4 $^{13}C_{15}$-脱氧雪腐镰刀菌烯醇同位素标准溶液(^{13}C-DON,$^{13}C_{15}H_{20}O_6$):25μg/mL,纯度≥99%。

3.3.5 $^{13}C_{17}$-3-乙酰-脱氧雪腐镰刀菌烯醇同位素标准溶液(^{13}C-3-ADON,$^{13}C_{17}H_{22}O_7$):25μg/mL,纯度≥99%。

3.4 标准溶液配制

3.4.1 标准储备溶液(100μg/mL):分别称取DON、3-ADON和15-ADON 1mg(准确至0.01mg),用乙腈溶解并定容至10mL。将溶液转移至试剂瓶中,在-20℃下密封保存,有效期1年。

3.4.2 混合标准工作溶液(10μg/mL):准确吸取100μg/mL DON、3-ADON和15-ADON标准储备液各1.0mL于同一10mL容量瓶中,加乙腈定容至刻度。在-20℃下密封保存,有效期半年。

3.4.3 混合同位素内标工作液(1μg/mL):准确吸取$^{13}C_{15}$-DON和$^{13}C_{17}$-3-ADON同位素内标(25μg/mL)各1mL于同一25mL容量瓶中,加乙腈定容至刻度。在-20℃下密封保存,有效期半年。

3.4.4 标准系列工作溶液:准确移取适量混合标准工作溶液和混合同位素内标工作液,用初始流动相配制成10ng/mL、20ng/mL、40ng/mL、80ng/mL、160ng/mL、320ng/mL、640ng/mL的混合标准系列,其中同位素内标浓度为100ng/mL。标准系列溶液于4℃保存,有效期7天。

4　仪器设备

4.1　液相色谱-串联质谱仪:带电喷雾离子源。

4.2　电子天平:感量 0.01g 和 0.00001g。

4.3　高速粉碎机:转速 10000r/min。

4.4　匀浆机。

4.5　筛网:0.5mm～1mm 孔径。

4.6　超声波/涡旋振荡器或摇床。

4.7　氮吹仪。

4.8　高速离心机:转速不低于 12000r/min。

4.9　移液器:量程 10μL～100μL 和 100μL～1000μL。

4.10　固相萃取装置。

4.11　通用型固相萃取柱:兼具亲水基团(吡咯烷酮基团)和疏水基团(二乙烯基苯)吸附剂填料的固相萃取小柱,200mg,6mL,或相当者。

4.12　DONs 专用型固相净化柱,或相当者。

4.13　脱氧雪腐镰刀菌烯醇及其乙酰化衍生物免疫亲和柱。

4.14　水相微孔滤膜:0.22μm。

5　操作步骤

5.1　试样制备

5.1.1　谷物及其制品:取至少 1kg 样品,用高速粉碎机将其粉碎,过筛,使其粒径小于 0.5mm～1mm 孔径试验筛,混合均匀后缩分至 100g,储存于样品瓶中,密封保存,供检测用。

5.1.2　酒类:取散装酒至少 1L,对于袋装、瓶装等包装样品至少取 3 个包装(同一批次或号),将所有液体试样在一个容器中用均质机混匀后,缩分至 100g(mL)储存于样品瓶中,密封保存,供检测用。含二氧化碳的酒类样品使用前应先置于 4℃冰箱冷藏 30min,过滤或超声脱气后方可使用。

5.1.3　酱油、醋、酱及酱制品:取至少 1L 样品,对于袋装、瓶装等包装样品至少取 3 个包装(同一批次或号),将所有液体样品在一个容器中用匀浆机混匀后,缩分至 100g(mL)储存于样品瓶中,密封保存,供检测用。

5.2　试样提取

5.2.1　谷物及其制品:称取 2g(准确至 0.01g)试样于 50mL 离心管中,加入 400μL 混合同位素内标工作液振荡混合后静置 30min。加入 20.0mL 乙腈-水溶液(84+16),置于超声波/涡旋振荡器或摇床中超声或振荡 20min。10000r/min 离心 5min,收集上清液 A 于干净的容器中备用。

5.2.2　酒类:称取 5g(准确至 0.01g)试样于 50mL 离心管中,加入 200μL 混合同位素内标工作液振荡混合后静置 30min,用乙腈定容至 10mL,混匀,置于超声波/涡旋振荡器或摇床中超声或振荡 20min。10000r/min 离心 5min,收集上清液 B 于干净的容器中备用。

5.2.3 酱油、醋、酱及酱制品:称取 2g(准确至 0.01g)试样于 50mL 离心管中,加入 400μL 混合同位素内标工作液振荡混合后静置 30min。加入 20.0mL 乙腈-水溶液(84+16),置于超声波/涡旋振荡器或摇床中超声或振荡 20min。10000r/min 离心 5min,收集上清液 C 于干净的容器中备用。

5.3 试样净化

注:下述试样的净化方法,可根据实际情况,选择其中一种方法即可。

5.3.1 通用型固相萃取柱净化

取 5mL 上清液 A 或上清液 B 或上清液 C 置于 50mL 离心管中,加入 10mL 乙腈饱和正己烷溶液,涡旋混合 2min,5000r/min 离心 2min,弃去正己烷层后,于 40℃~50℃下氮气吹干,加入 4mL 水充分溶解残渣,待净化。

将固相萃取柱连接到固相萃取装置,先后用 3mL 甲醇和 3mL 水活化平衡。将 4mL 上述水复溶液上柱,控制流速为 1 滴/s~2 滴/s。用 3mL 水、1mL 5%甲醇-水溶液依次淋洗柱子后彻底抽干。用 4mL 甲醇洗脱,收集全部洗脱液后在 40℃~50℃下氮气吹干。加入 1.0mL 初始流动相溶解残留物,涡旋混匀 10s,用 0.22μm 微孔滤膜过滤于进样瓶中,待进样。

5.3.2 DONs 专用型固相净化柱净化

取 8mL 上清液 A 或上清液 B 或上清液 C 至 DONs 专用型固相净化柱的玻璃管内,将净化柱的填料管插入玻璃管中并缓慢推动填料管至净化液析出,移取 5mL 净化液于 40℃~50℃下氮气吹干。加入 1.0mL 初始流动相溶解残留物,涡旋混匀 10s,用 0.22μm 微孔滤膜过滤于进样瓶中,待进样。

注:使用不同厂商的 DONs 专用型固相净化柱,在上样、净化等操作方面可能略有不同,可按照说明书要求进行操作。

5.3.3 免疫亲和柱净化

事先将低温下保存的免疫亲和柱恢复至室温。

准确移取 5mL 上清液 A 或上清液 B 或上清液 C,于 40℃~50℃下氮气吹干,加入 2mL 水充分溶解残渣,待免疫亲和柱内原有液体流尽后,将上述样液移至玻璃注射器筒中。将空气压力泵与玻璃注射器相连接,调节下滴速度,控制样液以每秒 1 滴的流速通过免疫亲和柱,直至空气进入亲和柱中。用 5mL PBS 缓冲盐溶液和 5mL 水先后淋洗免疫亲和柱,流速约为 1 滴/s~2 滴/s,直至空气进入亲和注中,弃去全部流出液,抽干小柱。

准确加入 2mL 甲醇洗脱亲和柱,控制 1 滴/s 的下滴速度,收集全部洗脱液至试管中,在 50℃下用氮气缓缓地将洗脱液吹至近干,加入 1.0mL 初始流动相,涡旋 30s 溶解残留物,0.22μm 滤膜过滤,收集滤液于进样瓶中以备进样。

注:使用不同厂商的免疫亲和柱,在样品上样、淋洗和洗脱的操作方面可能略有不同,应该按照说明书要求进行操作。

5.4　液相色谱-串联质谱参考条件(可根据实际情况参考其中一种方法即可)

5.4.1　离子源模式:ESI＋

液相色谱-质谱参考条件列出如下:

(1) 液相色谱柱:C18 柱(柱长 100mm,柱内径 2.1mm;填料粒径 1.7μm),或相当者;

(2) 流动相:A 相:0.1％甲酸溶液;B 相:0.1％甲酸-乙腈;

(3) 梯度洗脱:2％B(0min～0.8min),24％B(3.0min～4.0min),100％B(6.0min～6.9min),2％B(6.9min～7.0min);

(4) 流速:0.35mL/min,柱温:40℃;

(5) 进样体积:10μL;

(6) 毛细管电压:3.5kV;锥孔电压:30V;脱溶剂气温度:350℃;脱溶剂气流量:900L/h;

(7) 脱氧雪腐镰刀菌烯醇质谱条件参考表 1。

表 1　脱氧雪腐镰刀菌烯醇质谱参考条件(ESI＋)

化合物名称	母离子 (m/z)	锥孔电压/ V	定量离子 (m/z)	碰撞能量/ eV	定性离子 (m/z)	碰撞能量/ eV
DON	297	20	249	10	203	16
3-ADON	339	17	231	13	203	13
15-ADON	339	18	137	9	321	7
^{13}C-DON	312	20	263	10	245	16
^{13}C-3-ADON	356	17	245	13	—	—

注:3-ADON 和 15-ADON 为同分异构体,15-ADON 可选用^{13}C-3-ADON 作为同位素内标进行相应的定量计算。

5.4.2　离子源模式:ESI－

液相色谱-质谱参考条件列出如下:

(1) 液相色谱柱:C18 柱(柱长 100mm,柱内径 2.1mm;填料粒径 1.7μm),或相当者;

(2) 流动相:A 相:0.01％氨水溶液;B 相:乙腈;

(3) 梯度洗脱:2％B(0min～0.8min),24％B(3.0min～4.0min),100％B(6.0min～6.9min),2％B(6.9min～7.0min);

(4) 流速:0.35mL/min,柱温:40℃;

(5) 进样体积:10μL;

(6) 毛细管电压:2.5kV;锥孔电压:45V;脱溶剂气温度:500℃;脱溶剂气流量:900L/h;

(7) 脱氧雪腐镰刀菌烯醇及其乙酰化衍生物质谱条件参考表 2。

表2　脱氧雪腐镰刀菌烯醇质谱参考条件(ESI-)

化合物名称	母离子 (m/z)	锥孔电压/ V	定量离子 (m/z)	碰撞能量/ eV	定性离子 (m/z)	碰撞能量/ eV
DON	295	14	265	12	138	18
3-ADON	337	12	307	10	173	12
15-ADON	337	12	150	12	219	12
^{13}C-DON	310	16	279	12	145	14
^{13}C-3-ADON	354	18	323	14	230	18

注:3-ADON 和 15-ADON 为同分异构体,15-ADON 可选用^{13}C-3-ADON 作为同位素内标进行相应的定量计算。

DON、3-ADON 和 15-ADON 的总离子流(TIC)图如图 1 所示。

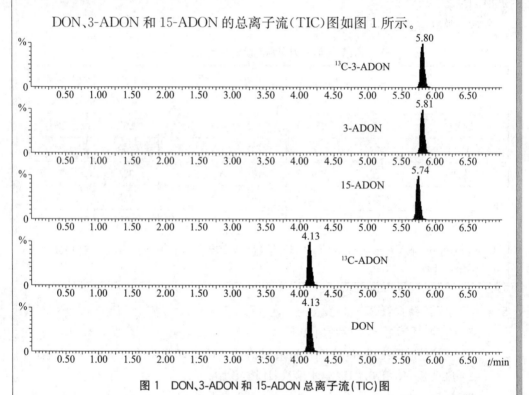

图 1　DON、3-ADON 和 15-ADON 总离子流(TIC)图

5.5　定性测定

试样中目标化合物色谱峰的保留时间与相应标准色谱峰的保留时间相比较,变化范围应在±2.5%之内。

每种化合物的质谱定性离子应出现,至少应包括一个母离子和两个子离子,而且同一检测批次,对同一化合物,样品中目标化合物的两个子离子的相对丰度比与浓度相当的标准溶液相比,其允许偏差不超过表 3 规定的范围。

表3　定性时相对离子丰度的最大允许偏差

相对离子丰度	>50%	20%～50%	10%～20%	≤10%
允许的相对偏差	±20%	±25%	±30%	±50%

5.6　标准曲线的制作

在5.4液相色谱串联质谱仪分析条件下,将标准系列溶液由低到高浓度进样检测,以DON色谱峰与对应内标色谱峰的峰面积比值-浓度作图,得到标准曲线回归方程,其线性相关系数应大于0.99。

5.7　试样溶液的测定

取5.2、5.3处理得到的待测溶液进样,内标法计算待测液中目标物质的质量浓度,按6计算样品中待测物的含量。试液中待测物的响应值应在标准曲线线性范围内,超过线性范围则应适当减少取样量后重新测定。

5.8　空白试验

除不加试样外,按5.3和5.4的步骤做空白试验。应确认不含有干扰待测组分的物质。

6　分析结果的表述

试样中DON、3-ADON或15-ADON的含量按式(1)计算:

$$X=\frac{\rho \times V_1 \times V_3 \times 1000}{V_2 \times m \times 1000} \quad\cdots\cdots\cdots\cdots\cdots\cdots\cdots\cdots\quad (1)$$

式中:

X——试样中DON、3-ADON或15-ADON的含量,单位为微克每千克($\mu g/kg$);

ρ——试样中DON、3-ADON或15-ADON按照内标法在标准曲线中对应的质量浓度,单位为纳克每毫升(ng/mL);

V_1——试样提取液体积,单位为毫升(mL);

V_3——试样最终定容体积,单位为毫升(mL);

1000——换算系数;

V_2——用于净化的分取体积,单位为毫升(mL);

m——试样的称样量,单位为克(g)。

计算结果保留三位有效数字。

7　精密度

在重复性条件下获得的两次独立测定结果的绝对差值不得超过算术平均值的23%。

8　其他

当称取谷物及其制品、酒类、酱油、醋、酱及酱制品试样2g时,方法中的脱氧雪腐镰刀菌烯醇检出限为10$\mu g/kg$,定量限为20$\mu g/kg$。

当称取酒类试样5g时,方法中的脱氧雪腐镰刀菌烯醇检出限为5$\mu g/kg$,定量限为10$\mu g/kg$。

三、注意事项

1. 根据 GB 2761 规定的食物类别,本程序的适用范围为谷物及其制品食品、酒类、酱油、醋、酱及酱制品。

2. 甲酸或氨水易挥发,需临用现配。

3. 市售脱氧雪腐镰刀菌烯醇及其乙酰化衍生物标准品既有固态,也有液态,可根据实际需要购买。

4. 真菌毒素污染农作物颗粒具有分布不均匀的现象,需充分研磨混匀,减少因取样、制样误差导致的检测结果偏差。

5. 通用型固相萃取柱、DONs 专用型固相净化柱和免疫亲和柱分别用于 3 种前处理方法。可根据实验室条件和情况选择其中之一即可。如选择免疫亲和柱,在处理样品前需对免疫亲和柱的柱效进行评价。

6. 免疫亲和柱的使用应按照产品说明书进行,本文流程仅供参考。

7. 此处液相、质谱参数为参考条件。诸如锥孔电压、碰撞能量、以及液相梯度程序等均仅供参考,可根据实验室设备配置情况酌情作适当调整。

8. 考虑 3-ADON 和 15-ADON 为同分异构体,两者子离子碎片不同,但在普通 C18 色谱柱上具有相近的保留时间,可选用 ^{13}C-3-ADON 作为 15-ADON 的同位素内标进行定量。现在已有商品化 ^{13}C-15-ADON 可以买到,使用者可根据情况选择。

9. 磷酸盐缓冲液(PBS)可以使用市售袋装预混试剂包配制。

10. 食品基质中 DON 及其乙酰化衍生物的净化可选择多功能柱或 HLB 固相萃取柱其中之一。采用 HLB 作为净化小柱时,考虑粮谷类食品样品基质的复杂性,同时根据 DON 的极性强弱,需采用 5% 甲醇-水溶液作为淋洗溶液。根据实验结果,10% 甲醇-水作为淋洗溶液会导致部分 DON 流失。两种净化小柱处理后回收率比较见表 6-1。

表 6-1　固相萃取柱净化回收率与多功能柱净化回收率比较

净化方式	基质	化合物	回收率/%
固相萃取柱	大米、玉米、燕麦、啤酒	DON	80.40～105.8
		3-ADON	83.77～112.0
		15-ADON	80.40～100.0
多功能柱	大米、玉米、燕麦、啤酒	DON	96.42～105.7
		3-ADON	110.6～114.9
		15-ADON	89.59～112.0

注:DON/3-ADON/15-ADON 加标量为 $50\mu g/kg$。

11. 在使用 HLB 固相萃取柱时发现,样品净化液在复溶时因油脂存在变得十分浑浊,因此在对谷物基质进行提取后增加一步正己烷脱脂步骤以减少氮吹残渣中油脂含量。

四、国内外食品中脱氧雪腐镰刀菌烯醇限量及检测方法

食品中脱氧雪腐镰刀菌烯醇限量见表 6-2。

表 6-2 食品中脱氧雪腐镰刀菌烯醇限量

国家或地区	产品	限量/(μg/L)
中国	玉米、玉米面(渣、片)	1000
	大麦、小麦、麦片、小麦粉	1000
欧盟	谷物	1250
	面粉	750
	面包	500
	谷类婴幼儿辅食	200
FDA	食用的小麦制品	1000
	磨粉的小麦	2000
加拿大卫生部	谷物及其制品	1000

目前,针对食品中脱氧雪腐镰刀菌烯醇检测方法标准主要采用高效液相色谱法和液相色谱质谱法,国际食品中脱氧雪腐镰刀菌烯醇的检验方法标准比较见表 6-3。

表 6-3 国际食品中脱氧雪腐镰刀菌烯醇的检验方法标准比较

标准号	标准名称	前处理	测定方法
EN 15791—2009	粮食 动物饲料中赤霉病毒素的测定 免疫亲和柱层净化高效液相色谱法	免疫亲和柱层析净化	高效液相色谱法
EN 15891—2010	食品 婴幼儿用谷物、谷物制品和基于谷物的食物中脱氧萎镰菌醇的测定 带有免疫亲和性管柱清理和紫外线(UV)检测的高效液相色谱法(HPLC)	免疫亲和柱层析净化	高效液相色谱法
NFV 03-149—2010	食品 婴幼儿用谷物、谷物制品和基于谷物的食物中脱氧萎镰菌醇的测定 带有免疫亲和性管柱清理和紫外线(UV)检测的 HPLC 法	免疫亲和柱层析净化	高效液相色谱法
NFV 18-233—2009	食品 动物饲料中脱氧萎镰菌醇的测定 免疫亲和柱层净化高效液相色谱法	免疫亲和柱层析净化	高效液相色谱法
AOAC 986.17	食品中脱氧萎镰菌醇的测定薄层色谱法	免疫亲和柱层析净化	薄层色谱法

第二节　食品中脱氧雪腐镰刀菌烯醇及其乙酰化衍生物-高效液相色谱-紫外检测器测定

一、测定标准操作程序

食品中脱氧雪腐镰刀菌烯醇及其乙酰化衍生物的高效液相色谱、紫外检测器测定标准操作程序如下：

1　范围

本程序适用于小麦粉和大米中脱氧雪腐镰刀菌烯醇及其乙酰化衍生物含量的测定。

2　原理

试样中的脱氧雪腐镰刀菌烯醇、3-乙酰脱氧雪腐镰刀菌烯醇、15-乙酰脱氧雪腐镰刀菌烯醇经 QuChERS 盐提取、正己烷脱脂后,提取上清液经 MAX 固相萃取柱净化、浓缩、定容和过滤后,超高压液相色谱分离,紫外检测器检测,外标法定量。

3　试剂和材料

注:除非另有规定,本方法所用试剂均为分析纯,水为 GB/T 6682 规定的一级水。

3.1　试剂

3.1.1　乙腈(CH_3CN):色谱纯。

3.1.2　甲醇(CH_3OH):色谱纯。

3.1.3　正己烷(C_6H_{14})。

3.1.4　氢氧化钠(NaOH)。

3.1.5　氯化钠(NaCl)。

3.1.6　硫酸镁($MgSO_4$)。

3.1.7　氮气(N_2):纯度≥99.9%。

3.2　试剂配制

氢氧化钠水溶液:称取适量氢氧化钠,用水溶解后,调节 pH 至 10.5。

3.3　标准品

3.3.1　脱氧雪腐镰刀菌烯醇(DON,$C_{15}H_{20}O_6$,CAS 号:51481-10-8):纯度≥99%,或经国家认证并授予标准物质证书的标准物质。

3.3.2　3-乙酰脱氧雪腐镰刀菌烯醇(3-ADON,$C_{17}H_{22}O_7$,CAS 号:50722-38-8):纯度≥99%,或经国家认证并授予标准物质证书的标准物质。

3.3.3　15-乙酰脱氧雪腐镰刀菌烯醇(15-ADON,$C_{17}H_{22}O_7$,CAS 号:88337-96-6):纯度≥99%,或经国家认证并授予标准物质证书的标准物质。

3.4 标准溶液配制

3.4.1 标准储备溶液(100μg/mL):分别称取 DON、3-ADON 和 15-ADON 1mg(准确至 0.01mg),用乙腈溶解并定容至 10mL。将溶液转移至试剂瓶中,在 -20℃下密封保存,有效期 1 年。

3.4.2 混合标准工作溶液(10μg/mL):准确吸取 100μg/mL DON、3-ADON 和 15-ADON 标准储备液各 1.0mL 于同一 10mL 容量瓶中,加乙腈定容至刻度。在 -20℃下密封保存,有效期半年。

3.4.3 标准系列工作溶液:准确移取适量混合标准工作溶液用初始流动相配制成 50ng/mL、100ng/mL、200ng/mL、400ng/mL、800ng/mL、1250ng/mL、2500ng/mL 的混合标准系列。标准系列溶液于 4℃保存,有效期 7 天。

4 仪器设备

4.1 超高效液相色谱系统:带紫外检测器。

4.2 电子天平:感量 0.01g 和 0.00001g。

4.3 高速粉碎机:转速 10000r/min。

4.4 匀浆机。

4.5 筛网:0.5mm～1mm 孔径。

4.6 超声波/涡旋振荡器或摇床。

4.7 氮吹仪。

4.8 高速离心机:转速不低于 12000r/min。

4.9 移液器:量程 10μL～100μL 和 100μL～1000μL。

4.10 固相萃取装置。

4.11 MAX 固相萃取柱:60mg,3mL,或相当者。

4.12 水相微孔滤膜:0.22μm。

5 操作步骤

5.1 试样制备

取至少 1kg 样品,用高速粉碎机将其粉碎,过筛,使其粒径小于 0.5mm～1mm 孔径试验筛,混合均匀后缩分至 100g,储存于样品瓶中,密封保存,供检测用。

5.2 试样提取

称取 2g(准确至 0.01g)均制试样于 50mL 离心管中,依次加入 8mL 水、10mL 乙腈,涡旋振荡 20min。加入 QuEChERS 盐(含 4g 硫酸镁和 1g 氯化钠)后立即快速上下振荡。10000r/min 离心 3min 后,取上清加入 5mL 正己烷脱脂,静置分层。

5.3 试样净化

取下层乙腈提取液 5mL,45℃下氮气吹干后,4mL 去离子水复溶,待净化。

将 MAX 离子交换柱连接到固相萃取装置,先后用 3mL 甲醇和 3mL 水活化平衡。将 4mL 上述水复溶液上柱,控制流速为 1 滴/s～2 滴/s。用 3mL 水、3mL 氢氧化钠(pH=10.5)溶液、1mL 水依次淋洗柱子后抽干。用 2mL 甲醇洗脱,收集全部洗脱液后在 40℃～50℃下氮气吹干。加入 1.0mL 初始流动相溶解残留物,涡旋混匀 10s,用 0.22μm 微孔滤膜过滤于进样瓶中,待进样。

5.4 高效液相色谱参考条件

5.4.1 液相色谱柱:Cyano 柱(柱长 150mm,柱内径 3.0mm;填料粒径 1.8μm),或相当者。

5.4.2 流动相:水(A),乙腈(B),梯度洗脱:5%B(0min～4min),5%～7%B(4min～4.5min),7%B(4.5min～10.0min),7%～20%B(10.0min～12.0min),20%B(12.0min～13.0min),20%～100%B(13.0min～13.5min),100%B(13.5min～15.5min),5%B(15.5min～16.0min)。

5.4.3 流速:0.4mL/min。

5.4.4 柱温:40℃。

5.4.5 进样量:10μL。

5.4.6 检测波长:224nm。

DON、3-ADON 和 15-ADON 的高效液相色谱图如图 2 所示。

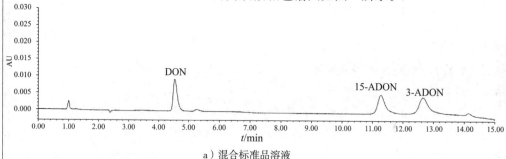

a)混合标准品溶液

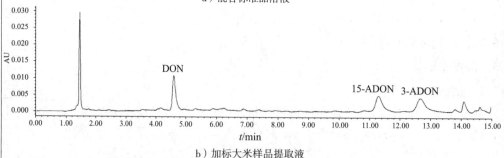

b)加标大米样品提取液

图 2　DON、3-ADON 和 15-ADON 的高效液相-紫外检测色谱图

5.5 定量测定

5.5.1 标准曲线的制作

以 DON、3-ADON 或 15-ADON 标准工作液浓度为横坐标,以峰面积纵坐标,将系列标准溶液由低到高浓度依次进样检测,得到标准曲线回归方程。

5.5.2 试样溶液的测定

试样液中待测物的响应值应在标准曲线线性范围内,超过线性范围则应适当减少称样量,重新按 5.2、5.3 和 5.4 进行处理后再进样分析。

5.6 空白试验

除不称取试样外,按 5.2、5.3 和 5.4 做空白试验。确认不含有干扰待测组分的物质。

6 分析结果的表述

试样中脱氧雪腐镰刀菌烯醇的含量按式(1)计算:

$$X = \frac{\rho \times V \times f \times 1000}{m \times 1000} \quad\cdots\cdots\cdots\cdots\cdots\cdots\cdots\cdots\cdots \quad (1)$$

式中:

X——试样中 DON、3-ADON 或 15-ADON 的含量,单位为微克每千克($\mu g/kg$);

ρ——试样中 DON、3-ADON 或 15-ADON 的质量浓度,单位纳克每毫升(ng/mL);

V——样品洗脱液的最终定容体积,单位毫升(mL);

f——样液稀释因子;

1000——换算系数;

m——试样的称样量,单位克(g)。

计算结果保留三位有效数字。

7 精密度

在重复性条件下获得的两次独立测定结果的绝对差值不得超过算术平均值的 23%。

8 其他

当取样量为 2g 时,DON、3-ADON 和 15-ADON 检出限为 $60\mu g/kg$,定量限为 $200\mu g/kg$。

二、注意事项

1. 本程序的适用范围仅为小麦粉和大米。

2. QuEChers 净化时,加入无水硫酸镁后需迅速剧烈振荡,避免因无水硫酸镁吸水放热使得样品接团成块,从而降低回收率。

3. MAX 净化前,如样品出现混浊可增加离心或过玻璃纤维滤纸步骤,避免因颗粒物堵塞净化柱。

4. 本程序振荡提取时要确保提取时间不小于 20min。试验结果至少 20min 的振荡提取才能使 3 种目标化合物的回收率范围在 80%~110% 之间。

5. 采用 MAX 净化小柱净化 DON 及其乙酰化衍生物时,淋洗液 pH 须为 10.5。试验结果表明,pH 大于 10.5 时,3-ADON 和 15-ADON 的回收率会下降,而 DON 的回收率升高。可能是在强碱性条件下,乙酰化衍生物发生水解转化为 DON(结果见图 6-2)。

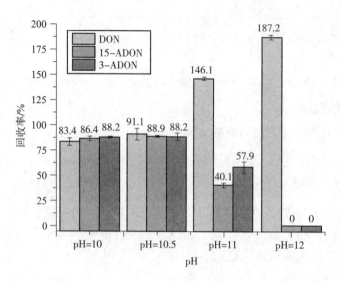

图 6-2　不同 pH 淋洗液对 DON 及其乙酰化衍生物回收率的影响

6. DON 为极性物质,为避免峰展宽或有前沿峰,需使用初始流动相复溶净化后样品(如图 6-3 所示)。

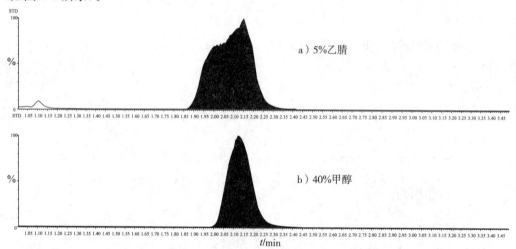

图 6-3　5％乙腈和 40％甲醇对 DON 的溶剂效应

7. 本液相参数为参考条件,各实验室可根据实际情况作适当调整。除 Cyano 柱之外,还有 Cortecs C18、氟苯基柱或功能相当者可对 3-ADON 和 15-ADON 达到色谱分离。

第三节　食品中雪腐镰刀菌烯醇及其衍生物的测定

一、概述

单端孢霉烯族类毒素(trichothecenes)是一类化学性质相近的真菌毒素,由镰刀菌

(Fusarium)、木霉(Trichoderma)、单端孢(Trichthecium)、头孢霉(Cephalosporium)、漆斑霉(Myrothecium)、轮枝孢(Verticillium)和黑色葡萄状穗霉(Stachybotrys)等属的真菌产生,该类毒素不仅污染小麦、大麦、玉米等禾谷类作物,也危害马铃薯等经济作物,以及肉、奶、蛋等畜产品。单端孢霉烯族毒素含有特征性的12,13-环氧-单端孢氧-9-烯环结构,基本结构如图6-4所示,根据它们的化学结构不同,分成4种类型:A型单端孢霉烯族毒素在C-8位不含有羰基功能团,如T-2毒素、HT-2毒素等;B型单端孢霉烯族毒素在C-8位含有羰基功能团,如脱氧雪腐镰刀菌烯醇(DON)、雪腐镰刀菌烯醇(NIV)等;C型单端孢霉烯族毒素的特征是在C-7、C-8或C-9、C-10上有第二个环氧基团,如扁虫菌素和燕茜素等;D型单端孢霉烯族毒素在C-4、C-15上含有一个大环结构,如杆孢菌素和葡萄穗霉毒素等。目前已经鉴定了超过200种单端孢霉烯族毒素,但是主要污染食品和饲料的单端孢霉烯族毒素是A、B型单端孢霉烯族毒素,如表6-4所示。

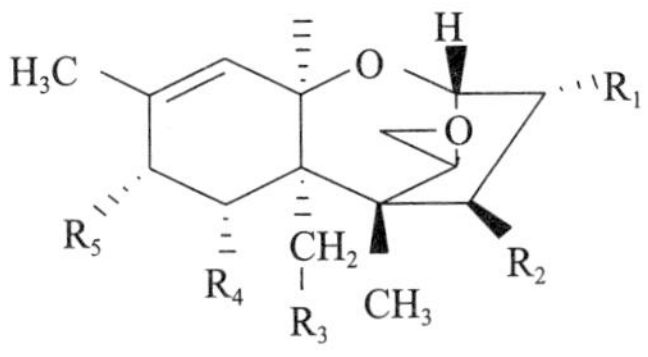

图6-4　单端孢霉烯族毒素基本结构

表6-4　单端孢霉烯族毒素官能团信息列表

中文名称		英文缩写	R1	R2	R3	R4	R5
A型	T-2毒素	T-2	OH	OAc	OAc	H	$OCOOCH_2CH(CH_3)_2$
	HT-2毒素	HT-2	OH	OH	OAc	H	$OCOOCH_2CH(CH_3)_2$
	蛇形毒素	DAS	OH	OAc	OAc	H	H
B型	雪腐镰刀菌烯醇	NIV	OH	OH	OH	OH	=O
	脱氧雪腐镰刀菌烯醇	DON	OH	H	OH	OH	=O
	镰刀菌烯醇	FusX	OH	OAc	OH	OH	=O
	3-乙酰化脱氧雪腐镰刀菌烯醇	3-ADON	OAc	H	OH	OH	=O
	15-乙酰化脱氧雪腐镰刀菌烯醇	15-ADON	OH	H	OAc	OH	=O

大量的调查数据显示,单端孢霉烯族毒素广泛地存在于各种粮食作物(如小麦、玉米、燕麦、黑麦等)和加工产品(面包、啤酒等)中。资料显示,在全球范围内90%的真菌毒素污染的农作物均是DON的污染,同时该毒素的检出往往也预示着其他毒素的存在。DON是污染我国谷物粮食的主要单端孢霉烯族毒素。谷物被单端孢霉烯族化合物污染后不仅造成减产和品质降低,人畜进食后还可引起中毒,严重危害人畜健康。动物实验表明,单端孢霉烯族毒素能够产生多种毒效应,包括免疫抑制,损害造血系统、消化系统,

造成神经中毒反应乃至致死等。

由于单端孢霉烯族毒素给农产品造成污染及对动物和人类健康具有重大危害,世界各国都非常重视对该类毒素的控制,相继开展了食品中毒素污染水平系统监测、人类暴露评估等系列工作。风险暴露评估的开展对真菌毒素的检测方法提出了更高的要求,需要建立更为快速、有效、灵敏和准确的方法。

二、测定标准操作程序

食品中雪腐镰刀菌烯醇及其衍生物测定标准操作程序如下:

1　范围

本程序规定了谷物及其制品食品中雪腐镰刀菌烯醇及其衍生物的液相色谱串联质谱测定(LC-MS/MS)。

本程序适用于大米、小麦、玉米等谷物及其制品食品中脱氧雪腐镰刀烯醇(DON)、隐蔽型脱氧雪腐镰刀烯醇(Deepoxy-DON)、3-乙酰脱氧雪腐镰刀菌烯醇(3-ADON)、15-乙酰脱氧雪腐镰刀菌烯醇(15-ADON)、雪腐镰刀菌烯醇(NIV)、脱氧雪腐镰刀烯醇-3-葡萄糖苷(DON-3-Glu)、镰刀菌烯酮(Fus X)等 B 类单端孢烯霉族类真菌毒素含量的测定。

2　原理

试样经乙腈-水溶液浸泡、超声波振荡提取,离心后,上清液经固相萃取柱净化,浓缩定容后进液相色谱串联质谱系统分析,同位素稀释法定量。

3　试剂和材料

注:除非另有说明,本方法所用试剂均为分析纯,水为 GB/T 6682 规定的一级水。

3.1　试剂

3.1.1　乙腈(CH_3CN):色谱纯。

3.1.2　甲醇(CH_3OH):色谱纯。

3.1.3　氨水($NH_3 \cdot H_2O$)。

3.1.4　醋酸铵(CH_3COONH_4)。

3.2　试剂配制

3.2.1　乙腈-水提取液(84+16,体积分数):用 1000mL 量筒量取乙腈 840mL,加水 160mL,混匀。

3.2.2　醋酸铵溶液(20mM):取 0.79g 醋酸铵加入 1000mL 超纯水,混匀。

3.2.3　乙腈-醋酸铵水溶液(20+80,体积分数):用 1000mL 量筒量取乙腈 200mL,加入 3.2.2 配制的醋酸铵溶液 800mL,混匀。

3.3　标准品

3.3.1　脱氧雪腐镰刀菌烯醇(DON,$C_{15}H_{20}O_6$,CAS 号:51481-10-8):纯度≥99%。

3.3.2　雪腐镰刀菌烯醇(NIV,$C_{15}H_{20}O_7$,CAS 号:023282-20-4):纯度≥99%。

3.3.3　3-乙酰基脱氧雪腐镰刀菌烯醇(3-AcDON,$C_{17}H_{22}O_7$,CAS 号:50722-38-8):纯度≥99%。

3.3.4　15-乙酰基脱氧雪腐镰刀菌烯醇(15-AcDON,$C_{17}H_{22}O_7$,CAS 号:88337-96-6):纯度≥99%。

3.3.5　镰刀菌烯酮(Fus X,$C_{17}H_{22}O_8$,CAS 号:23255-69-8):纯度≥99%。

3.3.6　隐蔽型脱氧雪腐镰刀烯醇(Deepoxy-DON,$C_{15}H_{20}O_5$,CAS 号:88054-24-4):纯度≥99%。

3.3.7　脱氧雪腐镰刀烯醇-3-葡萄糖苷(DON-3-Glu,$C_{21}H_{30}O_{11}$,CAS 号:131180-21-7):纯度≥99%。

3.3.8　同位素内标$^{13}C_{15}$-NIV($^{13}C_{15}H_{20}O_7$):25μg/mL,纯度≥99%。

3.3.9　同位素内标$^{13}C_{15}$-DON($^{13}C_{15}H_{20}O_6$):25μg/mL,纯度≥99%。

3.3.10　同位素内标$^{13}C_{15}$-3-AcDON($^{13}C_{17}H_{22}O_7$):25μg/mL,纯度≥99%。

3.4　标准溶液的配制

3.4.1　单一标准储备液(100μg/mL):分别精确称取 6 种固体标准品1.0mg,用乙腈溶解定容至 10mL,混匀,存储于棕色玻璃瓶中,−20℃下避光保存。

3.4.2　混合标准工作液(10μg/mL):用移液器分别吸取 6 种标准储备液 1mL,乙腈稀释定容至 10mL,−20℃下避光保存。

3.4.3　混合同位素内标工作液(1μg/mL):分别移取 1mL 的 3 种同位素标准溶液于 25mL 容量瓶中,用乙腈稀释定容至刻度,充分混匀后于−20℃避光保存。

4　仪器和设备

4.1　液相色谱串联质谱仪。

4.2　涡旋器。

4.3　高速离心机配有 50mL 的离心管。

4.4　超声波振荡器。

4.5　氮吹仪。

4.6　粉碎机。

4.7　多功能净化柱:Mycosep 226 多功能净化柱或相当者。

5　分析步骤

5.1　试样预处理

　　准确称取 2.0g 经粉碎均匀的样品至 50mL 的离心管中,加入 200μL 混合同位素内标工作液振荡混合后静置 30min。加入乙腈-水(84∶16,体积分数)提取液 10mL,涡旋 1min,超声 60min,离心 5min(10000 转/min)。移取上清液至 Mycosep 226 多功能净化柱的玻璃管内,将多功能净化柱的填料管插入玻璃管中并缓慢推动填料管,取续滤液 5mL 至氮吹瓶中。在 40℃～50℃下氮气吹干,用初始流动相定容至 1mL,超声涡旋 30s,用 0.22μm 滤膜过滤至进样瓶中备用。

5.2 液相色谱参考条件

5.2.1 色谱柱：Acquity UPLC BEH C18 柱，100mm×2.1mm，粒径 1.7μm 或相当者。

5.2.2 柱温：40℃。

5.2.3 样品温度：4℃。

5.2.4 进样体积：5μL。

5.2.5 流动相为 A：0.01％氨水，B：乙腈。

5.2.6 线性梯度洗脱条件：5％～19％B(0min～4min)；19％～20％B(4min～5min)；20％～21％B(5min～6.5min)；21％～100％B(6.5min～7min)；保持 100％B(7min～7.5min)；100％～5％B(7.5min～7.8min)；平衡 2.2min，总运行时间 10min。

5.2.7 流速：0.35mL/min。

5.3 质谱参考条件

5.3.1 毛细管电压：2.5kV。

5.3.2 电离模式：ESI－。

5.3.3 离子源温度：150℃。

5.3.4 脱溶剂气温度：500℃。

5.3.5 碰撞梯度：1.5。

5.3.6 脱溶剂气流量：900L/h。

5.3.7 反吹气流量：30L/h。

5.3.8 电子倍增电压：650V。

5.3.9 碰撞室压力：3.0×10⁻³mbar。

各种真菌毒素的质谱条件参数见表1。

表1 目标化合物的主要参考质谱参数

真菌毒素	母离子 (m/z)	锥孔电压/ V	定量离子 (m/z)	碰撞能量/ eV	定性离子 (m/z)	碰撞能量/ eV
NIV	311	22	281	10	205	22
DON	295	26	265	11	138	19
¹³C-DON	310	26	279	10	261	16
3-ADON	337	24	307	15	173	9
15-ADON	337	20	150	23	219	11
Fus X	353	26	263	13	187	19
Deepoxy-DON	279	20	249	14	231	14
DON-3-Glu	295	26	265	11	138	19
¹³C-3-Ac-DON	354	18	323	14	230	18

各真菌毒素化合物标准溶液色谱质谱图如图 1 所示。

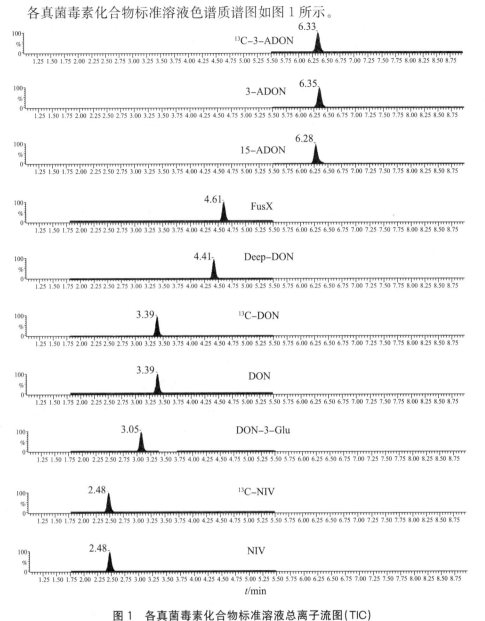

图 1　各真菌毒素化合物标准溶液总离子流图（TIC）

5.4　定性测定

试样中目标化合物色谱峰的保留时间与相应标准色谱峰的保留时间相比较，变化范围应在±2.5％之内。

每种化合物的质谱定性离子应出现，至少应包括一个母离子和两个子离子，而且同一检测批次，对同一化合物，样品中目标化合物的两个子离子的相对丰度比与浓度相当的标准溶液相比，其允许偏差不超过表 2 规定的范围。

表2　定性时相对离子丰度的最大允许偏差

相对离子丰度	>50%	20%～50%	10%～20%	≤10%
允许的相对偏差	±20%	±25%	±30%	±50%

5.5　标准曲线的制作

在5.2液相色谱串联质谱仪分析条件下,将标准系列溶液由低到高浓度进样检测,以目标化合物色谱峰与对应内标色谱峰的峰面积比值-浓度作图,得到标准曲线回归方程,其线性相关系数应大于0.99。

5.6　试样溶液的测定

取5.1、5.2处理得到的待测溶液进样,内标法计算待测液中目标物质的质量浓度,按6计算样品中待测物的含量。试液中待测物的响应值应在标准曲线线性范围内,超过线性范围则应适当减少取样量后重新测定。

6　分析结果的表述

试样中雪腐镰刀菌烯醇及其衍生物的含量按式(1)计算:

$$X = \frac{\rho \times V_1 \times V_3 \times 1000}{V_2 \times m \times 1000} \quad \cdots\cdots\cdots\cdots\cdots\cdots\cdots (1)$$

式中:

X——试样中各真菌毒素化合物的含量,单位为微克每千克($\mu g/kg$);

ρ——试样中各真菌毒素化合物按照内标法在标准曲线中对应的质量浓度,单位为纳克每毫升(ng/mL);

V_1——试样提取液体积,单位为毫升(mL);

V_3——试样最终定容体积,单位为毫升(mL);

1000——换算系数;

V_2——用于净化的分取体积,单位为毫升(mL);

m——试样的称样量,单位为克(g)。

计算结果保留三位有效数字。

7　精密度

在重复性条件下获得的两次独立测定结果的绝对差值不得超过算术平均值的23%。

8　其他

当称取大米、小麦、玉米等谷物及其制品试样2g时,方法中的各单端孢霉族类真菌毒素化合物检出限为1μg/kg,定量限为3μg/kg。

三、注意事项

1. 本程序适用于大米、小麦、玉米等谷物及其制品。

2. 真菌毒素污染农作物颗粒具有分布不均匀的现象,需充分研磨混匀,减少因取样、制样误差导致的检测结果偏差。

3. 氨水易挥发,需临用现配。

4. 多功能净化柱如在储存过程中吸潮,使用前需干燥。

5. 在使用多功能净化柱净化时注意需要缓慢的推进。

6. 此处液相、质谱参数为参考条件。诸如锥孔电压、碰撞能量、以及液相梯度程序等均仅供参考,可根据实验室配制设备情况酌情作适当调整。

7. 目前,Fus X,Deep-DON,DON-3-Glu 还没有相应的市售同位素内标,可选用 ^{13}C-DON 作为内标定量。3-ADON 和 15-ADON 为同分异构体,保留时间相近,可选用 ^{13}C-3-ADON 作为内标定量 15-ADON。现在已有商品化 ^{13}C-15-ADON 可以买到,使用者可根据情况选择。

8. 为尽可能避免 NIV 和 DON 等较强极性化合物的溶剂效应,复溶液需与初始流动相一致。

参 考 文 献

[1] GB 2761—2017 食品安全国家标准　食品中真菌毒素限量

[2] Commission Regulation(EU)No. 401/2006　Laying down the methods of sampling and analysis for the official control of the levels of mycotoxins in foodstuffs

[3] Commission Regulation(EU)No. 1881/2006　Setting maximum levels for certain contaminants in foodstuffs

[4] EFSA CONTAM Panel(EFSA Panel on Contaminants in the Food Chain), 2013. Statement on the risks for public health related to a possible increase of the maximum level of deoxynivalenol for certain semi-processed cereal products. EFSA Journal 2013,11(12):3490

[5] GB 5009.111—2016　食品安全国家标准　食品中脱氧雪腐镰刀菌烯醇及其乙酰化衍生物的测定

[6] JIAO-JIAO XU,JIAN ZHOU,BAI-FEN HUANG et al. Simultaneous and rapid determination of deoxynivalenol and its acetylate-derivatives in wheat flour and rice by ultra high performance liquid chromatography with photo diode array detection,Journal of separation science[J],2016,39(11):2028-2035.

第七章

食品中玉米赤霉烯酮及其类似物的
测定标准操作程序

玉米赤霉烯酮类化合物以玉米赤霉烯酮（Zearalenone，ZON）和玉米赤霉醇（Zearalanol，ZAL）为代表，还包括玉米赤霉酮（Zearalanone，ZAN）、β-玉米赤霉醇（β-Zearalanol，β-ZAL）、α-玉米赤霉烯醇（α-Zearalenol，α-ZEL）和β-玉米赤霉烯醇（β-Zearalenol，β-ZEL）等6种化合物（结构式、分子式见表7-1）。

表 7-1　玉米赤霉烯酮及其类似物分子结构式及相关信息

毒素名称	结构式	分子式	相对分子质量	CAS 号
ZON		$C_{18}H_{22}O_5$	318.4	17924-92-4
ZAN		$C_{18}H_{24}O_5$	320.4	5975-78-0
ZAL		$C_{18}H_{26}O_5$	322.4	26538-44-3
α-ZEL		$C_{18}H_{24}O_5$	320.4	36455-72-8
β-ZAL		$C_{18}H_{26}O_5$	322.4	42422-68-4
β-ZEL		$C_{18}H_{24}O_5$	320.4	71030-11-0

玉米赤霉烯酮类化合物具有雌激素类物质的生物活性，对促性腺激素结合受体、体外肝脏激素结合受体均有抑制作用。诸如猪、牛、羊等家畜类动物摄入大量受玉米赤霉烯酮污染的粮谷类食物后会引起雌激素过多症，导致动物雌性化、性机能紊乱、不孕或流

产等。同时,玉米赤霉烯酮类化合物在动物体内蓄积性较强,残留在动物体内的毒素会通过食物链进入人体,造成人体内分泌失调,影响第二性征正常发育,导致一系列机能紊乱相关性疾病,在外因诱导下甚至还会可能导致癌症等恶性疾病的发生。

玉米赤霉烯酮是一种毒性极强的小分子,其检测方法主要有生物检测法、化学检测法和免疫学检测法。目前,国内外检测粮食及其制品、动物组织中玉米赤霉烯酮类化合物检测方法主要有薄层色谱法(TLC)、高效液相色谱法(HPLC)、气相色谱-质谱(GC-MS)、液相色谱-串联质谱(LC-MS/MS)等方法。LC-MS/MS 和 HPLC 法是使用比较广泛的两种检测方法,GC-MS、TLC、免疫分析等方法也越来越得到关注。

第一节　食品中玉米赤霉烯酮及其类似物测定

一、测定标准操作程序

食品中玉米赤霉烯酮及其类似物的测定标准操作程序如下:

1　范围

本程序适用于牛羊肉和牛奶食品中玉米赤霉烯酮及其类似物含量的测定。

2　原理

试样中的玉米赤霉醇类药物残留经 β-葡萄糖苷酸酶、硫酸酯复合酶水解后,采用乙醚提取、HLB 固相萃取柱净化后,串联液质联用技术检测,同位素稀释内标法定量。

3　试剂和材料

注:除非另有规定,本方法所用试剂均为分析纯,水为 GB/T 6682 规定的一级水。

3.1　试剂

3.1.1　乙腈(CH_3CN):色谱纯。

3.1.2　甲醇(CH_3OH):色谱纯。

3.1.3　无水乙醚($CH_3CH_2OCH_3CH_2$)。

3.1.4　三氯甲烷($CHCl_3$)。

3.1.5　冰醋酸(CH_3COOH)。

3.1.6　三水合乙酸钠($CH_3COONa \cdot 3H_2O$)。

3.1.7　磷酸(H_3PO_4)。

3.1.8　氢氧化钠($NaOH$)。

3.1.9　葡萄糖苷酸/硫酸酯复合酶:96000U/mL β-葡萄糖苷酸酶,390U/mL 硫酸酯酶(H-2)。

3.2 试剂配制

3.2.1 氢氧化钠溶液(5mol/L)：称取 200g 氢氧化钠,用蒸馏水定容至 1L,混匀。

3.2.2 磷酸-水溶液(1∶4)：取 10mL 磷酸和 40mL 水混合,混匀。

3.2.3 甲醇-水溶液(1∶1)：取 50mL 甲醇和 50mL 水混合,混匀。

3.2.4 乙腈-水溶液(1∶1)：取 50mL 乙腈和 50mL 水混合,混匀。

3.2.5 甲醇-乙腈溶液(1∶1)：取 500mL 乙腈和 500mL 甲醇混合,混匀。

3.2.6 乙酸钠缓冲溶液(0.05mol/L)：称取 6.8g 乙酸钠用 900mL 水溶解,冰乙酸 pH 调至 4.8,定容至 1L。

3.3 标准品

3.3.1 玉米赤霉醇($C_{18}H_{26}O_5$,CAS 号：26538-44-3),纯度≥99.0%。

3.3.2 β-玉米赤霉醇(β-$C_{18}H_{26}O_5$,CAS 号：42422-68-4),纯度≥99.0%。

3.3.3 α-玉米赤霉烯醇(α-$C_{18}H_{24}O_5$,CAS 号：36455-72-8),纯度≥99.0%。

3.3.4 β-玉米赤霉烯醇(β-$C_{18}H_{24}O_5$,CAS 号：71030-11-0),纯度≥99.0%。

3.3.5 玉米赤霉酮($C_{18}H_{24}O_5$,CAS 号：5975-78-0),纯度≥99.0%。

3.3.6 玉米赤霉烯酮($C_{18}H_{22}O_5$,CAS 号：17924-92-4),纯度≥99.0%。

3.3.7 D_4-玉米赤霉醇($C_{18}H_{22}D_4O_5$),纯度≥99.0%。

3.3.8 D_4-β-玉米赤霉醇(β-$C_{18}H_{22}D_4O_5$),纯度≥99.0%。

3.3.9 ^{13}C-玉米赤霉烯酮($^{13}C_{18}H_{22}O_5$),纯度≥99.0%。

3.4 标准溶液配制

3.4.1 玉米赤霉醇类化合物标准储备液(0.05mg/mL)：玉米赤霉醇、β-玉米赤霉醇、α-玉米赤霉烯醇、β-玉米赤霉烯醇、玉米赤霉酮和玉米赤霉烯酮各 0.5mg(以 100%纯度计,精确至 0.01mg),用乙腈溶解并定容于 10mL 容量瓶中,配成浓度为 0.05mg/mL 的标准储备液,可储存在-20℃冰箱中,保存期为 12 个月。

3.4.2 混合玉米赤霉醇类化合物标准储备液(100ng/mL)：分别准确吸取 100μL 的标准储备液于 50mL 容量瓶中,用乙腈稀释至刻度,配制成浓度为 100ng/mL 的混合标准储备液,该溶液于 4℃下保存,有效期 3 个月。

3.4.3 玉米赤霉醇类化合物同位素内标(D_4-玉米赤霉醇、D_4-β-玉米赤霉醇和 ^{13}C-玉米赤霉烯酮)标准储备液(1μg/mL)：分别准确移取 D_4-玉米赤霉醇、D_4-β-玉米赤霉醇和 ^{13}C-玉米赤霉烯酮标准溶液各适量体积,用乙腈溶解并定容于 10mL 容量瓶中,配制成浓度为 1μg/mL 的标准储备液,于-20℃冰箱中可保存 12 个月。

3.4.4 混合玉米赤霉醇类化合物同位素内标储备液(100ng/mL)：分别准确吸取 1.0mL 的标准储备液于 10mL 容量瓶中,用乙腈稀释至刻度,配制成浓度为 100ng/mL 的混合标准内标储备液,该溶液于 4℃下保存,有效期 3 个月。

3.4.5 混合玉米赤霉醇类化合物标准工作液：用乙腈-水溶液把标准储备液按比例逐级稀释后配成浓度为 2ng/mL、4ng/mL、6ng/mL、8ng/mL、16ng/mL 的标准工作液,其中含内标溶液浓度为 5ng/mL。

4 仪器设备

4.1 液相色谱-串联质谱仪:配有 ESI 源。

4.2 分析天平:感量为 0.01g 和 0.01mg。

4.3 台式冷冻离心机:转速≥15000r/min。

4.4 涡旋混合器。

4.5 超声波振荡器。

4.6 旋转蒸发器。

4.7 组织匀浆机。

4.8 均质机。

4.9 氮吹仪。

4.10 恒温水浴锅:(40℃~100℃)±1℃。

4.11 固相萃取装置。

4.12 聚丙烯离心管:50mL,具塞。

5 操作步骤

5.1 试样制备

牛羊肉、肝脏样品:取出有代表性样品约 500g,用组织捣碎机充分搅碎均匀,取其中的 200g 装入洁净的玻璃容器中,密封,并标明标记,于-20℃以下冷冻存放备用。

牛奶:取 500mL 新鲜或解冻的牛奶混合均匀,备用。

5.2 试样水解

称取 5g 固体或液体试样(精确至 0.01g)于 50mL 具塞离心管中,加入适量混合玉米赤霉醇类化合物同位素内标储备液(3.4.4)混匀后,加入 10mL 乙酸钠缓冲溶液和 0.025mLβ-葡萄糖苷酸/硫酸酯复合酶,涡旋混匀,与 37℃水浴(4.10)中振荡 12h。

5.3 试样提取净化

水解后加入 15mL 无水乙醚,振荡提取 5min,4000r/min 离心 2min,将上清液转移至浓缩瓶,再用 15mL 无水乙醚重复提取 1 次,合并上清液,40℃以下旋转浓缩至近干,加入 1mL 三氯甲烷溶解残渣,超声波助溶 2min 后,转入离心管中,用 3mL 氢氧化钠润洗浓缩瓶后转移至同一离心管中,涡旋混匀,以 4000r/min 离心 2min,吸取上层氢氧化钠溶液。再用 3mL 氢氧化钠重复润洗,萃取一次,合并氢氧化钠萃取液,加入 1mL 磷酸-水溶液,混匀后待净化。

将上述样品提取液转入 HLB 固相萃取柱。用 5mL 水、5mL 甲醇-水溶液淋洗,弃去洗液;再用 10mL 甲醇进行洗脱,收集洗脱液。整个固相萃取净化过程控制流速不超过 2mL/min。洗脱液在 40℃以下用氮气吹干。残留用 1.0mL 乙腈-水溶液溶解,涡旋混匀后,过滤,待测定。

5.4 液相色谱-串联质谱参考条件

5.4.1 液相色谱条件

5.4.1.1 色谱柱：HSS T3,1.8μm,100×2.1mm,或等效柱。

5.4.1.2 流动相：(A)水＋(B)甲醇/乙腈。

5.4.1.3 流速：0.3mL/min。

5.4.1.4 洗脱梯度：45％B(0min～1.0min);45％～70％B(1min～5.5min);70％～100％B(5.5min～6.0min);100％B(6.0min～7.0min);100％～45％B(7.0min～7.2min)。

5.4.1.5 柱温：40℃。

5.4.1.6 进样体积：10μL。

5.4.2 质谱参考条件

5.4.2.1 电喷雾离子源：ESI-。

5.4.2.2 离子源温度：150℃。

5.4.2.3 毛细管电压：2.5kV。

5.4.2.4 脱溶剂气温度：500℃。

5.4.2.5 脱溶剂气流量：800L/min。

5.4.2.6 锥孔反吹气流量：50L/min。

玉米赤霉烯酮及其类似物化合物质谱参数见表1,质谱总离子流图见图1。

表1 玉米赤霉烯酮及其类似物化合物质谱参数

化合物名称	母离子 (m/z)	子离子 (m/z)	驻留时间/ s	锥孔电压/ V	碰撞能量/ eV
玉米赤霉醇	321	277*	0.025	40	25
	321	303	0.025	40	20
β-玉米赤霉醇	321	277*	0.025	44	25
	321	303	0.025	44	20
α-玉米赤霉烯醇	319	160	0.025	44	30
	319	275*	0.025	44	20
β-玉米赤霉烯醇	319	160	0.025	42	30
	319	275*	0.025	44	20
玉米赤霉酮	319	205	0.025	44	25
	319	275*	0.025	44	20
玉米赤霉烯酮	317	131	0.025	44	30
	317	175*	0.025	44	24

注：* 为定量离子。

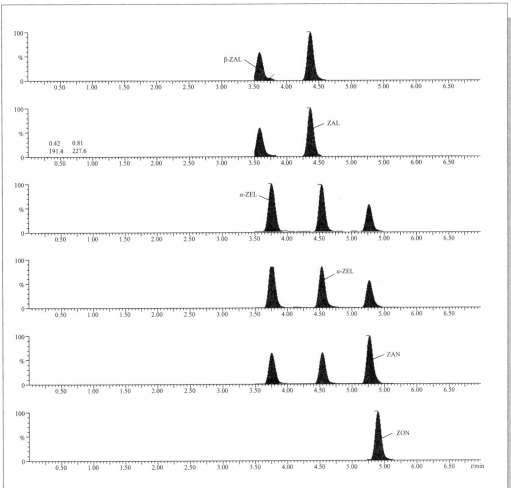

图 1 玉米赤霉醇类化合物标准溶液 LC-MS 总离子流图

5.5 定性测定

试样中目标化合物色谱峰的保留时间与相应标准色谱峰的保留时间相比较，变化范围应在±2.5%之内。

每种化合物的质谱定性离子应出现，至少应包括一个母离子和两个子离子，而且同一检测批次，对同一化合物，样品中目标化合物的两个子离子的相对丰度比与浓度相当的标准溶液相比，其允许偏差不超过表 2 规定的范围。

表 2 定性时相对离子丰度的最大允许偏差

相对离子丰度	>50%	20%～50%	10%～20%	≤10%
允许的相对偏差	±20%	±25%	±30%	±50%

5.6 标准曲线的制作

在 5.4 液相色谱串联质谱仪分析条件下，将标准系列溶液由低到高浓度进样检测,以目标化合物色谱峰与对应内标色谱峰的峰面积比值-浓度作图,得到标准曲线回归方程,其线性相关系数应大于 0.99。

5.7 试样溶液的测定

将 5μL 的待测试样溶液注入液相色谱串联质谱仪中,以保留时间和两对离子(特征离子对/定量离子对)所对应的色谱峰面积相对丰度进行定性,根据标准曲线,内标法计算待测液中目标化合物的浓度。

6 分析结果的表述

试样中玉米赤霉烯酮或其类似化合物的含量按式(1)计算:

$$X=\frac{c\times V\times 1000}{m\times 1000}\times f \quad\cdots\cdots\cdots\cdots\cdots\cdots\cdots (1)$$

式中:

X——试样中玉米赤霉烯酮或其类似化合物含量,单位为微克每千克($μg/kg$);

c——由标准曲线得到的待测定试样溶液中玉米赤霉烯酮或其类似化合物的浓度,单位为纳克每升(ng/mL);

V——待测定试样溶液的最终定容体积,单位为毫升(mL);

m——试样的质量,单位为克(g);

f——稀释倍数。

以重复条件下获得的两次独立测定结果的算术平均值表示,结果保留两位有效数字。

7 精密度

在重复性条件下获得的两次独立测定结果的绝对差值不超过算术平均值的 23%。

8 检出限与定量限

本程序中玉米赤霉烯酮或其类似化合物的检出限和定量限分别为 0.5μg/kg 和 1μg/kg。

二、注意事项

1. 根据 2010 年原卫生部发布的《食品中可能违法添加的非食用物质名单(第四批)》规定食物类别,本程序的适用范围为牛羊肉和牛奶食品。

2. 市售玉米赤霉烯酮或其类似化合物既有固态,也有液态,可根据实际需要购买。

3. 此处液相、质谱参数为参考条件。诸如锥孔电压、碰撞能量,以及液相梯度程序等均仅供参考,可根据实验室配制设备情况酌情作适当调整。C18 填料色谱柱或 T3 色谱柱均可达到色谱分离

4. 玉米赤霉醇、玉米赤霉烯醇均具有 α-、β-两种同分异构体形式,需在色谱上分离从

而进行准确定量。

5. 试验过程使用乙醚、三氯甲烷等强挥发、高毒物质,试验操作者需做好防护工作。

6. 提取液净化可采用 HLB 固相萃取柱或 MAX 阴离子交换柱,两种净化小柱对牛奶样品均能获得满意的回收率。但其中组织类食品样品基质成分相对复杂,脂肪含量较高,使用 MAX 净化小柱容易造成柱堵塞。因此,对于牛奶类食品可采用 MAX 或 HLB 净化小柱净化,而对于牛羊肉组织类样品需采用 HLB 小柱净化。

7. 由于商品化玉米赤霉醇类同位素内标不易购买,本程序使用不同基质类型的基质匹配工作曲线来进行定量检测。实验室如能获得玉米赤霉醇类的同位素标准时,推荐使用同位素内标法进行定量检测。

8. 不同基质的样品溶液对 6 种玉米赤霉烯酮类化合物均存在明显不同的基质效应,见表 7-2。因此分析不同基质类型的样品时,须采用不同基质类型的空白样品基质匹配工作曲线来进行定量检测。

表 7-2　牛奶和牛肉中玉米赤霉烯酮类化合物的基质效应　　　　　　　　　　%

基质效应	ZON	ZAN	ZAL	β-ZAL	α-ZEL	β-ZEL
牛奶	155.9	107.6	78.47	82.60	51.85	61.31
牛肉	72.41	71.60	83.07	105.4	72.60	96.68

三、国内外食品中玉米赤霉烯酮及其类似化合物限量及检测方法

食品中玉米赤霉烯酮及其类似化合物限量见表 7-3。

表 7-3　食品中玉米赤霉烯酮及其类似化合物限量

国家或地区	产品	化合物	限量/(μg/kg)
中国	玉米、玉米面(渣、片)	玉米赤霉烯酮	60
	小麦、小麦粉	玉米赤霉烯酮	60
欧盟	动物源性食品	玉米赤霉醇	不得检出
	未加工处理的谷物	玉米赤霉烯酮	100~350
	可食用谷物及其制品	玉米赤霉烯酮	50~100
	谷物类婴幼儿辅食	玉米赤霉烯酮	20
	动物源性食品	玉米赤霉醇	不得检出

目前,针对食品中玉米赤霉烯酮及其类似物检测方法标准主要采用液相色谱质谱法和高效液相色谱法,国内外食品中玉米赤霉烯酮及其类似物的检验方法标准比较见表 7-4。

表7-4　国内外食品中玉米赤霉烯酮及其类似物的检验方法标准比较

标准编号	标准名称	目标化合物	前处理	测定方法
GB/T 21982—2008	动物源食品中玉米赤霉醇、β-玉米赤霉醇、α-玉米赤霉烯醇、β-玉米赤霉烯醇、玉米赤霉酮和赤霉烯酮残留量检测方法液相色谱-质谱/质谱法	玉米赤霉醇、β-玉米赤霉醇、α-玉米赤霉烯醇、β-玉米赤霉烯醇、玉米赤霉酮和赤霉烯酮	固相萃取柱净化	液相色谱串联质谱法
SN/T 4143—2015	出口动物及其制品中玉米赤霉醇残留量检测方法酶联免疫法	玉米赤霉醇	—	酶联免疫法
SN/T 4058—2014	出口动物源性食品中玉米赤霉醇类残留量的检测方法免疫亲和柱净化HPLC和LC-MS/MS法	玉米赤霉醇、β-玉米赤霉醇、α-玉米赤霉烯醇、β-玉米赤霉烯醇、玉米赤霉酮和赤霉烯酮	免疫亲和柱层析净化	高效液相色谱法/液相色谱串联质谱法
农业部 1077 号 2008 公告-6	水产品中玉米赤霉醇类残留量的测定液相色谱-串联质谱法	玉米赤霉醇、β-玉米赤霉醇、α-玉米赤霉烯醇、β-玉米赤霉烯醇、玉米赤霉酮和赤霉烯酮	固相萃取柱净化	液相色谱串联质谱法
农业部 1025 号 2008 公告-19	动物源性食品中玉米赤霉醇类药物残留检测液相色谱-串联质谱法	玉米赤霉醇、β-玉米赤霉醇、α-玉米赤霉烯醇、β-玉米赤霉烯醇、玉米赤霉酮和赤霉烯酮	固相萃取柱净化	液相色谱串联质谱法
AOAC 985.18	玉米中 β-玉米赤霉烯醇、玉米赤霉烯酮的测定液相色谱法	α-玉米赤霉烯醇、玉米赤霉烯酮	液液萃取	高效液相色谱法
GB 5009.209—2016	食品安全国家标准食品中玉米赤霉烯酮的测定	玉米赤霉烯酮	免疫亲和柱层析净化/固相萃取柱净化	高效液相色谱法/液相色谱串联质谱法
EN 15850—2010	食品以玉米为原料的婴儿食品以及其他谷物为原料的婴幼儿食品中玉米赤霉烯酮含量测定-免疫亲和柱净化-荧光检测高效液相色谱法	玉米赤霉烯酮	免疫亲和柱层析净化	高效液相色谱法

第二节　食品中玉米赤霉烯酮-液相色谱串联质谱法测定

一、测定标准操作程序

食品中玉米赤霉烯酮-液相色谱串联质谱法测定标准操作程序如下：

1　范围

本程序规定了谷物及其制品食品中玉米赤霉烯酮的液相色谱串联质谱测定(LC-MS/MS)。

本程序适用于大米、小麦、玉米等谷物及其制品食品中玉米赤霉烯酮含量的测定。

2　原理

试样经乙腈-水溶液浸泡、超声波震荡提取,离心后,上清液经固相萃取柱净化,浓缩定容后进液相色谱串联质谱系统分析,同位素稀释法定量。

3　试剂和材料

注:除非另有说明,本方法所用试剂均为分析纯,水为 GB/T 6682 规定的一级水。

3.1　试剂

3.1.1　乙腈(CH_3CN):色谱纯。

3.1.2　甲醇(CH_3OH):色谱纯。

3.1.3　氨水($NH_3 \cdot H_2O$)。

3.2　试剂配制

3.2.1　乙腈-水提取液(84+16,体积分数):用 1000mL 量筒量取乙腈 840mL,加水 160mL,混匀。

3.2.2　氨水溶液(0.01%,体积分数):取 0.1mL 氨水加入 1000mL 超纯水,混匀。

3.3　标准品

3.3.1　玉米赤霉烯酮($C_{18}H_{22}O_5$,CAS 号:17924-92-4),纯度≥99.0%。

3.3.2　^{13}C-玉米赤霉烯酮($^{13}C_{18}H_{22}O_5$),25μg/L,纯度≥99.0%。

3.4　标准溶液的配制

3.4.1　玉米赤霉烯酮储备液(100μg/mL):精确称取固体标准品 1.0mg,用乙腈溶解定容至 10mL,混匀,存储于棕色玻璃瓶中,−20℃下避光保存。

3.4.2　同位素内标工作液(1μg/mL):移取 1mL 同位素标准溶液于 25mL 容量瓶中,用乙腈稀释定容至刻度,充分混匀后于−20℃避光保存。

4 仪器和设备

4.1 液相色谱串联质谱仪。

4.2 涡旋器。

4.3 高速离心机配有 50mL 的离心管。

4.4 超声波振荡器。

4.5 氮吹仪。

4.6 粉碎机。

4.7 多功能净化柱:Mycosep 226 多功能净化柱或相当者。

5 分析步骤

5.1 试样预处理

准确称取 2.0g 经粉碎均匀的样品至 50mL 的离心管中,加入 200μL 混合同位素内标工作液振荡混合后静置 30min。加入乙腈-水(84/16,体积分数)10mL,涡旋 1min,超声 60min,离心 5min(10000r/min)。移取上清液至 Mycosep226 多功能净化柱的玻璃管内,加入 0.1‰乙酸,混匀后将多功能净化柱的填料管插入玻璃管中并缓慢推动填料管,取续滤液 5mL 至氮吹瓶中。在 40℃～50℃下氮气吹干,用 10％的乙腈-水溶液定容至 1mL,超声涡旋 30s,用 0.22μm 滤膜过滤至进样瓶中备用。

5.2 液相色谱参考条件

5.2.1 色谱柱:Acquity UPLC BEH C18 柱,100mm×2.1mm,粒径 1.7μm 或相当者。

5.2.2 柱温:40℃。

5.2.3 样品温度:4℃。

5.2.4 进样体积:5μL。

5.2.5 流动相为 A:0.01％氨水,B:乙腈。

5.2.6 线性梯度洗脱条件:5％B(0min～1min);5％～15％B(1min～1.2min);15％～30％B(1.2min～2.6min);30％～60％B(2.6min～2.8min);60％～98％B(2.8min～3.0min);保持 98％B(3.0min～3.8min);98％～5％B(3.8min～4.0min);总运行时间 6min。

5.2.7 流速:0.3mL/min。

5.3 质谱参考条件

5.3.1 毛细管电压:2.5kV。

5.3.2 电离模式:ESI-。

5.3.3 离子源温度:150℃。

5.3.4 脱溶剂气温度:500℃。

5.3.5 碰撞梯度:1.5。

5.3.6 脱溶剂气流量:900L/h。

5.3.7 反吹气流量:30L/h。

5.3.8 电子倍增电压:650V。

5.3.9 碰撞室压力:3.0×10⁻³mbar。

质谱条件参数见表1。

表1 目标化合物的主要参考质谱参数

真菌毒素	母离子（m/z）	锥孔电压/V	定量离子（m/z）	碰撞能量/eV	定性离子（m/z）	碰撞能量/eV
ZON	317	44	175	24	131	30
¹³C-ZON	335	42	185	26	140	36

玉米赤霉烯酮及同位素内标标准溶液色谱质谱图如图1所示。

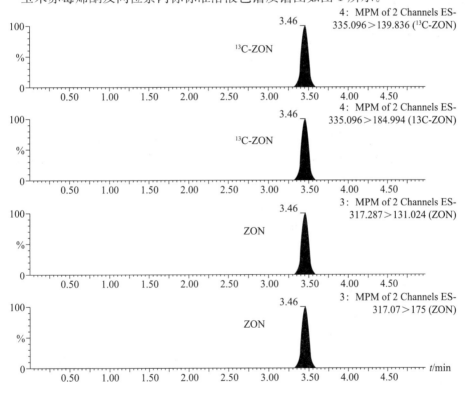

图1 玉米赤霉烯酮及同位素内标标准溶液各离子通道图

5.4 定性测定

试样中目标化合物色谱峰的保留时间与相应标准色谱峰的保留时间相比较，变化范围应在±2.5%之内。见表2。

表2 定性时相对离子丰度的最大允许偏差

相对离子丰度	>50%	20%~50%	10%~20%	≤10%
允许的相对偏差	±20%	±25%	±30%	±50%

每种化合物的质谱定性离子应出现,至少应包括一个母离子和两个子离子,而且同一检测批次,对同一化合物,样品中目标化合物的两个子离子的相对丰度比与浓度相当的标准溶液相比,其允许偏差不超过表4规定的范围。

5.5 标准曲线的制作

在5.2液相色谱串联质谱仪分析条件下,将标准系列溶液由低到高浓度进样检测,以目标化合物色谱峰与对应内标色谱峰的峰面积比值-浓度作图,得到标准曲线回归方程,其线性相关系数应大于0.99。

5.6 试样溶液的测定

取5.1、5.2处理得到的待测溶液进样,内标法计算待测液中目标物质的质量浓度,按6计算样品中待测物的含量。试液中待测物的响应值应在标准曲线线性范围内,超过线性范围则应适当减少取样量后重新测定。

6 分析结果的表述

试样中玉米赤霉烯酮的含量按式(1)计算:

$$X = \frac{\rho \times V_1 \times V_3 \times 1000}{V_2 \times m \times 1000} \quad \cdots\cdots\cdots\cdots\cdots\cdots\cdots \quad (1)$$

式中:

X——试样中玉米赤霉烯酮的含量,单位为微克每千克($\mu g/kg$);

ρ——试样中玉米赤霉烯酮按照内标法在标准曲线中对应的质量浓度,单位为纳克每毫升(ng/mL);

V_1——试样提取液体积,单位为毫升(mL);

V_3——试样最终定容体积,单位为毫升(mL);

1000——换算系数;

V_2——用于净化的分取体积,单位为毫升(mL);

m——试样的称样量,单位为克(g)。

计算结果保留三位有效数字。

7 精密度

在重复性条件下获得的两次独立测定结果的绝对差值不得超过算术平均值的23%。

8 其他

当称取大米、小麦、玉米等谷物及其制品试样2g时,方法中的玉米赤霉烯酮检出限为2$\mu g/kg$,定量限为7$\mu g/kg$。

二、注意事项

1. 根据GB 2761规定食物类别,本程序的适用范围为谷物及其制品。

2. 真菌毒素污染农作物颗粒具有分布不均匀的现象,需充分研磨混匀,减少因取样、制样误差导致的检测结果偏差。

3. 氨水易挥发,需临用现配。

4. 市售玉米赤霉烯酮及其类似物标准品既有固态,也有液态,可根据实际需要购买。

5. 多功能净化柱如在储存过程中吸潮,使用前需干燥。

6. 在使用多功能净化柱净化时注意需要缓慢的推进。多功能净化柱净化 ZEN 时,需加入适量甲酸或乙酸,以提高 ZEN 的绝对回收率。

7. 此处液相、质谱参数为参考条件。诸如锥孔电压、碰撞能量、以及液相梯度程序等均仅供参考,可根据实验室配制设备情况酌情作适当调整。

8. ZEN 正、负离子模式均有较好的响应,但^{13}C-ZEN 在正离子模式下对 ZEN 有严重干扰(如图 7-1 所示),故需选择负离子模式进行检测。

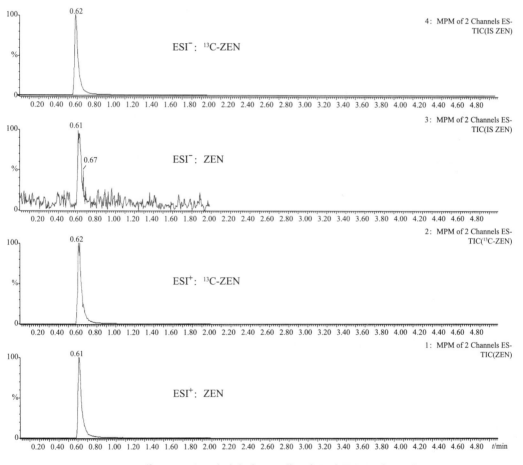

图 7-1 ^{13}C-ZEN 纯品溶液各离子通道总离子流图(ESI-/ESI+)

第三节　食品中玉米赤霉烯酮-高效液相色谱法测定

一、测定标准操作程序

食品中玉米赤霉烯酮-高效液相色谱法测定标准操作程序如下：

1　范围

本程序规定了粮食和粮食制品，酒类，酱油、醋、酱及酱制品，大豆、油菜籽、食用植物油食品中玉米赤霉烯酮的液相色谱法测定。

本标准适用于粮食和粮食制品，酒类，酱油、醋、酱及酱制品，大豆、油菜籽、食用植物油食品。

2　原理

用乙腈溶液提取试样中的玉米赤霉烯酮，经免疫亲和柱净化后，用高效液相色谱荧光检测器测定，外标法定量。

3　试剂和材料

除非另有说明，本方法所用试剂均为分析纯，水为 GB/T 6682 规定的一级水。

3.1　试剂

3.1.1　甲醇（CH_3OH）：色谱纯。

3.1.2　乙腈（CH_3CN）：色谱纯。

3.1.3　氯化钠（$NaCl$）。

3.1.4　氯化钾（KCl）。

3.1.5　磷酸氢二钠（Na_2HPO_4）。

3.1.6　磷酸二氢钾（KH_2PO_4）。

3.1.7　吐温-20（$C_{58}H_{114}O_{26}$）。

3.1.8　盐酸（HCl）。

3.2　试剂配制

3.2.1　提取液：乙腈-水（9+1）。

3.2.2　PBS 清洗缓冲液：称取 8.0g 氯化钠、1.2g 磷酸氢二钠、0.2g 磷酸二氢钾、0.2g 氯化钾，用 990mL 水将上述试剂溶解，用盐酸调节 pH 至 7.0，用水定容至 1L。

3.2.3　PBS/吐温-20 缓冲液：称取 8.0g 氯化钠、1.2g 磷酸氢二钠、0.2g 磷酸二氢钾、0.2g 氯化钾，用 900mL 水将上述试剂溶解，用盐酸调节 pH 至 7.0，加入 1mL 吐温-20，用水定容至 1L。

3.3　标准品

玉米赤霉烯酮($C_{18}H_{22}O_5$，CAS 号：17924-92-4)，纯度≥98.0%。或经国家认证并授予标准物质证书的标准物质。

3.4　标准溶液配制

3.4.1　标准储备液：准确称取适量的标准品(精确至 0.0001g)，用乙腈溶解，配制成浓度为 100μg/mL 的标准储备液，－18℃以下避光保存。

3.4.2　系列标准工作液：根据需要准确吸取适量标准储备液，用流动相稀释，配制成 10ng/mL、50ng/mL、100ng/mL、200ng/mL、500ng/mL 的系列标准工作液，4℃避光保存。

3.5　材料

3.5.1　玉米赤霉烯酮免疫亲和柱：柱规格 1mL 或 3mL，柱容量≥1500ng，或等效柱。

3.5.2　玻璃纤维滤纸：直径 11cm，孔径 1.5μm，无荧光特性。

4　仪器和设备

4.1　高效液相色谱仪：配有荧光检测器。

4.2　高速粉碎机：转速≥12000r/min。

4.3　均质器：转速≥12000r/min。

4.4　高速均质器：转速 18000r/min～22000r/min。

4.5　氮吹仪。

4.6　空气压力泵。

4.7　玻璃注射器：10mL。

4.8　天平：感量 0.0001g 和 0.01g。

5　分析步骤

5.1　提取

5.1.1　粮食和粮食制品

称取 40.0g 粉碎试样(精确到 0.1g)于均质杯中，加入 4g 氯化钠和 100mL 提取液，以均质器(4.3)高速搅拌提取 2min，定量滤纸过滤。移取 10.0mL 滤液加入 40mL 水稀释混匀，经玻璃纤维滤纸过滤至滤液澄清，滤液备用。

5.1.2　酱油、醋、酱及酱制品

称取 25.0g(精确到 0.1g)混匀的试样，用乙腈定容至 100.0mL，超声提取 2min，定量滤纸过滤。移取 10.0mL 滤液并加入 40mL 水稀释混匀，经玻璃纤维滤纸过滤至滤液澄清，滤液备用。

5.1.3　大豆、油菜籽、食用植物油

准确称取试样 40.0g(准确到 0.1g)(大豆需要磨细且粒度≤2mm)于均质杯中，加入 4.0g 氯化钠和 100mL 提取液，以高速均质器高速搅拌提取 1min，定量滤纸过滤。移取 10.0mL 滤液并加入 40mL 水稀释，经玻璃纤维滤纸过滤至滤液澄清，滤液备用。

5.1.4 酒类

取脱气酒类试样中含二氧化碳的酒类使用前先置于4℃冰箱冷藏30min,过滤或超声脱气中或其他不含二氧化碳的酒类试样20.0g(精确到0.1g)于50mL容量瓶中,用乙腈定容至刻度,摇匀。移取10.0mL滤液并加入40mL水稀释混匀,经玻璃纤维滤纸过滤至滤液澄清,滤液备用。

5.2 净化

5.2.1 粮食和粮食制品

将免疫亲和柱连接于玻璃注射器下,准确移取10.0mL(相当于0.8g样品)5.1.1中的滤液,注入玻璃注射器中。将空气压力泵与玻璃注射器连接,调节压力使溶液以1滴/s～2滴/s的流速缓慢通过免疫亲和柱,直至有部分空气进入亲和柱中。用5mL水淋洗柱子1次,流速为1滴/s～2滴/s,直至有部分空气进入亲和柱中,弃去全部流出液。准确加入1.5mL甲醇洗脱,流速约为1滴/s。收集洗脱液于玻璃试管中,于55℃以下氮气吹干后,用1.0mL流动相溶解残渣,供液相色谱测定。

5.2.2 酱油、醋、酱及酱制品,酒类

将免疫亲和柱连接于玻璃注射器下,准确移取10.0mL 5.1.2或5.1.4中的滤液,注入玻璃注射器中。将空气压力泵与玻璃注射器相连接,调节压力使溶液以1滴/s～2滴/s的流速缓慢通过免疫亲和柱,直至有部分空气进入亲和柱中。依次用10mL PBS清洗缓冲液和10mL水淋洗免疫亲和柱,流速为1滴/s～2滴/s,直至空气进入亲和柱中,弃去全部流出液。准确加入1.0mL甲醇洗脱,流速约为1滴/s。收集洗脱液于玻璃试管中,于55℃以下氮气吹干后,用1.0mL流动相溶解残渣,供液相色谱测定。

5.2.3 大豆、油菜籽、食用植物油

将免疫亲和柱连接于玻璃注射器下,准确移取10.0mL5.1.3中的滤液,注入玻璃注射器中。将空气压力泵与玻璃注射器相连接,调节压力使溶液以1滴/s～2滴/s的流速缓慢通过免疫亲和柱,直至有部分空气进入亲和柱中。依次用10mL PBS/吐温-20缓冲液和10mL水淋洗免疫亲和柱,流速为1滴/s～2滴/s,直至空气进入亲和柱中,弃去全部流出液。准确加入1.5mL甲醇洗脱,流速约为1滴/s。收集洗脱液于干净的玻璃试管中,于55℃以下氮气吹干后,用1.0mL流动相溶解残渣,供液相色谱测定。

5.3 空白试验

不称取试样,按5.1和5.2的步骤做空白试验。应确认不含有干扰待测组分的物质。

5.4 测定

5.4.1 高效液相色谱参考条件

高效液相色谱参考条件如下:

(1)色谱柱:C18柱,柱长150mm,内径4.6mm,粒度4μm,或等效柱;

（2）流动相:乙腈-水-甲醇(46:46:8,体积比);

（3）流速:1.0mL/min;

（4）检测波长:激发波长274nm,发射波长440nm;

（5）进样量:100μL;

（6）柱温:室温。

液相色谱图如图1所示。

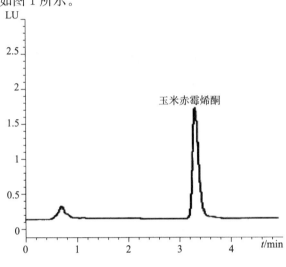

图1 玉米赤霉烯酮标准溶液液相色谱图

5.4.2 标准曲线的制作

将系列玉米赤霉烯酮标准工作液按浓度从低到高依次注入高效液相色谱仪,得到相应的峰面积。以目标物质的浓度为横坐标,目标物质的峰面积为纵坐标绘制标准曲线。

5.4.3 试样溶液的测定

将待测试样溶液注入高效液相色谱仪,得到玉米赤霉烯酮的峰面积。由标准曲线得到试样溶液中玉米赤霉烯酮的浓度。

6 分析结果的表述

试样中玉米赤霉烯酮的含量按式(1)计算:

$$X = \frac{\rho \times V \times 1000}{m} \times f \quad\cdots\cdots\cdots\cdots\cdots\cdots\cdots\cdots\cdots \quad (1)$$

式中:

X——试样中玉米赤霉烯酮的含量,单位为微克每千克(μg/kg);

ρ——试样测定液中玉米赤霉烯酮的浓度,单位为纳克每毫升(ng/mL);

V——试样测定液的最终定容体积,单位为毫升(mL);

1000——单位换算常数;

m——试样的称样量,单位为克(g);

f——稀释倍数。

计算结果需扣除空白值,保留两位有效数字。

7 精密度

在重复性条件下获得的两次独立测定结果的绝对差值不得超过算术平均值的 15%。

8 其他

本程序对粮食和粮食制品中玉米赤霉烯酮的检出限为 $5\mu g/kg$,定量限为 $17\mu g/kg$。酒类中玉米赤霉烯酮的检出限为 $20\mu g/kg$,定量限为 $66\mu g/kg$。酱油、醋、酱及酱制品中玉米赤霉烯酮的检出限为 $50\mu g/kg$,定量限为 $165\mu g/kg$。大豆、油菜籽、食用植物油中玉米赤霉烯酮的检出限为 $10\mu g/kg$,定量限 $33\mu g/kg$。

二、注意事项

1. 根据 GB 2761 规定食物类别,本程序的适用范围为粮食和粮食制品,酒类,酱油、醋、酱及酱制品,大豆、油菜籽、食用植物油食品。

2. 真菌毒素污染农作物颗粒具有分布不均匀的现象,需充分研磨混匀,减少因取样、制样误差导致的检测结果偏差。

3. 由于 ZEN 对人有较强的毒害作用,因此操作中应注意做好防护措施,避免直接接触和沾染。标准溶液应置于棕瓶中避免见光分解。标准储备液应于−18℃保存,且应尽快用完。标准工作液建议现用现配,短时间内可存放于 4℃。

4. 免疫亲和柱使用前需考察柱效,自测柱效以保证样品中的 ZEN 有效吸附。免疫亲和柱的净化操作流程以厂家说明书为准。

5. 样品(特别是粮食和粮食制品等带有颗粒性物质)的提取液需经玻璃纤维滤纸过滤或离心处理后方可进行免疫亲和柱净化操作,以避免因颗粒物的存在导致免疫亲和柱堵塞,从而无法完成净化步骤。

6. 免疫亲和柱净化时,上样液需控制流速。过快可能导致 ZEN 吸附率降低,过慢则使得实验过程加长。

7. 此处液相参数为参考条件,液相梯度程序仅供参考,可根据实验室设备配置情况酌情作适当调整。

参 考 文 献

[1] GB 2761—2017 食品安全国家标准 食品中真菌毒素限量

[2] Commission Regulation(EU)No. 401/2006 Laying down the methods of sampling and analysis for the official control of the levels of mycotoxins in foodstuffs

[3] Commission Regulation(EU)No. 1881/2006 Setting maximum levels for cer-

tain contaminants in foodstuffs

［4］EFSA Panel on Contaminants in the Food Chain(CONTAM) Scientific opinion on the risks for public health related to the presence of zearalenone in food. EF-SA Journal 2011,9(6):2197.

［5］杨大进,等.2014 年国家食品污染物和有害因素风险监测工作手册.北京,中国标准出版社,2015.

［6］GB 5009.209—2016　食品安全国家标准　食品中玉米赤霉烯酮的测定

第八章

食品中伏马毒素的测定标准操作程序

第一节　液相色谱-串联质谱法

一、概述

伏马毒素是由串珠镰刀菌(*Fusarium moniliforme*)、轮状镰刀菌(*F. verticillioides*)、多育镰刀菌(*F. proliferatum*)等在一定温度和湿度条件下繁殖所产生的次级代谢产物,是一类由不同的多氢醇和丙三羧酸组成的结构类似的双酯化合物。粮食在加工、贮存、运输过程中易受上述真菌污染,从而产生出一类结构性质相似的毒素,特别是当温度适宜时,更利于其生长繁殖。其中含有伏马毒素 FB_1、FB_2、FB_3,60%以上为伏马毒素 FB_1,其毒性也最强。伏马毒素纯品呈白色粉末状,伏马毒素为水溶性霉菌毒素,易溶于水、甲醇及乙腈-水中。对热稳定,不易被蒸煮破坏。伏马毒素在乙腈-水(1∶1)中稳定,在 250℃ 下可保存 6 个月,在甲醇中不稳定,可降解产生单甲酯或双甲酯。但在 −18℃ 下,在甲醇中的伏马毒素是稳定的,可以保存 6 周。目前至少已鉴定出 15 种不同的伏马毒素的类似物,包括 FA_1、FA_2、FB_1、FB_2、FB_3、FB_4、FC_1、FC_2、FC_3、FC_4 和 FP_1 等,但大部分在自然界未被分离到,伏马毒素 B_1 和 B_2 是自然界存在最普遍且毒性最强的两种毒素,它们的化学结构式如图 8-1 所示。

有报道指出,伏马毒素对人、畜不仅是一种促癌物,而且完全是一种致癌物。动物试验和流行病学资料已表明,伏马毒素主要损害肝肾功能,能引起马脑白质软化症和猪肺水肿等,并与我国和南非部分地区高发的食道癌有关,现已引起世界范围的广泛注意。国际癌症研究机构 IARC1993 年将其归类为 2B 类致癌物。

目前,伏马毒素的检测多是针对 FB_1 和 FB_2。常用的检测方法有:酶联免疫法(ELISA)、荧光分光光度法、薄层色谱法、气相色谱法、液相色谱法、以及液相色谱-串联质谱联用法等。前处理方法主要是免疫亲和柱净化和阴离子交换柱净化。酶联免疫法快速、灵敏、操作简单,且不需要大型设备,但会出现假阳性结果;荧光分光光度法只能测伏马毒素总量;薄层色谱法是经典方法,比较简单,但操作比较繁琐、灵敏度较差,且用到三氯甲烷等毒性较大的溶剂;气相色谱法不能直接测定,需要水解成丙三羧酸后再衍生检测。液相色谱法是最常用的伏马毒素检测方法,伏马毒素结构中有 4 个羧酸基团,极性

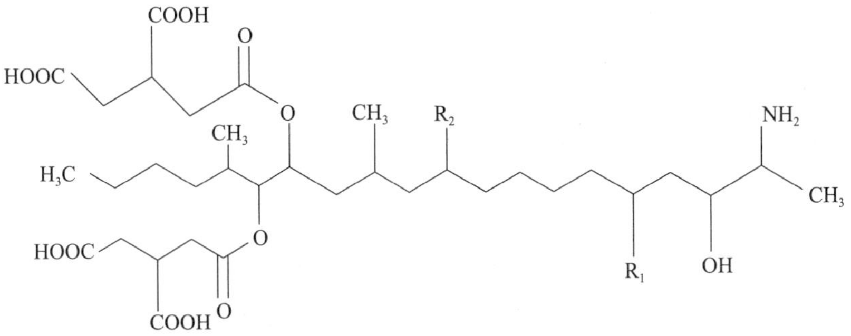

异构体	R_1	R_2	分子式
伏马毒素 B_1	OH	OH	$C_{34}H_{59}NO_{15}$
伏马毒素 B_2	OH	H	$C_{34}H_{59}NO_{14}$
伏马毒素 B_3	H	OH	$C_{34}H_{59}NO_{14}$
伏马毒素 B_4	H	H	$C_{34}H_{59}NO_{13}$

图 8-1　伏马毒素结构式

较强,适合应用液相色谱法检测。液相色谱法又分为柱前衍生法和柱后衍生法,多用邻苯二甲醛(OPA)衍生。柱前衍生法不需要额外增加一套输液泵,但需要严格控制衍生时间;柱后衍生法是依靠仪器自动混合衍生,精密度比较好。液相色谱-串联质谱联用法得到了越来越多的应用,不需要衍生,定性准确,灵敏度高。

二、测定标准操作程序

食品中伏马毒素的液相色谱-串联质谱法测定标准操作程序如下:

1　原理

　　样品用乙腈-水溶液提取,经稀释后加入同位素内标,过免疫亲和柱或强阴离子交换固相萃取柱净化,去除脂肪、蛋白质、色素及碳水化合物等干扰物质。净化液中的伏马毒素经过高效液相色谱分离,串联质谱检测,同位素内标法定量。

2　试剂和材料

　　除非另有说明,本方法使用的试剂均为分析纯,水为 GB/T 6682 规定的一级水。

2.1　试剂

2.1.1　甲醇(CH_3OH):色谱纯。

2.1.2　乙腈(CH_3CN):色谱纯。

2.1.3　乙酸(CH_3COOH)。

2.1.4　氯化钠(NaCl)。

2.1.5　磷酸氢二钠(Na_2HPO_4)。

2.1.6　磷酸二氢钾(KH_2PO_4)。

2.1.7　氯化钾(KCl)。

2.1.8　吐温-20($C_{58}H_{114}O_{26}$)。

2.2　溶液配制

2.2.1　甲酸水溶液(0.1%):吸取 1mL 甲酸,溶于 1L 水,混合均匀。

2.2.2　乙腈-甲醇溶液(50+50):分别量取 500mL 甲醇和 500mL 乙腈,混合均匀。

2.2.3　乙腈-水溶液(50+50):分别量取 500mL 乙腈和 500mL 水,混合均匀。

2.2.4　乙腈-水溶液(20+80):分别量取 200mL 乙腈和 800mL 水,混合均匀。

2.2.5　甲醇-水溶液(60+20):分别量取 600mL 甲醇和 200mL 水,混合均匀。

2.2.6　甲醇-乙酸溶液(99+1):吸取 1mL 乙酸,加入到 99mL 甲醇中,混合均匀。

2.2.7　甲醇-乙酸溶液(98+2):吸取 2mL 乙酸,加入到 98mL 甲醇中,混合均匀。

2.2.8　磷酸盐缓冲液(PBS):称取 8.0g 氯化钠,1.2g 磷酸氢二钠,0.2g 磷酸二氢钾,0.2g 氯化钾,用 980mL 水溶解,用盐酸调整 pH 至 7.4,用水稀释至 1000mL,混合均匀。

2.2.9　吐温-20/PBS 溶液(0.1%):吸取 1g 吐温-20,加入磷酸盐缓冲液(2.2.8)并稀释至 1000mL,混合均匀。

2.3　标准品

2.3.1　FB_1、FB_2、FB_3 标准品:

伏马毒素 B_1(FB_1,$C_{34}H_{59}NO_{15}$),纯度≥95%,或有证标准溶液。

伏马毒素 B_2(FB_2,$C_{34}H_{59}NO_{14}$),纯度≥95%,或有证标准溶液。

伏马毒素 B_3(FB_3,$C_{34}H_{59}NO_{14}$),纯度≥95%,或有证标准溶液。

2.3.2　$^{13}C_{34}$-伏马毒素 B_1、B_2、B_3 同位素内标:

$^{13}C_{34}$-伏马毒素 B_1($^{13}C_{34}$-FB_1,$C_{34}H_{59}NO_{15}$),纯度≥95%,或有证标准溶液。

$^{13}C_{34}$-伏马毒素 B_2($^{13}C_{34}$-FB_2,$C_{34}H_{59}NO_{14}$),纯度≥95%,或有证标准溶液。

$^{13}C_{34}$-伏马毒素 B_3($^{13}C_{34}$-FB_3,$C_{34}H_{59}NO_{14}$),纯度≥95%,或有证标准溶液。

注:在检测中,如果只使用$^{13}C_{34}$-FB_1 一种同位素内标,需要对被测定试样基质做加标回收实验,评估$^{13}C_{34}$-FB_1 与其他被测伏马毒素的基质效应。或使用基质匹配校正曲线。

2.4　标准溶液配制

2.4.1　标准储备溶液(0.1mg/mL):分别准确称取 FB_1、FB_2、FB_3 各 0.01g(精确至 0.0001g)至小烧杯中,用乙腈-水溶液(2.2.3)溶解,并转移至 100mL 容量瓶中,定容至刻度。此溶液密封后避光-20℃保存。有效期 6 个月。

2.4.2　混合标准溶液:准确吸取 FB_1 标准储备液 1mL、FB_2 和 FB_3 标准储备液 0.5mL 至同一 10mL 容量瓶中,加乙腈-水溶液(10.2.3)稀释至刻度,得到 FB_1 浓度为 10μg/mL、FB_2 和 FB_3 浓度分别为 5μg/mL 的混合标准溶液。再稀释 10 倍,得到 FB_1 浓度为 1μg/mL、FB_2 和 FB_3 浓度分别为 0.5μg/mL 的混合标准溶液。此溶液密封后避光 4℃保存。有效期 6 个月。

2.4.3　混合同位素标准溶液:准确吸取$^{13}C_{34}$-FB_1(25μg/mL)、$^{13}C_{34}$-FB_2(10μg/mL)、$^{13}C_{34}$-FB_3(10μg/mL)各 1mL 至同一 10mL 容量瓶中,加乙腈-水溶液(2.2.3)稀释

至刻度,得到含 $^{13}C_{34}$-FB$_1$ 2.5μg/mL、$^{13}C_{34}$-FB$_2$ 和 $^{13}C_{34}$-FB$_3$ 1μg/mL 的混合同位素标准溶液。再稀释 10 倍,得到含 $^{13}C_{34}$-FB$_1$ 250ng/mL、$^{13}C_{34}$-FB$_2$ 和 $^{13}C_{34}$-FB$_3$ 100ng/mL 的混合同位素标准工作溶液。有效期 6 个月。

2.4.4　混合标准工作溶液:准确吸取混合标准溶液,用乙腈-水溶液(2.2.4)稀释,加入混合同位素标准工作溶液(2.4.3),配制成 FB$_1$ 浓度依次为 20ng/mL、80ng/mL、160ng/mL、240ng/mL、320ng/mL、400ng/mL,FB$_2$ 和 FB$_3$ 浓度依次为 10ng/mL、40ng/mL、80ng/mL、120ng/mL、160ng/mL、200ng/mL 的系列混合标准工作溶液,每个标准工作溶液中含有 $^{13}C_{34}$-FB$_1$ 25ng/mL、$^{13}C_{34}$-FB$_2$ 和 $^{13}C_{34}$-FB$_3$ 10ng/mL。

3　仪器和设备

3.1　高效液相色谱-串联质谱仪:配有电喷雾离子源。

3.2　天平:感量 0.01g 和 0.0001g。

3.3　均质器。

3.4　振荡器。

3.5　氮吹仪。

3.6　离心机:转速≥4000r/min。

3.7　强阴离子交换固相萃取柱(硅胶基,6mL,500mg)。

3.8　免疫亲和柱。

3.9　微孔滤膜:0.22μm,有机系。

4　分析步骤

4.1　样品制备

将固体样品按四分法缩分至 1kg,全部用谷物粉碎机磨碎并细至粒度小于 1mm,混匀分成 2 份作为试样,分别装入洁净的容器内,密封,标识后置于 4℃下避光保存。

玉米油样品直接取 2 份作为试样,分别装入洁净的容器内,密封,标识后置于 4℃下避光保存。

在制样的操作过程中,应防止样品受到污染或发生残留物含量的变化。

4.2　试样提取

准确称取固体样品 5g(精确至 0.01g)样品于 50mL 离心管中,加入 20mL 乙腈-水溶液(2.2.3),涡旋或振荡提取 20min,取出后,在 4000r/min 下离心 5min,将上清液转移至另一离心管中。

玉米油样品操作同固体样品,提取液在下层。

4.3　试样净化

4.3.1　免疫亲和柱净化

取 2mL 提取液,加入混合同位素标准工作溶液(2.4.3)40μL,加入 47mL 吐温-20/PBS 溶液(2.2.9),混合均匀后过免疫亲和柱,流速控制在 1mL/min～3mL/min,10mL PBS 缓冲液(2.2.8)淋洗免疫亲和柱,1mL 甲醇-乙酸溶液(2.2.7)

洗脱免疫亲和柱 3 次,收集洗脱液,55℃下氮吹至干,加入 1mL 乙腈-水溶液(2.2.4)溶解残渣。涡旋 30s,过 0.22μm 微孔滤膜后,收集于进样瓶中,待测。

注:由于不同厂商提供的免疫亲和柱操作程序可能不同,实际操作时,请参照厂商提供的操作说明和程序使用。

4.3.2 强阴离子交换固相萃取柱净化

取 3mL 提取液,加入混合同位素标准工作溶液(2.4.3)60μL,加入 8mL 甲醇-水溶液(2.2.5),混合均匀后过强阴离子交换固相萃取柱(使用前按要求活化),分别用 8mL 甲醇-水溶液(2.2.5)和 3mL 甲醇淋洗,10mL 甲醇-乙酸溶液(2.2.6)洗脱,55℃下氮吹至干,加入 1mL 乙腈-水溶液(2.2.4)溶解残渣。涡旋 30s,过 0.22μm 微孔滤膜后,收集于进样瓶中,待测。

4.4 仪器参考条件

4.4.1 液相色谱条件

色谱柱:C18 柱,100mm×2.1mm,1.7μm,或相当者。

流动相:A:甲酸水溶液(0.1%),B:乙腈-甲醇溶液(50+50),梯度洗脱,梯度见表 1。

流速:0.35mL/min。

柱温:35℃。

进样量:10μL。

表 1　流动相梯度洗脱程序

时间/min	流动相 A/%	流动相 B/%
0.00	70.0	30.0
2.30	30.0	70.0
4.00	30.0	70.0
4.20	0	100
4.80	0	100
5.00	70.0	30.0

4.4.2 质谱参数

离子化模式:电喷雾电离正离子模式(ESI+)。

质谱扫描方式:多反应离子监测(MRM)。

监测离子对信息见表 2。

表 2　质谱参数

毒素名称	母离子	定量子离子	碰撞能量/eV	定性子离子	碰撞能量/eV
FB_1	722	352	25	334	35
FB_2	706	336	35	354	30
FB_3	706	336	35	354	30

表2(续)

毒素名称	母离子	定量子离子	碰撞能量/eV	定性子离子	碰撞能量/eV
$^{13}C_{34}$-FB_1	756	374	35	356	40
$^{13}C_{34}$-FB_2	740	358	35	376	30
$^{13}C_{34}$-FB_3	740	358	35	376	30

谱图见图1。

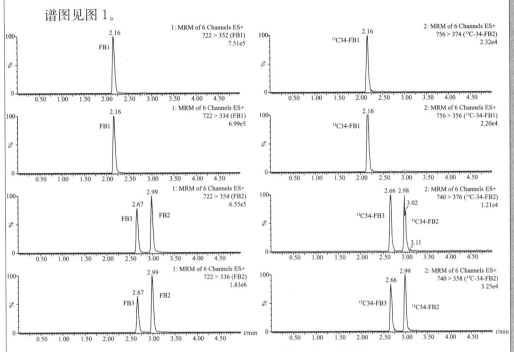

图1 伏马毒素及其同位素内标的标准谱图

4.5 定性判定

用液相色谱-串联质谱联用法对样品进行定性判定,在相同试验条件下,样品中应呈现定量离子对和定性离子对的色谱峰,被测物质的质量色谱峰保留时间与标准溶液中对应物质的质量色谱峰保留时间一致;样品色谱图中所选择的监测离子对的相对丰度比与相当浓度标准溶液的离子相对丰度比的偏差不超过表3规定范围,则可以判断样品中存在对应的目标物质。

表3 定性确证时相对离子丰度的最大允许偏差

相对离子丰度(k)	$k \geq 50\%$	$50\% > k \geq 20\%$	$20\% > k \geq 10\%$	$k \leq 10\%$
允许的最大偏差	±20%	±25%	±30%	±50%

4.6 定量测定

在4.4液相色谱-串联质谱联用分析条件下,将$10.0\mu L$系列伏马毒素混合标准溶液(2.4.4)按浓度从低到高依次注入液相色谱-串联质谱联用仪;待仪器条件稳定后,以目标物质和内标的浓度比为横坐标(x 轴),目标物质和内标的峰面积比为纵坐标(y 轴),对各个数值点进行最小二乘线性拟合,标准工作曲线按式(1)计算:

$$y=ax+b \cdots\cdots\cdots\cdots\cdots\cdots\cdots (1)$$

式中:

y——目标物质/内标的峰面积比;

a——回归曲线的斜率;

x——目标物质/内标的浓度比;

b——回归曲线的截距。

标准工作溶液和样液中待测物的响应值均应在仪器线性响应范围内,如果样品含量超过标准曲线范围,需要增加稀释倍数后再测定。

4.7 空白试验

不称取试样,按4.2和4.3的步骤做空白实验。应确认不含有干扰待测组分的物质。

5 分析结果的表述

本方法采用内标法定量。

含量按式(2)计算:

$$X=\frac{c \times c_i \times A \times A_{si} \times V}{c_{si} \times A_i \times A_s \times m} \cdots\cdots\cdots\cdots\cdots\cdots (2)$$

式中:

X——样品中待测组分的含量,单位为微克每千克($\mu g/kg$);

c——标准溶液中待测组分的浓度,单位为纳克每毫升(ng/mL)。

c_i——测定液中待测组分的浓度,单位为纳克每毫升(ng/mL)。

A——测定液中待测组分的峰面积。

A_{si}——标准溶液中内标物质的峰面积。

V——定容体积,单位为毫升(mL)。

c_{si}——标准溶液中内标物质的浓度,单位为纳克每毫升(ng/mL)。

A_i——测定液中内标物质的峰面积。

A_s——标准溶液中待测组分的峰面积。

m——样品称样量,单位为克(g)。

计算结果需扣除空白值,测定结果用平行测定的算术平均值表示,保留三位有效数字。

6 精密度

样品中伏马毒素含量在重复性条件下获得的两次独立测定结果的绝对差值不得超过算术平均值的20%。

7 其他

当称样量为5g,FB$_1$、FB$_2$、FB$_3$的检出限分别为7$\mu g/kg$、3$\mu g/kg$、3$\mu g/kg$;定量限分别为20$\mu g/kg$、10$\mu g/kg$、10$\mu g/kg$。

三、注意事项

1. 本程序在 GB 5009.240—2016《食品安全国家标准　食品中伏马毒素的测定》的基础上进行了调整。

2. 因伏马毒素具有致癌性,试验过程应在指定区域内进行。该区域应避光、具备相对独立的操作台和废弃物存放装置。在整个试验过程中,操作者应按照接触剧毒物的要求采取相应的保护措施。

3. 真菌毒素主要分布在天然污染的玉米颗粒表面,应磨碎至一定细度(<1mm)后充分混合,以确保玉米样品的均匀性。

4. 伏马毒素 B_1、B_2、B_3 均有固体标准供应,也有液体标准溶液供应,可以直接使用有证标准溶液配制混合标准溶液。市售的伏马毒素同位素内标,均为有证标准溶液。伏马毒素在乙腈-水(1∶1)溶液中最稳定,应使用乙腈-水(1∶1)作为伏马毒素标准溶液(包括储备液和混合标准溶液)的配制溶剂。

5. 磷酸盐缓冲液(PBS)可以使用市售的袋装预混试剂包配制,以避免 PBS 的繁琐配制过程。

6. 样品提取时,涡旋、振荡 20min,可以达到同样的提取效果,如果实验室没有涡旋、振荡装置,也可以采用超声提取。

7. 使用免疫亲和柱净化时,需注意上样溶液的稀释倍数,因为伏马毒素的抗体对乙腈比较敏感,需控制上样液中乙腈的含量在 5% 以下。

8. 前处理用的阴离子固相萃取柱,需使用强阴离子交换柱,硅胶基质的强阴离子交换柱较之共聚物基质的效果更好。

9. 色谱柱使用普通 C18 色谱柱即能满足分离要求。由于不同的色谱仪器和色谱柱的差别,3 种伏马毒素色谱峰的保留时间可能跟参考谱图上不一致,可以根据具体情况,调整流动相洗脱程序。

10. 伏马毒素 B_1 和伏马毒素 B_2、B_3 在化学结构上相差一个羟基,保留时间相差较多,在使用 $^{13}C_{34}$-FB_1 校正 FB_2、FB_3 时,可能因为基质效应会产生比较明显的偏差。从表 8-1 可以看出,在玉米基质中,3 种伏马毒素的基质效应是不一致的,FB_1 是基质增强,FB_2、FB_3 是基质抑制。如果不使用同位素内标,考虑到做基质标曲时,不同基质的样品发生的基质效应也有所不同,会对定量造成一定的误差,即使同种类的基质,也可能因为品种、产地的不同而具有不同的基质效应。因此,在使用液质联用法检测伏马毒素时,应尽量同时使用 3 种同位素内标。

表 8-1　玉米基质的基质效应

毒素种类	FB_1	FB_2	FB_3
基质效应/%	124.61±8.70	84.28±12.46	78.30±6.98
注:100% 为无基质效应,小于 100% 为基质抑制,大于 100% 为基质增强。			

11. 如果检测结果平行性不好,在确认操作过程准确无误的前提下,可以考虑是因为样品基质不均匀导致的,应加大取样量再次检测。可以称取样品 25g,加入 100mL 乙腈-

水溶液(1+1)提取。

四、国内外限量及检测方法

美国食品与药物管理局(FDA)于2001年发布了供人类食用的玉米和玉米产品伏马毒素的最高限量指导性公告,规定人类食用玉米中伏马毒素最高限量为2mg/kg。欧盟于2007年拟定了新的规定,对未加工玉米及玉米制品中的伏马毒素都制定了最高限量。在FAO/WHO联合会上关于食品添加剂的会议(2001年2月)中规定,伏马毒素对人体的安全为每天摄入量按人体体重算FB_1、FB_2、FB_3量不超过$2\mu g/kg$。2014年7月14—18日在日内瓦举行的国际食品法典委员会(Codex Alimentarius Commission,CAC)第37次会议上,通过了新的食品安全标准,将玉米中伏马毒素(FB_1+FB_2)的限量定为4mg/kg,玉米粉与玉米制品中的限量定为2mg/kg。我国台湾地区"卫福署"于2014年7月15日发布"部授食字第1031301798号令",修订《婴儿食品类卫生标准》(名称修正为"婴儿食品类卫生及残留农药安全容许量标准"),全面加强婴儿食品的相关卫生安全管理,将以玉米为主原料的婴儿谷物类辅助食品中伏马毒素(FB_1+FB_2)的限量定为$200\mu g/kg$。我国尚无食品与饲料中伏马毒素的限量标准。

具体限量值见表8-2。

表8-2　国际上食品中伏马毒素限量指标

组织/国家/地区	食品种类	限量水平(FB_1+FB_2)
国际食品法典委员会	未处理玉米	$4000\mu g/kg$
	玉米粉与玉米制品	$2000\mu g/kg$
欧盟	未处理玉米	$4000\mu g/kg$
	玉米和供人直接食用的玉米制品	$1000\mu g/kg$
	玉米早餐麦片和玉米为基础的零食	$800\mu g/kg$
	供婴儿及儿童食用的加工玉米食品及婴儿食品	$200\mu g/kg$
美国	去除菌核的玉米粉产品(例如,片状粗玉米粉、玉米片、干重的脂肪含量小于2.25%的玉米粉)	$2000\mu g/kg(FB_1+FB_2+FB_3)$
	用于制作爆米花的洁净玉米粒	$3000\mu g/kg(FB_1+FB_2+FB_3)$
	部分脱胚整粒干磨玉米产品(例如剥落,玉米粉,玉米粉与脂肪含量<2.25%,干重);干磨玉米麸;用于批量生产的干净玉米	$4000\mu g/kg(FB_1+FB_2+FB_3)$
保加利亚	玉米及其加工产品	$1000\mu g/kg$
法国	谷物和谷物产品	$3000\mu g/kg(FB_1)$
伊朗	玉米	$1000\mu g/kg$
瑞士	玉米	$1000\mu g/kg$
中国台湾	以玉米为主原料的婴儿谷物类辅助食品	$200\mu g/kg$

国内有关伏马毒素的检测标准方法为现行的GB 5009.240《食品安全国家标准　食

品中伏马毒素的测定》。

国际上有关伏马毒素的检测标准方法主要有 AOAC 的系列方法及欧盟的相关方法。

AOAC 有关伏马毒素的检测方法有 995.15《玉米中伏马菌毒素 B_1、B_2、B_3 液相色谱法》(AOAC Official Method 995.15　Fumonisins B_1,B_2,and B_3 in corn liquid chromatographic method)、2001.06《玉米中伏马毒素总量检测方法　竞争性直接酶联免疫吸附法》(AOAC Official Method 2001.06 Determination of total fumonisins in corn competitive direct enzyme-linked immunosorbent assay)、2001.04《玉米和玉米片中伏马毒素 B_1 和 B_2 检测方法免疫亲和柱净化高效液相色谱法》(AOAC Official Method 2001.04 Determination of fumonisins B_1 and B_2 in corn and corn flakes liquid chromatography with immunoaffinity column cleanup)三个方法。AOAC 995.15 采用强阴离子交换柱净化、OPA 柱前衍生,适用于检测伏马毒素 B_1、B_2、B_3 总量含量在 1mg/kg 以上的玉米样品。AOAC2001.06 适用于检测伏马毒素总量含量在 1.0mg/kg 以上的玉米样品。AOAC2001.04 采用免疫亲和柱净化、OPA 柱前衍生,适用于检测含伏马毒素 B_1、B_2 总量 0.5mg/kg～2mg/kg 的玉米样品和 0.5mg/kg～1.5mg/kg 的玉米片样品。

国际上有关伏马毒素的检测标准方法还有 NFV03-140—2004《食品　玉米制品中伏马毒素 B_1 和 B_2 的测定免疫亲和柱净化　HPLC 法》(Foodstuffs—Determination of fumonisins B_1 and B_2 in maize based foods—HPLC method with immunoaffinity column clean-up)、EN 14352—2004《食品　玉米制品中 fumonisin B_1 和 B_2 的测定免疫亲和柱净化 HPLC 法》(Foodstuffs—Determination of fumonisin B_1 and B_2 in maize based foods—HPLC method with immunoaffinity column clean up)、CEN/TS 16187—2011《食品　玉米加工包括婴幼儿食品中伏马菌素 B_1 和 B_2 的测定免疫亲和柱净化柱前衍生化高效液相色谱法》(Foodstuffs—Determination of fumonisin B_1 and fumonisin B_2 in processed maize containing foods for infants and young children—HPLC method with immunoaffinity column cleanup and fluorescence detection after precolumn derivatization),均为免疫亲和柱净化液相色谱法。

第二节　免疫亲和层析净化-柱后衍生高效液相色谱法

一、测定标准操作程序

食品中伏马毒素的测定(免疫亲和层析净化-柱后衍生高效液相色谱法)标准操作程序如下:

1　原理

　　样品用乙腈-水溶液提取,经稀释后过免疫亲和柱净化,去除脂肪、蛋白质、色素及碳水化合物等干扰物质。经高效液相色谱分离后柱后衍生,荧光检测,外标法定量。

---

2 试剂和材料

除非另有说明,本方法使用的试剂均为分析纯,水为 GB/T 6682 规定的一级水。

2.1 试剂

2.1.1 甲醇(CH_3OH):色谱纯。

2.1.2 乙腈(CH_3CN):色谱纯。

2.1.3 乙酸(CH_3COOH)。

2.1.4 氢氧化钠(NaOH)。

2.1.5 氯化钠(NaCl)。

2.1.6 磷酸氢二钠(Na_2HPO_4)。

2.1.7 磷酸二氢钾(KH_2PO_4)。

2.1.8 氯化钾(KCl)。

2.1.9 硼砂($Na_2B_4O_7 \cdot 10H_2O$)。

2.1.10 2-巯基乙醇(C_2H_6OS)。

2.1.11 邻苯二甲醛(OPA,$C_8H_6O_2$)。

2.1.12 吐温-20($C_{58}H_{114}O_{26}$)。

2.2 溶液配制

2.2.1 甲酸水溶液(0.1%):吸取 1mL 甲酸,溶于 1L 水,混合均匀。

2.2.2 乙腈-水溶液(50+50):分别量取 500mL 乙腈和 500mL 水,混合均匀。

2.2.3 乙腈-水溶液(20+80):分别量取 200mL 乙腈和 800mL 水,混合均匀。

2.2.4 甲醇-乙酸溶液(98+2):吸取 2mL 乙酸,加入到 98mL 甲醇中,混合均匀。

2.2.5 氢氧化钠溶液(1mol/L):准确称取氢氧化钠 4.0g,溶于 100mL 水,混合均匀。

2.2.6 磷酸盐缓冲液(PBS):称取 8.0g 氯化钠,1.2g 磷酸氢二钠,0.2g 磷酸二氢钾,0.2g 氯化钾,用 980mL 水溶解,用盐酸调整 pH 至 7.4,用水稀释至 1000mL,混合均匀。

2.2.7 吐温-20/PBS 溶液(0.1%):吸取 1g 吐温-20,加入磷酸盐缓冲液(2.2.6)并稀释至 1000mL,混合均匀。

2.2.8 硼砂溶液(0.05mol/L,pH10.5):称取硼砂 19.1g,溶于 980mL 水中,用氢氧化钠溶液调 pH 至 10.5,用水稀释至 1000mL,混合均匀。

2.2.9 衍生溶液:称取 2.0g 邻苯二甲醛,溶于 20mL 甲醇中,用硼砂溶液(0.05mol/L,pH10.5)(2.2.8)稀释至 500mL,加入 2-巯基乙醇 500μL,混匀,装入棕色瓶中,现用现配。

2.3 标准品

2.3.1 伏马毒素 B_1(FB_1,$C_{34}H_{59}NO_{15}$),纯度≥95%,或有证标准溶液。

2.3.2 伏马毒素 B_2(FB_2,$C_{34}H_{59}NO_{14}$),纯度≥95%,或有证标准溶液。

2.3.3 伏马毒素 B_3(FB_3,$C_{34}H_{59}NO_{14}$),纯度≥95%,或有证标准溶液。

2.4 标准溶液配制

2.4.1 标准储备溶液(0.1mg/mL):分别准确称取 FB_1、FB_2、FB_3 各 0.01g(精确至

0.0001g)至小烧杯中,用乙腈-水溶液(2.2.2)溶解,并转移至 100mL 容量瓶中,定容至刻度。此溶液密封后避光 −20℃保存。有效期 6 个月。

2.4.2　混合标准溶液:准确吸取 FB_1 标准储备液 1mL、FB_2 和 FB_3 标准储备液 0.5mL 至同一 10mL 容量瓶中,加乙腈-水溶液(2.2.2)稀释至刻度,得到 FB_1 浓度为 $10\mu g/mL$、FB_2 和 FB_3 浓度为 $5\mu g/mL$ 的混合标准溶液。再稀释 10 倍,得到 FB_1 浓度为 $1\mu g/mL$、FB_2 和 FB_3 浓度为 $0.5\mu g/mL$ 的混合标准溶液。此溶液密封后避光 4℃保存,有效期 6 个月。

2.4.3　混合标准工作溶液:准确吸取混合标准溶液,用乙腈-水溶液(2.2.3)稀释,配制成 FB_1 浓度依次为 20ng/mL、80ng/mL、160ng/mL、240ng/mL、320ng/mL、400ng/mL,FB_2 和 FB_3 浓度依次为 10ng/mL、40ng/mL、80ng/mL、120ng/mL、160ng/mL、200ng/mL 的系列混合标准工作溶液。

3　仪器和设备

3.1　高效液相色谱仪,带荧光检测器。

3.2　柱后衍生系统。

3.3　天平:感量 0.01g 和 0.0001g。

3.4　均质器。

3.5　振荡器。

3.6　氮吹仪。

3.7　离心机:转速≥4000r/min。

3.8　免疫亲和柱。

3.9　微孔滤膜:0.45μm,有机系。

4　分析步骤

4.1　样品制备

将固体样品按四分法缩分至 1kg,全部用谷物粉碎机磨碎并细至粒度小于 1mm,混匀分成 2 份作为试样,分别装入洁净的容器内,密封,标识后置于 4℃下避光保存。

玉米油样品直接取 2 份作为试样,分别装入洁净的容器内,密封,标识后置于 4℃下避光保存。

在制样的操作过程中,应防止样品受到污染或发生残留物含量的变化。

4.2　试样提取

准确称取固体样品 5g(精确至 0.01g)样品于 50mL 离心管中,加入 20mL 乙腈-水溶液(2.2.2),涡旋或振荡提取 20min,取出后,在 4000r/min 下离心 5min,将上清液转移至另一离心管中。

玉米油样品操作同固体样品,提取液在下层。

4.3　试样净化

取 2mL 提取液,加入 47mL 吐温-20/PBS 溶液(2.2.7),混合均匀后过免疫亲和柱,流速控制在 1mL/min～3mL/min,10mL PBS 缓冲液淋洗免疫亲和柱,1mL 甲醇-乙酸溶液(2.2.4)洗脱免疫亲和柱 3 次,收集洗脱液,55℃下氮吹至干,加入 1mL 乙腈-水溶液(2.2.3)溶解残渣。涡旋 30s,过 0.45μm 微孔滤膜后,收集于进样瓶中,待测。

注:由于不同厂商提供的免疫亲和柱操作程序可能不同,实际操作时,请参照厂商提供的操作说明和程序使用。

4.4 仪器参考条件

色谱柱:C18 色谱柱:250mm×4.6mm,5μm,或相当者;

检测波长:激发波长 335nm,发射波长 440nm;

流动相:A:甲酸水溶液(2.2.1),B:甲醇,梯度洗脱,洗脱程序见表1;

流动相流速:0.8mL/min;

衍生液流速:0.4mL/min;

柱温:40℃;

反应器温度:40℃;

进样量:50μL。

表 1　流动相洗脱程序

时间/min	流动相 A/%	流动相 B/%
0.00	45.0	55.0
2.00	45.0	55.0
9.00	30.0	70.0
14.00	10.0	90.0
14.50	10.0	90.0
15.00	45.0	55.0
22.00	45.0	55.0

4.5 试样溶液的测定

在 4.4 项色谱条件下,将 50.0μL 系列伏马毒素混合标准工作溶液(2.4.3)按浓度从低到高依次注入高效液相色谱仪;待仪器条件稳定后,以目标物质的浓度为横坐标(x 轴),目标物质的峰面积为纵坐标(y 轴),对各个数据点进行最小二乘线性拟合,标准工作曲线按式(1)计算:

$$y = ax + b \quad\cdots\cdots\cdots\cdots\cdots\cdots\cdots\cdots\cdots (1)$$

式中:

y——目标物质的峰面积比;

a——回归曲线的斜率;

x——目标物质的浓度;

b——回归曲线的截距。

标准工作溶液和样液中待测物的响应值均应在仪器线性响应范围内,如果样品含量超过标准曲线范围,需稀释后再测定。

4.6　空白试验

不称取试样,按4.2和4.3的步骤做空白实验。应确认不含有干扰待测组分的物质。

5　分析结果的表述

待测样品中 FB_1、FB_2、FB_3 的含量按式(2)计算:

$$X=\frac{c_i \times V \times f}{m} \quad\cdots\cdots\cdots\cdots\cdots\cdots\cdots\cdots\cdots\cdots (2)$$

式中:

X——待测样品中 FB_1、FB_2、FB_3 的含量,单位为微克每千克($\mu g/kg$);

c_i——待测物进样液中 FB_1、FB_2、FB_3 的浓度,单位为纳克每毫升(ng/mL);

V——定容体积,单位为毫升(mL);

f——试液稀释倍数;

m——样品的称样量,单位为克(g)。

注:计算结果需扣除空白值,测定结果用平行测定的算术平均值表示,保留三位有效数字。

6　精密度

样品中伏马毒素含量在重复性条件下获得的两次独立测定结果的绝对差值不得超过算术平均值的20%。

7　其他

当称样量为5g时,FB_1、FB_2、FB_3 的检出限分别为 $17\mu g/kg$、$8\mu g/kg$、$8\mu g/kg$;定量限分别为 $50\mu g/kg$、$25\mu g/kg$、$25\mu g/kg$。谱图见图1。

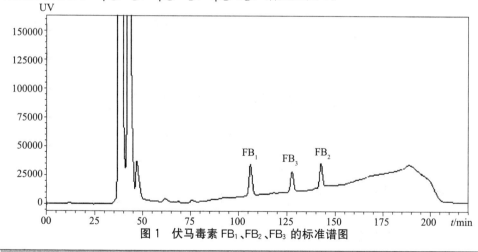

图1　伏马毒素 FB_1、FB_2、FB_3 的标准谱图

二、注意事项

1. 邻苯二甲醛对光线、湿度、空气敏感,能随水蒸气挥发。应按照存放试剂的要求于 2℃~8℃避光处存放。使用前应检查试剂状态,确认试剂没发生变质。

2. 2-巯基乙醇易挥发,且臭味强烈。操作人员在配制其溶液时,必须在通风柜中操作,并且进行必要的个人防护如穿防护衣、戴防护手套、帽子、口罩和防护眼镜等,试验完毕后仔细洗手。

3. OPA 需要在碱性条件下与 2-巯基乙醇和一级胺反应生成具有荧光特性的物质。需将衍生溶液的 pH 调至 10.5 左右。衍生溶液 pH 对衍生反应的影响见图 8-2。

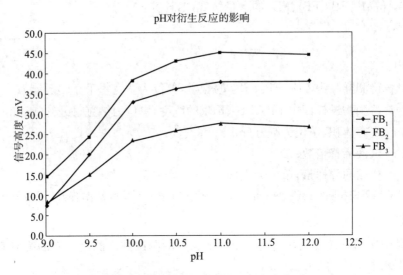

图 8-2 衍生溶液 pH 对衍生反应的影响

4. OPA 易溶于甲醇,在配制衍生溶液时,先用少量甲醇溶解后,再用硼砂溶液稀释。受 OPA 试剂杂质的影响,用甲醇溶解时,会有不溶物产生,不影响使用效果。在衍生溶液配制好之后,应过滤后再使用,防止不溶物损伤输液泵和堵塞管路。

5. 使用完毕,应用水冲洗干净输液泵和衍生系统,防止碱性衍生液腐蚀、堵塞管路系统。

6. 其余注意事项见第一节有关内容。

第三节 免疫亲和层析净化-柱前衍生高效液相色谱法

一、测定标准操作程序

食品中伏马毒素的免疫亲和层析净化-柱前衍生高效液相色谱法测定标准操作程序如下:

1 原理

样品用乙腈-水溶液提取,经稀释后过免疫亲和柱净化,去除脂肪、蛋白质、色素及碳水化合物等干扰物质。净化液中的伏马毒素衍生后进高效液相色谱分离,荧光检测,外标法定量。

2　试剂和材料

除非另有说明,本方法使用的试剂均为分析纯,水为GB/T 6682规定的一级水。

2.1　试剂

2.1.1　甲醇(CH_3OH):色谱纯。

2.1.2　乙腈(CH_3CN):色谱纯。

2.1.3　乙酸(CH_3COOH)。

2.1.4　氢氧化钠($NaOH$)。

2.1.5　氯化钠($NaCl$)。

2.1.6　磷酸氢二钠(Na_2HPO_4)。

2.1.7　磷酸二氢钾(KH_2PO_4)。

2.1.8　氯化钾(KCl)。

2.1.9　硼砂($Na_2B_4O_7 \cdot 10H_2O$)。

2.1.10　2-巯基乙醇(C_2H_6OS)。

2.1.11　邻苯二甲醛(OPA,$C_8H_6O_2$)。

2.1.12　吐温-20($C_{58}H_{114}O_{26}$)。

2.2　溶液配制

2.2.1　甲酸铵-甲酸水溶液(0.1mol/L,pH:3.3):称取6.3g甲酸铵,溶于980mL水中,用甲酸调pH至3.3,用水稀释至1000mL,混合均匀。

2.2.2　乙腈-水溶液(50+50):分别量取500mL乙腈和500mL水,混合均匀。

2.2.3　乙腈-水溶液(20+80):分别量取200mL乙腈和800mL水,混合均匀。

2.2.4　甲醇-乙酸溶液(98+2):吸取2mL乙酸,加入到98mL甲醇中,混合均匀。

2.2.5　氢氧化钠(1mol/L)溶液:准确称取氢氧化钠4.0g,溶于100mL水,混合均匀。

2.2.6　磷酸盐缓冲液(PBS):称取8.0g氯化钠,1.2g磷酸氢二钠,0.2g磷酸二氢钾,0.2g氯化钾,用980mL水溶解,然后用盐酸调整pH至7.4,最后用水稀释至1000mL,混合均匀。

2.2.7　吐温-20/PBS溶液(0.1%):吸取1g吐温-20,加入磷酸盐缓冲液(2.2.6)并稀释至1000mL,混合均匀。

2.2.8　硼砂溶液(0.05mol/L):称取硼砂1.9g,用水溶解并稀释至100mL,混合均匀。

2.2.9　衍生溶液:准确称取40mg邻苯二甲醛,溶于1mL的甲醇中,用硼砂溶液(0.05mol/L)(2.2.8)5mL稀释,加入2-巯基乙醇50μL,混合均匀,装入棕色瓶中,现用现配。

2.3　标准品

FB_1、FB_2、FB_3标准品:

伏马毒素B_1(FB_1,$C_{34}H_{59}NO_{15}$),纯度≥95%,或有证标准溶液。

伏马毒素B_2(FB_2,$C_{34}H_{59}NO_{14}$),纯度≥95%,或有证标准溶液。

伏马毒素B_3(FB_3,$C_{34}H_{59}NO_{14}$),纯度≥95%,或有证标准溶液。

2.4 标准溶液配制

2.4.1 标准储备溶液(0.1mg/mL):分别准确称取 FB$_1$、FB$_2$、FB$_3$ 各 0.01g(精确至 0.0001g)至小烧杯中,用乙腈-水溶液(2.2.2)溶解,并转移至 100mL 容量瓶中,定容至刻度。此溶液密封后避光－20℃保存。有效期 6 个月。

2.4.2 混合标准溶液:准确吸取 FB$_1$ 标准储备液 1mL、FB$_2$ 和 FB$_3$ 标准储备液各 0.5mL 至同一 10mL 容量瓶中,加乙腈-水溶液(2.2.2)稀释至刻度,得到 FB$_1$ 浓度为 10μg/mL、FB$_2$ 和 FB$_3$ 浓度分别为 5μg/mL 的混合标准溶液。再稀释 10 倍,得到 FB$_1$ 浓度为 1μg/mL、FB$_2$ 和 FB$_3$ 浓度为 0.5μg/mL 的混合标准溶液。此溶液密封后避光 4℃保存,有效期 6 个月。

2.4.3 混合标准工作液:准确吸取混合标准溶液,用乙腈-水溶液(2.2.3)稀释,配制成 FB$_1$ 浓度依次为 20ng/mL、80ng/mL、160ng/mL、240ng/mL、320ng/mL、400ng/mL,FB$_2$ 和 FB$_3$ 浓度依次为 10ng/mL、40ng/mL、80ng/mL、120ng/mL、160ng/mL、200ng/mL 的系列混合标准工作溶液。

3 仪器和设备

3.1 高效液相色谱仪,带荧光检测器。

3.2 天平:感量 0.01g 和 0.0001g。

3.3 均质器。

3.4 振荡器。

3.5 氮吹仪。

3.6 离心机:转速≥4000r/min。

3.7 免疫亲和柱。

3.8 微孔滤膜:0.45μm,有机系。

3.9 秒表。

4 分析步骤

4.1 样品制备

将固体样品按四分法缩分至 1kg,全部用谷物粉碎机磨碎并细至粒度小于 1mm,混匀分成 2 份作为试样,分别装入洁净的容器内,密封,标识后置于 4℃下避光保存。

玉米油样品直接取 2 份作为试样,分别装入洁净的容器内,密封,标识后置于 4℃下避光保存。

在制样的操作过程中,应防止样品受到污染或发生残留物含量的变化。

4.2 试样提取

准确称取固体样品 5g(精确至 0.01g)样品于 50mL 离心管中,加入 20mL 乙腈-水(2.2.2),涡旋或振荡提取 20min,取出后,在 4000r/min 下离心 5min,将上清液转移至另一离心管中。

玉米油样品操作同固体样品,提取液在下层。

4.3　试样净化

取 2mL 提取液,加入 47mL 吐温-20/PBS 溶液(2.2.7),混合均匀后过免疫亲和柱,流速控制在 1mL/min～3mL/min,10mL PBS 缓冲液淋洗免疫亲和柱,1mL 甲醇-乙酸溶液(2.2.4)洗脱免疫亲和柱 3 次,收集洗脱液,55℃下氮吹至干,加入 500μL 乙腈-水溶液(2.2.2)溶解残渣。涡旋 30s,过 0.45μm 微孔滤膜后,收集于进样瓶中,待测。

注:由于不同厂商提供的免疫亲和柱操作程序可能不同,实际操作时,请参照厂商提供的操作说明和程序使用。

4.4　衍生

取 100μL 标准溶液或样品溶液于进样瓶中,加入 100μL 衍生溶液(2.2.9),涡旋混合 30s,在 2min 内进样分析。

4.5　仪器参考条件

色谱柱:C18 柱,150mm×4.6mm,5μm,或相当者;

检测波长:激发波长 335nm,发射波长 440nm;

流动相:A:甲酸铵-甲酸水溶液(2.2.1),B:甲醇,梯度洗脱,洗脱程序见表 1;

流速:1.0mL/min;

柱温:40℃;

进样量:50μL。

表 1　流动相洗脱程序

时间/min	流动相 A/％	流动相 B/％
0.00	30.0	70.0
5.00	28.0	72.0
6.00	25.0	75.0
11.00	22.0	78.0
11.10	30.0	70.0
16.00	30.0	70.0

4.6　试样溶液的测定

在 12.4 色谱条件下,将 50.0μL 伏马毒素系列混合标准工作溶液(2.4.3)按浓度从低到高依次注入高效液相色谱仪;待仪器条件稳定后,以目标物质的浓度为横坐标(x 轴),目标物质的峰面积为纵坐标(y 轴),对各个数据点进行最小二乘线性拟合,标准工作曲线见式(1):

$$y = ax + b \cdots\cdots\cdots\cdots\cdots\cdots\cdots\cdots\cdots (1)$$

式中:

y——目标物质的峰面积比;

a——回归曲线的斜率;

x——目标物质的浓度;

b——回归曲线的截距。

标准工作溶液和样液中待测物的响应值均应在仪器线性响应范围内,如果样品含量超过标准曲线范围,需稀释后再测定。

4.7 空白试验

不称取试样,按4.2和4.3的步骤做空白试验。应确认不含有干扰待测组分的物质。

5 分析结果的表述

待测样品中 FB_1、FB_2、FB_3 的含量按式(2)计算:

$$X = \frac{c_i \times V \times f}{m} \quad \cdots\cdots\cdots\cdots\cdots\cdots\cdots\cdots\cdots (2)$$

式中:

X——待测样品中 FB_1、FB_2、FB_3 的含量,单位为微克每千克($\mu g/kg$);

c_i——待测物进样液中 FB_1、FB_2、FB_3 的浓度,单位为纳克每毫升(ng/mL);

V——定容体积,单位为毫升(mL);

f——试液稀释倍数;

m——样品的称样量,单位为克(g)。

计算结果需扣除空白值,测定结果用平行测定的算术平均值表示,保留三位有效数字。

6 精密度

样品中伏马毒素含量在重复性条件下获得的两次独立测定结果的绝对差值不得超过算术平均值的20%。

7 其他

当称样量为5g时,FB_1、FB_2、FB_3 的检出限分别为 $17\mu g/kg$、$8\mu g/kg$、$8\mu g/kg$;定量限分别为 $50\mu g/kg$、$25\mu g/kg$、$25\mu g/kg$。谱图见图1。

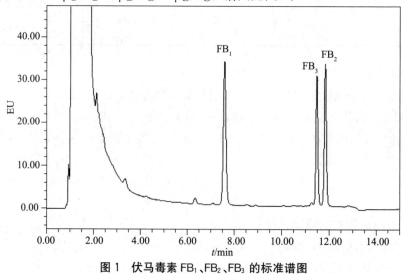

图1 伏马毒素 FB_1、FB_2、FB_3 的标准谱图

二、注意事项

1. OPA 在碱性条件下与 2-巯基乙醇和一级胺的反应是瞬间反应,且反应产物不稳定,极易降解。衍生反应实验区应与色谱仪器距离比较近,衍生后在 2min 内注入液相色谱仪,严格控制衍生至进样时间,使标准品与样品的衍生反应至进样在时间上保持一致。

2. 衍生反应时,应将标准(样品)溶液与衍生液混合均匀,使衍生反应充分。衍生反应宜在 2mL 色谱进样瓶中进行,待涡旋混合均匀后,再转移至内插管中进样。

3. 流动相的 pH 对色谱分离影响较大,确保流动相的 pH 在 3.3 左右。流动相 pH 对色谱分离的影响见图 8-3。

4. 其余注意事项见第一节有关内容。

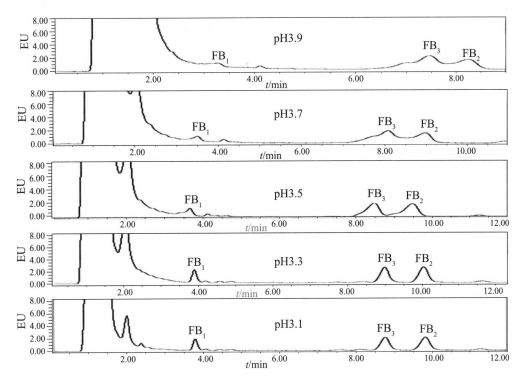

图 8-3　流动相 pH 对色谱分离的影响

参 考 文 献

[1] GB 5009.240—2016　食品安全国家标准　食品中伏马毒素的测定

[2] GB 2761—2017　食品安全国家标准　食品中真菌毒素限量

[3] SN/T 3136—2012　出口花生、谷类及其制品中黄曲霉毒素、赭曲霉毒素、伏马毒素 B_1、脱氧雪腐镰刀菌烯醇、T-2 毒素、HT-2 毒素的测定

[4] AOAC Official Method 995.15　Fumonisins B_1,B_2,and B_3 in corn liquid chromatographic method(玉米中伏马菌毒素 B_1、B_2、B_3 液相色谱法)

[5] AOAC Official Method 2001.06　Determination of total fumonisins in corn competitive direct enzyme-linked immunosorbent assay(玉米中伏马毒素总量检测方法　竞争性直接酶联免疫吸附法)

[6] AOAC Official Method 2001.04　Determination of fumonisins B_1 and B_2 in corn and corn flakes liquid chromatography with immunoaffinity column clean-up(玉米和玉米片中伏马毒素 B_1 和 B_2 检测方法 免疫亲和柱净化高效液相色谱法)

[7] EN 14352—2004　Foodstuffs—Determination of fumonisin B_1 and B_2 in maize based foods—HPLC method with immunoaffinity column clean up(食品　玉米制品中伏马毒素 B_1 和 B_2 的测定　免疫亲和柱净化 HPLC 法)

[8] CEN/TS 16187—2011　Foodstuffs—Determination of fumonisin B_1 and fumonisin B_2 in processed maize containing foods for infants and young children—HPLC method with immunoaffinity column cleanup and fluorescence detection after precolumn derivatization(食品　玉米加工包括婴幼儿食品中伏马菌素 B_1 和 B_2 的测定 免疫亲和柱净化柱前衍生化高效液相色谱法)

[9] European Commission. Opinion of the Scientific Committee on Food on Fusarium Toxins Part 31：Fumonisin B1(FB$_1$)[R]. European Commission Health & Consumer Protection Directorate-General,2000.

[10] European Commission. Updated opinion of the Scientific Committee on Food on Fumonisin B_1 ,B_2 and B_3 [R]. European Commission Health & Consumer Protection Directorate-General,2003.

第九章

食品中T-2毒素和HT-2毒素的测定标准操作程序

T-2 毒素是一种四环的倍半萜烯化合物,化学名为 4β-15-二乙酰氧基-3α-羟基-8α-(3-甲基丁酰氧)-12,13-环氧单端孢霉-9-烯。纯品为白色针状结晶,CAS 号为 21259-20-1,分子式为 $C_{24}H_{34}O_9$,相对分子质量为 466.52,熔点 151.5℃,闪点 2℃,不易挥发,不溶于水和石油醚,但在丙酮、甲醇、乙醇、丙二醇、醋酸盐、三氯甲烷、二甲亚砜中有很高的溶解度。该毒素性质稳定,有很强的耐热性和紫外线耐受性,在食物生产和加工过程中高压灭菌不易灭活。HT-2 毒素是 T-2 毒素的代谢产物,CAS 号为 26934-87-2,分子式为 $C_{22}H_{32}O_8$,相对分子质量为 424.48,结构式见图 9-1。

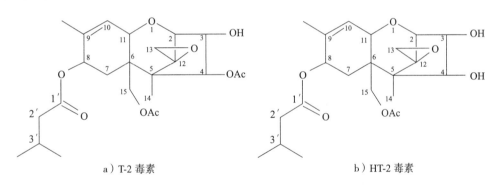

a）T-2 毒素　　　　　　　　　　　　b）HT-2 毒素

图 9-1　T-2 毒素和 HT-2 毒素结构式

T-2 毒素的产毒菌株主要是镰刀菌,特别是拟孢镰刀菌、枝孢镰刀菌、梨孢镰刀菌和三线镰刀菌等。普遍存在于自然界中,尤其是霉变的小麦、大麦、玉米、燕麦和大米等谷类作物中。T-2 毒素对人和动物的消化系统、神经系统和生殖发育等都存在毒性作用,具有致畸性和致癌性,还会增加食物中毒、大骨病、DNA 损伤的机率并诱导细胞凋亡。

由于 T-2 毒素的化学结构中缺乏合适的生色团,HPLC 结合紫外检测器或荧光检测器法无法直接采用。近年来,采用免疫亲和柱净化,柱前化学衍生-高效液相色谱法结合荧光检测器或液相色谱串联质谱法检测粮谷中 T-2 和 HT-2 毒素。

第一节 免疫亲和层析净化液相色谱法

一、测定标准操作程序

食品中 T-2 毒素的免疫亲和层析净化液相色谱法测定标准操作程序如下：

1 范围

本程序规定了粮食及粮食制品，酒类，酱油、醋、酱及酱制品中 T-2 毒素测定的免疫亲和层析净化液相色谱方法。

本程序适用于粮食及粮食制品，酒类，酱油、醋、酱及酱制品中 T-2 毒素含量的测定。

2 原理

用提取液提取试样中的 T-2 毒素，经免疫亲和柱净化、衍生后，用高效液相色谱荧光检测器测定，外标法定量。

3 试剂和材料

注：除非另有规定，本方法所用试剂均为分析纯，水为 GB/T 6682 规定的一级水。

3.1 试剂

3.1.1 甲醇(CH_3OH)：色谱纯。

3.1.2 乙腈(CH_3CN)：色谱纯。

3.1.3 甲苯($C_6H_5CH_3$)：色谱纯。

3.1.4 4-二甲基氨基吡啶($C_7H_{10}N_2$)。

3.1.5 1-蒽腈($C_{16}H_9NO$)。

3.2 试剂配制

3.2.1 甲醇-水提取液(80+20)：量取 800mL 甲醇和 200mL 水，混匀。

3.2.2 4-二甲基氨基吡啶溶液：准确称取 0.0325g 4-二甲基氨基吡啶于 100mL 容量瓶中，用甲苯定容至刻度。

3.2.3 1-蒽腈溶液：准确称取 0.030g 1-蒽腈于 100mL 容量瓶中，用甲苯定容至刻度。

3.2.4 乙腈-水溶液(75+25)：量取 750mL 乙腈和 250mL 水，混匀，过 $0.45\mu m$ 滤膜，超声脱气。

3.3 标准品

T-2 毒素($C_{24}H_{34}O_9$，CAS 号：21259-20-1)：纯度≥98.0%，或经国家认证并授予标准物质证书的标准物质。

3.4 标准溶液配制

3.4.1 标准储备液(100μg/mL)：准确称取适量的 T-2 毒素标准品(精确至0.0001g)，

用乙腈溶解,配制成浓度为 $100\mu g/mL$ 的标准储备液,于 -20℃ 避光保存。

3.4.2　标准中间液($1\mu g/mL$):吸取标准储备液 0.100mL 于 10mL 容量瓶中,加甲醇-水提取液(80+20)至刻度,混匀,于4℃避光保存。

3.4.3　标准系列工作液:分别吸取标准中间液 $50\mu L$、$100\mu L$、$500\mu L$、$1000\mu L$、$2000\mu L$,用流动相定容至10mL,该标准系列工作液的浓度分别为5ng/mL、10ng/mL、50ng/mL、100ng/mL、200ng/mL,4℃避光保存。

3.5　材料

3.5.1　T-2 毒素免疫亲和柱:柱规格 1mL 或 3mL,柱容量≥1500ng,或等效柱。

3.5.2　玻璃纤维滤纸:直径 11cm,孔径 $1.5\mu m$,无荧光特性。

4　仪器设备

4.1　高效液相色谱仪:配有荧光检测器。

4.2　高速粉碎机:转速≥12000r/min。

4.3　均质器:转速≥12000r/min。

4.4　氮吹仪。

4.5　离心机。

4.6　涡旋混合器。

4.7　空气压力泵。

4.8　试验筛:孔径 1.0mm。

4.9　天平:感量 0.0001g 和 0.01g。

4.10　超声波发生器:功率>180W。

5　分析步骤

5.1　提取

5.1.1　粮食及粮食制品

将样品研磨,硬质的粮食等用高速粉碎机磨细并通过试验筛。称取 25.0g(精确到 0.1g)过筛样品于容量瓶中,用提取液定容至100mL,转移至均质杯中,以均质器高速搅拌提取 2min,定量滤纸过滤。移取 10.0mL 滤液加入 40mL 水稀释混匀,经玻璃纤维滤纸过滤至澄清,滤液备用。

5.1.2　酱油、醋、酱及酱制品

称取 25.0g(精确到 0.1g)混匀的试样,用甲醇定容至 50.0mL,超声提取10min,定量滤纸过滤。移取 10.0mL 滤液加入 40mL 水稀释混匀,经玻璃纤维滤纸过滤至澄清,滤液备用。

5.1.3　酒类

取脱气酒类试样(含二氧化碳的酒类使用前先置于4℃冰箱冷藏 30min,过滤或超声脱气)或其他不含二氧化碳的酒类试样20.0g(精确到0.1g)于50mL容量瓶中,用甲醇定容至刻度,摇匀,定量滤纸过滤。移取 10.0mL 滤液加入 40mL 水稀释,经玻璃纤维滤纸过滤至澄清,滤液备用。

5.2 净化

将免疫亲和柱连接于玻璃注射器下,准确移取 10.0mL 5.1 中的提取滤液,注入玻璃注射器中。将空气压力泵与玻璃注射器连接,调节压力使溶液以约 1 滴/s 的流速缓慢通过免疫亲和柱,直至空气进入亲和柱中。用 10mL 水淋洗亲和柱,流速为 1 滴/s～2 滴/s,直至空气进入亲和柱中,弃去全部流出液,抽干小柱。准确加入 1.0mL 甲醇洗脱,流速约为 1 滴/s,收集洗脱液。

5.3 衍生

5.3.1 标准系列工作液的衍生:取不同浓度的标准工作液各 1mL,在 50℃下用氮气吹干,加入 50μL 4-二甲基氨基吡啶溶液和 50μL 1-蒽腈溶液,在涡旋混合器上混匀 1min,50℃反应 15min,在冰水中冷却 10min 后取出,在 50℃下氮气吹干,用 1.0mL 流动相溶解,待 HPLC 测定。

5.3.2 样品液的衍生:将 5.2 中洗脱液在 50℃下用氮气吹干,加入 50μL 4-二甲基氨基吡啶溶液和 50μL 1-蒽腈溶液,在涡旋混合器上混匀 1min,50℃反应 15min,在冰水中冷却 10min 后取出,在 50℃下氮气吹干,用 1.0mL 流动相溶解,待 HPLC 测定。

5.4 测定

5.4.1 高效液相色谱参考条件

色谱柱:C18 柱,柱长 150mm,内径 4.6mm,粒径 5μm,或等效柱;柱温:35℃;流动相:乙腈-水溶液(75＋25);流速:1.0mL/min;检测波长:激发波长 381nm,发射波长 470nm。

5.4.2 标准曲线的制作

将标准系列工作液的衍生物按浓度由低到高的顺序分别注入高效液相色谱仪中,测定相应的 T-2 毒素衍生物的峰面积,以标准工作液的浓度为横坐标,以峰面积为纵坐标,绘制标准曲线。

5.4.3 样品测定

将样品液的衍生物注入高效液相色谱仪中,得到样品液中 T-2 毒素衍生物的峰面积,根据标准曲线计算得到待测样品液中 T-2 毒素的浓度。同时按法做试剂空白试验,以确认不含有干扰待测组分的物质。

6 分析结果的表述

试样中 T-2 毒素的含量按式(1)计算:

$$X = \frac{\rho \times V \times 1000}{m \times 1000} \times f \quad \cdots\cdots\cdots\cdots\cdots\cdots\cdots\cdots\cdots\cdots (1)$$

式中:

X——试样中 T-2 毒素的含量,单位为微克每千克($\mu g/kg$);

ρ——测定样液中 T-2 毒素的浓度,单位为纳克每毫升(ng/mL);

V——衍生后的定容体积,单位为毫升(mL);

1000——单位的换算常数;

m——试样的称样量,单位为克(g);

f——稀释因子。

计算结果需扣除空白值,保留两位有效数字。

7 灵敏度和精密度

当按照方法分析步骤测定时,以称样量25.0g计,本方法对粮食及粮食制品中T-2毒素的检出限(LOD)为10μg/kg,定量限(LOQ)为33μg/kg;对酱油、醋、酱及酱制品中T-2毒素的检出限(LOD)为5μg/kg,定量限(LOQ)为17μg/kg;以称样量20.0g计,本方法对酒类中T-2毒素的检出限(LOD)为5μg/kg,定量限(LOQ)为17μg/kg。

样品中T-2毒素的含量在重复性条件下获得的两次独立测定结果的绝对差值不得超过算术平均值的10%。

8 T-2毒素标准溶液的液相色谱图

见图1。

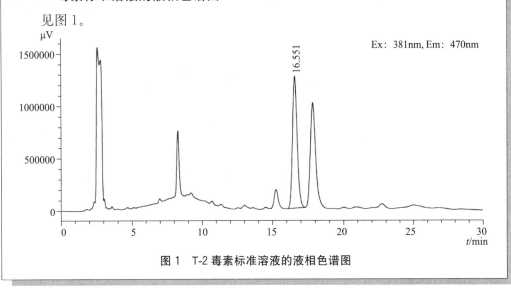

图1 T-2毒素标准溶液的液相色谱图

二、注意事项

1. 本程序是在GB 5009.118—2016《食品安全国家标准 食品中T-2毒素的测定》的基础上进行了调整。在测定本程序规定的适用范围以外的样品类型时,要进行方法验证。

2. 鉴于天然样品中毒素分布的不均匀性,在取样、制样时建议加大取样量,减小因样品不均匀导致的测定偏差。

3. 试验中所用到的器皿要洗涤干净,样品测定时要做空白试验,空白值应不得对检测结果产生明显影响,否则扣除空白时会引起较大的误差。

4. 实验过程应在指定区域内进行。该区域应具备相对独立的操作台和废弃物存放装置。在整个实验过程中,操作者应按照接触剧毒物的要求采取相应的保护措施。

5. 使用不同厂商的免疫亲和柱,操作方法可能略有差异,应该按照供应商所提供的操作说明书进行操作。

6. 衍生反应时,样品溶液要吹干,防止水分的存在影响衍生效果。

三、国内外食品中 T-2 毒素和 HT-2 毒素的限量及检测方法

鉴于 T-2 毒素和 HT-2 毒素的毒性大且粮食污染率高,世界各国均非常重视 T-2 毒素和 HT-2 毒素对人畜的危害。联合国粮农组织和世界卫生组织将其同黄曲霉毒素一样作为自然存在的最危险的食品污染源,规定面粉、大米等禾谷类作物中 T-2 毒素含量不得超过 100μg/kg。2001 年欧盟食品科学委员会颁布了一项临时标准,限制 T-2 毒素和 HT-2 毒素之和的每日允许限量值为 0.06g/kg 体重。HT-2 毒素目前尚无卫生限量标准。国内外食品中 T-2 毒素和 HT-2 毒素的限量见表 9-1。

表 9-1 国内外食品中 T-2 毒素/HT-2 毒素限量

国家/地区	食品类型	限量/(μg/kg)
亚美尼亚	所有食品	100[a]
白罗斯	婴幼儿食品	禁止检出
匈牙利	什锦早餐谷物、谷物研磨物	300[a,b]
摩尔多瓦	谷物及谷物粉	100[a]
挪威	谷物及其制品、婴幼儿谷物及其制品	100[b,c] 50[b,c]
俄罗斯	大麦	100[a]
乌克兰	谷物、面粉、麦麸、面包产品、直接食用或加工后食用的谷粒	100[a]
以色列	所有谷物	100[a]
拉脱维亚	谷物	100[a]

[a] T-2 毒素。
[b] T-2 毒素和 HT-2 毒素。
[c] 指导限量水平。

目前,针对食品中 T-2 毒素的检测方法标准主要采用高效液相色谱法、高效液相色谱-串联质谱法和 ELISA 法,国内外食品中 T-2 毒素的检验方法标准见表 9-2。

表 9-2 国内外食品中 T-2 毒素的检验方法标准

标准号	标准名称	前处理	测定方法
GB 5009.118—2016	食品安全国家标准 食品中 T-2 毒素的测定	免疫亲和柱净化	免疫亲和层析净化液相色谱法、间接 ELISA 法、直接 ELISA 法
SN/T 3136—2012	出口花生、谷类及其制品中黄曲霉毒素、赭曲霉毒素、伏马毒素 B₁、脱氧雪腐镰刀菌烯醇、T-2 毒素、HT-2 毒素的测定	PBS 溶液和甲醇-水溶液提取、免疫亲和柱净化	液相色谱-串联质谱法

第二节 高效液相色谱-串联质谱法

一、测定标准操作程序

食品中 T-2 毒素和 HT-2 毒素的高效液相色谱-串联质谱法测定标准操作程序如下：

1 范围

本程序规定了谷物及其制品中 T-2 毒素和 HT-2 毒素测定的高效液相色谱-串联质谱方法。

本程序适用于谷物及其制品中 T-2 毒素和 HT-2 毒素的测定。

2 原理

样品用提取液提取后，经稀释、过滤后，过免疫亲和柱净化后，用液相色谱-串联质谱仪测定，同位素稀释内标法定量。

3 试剂和材料

注：除非另有规定，本方法所用试剂均为分析纯，水为 GB/T 6682 规定的一级水。

3.1 试剂

3.1.1 甲醇（CH_3OH）：色谱纯。

3.1.2 乙腈（CH_3CN）：色谱纯。

3.1.3 甲酸（$HCOOH$）：色谱纯。

3.1.4 磷酸氢二钠（$Na_2HPO_4 \cdot 12H_2O$）。

3.1.5 氯化钾（KCl）。

3.1.6 磷酸二氢钾（KH_2PO_4）。

3.1.7 氯化钠（$NaCl$）。

3.2 试剂配制

3.2.1 PBS 溶液（pH7.0）：称取 0.20g 氯化钾、0.20g 磷酸二氢钾、2.92g 磷酸氢二钠和 8.00g 氯化钠，用 900mL 水溶解，混匀，调 pH 到 7.0，定容至刻度。

3.2.2 甲醇-水（80+20）：量取 200mL 水加入到 800mL 乙腈中，混匀。

3.2.3 0.1% 甲酸水溶液：移取 1mL 甲酸用水稀释至 1L，混匀。

3.3 标准品

3.3.1 T-2 毒素（$C_{24}H_{34}O_9$，CAS 号：21259-20-1）：纯度≥99%，或经国家认证并授予标准物质证书的标准物质。

3.3.2 HT-2 毒素（$C_{22}H_{32}O_8$，CAS 号：26934-87-2）：纯度≥99%，或经国家认证并授予标准物质证书的标准物质。

3.3.3 同位素内标 $^{13}C_{24}$-T-2（$^{13}C_{24}H_{34}O_9$）：25μg/mL，纯度≥99%。

3.3.4 同位素内标$^{13}C_{22}$-HT-2($^{13}C_{22}H_{32}O_8$):25μg/mL,纯度≥99%。

3.4 标准溶液配制

3.4.1 T-2 毒素标准储备液(100μg/mL):准确称取适量的 T-2 毒素标准品,用乙腈溶解,配制成浓度为 100μg/mL 的标准储备液,于-20℃避光保存。

3.4.2 HT-2 毒素标准储备液(100μg/mL):准确称取适量的 HT-2 毒素标准品,用乙腈溶解,配制成浓度为 100μg/mL 的标准储备液,于-20℃避光保存。

3.4.3 混合标准中间液(10μg/mL):吸取 T-2 毒素标准储备液和 HT-2 毒素标准储备液各 1mL 于 10mL 容量瓶中,加乙腈定容至刻度,混匀,于-20℃避光保存。

3.4.4 混合同位素内标液(0.5μg/mL):吸取同位素内标 $^{13}C_{24}$-T-2 和同位素内标 $^{13}C_{22}$-HT-2 各 0.2mL 于 10mL 容量瓶中,加乙腈定容至刻度,混匀,于-20℃避光保存。

3.4.5 混合标准系列工作液:分别准确吸取适量体积的混合标准中间液,并在每个浓度点中加入一定体积的混合同位素内标液,使得同位素内标的终浓度为 5ng/mL,用流动相逐级稀释至 T-2 毒素和 HT-2 毒素浓度分别为 1ng/mL、2ng/mL、5ng/mL、10ng/mL、20ng/mL 的混合标准系列工作液,4℃避光保存。

3.5 材料

3.5.1 免疫亲和柱:含对 T-2 毒素及 HT-2 毒素具有专一性的抗体,或等效柱。

3.5.2 玻璃纤维滤纸:直径 11cm,孔径 1.5μm。

4 仪器设备

4.1 液相色谱-串联质谱仪:配有电喷雾离子源。

4.2 高速粉碎机:转速≥12000r/min。

4.3 均质器:转速≥12000r/min。

4.4 氮吹仪。

4.5 离心机。

4.6 涡旋混合器。

4.7 空气压力泵。

4.8 试验筛:孔径 1.0mm。

4.9 天平:感量 0.0001g 和 0.01g。

4.10 超声波发生器:功率>180W。

5 分析步骤

5.1 提取

称取 5g 试样(精确到 0.1g)于 50mL 离心管中,加入 20mL 甲醇-水(80+20,体积比),室温振荡提取 30min(或混匀后转移至均质杯中,高速均质 2min)。10000r/min 下离心 5min(或以玻璃纤维滤纸过滤至滤液澄清),收集清液于干净的容器中。

5.2 净化

准确移取上述清液 10mL,加入混合同位素内标液 10μL,用 PBS 溶液稀释至

50mL。混匀后上样,控制样液下滴速度为 1mL/min～3mL/min。上样完毕,用 10mL 水淋洗免疫亲和柱,弃去全部流出液,抽干小柱。

5.3 洗脱

将干净的收集管放置于亲和柱下方,准确加入 1mL 甲醇洗脱亲和柱,控制每秒 1 滴的下滴速度,收集全部洗脱液至试管中,在 50℃下用氮气缓缓地将洗脱液吹至 近干,加入 1.0mL 初始流动相,涡旋 30s 溶解残留物,0.22μm 滤膜过滤,待进样。

5.4 测定

5.4.1 液相色谱参考条件

色谱柱:C18 柱(柱长 100mm,柱内径 2.1mm;填料粒径 1.7μm),或等效柱;柱温: 40℃;流速 0.3mL/min;进样量:10μL;流动相:0.1％甲酸水溶液(A 相),乙腈(B 相)。 梯度洗脱程序:30％B(0min～5min),50％B(0.5min～2min),70％B(2min～4min), 100％B(4.2min～4.8min),30％B(5min～8min)。

5.4.2 质谱参考条件

离子源:电喷雾离子源;电离方式:ESI＋;锥孔电压:3.0kV。脱溶剂气温度: 500℃;离子源温度:150℃;脱溶剂气流速:800L/h;锥孔反吹气流速:50L/h;扫描方 式:多离子反应监测模式(MRM)。T-2 毒素和 HT-2 毒素及其同位素内标的质谱 参数见表1。

表1 T-2 毒素和 HT-2 毒素及其同位素内标的质谱参数

毒素	母离子 (m/z)	碎片离子 (m/z)	碰撞能量/ eV	锥孔电压/ V
T-2	484.0	305.1*/185.0	14/20	18
HT-2	442.3	263.0*/245.0	12/12	13
$^{13}C_{24}$-T-2	508.3	322.1	15	15
$^{13}C_{22}$-HT-2	464.2	278.1	13	13
注:* 表示定量子离子。				

5.4.3 标准曲线的制作

将混合标准系列工作液按浓度由低到高的顺序分别注入液相色谱-串联质谱仪 中,测定相应的 T-2 毒素/HT-2 毒素的峰面积,以标准工作液中 T-2 毒素/HT-2 毒 素的浓度为横坐标,以 T-2 毒素/HT-2 毒素与其相应同位素内标的峰面积比值为 纵坐标,绘制标准曲线。

5.4.4 样品测定

将样品液注入液相色谱-串联质谱仪中,得到样品液中 T-2 毒素/HT-2 毒素与 其相应同位素内标的峰面积比,根据标准曲线得到待测样品液中 T-2 毒素/HT-2 毒素的浓度。

5.5 空白试验

除不加试样外,按操作步骤进行。应确认不含有干扰待测组分的物质。

5.6 定性测定

试样中 T-2 毒素/HT-2 毒素色谱峰的保留时间与相应标准色谱峰的保留时间相比较,变化范围应在±2.5%之内。

每种被测物的质谱定性离子应出现,至少应包括一个母离子和两个子离子,而且同一检测批次,对同一被测物,样品中目标化合物的两个子离子的相对丰度比与浓度相当的标准溶液相比,其允许偏差不超过表 2 规定的范围。

表 2 定性时相对离子丰度的最大允许偏差

相对离子丰度	>50%	20%~50%	10%~20%	≤10%
允许的相对偏差	±20%	±25%	±30%	±50%

6 分析结果的表述

试样中 T-2 毒素/HT-2 毒素的含量按式(1)计算:

$$X = \frac{\rho \times V \times 1000}{m \times 1000} \times f \quad\cdots\cdots\cdots\cdots\cdots\cdots\cdots\cdots\cdots\cdots\cdots\quad (1)$$

式中:

X——试样中 T-2 毒素/HT-2 毒素的含量,单位为微克每千克(μg/kg);

ρ——测定样液中 T-2 毒素/HT-2 毒素的浓度,单位为纳克每毫升(ng/mL);

V——试样提取液的体积,单位为毫升(mL);

1000——单位的换算常数;

m——试样的称样量,单位为克(g);

f——提取液的稀释因子,$f=2$。

计算结果保留至小数点后两位。

7 灵敏度和精密度

当按照方法分析步骤测定时,以称样量5.0g计,本方法对小麦粉及其制品中 T-2毒素的检出限(LOD)为 1μg/kg,定量限(LOQ)为 3μg/kg;对 HT-2 毒素的检出限(LOD)为 2μg/kg,定量限(LOQ)为 5μg/kg。

样品中 T-2 毒素/HT-2 毒素的含量在重复性条件下获得的两次独立测定结果的绝对差值不得超过算术平均值的 20%。

8 T-2 毒素和 HT-2 毒素的液相色谱-串联质谱图

见图 1。

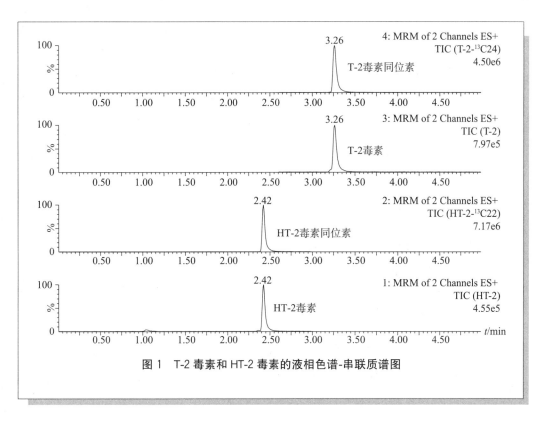

图1　T-2毒素和HT-2毒素的液相色谱-串联质谱图

二、注意事项

1. 本程序是在2017年国家食品污染物和有害因素风险监测工作手册的基础上进行了调整。在测定本程序规定的适用范围以外的样品类型时,要进行方法验证。

2. 试验过程应在指定区域内进行。该区域应具备相对独立的操作台和废弃物存放装置。在整个试验过程中,操作者应按照接触剧毒物的要求采取相应的保护措施。

3. 使用不同厂商的免疫亲和柱,操作方法可能略有差异,应该按照供应商所提供的操作说明书进行操作。

4. 在开展方法应用前各实验室需根据自身仪器设备配置与使用状态,参考本方法的色谱和质谱参数条件优化。

5. T-2和HT-2在正离子模式下均有较好的响应,其中T-2毒素常以$[M+NH_4]^+$离子响应丰度较高。HT-2毒素既存在$[M+H]^+$离子模式,也存在$[M+NH_4]^+$离子模式,不同离子模式在不同状态的质谱设备上响应丰度不同。实验室在实际应用中需根据实际情况择优使用。

参 考 文 献

[1] GB 5009.118—2016　食品安全国家标准　食品中T-2毒素的测定

[2] SN/T 3136—2012　出口花生、谷类及其制品中黄曲霉毒素、赭曲霉毒素、伏马毒素B_1、脱氧雪腐镰刀菌烯醇、T-2毒素、HT-2毒素的测定

[3] FAO(Food and Agriculture Organization),2004. Worldwide regulations for mycotoxins in food and feed in 2003. FAO Food and Nutrition Paper 81.

[4] EFSA Panel on Contaminants in the Food Chain(CONTAM);Scientific Opinion on the risks for animal and public health related to the presence of T-2 and HT-2 toxin in food and feed,EFSA Journal,2011,9(12):2481.

[5] JECFA(2001)Summary and Conclusions of the Fifty-sixth meeting Geneva, 6-15 February 2001. Mycotoxins.

[6] JECFA,Joint FAO/WHO Expert Committee on Food Additives. Safety evaluation of certain mycotoxins in food. T-2 and HT-2 toxins. FAO Food and Nutrition Paper,2001(74):557-680.

[7] SCF(2000c)Opinion on Fusarium Toxins-Part 5:T-2 Toxin and HT-2 Toxin, 2001. www. europa. eu. int/comm/food/fs/sc/scf/out88. en. pdf.

[8] EC,European Commission. 2006a. Commission Regulation(EC)No. 1881/2006 Setting maximum levels of certain contaminants in food-stuffs. Off. J. Eur. Union L364:5-24.

[9] CT/EFSA/CONTAM/2010/03　Report on toxicity data on trichothecene mycotoxins HT-2 and T-2 toxins

第十章

食品中桔青霉素的
测定标准操作程序

第一节　液相色谱-串联质谱法

一、概述

桔青霉素(Citrinin)是一种次级代谢产物,主要由青霉(*Penicillium*)、曲霉(*Aspergillus*)、红曲霉(*Monascus*)等产生。分子式为 $C_{13}H_{14}O_5$,相对分子质量 250.25,CAS 号为 518-75-2,熔点是 178℃～179℃,结构式见图 10-1。桔青霉素是一种聚酮体,结构中有一个羧基、三个甲基,呈现离子态和非离子态两种形式。桔青霉素纯品呈酸性柠檬黄结晶,难溶于水,易溶于稀氢氧化钠、碳酸钠、醋酸钠等碱性水溶液及甲醇、乙腈、乙醇等极性有机溶剂,微溶于乙醇、乙醚。其甲醇溶液的最大紫外吸收在 250nm 和 333nm。桔青霉素分子中含有一个共轭结构,能产生荧光。桔青霉素可形成螯合物,在酸碱或加热的条件下可分解。桔青霉素分布广泛,主要存在于小麦、玉米、燕麦、麦麸等谷物产品,及果汁、红曲及其相关产品中。

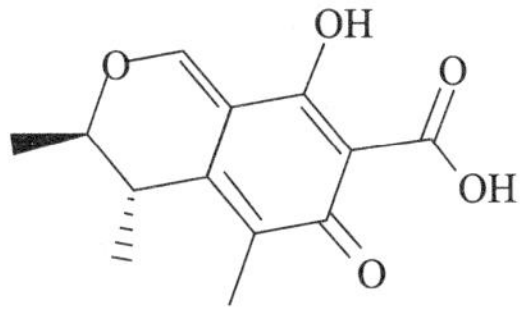

图 10-1　桔青霉素结构式

桔青霉素具有较强的毒性,会对健康产生一些短期或长期的影响,可能导致肾脏浮肿、肾小管扩张、尿量增加、肾上皮细胞坏死等症状,严重的甚至造成畸形、肿瘤,诱发突变。研究发现桔青霉素是巴尔干肾病的潜在致病因子,这引起了国际癌症研究会的高度重视,桔青霉素被国际生命科学院自然毒素检测委员会欧洲分会列为必须检测的毒素之一。

桔青霉素的检测方法主要有荧光分光光度法、薄层色谱法、酶联免疫法、高效液相色谱法、液相色谱-串联质谱联用法等。前处理方法主要有液液萃取、固相萃取、免疫亲和柱净化等。荧光分光光度法简单快速,成本低,但灵敏度较低,受基质影响明显;薄层色谱法有一定的分离能力,简单快速,但重现性和灵敏度较差,一般只用于定性分析;酶联免疫法前处理相对简单,检测时间短,但会出现假阳性结果。现在常用的主要是液相色谱法,荧光检测,灵敏度高,适用范围广。液相色谱-串联质谱联用法定性定量准确、可靠、灵敏度高,得到了越来越广的应用。

二、测定标准操作程序

食品中桔青霉素的液相色谱-串联质谱法测定标准操作程序如下:

1 范围

本程序规定了食品中桔青霉素的测定方法。适用于大米、大麦、燕麦、小麦、玉米、辣椒、红曲类产品中桔青霉素的测定。

2 原理

试样中的桔青霉素用甲醇-水提取,经过滤、稀释后加入同位素内标,用固相萃取柱或免疫亲和柱净化,液相色谱-串联质谱法测定,内标法定量。

3 试剂和材料

除非另有说明,本方法使用的试剂均为分析纯,水为 GB/T 6682 规定的一级水。

3.1 试剂

3.1.1 甲醇(CH_3OH):色谱纯。

3.1.2 乙腈(CH_3CN):色谱纯。

3.1.3 乙酸(CH_3COOH)。

3.1.4 氯化钠($NaCl$)。

3.1.5 磷酸氢二钠(Na_2HPO_4)。

3.1.6 磷酸二氢钾(KH_2PO_4)。

3.1.7 氯化钾(KCl)。

3.1.8 吐温-20($C_{58}H_{114}O_{26}$)。

3.2 溶液配制

3.2.1 甲酸水溶液(0.1%):吸取 1mL 甲酸,溶于 1L 水,混合均匀。

3.2.2 甲醇-水溶液(70+30):分别量取 700mL 甲醇和 300mL 水,混合均匀。

3.2.3 甲醇-水溶液(30+70):分别量取 30mL 甲醇和 70mL 水,混合均匀。

3.2.4 磷酸盐缓冲液(PBS):称取 8.0g 氯化钠,1.2g 磷酸氢二钠,0.2g 磷酸二氢钾,0.2g 氯化钾,用980mL 水溶解,用盐酸调整 pH 至 7.4,用水稀释至 1000mL,混合均匀。

3.2.5 吐温-20/PBS溶液(0.1%):吸取 1mL 吐温-20,加入磷酸盐缓冲液(3.2.4)并稀释至 1000mL,混合均匀。

3.3 标准品

桔青霉素($C_{13}H_{14}O_5$,CAS 号:518-75-2),纯度≥99%,或有证标准物质。

^{13}C-桔青霉素(^{13}C$_{13}$H$_{14}$O$_5$),纯度≥99%,或有证标准物质溶液。

3.4　标准溶液配制

3.4.1　标准储备溶液(100μg/mL):准确称取 0.01g(精确至 0.0001g)桔青霉素标准品,以甲醇溶解并定容至 100.0mL 作为标准储备液,浓度为 100μg/mL,于 4℃下保存。

3.4.2　标准中间液(1μg/mL):准确移取 1.0mL 桔青霉素标准储备液于 10mL 容量瓶中,用甲醇定容,浓度为 10μg/mL,再稀释 10 倍,浓度为 1μg/mL,于 4℃下保存。

3.4.3　同位素标准溶液:准确吸取^{13}C-桔青霉素(10μg/mL)1mL 至 10mL 容量瓶中,甲醇稀释至刻度,浓度为 1μg/mL,于 4℃下保存。

4　仪器和设备

4.1　高效液相色谱-串联质谱仪:配有电喷雾离子源。

4.2　天平:感量 0.01g 和 0.0001g。

4.3　均质器。

4.4　振荡器。

4.5　氮吹仪。

4.6　离心机:转速≥4000r/min。

4.7　HLB柱:填料 30mg,柱体积 3mL,或等效柱。

4.8　免疫亲和柱。

4.9　微孔滤膜:0.22μm,有机型。

5　分析步骤

5.1　样品制备

将固体样品按四分法缩分至 1kg,全部用谷物粉碎机磨碎并细至粒度小于 1mm,混匀分成 2 份作为试样,分别装入洁净的容器内,密封,标识后置于 4℃下避光保存。

在制样的操作过程中,应防止样品受到污染或发生残留物含量的变化。

5.2　试样提取

准确称取固体样品 5g(精确至 0.01g)样品于 50mL 离心管中,加入 20mL 甲醇-水溶液(3.2.2),涡旋或振荡提取 20min,取出后,在 4000r/min 下离心 5min,或用玻璃纤维滤纸过滤,将清液转移至另一离心管中。

5.3　试样净化

5.3.1　免疫亲和柱净化

取 5mL 提取液,加入同位素标准溶液(3.4.3)适量,用吐温-20/PBS 溶液(3.2.5)稀释至 50mL,混合均匀,过玻璃纤维滤纸,取滤液 40mL 过免疫亲和柱,流速控制在 1mL/min~3mL/min,10mL PBS 缓冲液淋洗免疫亲和柱,依次用 1mL 甲醇和 1mL 水洗脱免疫亲和柱,收集洗脱液,混匀,待测。

注:由于不同厂商提供的免疫亲和柱操作程序可能不同,实际操作时,请参照厂商提供的操作说明和程序使用。

5.3.2 固相萃取柱净化

取 5mL 提取液,加入同位素标准溶液(3.4.3)适量,加水稀释至 50mL,混合均匀,过玻璃纤维滤纸,取滤液 40mL 过活化好的 HLB 柱,5mL 水淋洗,抽干,10mL 甲醇洗脱,收集洗脱液,在 40℃下氮气吹干,以 1mL 甲醇-水(30+70)溶解,过 0.22μm 微孔滤膜,待测。

5.4 仪器参考条件

5.4.1 液相色谱条件

色谱柱:C18 柱,100mm×2.1mm,1.7μm,或相当者。

流动相:A:甲酸水溶液(0.1%);B:乙腈。梯度洗脱,梯度见表1。

流速:0.3mL/min。

柱温:40℃。

进样量:10μL。

表1 流动相梯度洗脱程序

时间/min	流动相 A/%	流动相 B/%
0.00	90.0	10.0
4.00	85.0	15.0
4.10	5.0	95.0
5.00	5.0	95.0
5.10	90.0	10.0

5.4.2 质谱参数

离子化模式:电喷雾电离正离子模式(ESI+)。

质谱扫描方式:多反应离子监测(MRM)。

监测离子对信息见表2。

表2 质谱参数

毒素名称	母离子	定量子离子	碰撞能量/eV	定性子离子	碰撞能量/eV
桔青霉素	251	233	15	205	25
^{13}C-桔青霉素	264	246	15	217	25

谱图见图1。

5.5 定性判定

用液相色谱-串联质谱法对样品进行定性判定,在相同试验条件下,样品中应呈现定量离子对和定性离子对的色谱峰,被测物质的质量色谱峰保留时间与标准溶液

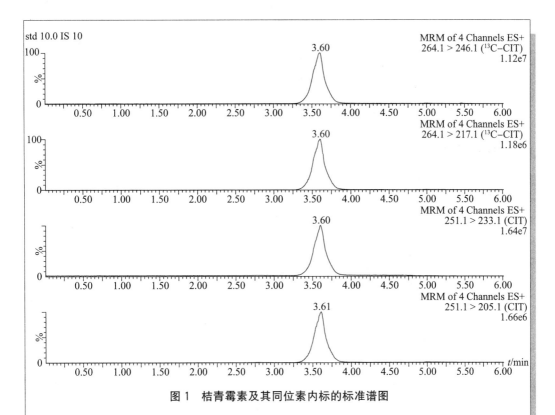

图1　桔青霉素及其同位素内标的标准谱图

中对应物质的质量色谱峰保留时间一致；样品色谱图中所选择的监测离子对的相对丰度比与相当浓度标准溶液的离子相对丰度比的偏差不超过表3规定范围，则可以判断样品中存在对应的目标物质。

表3　定性确证时相对离子丰度的最大允许偏差

相对离子丰度(k)	$k \geqslant 50\%$	$50\% > k \geqslant 20\%$	$20\% > k \geqslant 10\%$	$k \leqslant 10\%$
允许的最大偏差	$\pm 20\%$	$\pm 25\%$	$\pm 30\%$	$\pm 50\%$

5.6　定量测定

在5.4液相色谱-串联质谱联用分析条件下，将10.0μL系列桔青霉素标准溶液按浓度从低到高依次注入液相色谱串联质谱联用仪；待仪器条件稳定后，以目标物质和内标的浓度比为横坐标（x轴），目标物质和内标的峰面积比为纵坐标（y轴），对各个数值点进行最小二乘线性拟合，标准工作曲线按式（1）计算：

$$y = ax + b \quad\cdots\cdots\cdots\cdots\cdots\cdots\cdots\cdots\cdots\cdots\cdots\cdots（1）$$

式中：

y——目标物质/内标的峰面积比；

a——回归曲线的斜率；

x——目标物质/内标的浓度比；

b——回归曲线的截距。

标准工作溶液和样液中待测物的响应值均应在仪器线性响应范围内,如果样品含量超过标准曲线范围,需要增加稀释倍数后再测定。

5.7 空白试验

不称取试样,按5.2和5.3的步骤做空白实验。应确认不含有干扰待测组分的物质。

6 分析结果的表述

本方法采用内标法定量。

含量按式(2)计算:

$$X = \frac{c \times c_i \times A \times A_{si} \times V}{c_{si} \times A_i \times A_s \times m} \quad \cdots\cdots\cdots\cdots\cdots\cdots\cdots\cdots\cdots (2)$$

式中:

X——样品中待测组分的含量,单位为微克每千克($\mu g/kg$);

c——标准溶液中待测组分的浓度,单位为纳克每毫升(ng/mL);

c_i——测定液中待测组分的浓度,单位为纳克每毫升(ng/mL);

A——测定液中待测组分的峰面积;

A_{si}——标准溶液中内标物质的峰面积;

V——定容体积,单位为毫升(mL);

c_{si}——标准溶液中内标物质的浓度,单位为纳克每毫升(ng/mL);

A_i——测定液中内标物质的峰面积;

A_s——标准溶液中待测组分的峰面积;

m——样品称样量,单位为克(g)。

计算结果需扣除空白值,测定结果用平行测定的算术平均值表示,保留三位有效数字。

7 精密度

样品中桔青霉素含量在重复性条件下获得的两次独立测定结果的绝对差值不得超过算术平均值的20%。

8 其他

当称样量为5g,桔青霉素的检出限为$5\mu g/kg$;定量限分别为$15\mu g/kg$。

三、注意事项

1. 本程序在GB 5009.222—2016《食品安全国家标准 食品中桔青霉素的测定》的基础上进行了调整。

2. 因桔青霉素具有致癌性,试验过程应在指定区域内进行。该区域应避光、具备相对独立的操作台和废弃物存放装置。在整个试验过程中,操作者应按照接触剧毒物的要求采取相应的保护措施。

3. 磷酸盐缓冲液(PBS)可以使用市售的袋装预混试剂包配制,以避免 PBS 的繁琐配制过程。

4. 使用不同厂商的免疫亲和柱,操作方法可能略有差异,应该按照供应商所提供的操作说明书进行操作。

5. 使用 HLB 柱净化,相对 C18 基质小柱有更好的净化效果和回收率。

6. 色谱柱使用普通 C18 色谱柱即能满足分离要求。由于不同的色谱仪器和色谱柱的差别,桔青霉素色谱峰的保留时间可能跟参考谱图上不一致,可以根据具体情况,调整流动相洗脱程序。

7. 在测定红曲样品时,如果出现严重的基质抑制,可以适当增大稀释比例,以减少基质干扰。

8. 过柱前加入同位素内标,是为了节约昂贵的同位素内标。

9. 在流动相中加入甲酸,有助于离子化效率的提高,选用 0.1% 甲酸水为流动相,能够显著增加桔青霉素的响应值。

四、国内外限量及检测方法

我国在 GB 2761—2017《食品安全国家标准　食品中真菌毒素限量》中未规定食品中桔青霉素的限量,国家食品药品监督管理局在 2010 年发布的红曲等为原料保健食品产品申报与审评有关事项的通知中(国食药监许〔2010〕2 号),增加产品中桔青霉素指标的测定,限量暂定为 $50\mu g/kg$ 农产品。日本已制定出红曲中桔青霉素的限量标准为 $200\mu g/kg$,美国食品和药物管理局(FDA)规定 $20\mu g/kg$ 以下,欧盟规定基于红曲霉发酵大米的食品补充剂中桔青霉素的含量不得超过 $2\mu g/mg$。我国台湾地区"卫生署"发布的《食品中真菌毒素限量标准》中规定,红曲色素中桔青霉素的限量在 $200\mu g/kg$ 以下,原料用红曲米中为 $5\mu g/mg$ 以下,使用红曲原料制成的食品中为 $2\mu g/mg$ 以下。

目前我国食品中桔青霉素检测标准方法为 GB 5009.222—2016《食品安全国家标准　食品中桔青霉素的测定》。

第二节　高效液相色谱法

一、测定标准操作程序

食品中桔青霉素的高效液相色谱法测定标准操作程序如下:

1　范围

本程序规定了食品中桔青霉素的测定方法。

本程序适用于大米、大麦、燕麦、小麦、玉米、辣椒、红曲类产品中桔青霉素的测定。

2 原理

试样中的桔青霉素用甲醇-水提取,提取液经过滤、稀释后,用固相萃取柱或免疫亲和柱净化,配有荧光检测器的液相色谱仪测定,外标法定量。

3 试剂和材料

除非另有说明,本方法使用的试剂均为分析纯,水为 GB/T 6682 规定的一级水。

3.1 试剂

3.1.1 甲醇(CH_3OH):色谱纯。

3.1.2 乙腈(CH_3CN):色谱纯。

3.1.3 磷酸(H_3PO_4)。

3.1.4 乙酸(CH_3COOH)。

3.1.5 氢氧化钠($NaOH$)。

3.1.6 吐温-20($C_{58}H_{114}O_{26}$)。

3.1.7 氯化钠($NaCl$)。

3.1.8 磷酸氢二钠($NaHPO_4$)。

3.1.9 磷酸二氢钾(KH_2PO_4)。

3.1.10 氯化钾(KCl)。

3.2 溶液配制

3.2.1 氢氧化钠溶液(2mol/L):称取 80.0g 固体氢氧化钠,溶于 1L 水中。

3.2.2 磷酸溶液(10mmol/L,pH7.5):准确移取 1.376mL 磷酸加水定容至 2000mL,用 2mol/L 的氢氧化钠溶液调节 pH 至 7.5。

3.2.3 磷酸溶液(10mmol/L,pH2.5):准确移取 1.5mL 磷酸加水定容至 2000mL,用 2mol/L 的氢氧化钠溶液调节 pH 至 2.5。

3.2.4 磷酸盐缓冲液(PBS):称取 8.0g 氯化钠,1.2g 磷酸氢二钠,0.2g 磷酸二氢钾,0.2g 氯化钾,用 980mL 水溶解,用盐酸调整 pH 至 7.4,用水稀释至 1000mL,混合均匀。

3.2.5 吐温-20/PBS 溶液(0.1%):称取 1g 吐温-20,加入磷酸盐缓冲液(3.2.4)并稀释至 1000mL,混合均匀。

3.2.6 流动相:10mmol/L 磷酸溶液(pH2.5)、乙腈(40+60)。

3.2.7 甲醇-水溶液(70+30):分别量取 700mL 甲醇和 300mL 水,混合均匀。

3.3 标准品

桔青霉素($C_{13}H_{14}O_5$,CAS 号:518-75-2),纯度≥99%,或有证标准物质。

3.4 标准溶液配制

3.4.1 标准储备液(100μg/mL):准确称取 0.01g(精确至 0.0001g)桔青霉素标准品,以甲醇溶解并定容至 100.0mL 作为标准储备液,浓度为 100μg/mL,于 4℃下保存。

3.4.2 标准中间液(10μg/mL):准确移取 1.0mL 桔青霉素标准储备液于 10mL 容量瓶中,用甲醇定容,浓度为 10μg/mL,于 4℃下保存。

3.4.3 基质标准工作液:根据需要,取适量的标准中间液,用空白样品提取液配成不同浓度的基质标准工作液,现用现配。

4 仪器和设备

4.1 高效液相色谱仪,带荧光检测器。

4.2 天平:感量 0.01g 和 0.0001g。

4.3 均质器。

4.4 振荡器。

4.5 氮吹仪。

4.6 离心机:转速≥4000r/min。

4.7 免疫亲和柱。

4.8 HLB柱:填料 30mg,柱体积 3mL,或等效柱。

4.9 微孔滤膜:0.45μm,有机型。

5 分析步骤

5.1 样品制备

将固体样品按四分法缩分至 1kg,全部用谷物粉碎机磨碎并细至粒度小于1mm,混匀分成 2 份作为试样,分别装入洁净的容器内,密封,标识后置于 4℃下避光保存。

在制样的操作过程中,应防止样品受到污染或发生残留物含量的变化。

5.2 试样提取

准确称取固体样品 5g(精确至 0.01g)样品于 50mL 离心管中,加入 20mL 甲醇-水溶液(3.2.7),涡旋或振荡提取 20min,取出后,在 4000r/min 下离心 5min,或用玻璃纤维滤纸过滤,将清液转移至另一离心管中。

5.3 试样净化

5.3.1 免疫亲和柱净化

取 5mL 提取液,用吐温-20/PBS 溶液(3.2.5)稀释至 50mL,混合均匀,过玻璃纤维滤纸,取滤液 40mL 过免疫亲和柱,流速控制在 1mL/min～3mL/min,10mLPBS 缓冲液淋洗免疫亲和柱,依次用 1mL 甲醇和 1mL 水洗脱免疫亲和柱,收集洗脱液,混匀,待测。

注:由于不同厂商提供的免疫亲和柱操作程序可能不同,实际操作时,请参照厂商提供的操作说明和程序使用。

5.3.2 固相萃取柱净化

取 5mL 提取液,加水稀释至 50mL,混合均匀,过玻璃纤维滤纸,取滤液 40mL过活化好的 HLB 柱,5mL 水淋洗,抽干,10mL 甲醇洗脱,收集洗脱液,在 40℃下氮气吹干,以 1mL 甲醇-水(30＋70)溶解,过 0.22μm 微孔滤膜,待测。

5.4 仪器参考条件

色谱柱:C18 色谱柱:250mm×4.6mm,5μm,或相当者。

检测波长：激发波长 331nm；发射波长 500nm。

流动相：10mmol/L 磷酸(pH2.5)-乙腈(40＋60)，等度洗脱。

流动相流速：1.0mL/min。

柱温：40℃。

进样量：20μL。

谱图见图 1。

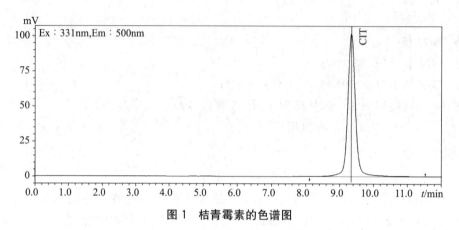

图 1　桔青霉素的色谱图

5.5　试样溶液的测定

在 5.4 项色谱条件下，将 20.0μL 系列桔青霉素标准工作溶液按浓度从低到高依次注入高效液相色谱仪；待仪器条件稳定后，以目标物质的浓度为横坐标(x 轴)，目标物质的峰面积为纵坐标(y 轴)，对各个数据点进行最小二乘线性拟合，标准工作曲线按式(1)计算：

$$y = ax + b \quad\cdots\cdots\cdots\cdots\cdots\cdots\cdots\cdots\cdots \quad (1)$$

式中：

y——目标物质的峰面积比；

a——回归曲线的斜率；

x——目标物质的浓度；

b——回归曲线的截距。

标准工作溶液和样液中待测物的响应值均应在仪器线性响应范围内，如果样品含量超过标准曲线范围，需稀释后再测定。

5.6　空白试验

不称取试样，按 5.2 和 5.3 的步骤做空白试验。应确认不含有干扰待测组分的物质。

6　分析结果的表述

待测样品中桔青霉素的含量按式(2)计算：

$$X = \frac{c_i \times V \times f}{m} \quad\cdots\cdots\cdots\cdots\cdots\cdots\cdots\cdots \quad (2)$$

式中：

X——待测样品中桔青霉素的含量,单位为微克每千克(μg/kg);

c_i——待测物进样液中桔青霉素的浓度,单位为纳克每毫升(ng/mL);

V——定容体积,单位为毫升(mL);

f——试液稀释倍数;

m——样品的称样量,单位为克(g)。

计算结果需扣除空白值,测定结果用平行测定的算术平均值表示,保留三位有效数字。

7　精密度

样品中桔青霉素含量在重复性条件下获得的两次独立测定结果的绝对差值不得超过算术平均值的 20%。

8　其他

当称样量为 5g 时,桔青霉素的检出限为 8μg/kg;定量限为 25μg/kg。

二、注意事项

1. 如按照标准程序操作,仍不能达到检测要求,可以通过适当加大样品处理量、适当提高浓缩倍速或加大进样量等措施来提高灵敏度。

2. 免疫亲和柱净化效果比 HLB 柱效果好,复杂基质的样品,最好使用免疫亲和柱净化。

3. 其余注意事项见第一节有关内容。

参 考 文 献

[1] GB 5009. 222—2016 食品安全国家标准　食品中桔青霉素的测定

[2] (EU) No. 212—2014　Amending Regulation (EC) No. 1881/2006 as regards maximum levels of the contaminant citrinin in food supplements based on rice fermented with red yeast Monascus purpureus[就由红酵母红曲霉菌发酵大米制成的膳食补充剂中污染物桔青霉素(citrinin)的最大限量,修订(EC) No. 1881/2006 号法规]

[3] (EC) No. 1881/2006　Setting maximum levels for certain contaminants in food-stuffs(欧盟食品污染物最高限量)

[4] European Food Safety Authority(EFSA). Scientific Opinion on the risks for public and animal health related to the presence of citrinin in food and feed. EFSA Journal,2012,10(3):2605.

[5] 食品中真菌毒素限量标准,"卫署食"字第 0980462647 号,"台湾行政院卫生署"。

[6] 关于以红曲等为原料保健食品产品申报与审评有关事项的通知(国食药监许〔2010〕2 号),国家食品药品监督管理局。

第十一章

食品中展青霉素的测定标准操作程序

第一节　同位素稀释-液相色谱-串联质谱法

一、概述

　　展青霉素又称棒曲霉素、珊瑚青霉毒素,属于多聚乙酰内酯类化合物,其化学名称为4-羟基-4 氢-呋喃-[3,2c]-吡喃-2(6)-酮,是由曲霉和青霉等真菌产生的一种次级代谢产物。展青霉素为无色棱形结晶,CAS 号为 149-29-1,分子式为 $C_7H_6O_4$,相对分子质量为154.12,熔点 110.5℃~112℃,结构式见图 11-1;易溶于水、三氯甲烷、丙酮、乙醇和乙酸乙酯,微溶于乙醚和苯,不溶于石油醚。展青霉素主要污染水果及其制品,尤其是苹果、山楂、梨、番茄、苹果汁和山楂片等。毒理学试验表明,展青霉素具有影响生育、致癌和影响免疫等毒理作用,同时也是一种神经毒素。展青霉素具有致畸性,对人体的危害很大,导致呼吸和泌尿等系统的损害,使人神经麻痹、肺水肿、肾功能衰竭。

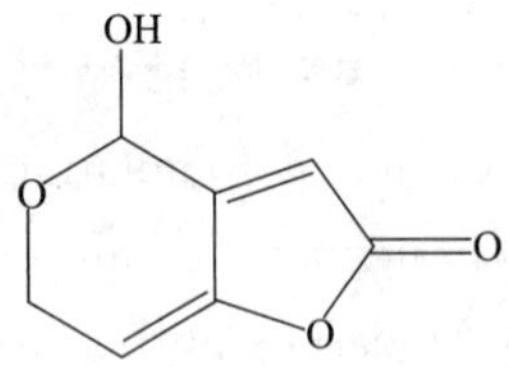

图 11-1　展青霉素的结构式

二、测定标准操作程序

　　食品中展青霉素的同位素稀释-液相色谱-串联质谱法测定标准操作程序如下:

1　范围

本程序规定了苹果和山楂为原料的水果及其制品、果蔬汁类和酒类食品中展青霉素测定的同位素稀释-液相色谱-串联质谱方法。

本程序适用于苹果和山楂为原料的水果及其制品、果蔬汁类和酒类食品中展青霉素含量的测定。

2　原理

试样(浊汁、半流体及固体样品用果胶酶酶解处理)中的展青霉素经提取后,过固相净化柱或混合型阴离子交换柱净化、浓缩,液相色谱-串联质谱仪检测,同位素稀释内标法定量。

注:除非另有规定,本方法所用试剂均为分析纯,水为 GB/T 6682 规定的一级水。

3　试剂和材料

3.1　试剂

3.1.1　甲醇(CH_3OH):色谱纯。

3.1.2　乙腈(CH_3CN):色谱纯。

3.1.3　乙酸(CH_3COOH):色谱纯。

3.1.4　乙酸铵(CH_3COONH_4)。

3.1.5　乙酸乙酯($CH_3COOCH_2CH_3$)。

3.1.6　果胶酶(液体):活力$\geqslant$1500U/g。

3.2　试剂配制

3.2.1　乙酸溶液:取 10mL 乙酸,加 250mL 水,混匀。

3.2.2　乙酸铵溶液(5mmol/L):称取 0.38g 乙酸铵,加 900mL 水溶解,定容至刻度,混匀。

3.3　标准品

3.3.1　展青霉素标准品($C_7H_6O_4$,CAS 号:149-29-1):纯度$\geqslant$99%,或经国家认证并授予标准物质证书的标准物质。

3.3.2　$^{13}C_7$-展青霉素同位素内标:25μg/mL,或经国家认证并授予标准物质证书的标准物质。

3.4　标准溶液配制

3.4.1　标准储备溶液(100μg/mL):准确称取展青霉素标准品 1.00mg(准确至0.01mg),用乙腈溶解并定容至 10mL。溶液转移至试剂瓶中后,密封后$-$20℃下保存。

3.4.2　标准中间液(1μg/mL):准确移取 100μL 的展青霉素标准储备溶液至 10mL 容量瓶中,用乙酸溶液定容至刻度。4℃下保存。

3.4.3　同位素内标中间液(1μg/mL):准确移取$^{13}C_7$-展青霉素同位素内标(25μg/mL)0.40mL 至 10mL 容量瓶中,用乙酸溶液定容至刻度。4℃下保存。

3.4.4　标准系列工作溶液:准确移取标准中间液适量至 10mL 容量瓶中,加入 500μL

1.0μg/mL 的 $^{13}C_7$-展青霉素同位素内标中间液,用乙酸溶液定容至刻度,配制成展青霉素浓度分别为 5ng/mL、10ng/mL、25ng/mL、50ng/mL、100ng/mL、150ng/mL、200ng/mL 的系列标准溶液。临用时现配。

3.5 材料

3.5.1 展青霉素净化柱:Mycosep228,或相当者。

3.5.2 混合型阴离子交换柱(MAX 柱):200mg/6mL,或相当者。

3.5.3 微孔滤膜:0.22μm。

4 仪器设备

4.1 液相色谱-串联质谱仪:配电喷雾离子源。

4.2 高速粉碎机

4.3 涡旋混合器。

4.4 匀浆机。

4.5 组织捣碎机。

4.6 天平:感量为 0.01g 和 0.00001g。

4.7 离心机:转速≥6000r/min。

4.8 pH 计:测量精度±0.02。

4.9 固相萃取装置。

4.10 旋转蒸发仪。

4.11 氮吹仪。

4.12 梨形烧瓶:100mL。

5 分析步骤

5.1 试样制备

5.1.1 液体样品(苹果汁、山楂汁等)

样品倒入匀浆机中混匀,取其中的 100g(或 mL)样品用于检测。

酒类样品需超声脱气 1h 或 4℃低温条件下存放过夜脱气。

5.1.2 固体样品(山楂片、果丹皮等)

样品用高速粉碎机将其粉碎,混匀后取其中 100g 用于检测(果丹皮等高黏度样品经液氮冻干后立即用高速粉碎机将其粉碎,混匀后取其中 100g 用于检测)。

5.1.3 半流体(苹果果泥、苹果果酱、带果粒果汁等)

样品在组织捣碎机中捣碎混匀后,取其中的 100g 用于检测。

5.2 试样提取与净化

5.2.1 混合阴离子交换柱法

5.2.1.1 澄清果汁

称取 2g 试样(准确至 0.01g),加入 50μL 同位素内标中间液混匀后待净化。

5.2.1.2 苹果酒

称取 1g 试样(准确至 0.01g),加入 50μL 同位素内标中间液,加水至 10mL 混匀后待净化。

5.2.1.3　固体、半流体试样

称取 1g 试样(准确至 0.01g)于 50mL 离心管中,加入 50μL 同位素内标中间液,静置片刻后,再加入 10mL 水与 75μL 果胶酶混匀,室温下避光放置过夜,加入 10mL 乙酸乙酯,涡旋混匀 5min,在 6000r/min 下离心 5min,移取乙酸乙酯层至 100mL 梨形烧瓶。再用 10mL 乙酸乙酯提取一次,合并两次提取液,在 40℃水浴中旋蒸至干,以 5mL 乙酸溶液溶解,待净化。

5.2.1.4　混合阴离子交换柱净化

混合型阴离子交换柱用 6mL 甲醇、6mL 水活化,控制样液以约 3mL/min 的速度过柱。上样完毕后,依次加入 3mL 的乙酸铵溶液、3mL 水淋洗。抽干混合型阴离子交换柱,加入 4mL 甲醇洗脱,控制流速约 3mL/min,收集洗脱液。在洗脱液中加入 20μL 乙酸,置 40℃下用氮气缓缓吹至近干,用乙酸溶液定容至 1.0mL,涡旋 30s 溶解残留物,0.22μm 滤膜过滤后,待测。按同一操作方法做空白试验。

5.2.2　固相净化柱法

5.2.2.1　液体试样

称取 5g 试样(准确至 0.01g)于 50mL 离心管中,加入 250μL 同位素内标工作液,加入 20mL 乙腈,混匀,在 6000r/min 下离心 5min,待净化。

5.2.2.2　固体、半流体试样

称取 1g 试样(准确至 0.01g)于 50mL 离心管中,加入 100μL 同位素内标工作液,混匀后静置片刻,再加入 10mL 水与 150μL 果胶酶溶液混匀,室温下避光放置过夜后,加入 10mL 乙酸乙酯,涡旋混合 5min,在 6000r/min 下离心 5min,移取乙酸乙酯层至梨形烧瓶。再用 10mL 乙酸乙酯提取一次,合并两次乙酸乙酯提取液,在 40℃水浴中旋蒸浓缩至干,以 2mL 乙酸溶液溶解残留物,再加入 8mL 乙腈,混匀后待净化。

5.2.2.3　固相净化柱净化

按照所使用净化柱的说明书操作,将提取液通过净化柱净化,弃去初始的 1mL 净化液,收集后续部分。用吸量管准确吸取 5.0mL 净化液,加入 20μL 乙酸,在 40℃下用氮气缓缓地吹至近干,加入乙酸溶液定容至 1mL,涡旋 30s 溶解残渣,过 0.22μm 滤膜,收集滤液待测。按同一操作方法做空白试验。

注:根据实验室实际情况,选择上述提取及净化方法中的一种即可。

5.3　测定

5.3.1　液相色谱参考条件

色谱柱:T_3 柱,柱长 100mm,内径 2.1mm,粒径 1.8μm,或等效柱;柱温:30℃;流动相:水(A 相),乙腈(B 相);流速:0.3mL/min;梯度洗脱条件:5%B(0min～7min),100%B(7.2min～9min),5%B(9.2min～13min)。

5.3.2　质谱参考条件

离子源:电喷雾离子源;电离方式:ESI^-;毛细管电压:−3.5kV。锥孔电压:−58V;干燥气温度:325℃;干燥气流速:480L/h;鞘气温度:350℃;鞘气流速:600L/h;

扫描方式:多离子反应监测模式(MRM)。展青霉素及其同位素内标的质谱参数见表1。

表1 展青霉素及其同位素内标的质谱参数

化合物名称	母离子(m/z)	碎片离子(m/z)	碰撞能量/eV	锥孔电压/V
展青霉素	153	109*/81	−7/−12	−58
$^{13}C_7$-展青霉素	160	115*/86	−7/−12	−58
注:* 定量离子。				

5.3.2 标准曲线的制作

将标准系列工作液按浓度由低到高的顺序分别注入液相色谱-串联质谱仪中,测定相应的展青霉素及其同位素内标的峰面积,以标准工作液中展青霉素的浓度为横坐标,以展青霉素与其同位素内标的峰面积比值为纵坐标,绘制标准曲线。

5.3.3 样品测定

将样品液注入液相色谱-串联质谱仪中,得到样品液中展青霉素与其相应同位素内标的峰面积比,根据标准曲线得到待测样品液中展青霉素的浓度。

5.4 空白试验

除不加试样外,按操作步骤进行。应确认不含有干扰待测组分的物质。

5.5 定性测定

试样中展青霉素色谱峰的保留时间与相应标准色谱峰的保留时间相比较,变化范围应在±2.5%之内。

每种被测物的质谱定性离子应出现,至少应包括一个母离子和两个子离子,而且同一检测批次,对同一被测物,样品中目标化合物的两个子离子的相对丰度比与浓度相当的标准溶液相比,其允许偏差不超过表2规定的范围。

表2 定性时相对离子丰度的最大允许偏差

相对离子丰度	>50%	20%~50%	10%~20%	≤10%
允许的相对偏差	±20%	±25%	±30%	±50%

6 分析结果的表述

试样中展青霉素的含量按式(1)计算:

$$X = \frac{\rho \times V}{m} \times f \quad\cdots\cdots\cdots\cdots\cdots\cdots\cdots\cdots\cdots (1)$$

式中:

X——试样中展青霉素的含量,单位为微克每千克或微克每升($\mu g/kg$ 或 $\mu g/L$);

ρ——测定样液中展青霉素的浓度,单位为纳克每毫升(ng/mL);

V——试样最终定容体积,单位为毫升(mL);

m——试样的称样量,单位为克(g);

f——稀释因子。

计算结果保留三位有效数字。

7　灵敏度和精密度

按照混合型阴离子交换柱净化法测定展青霉素时,称取 2.00g 澄清果汁或 1.00g 苹果酒,其检出限(LOD)为 1.5μg/kg,定量限(LOQ)为 5μg/kg;称取 1.00g 固体、半流体试样时,其检出限(LOD)为 3μg/kg,定量限(LOQ)为 10μg/kg。按照固相萃取柱净化法测定展青霉素时,称取 4.00g 液体试样,其检出限(LOD)为 3μg/kg,定量限(LOQ)为 10μg/kg;称取 1.00g 固体、半流体试样,其检出限(LOD)为 6μg/kg,定量限(LOQ)为 20μg/kg。

样品中展青霉素的含量在重复性条件下获得的两次独立测定结果的绝对差值不得超过算术平均值的 15%。

8　展青霉素及其同位素内标标准溶液的液相色谱-串联质谱图

见图 1。

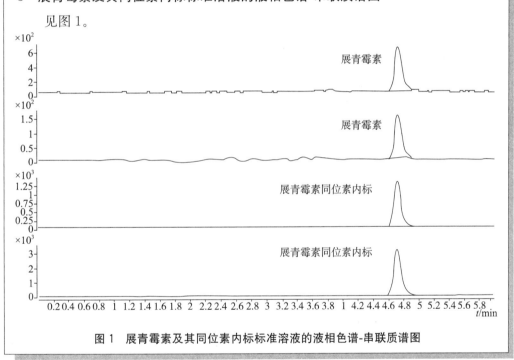

图 1　展青霉素及其同位素内标标准溶液的液相色谱-串联质谱图

三、注意事项

1. 本程序是在 GB 5009.185—2016《食品安全国家标准　食品中展青霉素的测定》(第一法)的基础上进行了调整。在测定本方法规定的适用范围以外的样品类型时,要进行方法验证。

2. 展青霉素在酸性条件下较稳定,因此定容液采用酸性溶液,标准品长时间放置后再使用前必须进行校正,建议系列标准溶液要现配现用。

3. 鉴于山楂类样品含糖量高,黏稠难混匀,建议加大取样量,避免因样品不均匀导致的检测结果偏差。

4. 使用的果胶酶,有液体或固体形态。如液体,可以直接使用;如是固体,则需按照酶活力要求溶解稀释后使用。注意酶活力单位。

5. 整个试验过程需在通风橱中进行且尽量做好防护措施,避免危害操作人员的健康。

6. 使用不同厂商净化柱,在样品上样、淋洗和洗脱的操作方面可能略有不同,应该按照说明书要求进行操作。

7. 不同厂商的仪器,应注意碰撞气是氮气或氩气,因展青霉素分子量较小,优先使用氮气作为碰撞气,可以获得较好效果。

8. 展青霉素极性较强,在一般的 C18 色谱柱上保留能力比较弱,宜使用对极性化合物保留能力较强的色谱柱(如 AtlantisT3 或相当者)。不同类型色谱柱对展青霉素的保留能力比较见图 11-2。

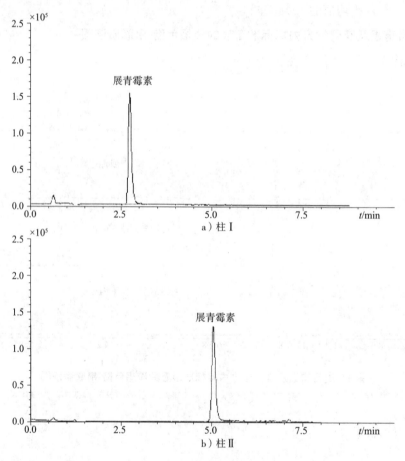

柱 I:Waters ACQUITY UPLC BEH C18(100mm×2.1mm,1.7μm);

柱 II:Waters ACQUITY UPLC HSS T3(100mm×2.1mm,1.8μm)。

图 11-2　不同类型色谱柱对展青霉素的保留能力比较

四、国内外食品中展青霉素的限量及检测方法

鉴于展青霉素潜在的毒性及危害性,制定展青霉素限量标准的国家在不断增加,但

是限量水平基本上集中在 $50\mu g/kg$。我国在 GB 2761—2017《食品安全国家标准　食品中真菌毒素限量》中也对展青霉素的限量作了规定。国内外食品中展青霉素限量见表 11-1。

表 11-1　国内外食品中展青霉素限量

国家	食品类型	限量/($\mu g/kg$)
中国	以苹果、山楂为原料制成的产品	50
美国	苹果汁、浓缩苹果汁及作为食品配料的苹果汁	50
德国	苹果汁	50
英国	苹果汁	50
意大利	果汁	50
奥地利	水果汁、苹果汁	50
塞浦路斯	奶制品	0.5
斯洛伐克	儿童食品	30
	婴儿食品	20
	其他食品	50
芬兰	所有食品	50
法国	苹果汁及制品	50
希腊	咖啡豆、苹果汁及制品	50
以色列	苹果汁	50
墨西哥	调味品	20
荷兰	所有食品	50
罗马尼亚	果汁	50
俄罗斯	包装蔬菜、水果、浆果,果汁、蔬菜饮料或浓榨汁等	50
瑞典	草莓、水果、果汁、浆果及其制品	50
瑞士	果汁	50
乌拉圭	果汁	50
拉脱维亚	苹果、西红柿汁	50
立陶宛	果汁	25
摩尔多瓦	果汁、罐装蔬菜和水果	50
摩洛哥	苹果汁及其制品	50
波兰	苹果汁、苹果制品	30
土耳其	果汁	50
乌克兰	供婴儿食用的蔬菜酱、浆果酱及其混合果酱	20
	包装的蔬菜、水果、浆果酱制品	50

针对食品中展青霉素的检测方法标准主要采用高效液相色谱法、高效液相色谱-串联质谱法和薄层色谱法，国内外食品中展青霉素的检验方法标准见表 11-2。

表 11-2　国内外食品中展青霉素的检验方法标准

标准号	标准名称	前处理	测定方法
GB 5009.185—2016	食品安全国家标准 食品中展青霉素的测定	样品稀释或提取后，固相净化柱净化或混合型阴离子交换柱净化	液相色谱-串联质谱法(第一法)、液相色谱法(第二法)
AOAC 974.18	AOAC 官方操作方法 974.18 薄层色谱法测定苹果汁中的展青霉素	乙酸乙酯提取，硅胶柱层析净化	薄层色谱法
AOAC 995.10	AOAC 官方操作方法 995.10 液相色谱法测定苹果汁中的展青霉素	乙酸乙酯提取，碳酸钠净化	液相色谱法
AOAC 2000.02	AOAC 官方操作方法 2000.02 液相色谱法测定苹果汁(清、浊)和苹果泥中的展青霉素	乙酸乙酯和碳酸钠溶液提取净化，吹干浓缩	液相色谱法

第二节　液相色谱法

一、测定标准操作程序

食品中展青霉素的液相色谱法测定标准操作程序如下：

1　范围

　　本程序规定了苹果为原料的水果及其制品、果蔬汁类和酒类食品中展青霉素测定的液相色谱方法。

　　本程序适用于苹果为原料的水果及其制品、果蔬汁类和酒类食品中展青霉素含量的测定。

2　原理

　　试样(浊汁、半流体及固体样品用果胶酶酶解处理)中的展青霉素经提取后，过固相净化柱净化、浓缩，液相色谱分离紫外检测器检测。外标法定量。

3　试剂和材料

　　注：除非另有规定，本方法所用试剂均为分析纯，水为 GB/T 6682 规定的一级水。

3.1　试剂

3.1.1　甲醇(CH_3OH)：色谱纯。

3.1.2　乙腈(CH_3CN)：色谱纯。

3.1.3　乙酸(CH_3COOH)：色谱纯。

3.1.4　乙酸铵(CH_3COONH_4)。

3.1.5　乙酸乙酯($CH_3COOCH_2CH_3$)

3.1.6　果胶酶(液体)：活力$\geqslant$1500U/g。

3.2　试剂配制

　　乙酸溶液：取10mL乙酸，加250mL水，混匀。

3.3　标准品

　　展青霉素标准品($C_7H_6O_4$，CAS号：149-29-1)：纯度$\geqslant$99％，或经国家认证并授予标准物质证书的标准物质。

3.4　标准溶液配制

3.4.1　标准储备溶液(100μg/mL)：准确称取展青霉素标准品1.00mg(准确至0.01mg)，用乙腈溶解并定容至10mL。溶液转移至试剂瓶中后，密封后−20℃下保存。

3.4.2　标准中间液(1μg/mL)：准确移取100μL的展青霉素标准储备溶液至10mL容量瓶中，用乙酸溶液定容至刻度。4℃下保存。

3.4.3　标准系列工作溶液：准确移取标准中间液适量至5mL容量瓶中，用乙酸溶液定容至刻度，配制成展青霉素浓度分别为5ng/mL、10ng/mL、25ng/mL、50ng/mL、100ng/mL、150ng/mL、200ng/mL的系列标准溶液。临用时现配。

3.5　材料

3.5.1　展青霉素固相净化柱：混合填料净化柱Mycosep228，或相当者。

3.5.2　微孔滤膜：0.22μm。

4　仪器设备

4.1　液相色谱仪：配紫外检测器。

4.2　高速粉碎机

4.3　涡旋混合器。

4.4　匀浆机。

4.5　组织捣碎机。

4.6　天平：感量为0.01g和0.00001g。

4.7　离心机：转速$\geqslant$6000r/min。

4.8　pH计：测量精度±0.02。

4.9　固相萃取装置。

4.10　旋转蒸发仪。

4.11　氮吹仪。

4.12　梨形烧瓶：100mL

5 分析步骤

5.1 提取

5.1.1 液体试样

称取 5g 试样(准确至 0.01g)于 50mL 离心管中,加入 20mL 乙腈,混匀,在 6000r/min 下离心 5min,待净化。

5.1.2 固体、半流体试样

称取 1g 试样(准确至 0.01g)于 50mL 离心管中,混匀后静置片刻,再加入 10mL 水与 150μL 果胶酶溶液混匀,室温下避光放置过夜后,加入 10mL 乙酸乙酯,涡旋混合 5min,在 6000r/min 下离心 5min,移取乙酸乙酯层至梨形烧瓶。再用 10mL 乙酸乙酯提取一次,合并两次乙酸乙酯提取液,在 40℃水浴中旋蒸浓缩至干,以 2mL 乙酸溶液溶解残留物,再加入 8mL 乙腈,混匀后待净化。

5.2 固相净化柱净化

按照所使用净化柱的说明书操作,将提取液通过净化柱净化,弃去初始的 1mL 净化液,收集后续部分。用吸量管准确吸取 5.0mL 净化液,加入 20μL 乙酸,在 40℃下用氮气缓缓地吹至近干,加入乙酸溶液定容至 1mL,涡旋 30s 溶解残渣,过 0.22μm 滤膜,收集滤液待测。按同一操作方法做空白试验。

5.3 测定

5.3.1 液相色谱参考条件

色谱柱:T₃ 柱(柱长 150mm,柱内径 4.6mm;填料粒径 3.0μm),或等效柱;柱温:40℃;流速 0.8mL/min;进样量:100μL;流动相:水(A 相),乙腈(B 相);梯度洗脱条件:5%B(0min~13min),100%B(13min~15min),5%B(15min~20min);检测波长:276nm。

5.3.2 标准曲线的制作

将标准系列工作液按浓度由低到高的顺序分别注入液相色谱仪中,测定相应的展青霉素的峰面积,以标准工作液中展青霉素的浓度为横坐标,以相应浓度点的峰面积为纵坐标,绘制标准曲线。

5.3.3 样品测定

将样品液注入液相仪中,得到样品液中展青霉素的峰面积,根据标准曲线得到待测样品液中展青霉素的浓度。

5.4 空白试验

除不加试样外,按操作步骤进行。应确认不含有干扰待测组分的物质。

6 分析结果的表述

试样中展青霉素的含量按式(1)计算:

$$X = \frac{\rho \times V}{m} \times f \quad \cdots\cdots\cdots\cdots\cdots\cdots\cdots\cdots\cdots\cdots\cdots (1)$$

式中:

X——试样中展青霉素的含量,单位为微克每千克或微克每升($\mu g/kg$ 或 $\mu g/L$);

ρ——测定样液中展青霉素的浓度,单位为纳克每毫升(ng/mL);

V——试样最终定容体积,单位为毫升(mL);

m——试样的称样量,单位为克(g);

f——稀释因子。

计算结果保留三位有效数字。

7 灵敏度和精密度

按照本方法测定展青霉素时,液体试样以称样量 4.00g 计时,检出限为 $6\mu g/kg$,定量限为 $20\mu g/kg$;固体、半流体试样以称样量 1.00g 计时,检出限为 $12\mu g/kg$,定量限为 $40\mu g/kg$。

样品中展青霉素的含量在重复性条件下获得的两次独立测定结果的绝对差值不得超过算术平均值的 15%。

8 展青霉素标准溶液的液相色谱图

见图1。

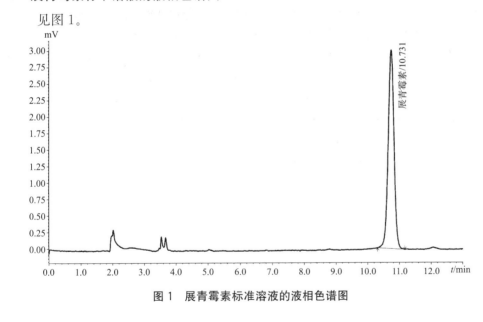

图1　展青霉素标准溶液的液相色谱图

二、注意事项

1. 本程序是在 GB 5009.185—2016《食品安全国家标准　食品中展青霉素的测定》(第二法)的基础上进行了调整。在测定本程序规定的适用范围以外的样品类型时,要进行方法验证。

2. 展青霉素在酸性条件下较稳定,因此定容液采用酸性溶液,标准品长时间放置后再使用前必须进行校正,建议系列标准溶液要现配现用。

3. 整个试验过程建议在通风橱中进行且尽量做好防护措施,避免危害操作人员的健康。

4. 使用不同厂商的固相净化柱,在样品上样、淋洗和洗脱的操作方面可能略有不同,应该按照说明书要求进行操作。

5. 提高灵敏度的方法:适当加大样品处理量、适当提高浓缩倍速或加大进样量。

参 考 文 献

[1] GB 5009.185—2016 食品安全国家标准 食品中展青霉素的测定

[2] GB 2761—2017 食品安全国家标准 食品中真菌毒素限量

[3] FAO(Food and Agriculture Organization),2004. Worldwide regulations for mycotoxins in food and feed in 2003. FAO Food and Nutrition Paper 81.

[4] AOAC Official Method 974.18 Patulin in apple juice thin-layer chromatographic method

[5] AOAC Official Method 995.10 Patulin in Apple Juice Liquid Chromatographic Method First Action 1995 Final Action 1999

[6] AOAC Official Method 2000.02 Patulin in Clear and Cloudy Apple Juices and Apple Puree Liquid Chromatographic Method First Action 2000

[7] Codex Standard 193—1995 Codex General Standard for Contaminants and Toxins

[8] CAC/RCP 50—2003 Code of practice for the prevention and reduction of patulin contamination in Apple juice and apple juice ingredients in other Beverages

[9] Commission Regulation(EC)No. 1881/2006 Setting maximum levels for certain contaminants in foodstuffs

第十二章

食品中杂色曲霉素的
测定标准操作程序

杂色曲霉素是含有双呋喃环的氧杂蒽酮类化合物,与黄曲霉毒素结构类似,主要是由杂色曲霉、构巢曲霉和离蠕孢霉等真菌产生。杂色曲霉素纯品为淡黄色针状结晶,CAS号为 10048-13-2,分子式为 $C_{18}H_{12}O_6$,相对分子质量为 324.28,熔点 246℃~248℃,在紫外线照射下显砖红色荧光,结构式见图 12-1;易溶于三氯甲烷、苯、吡啶、乙腈和二甲亚砜,微溶于甲醇、乙醇,不溶于水和碱性溶液。杂色曲霉素在自然界中广泛存在,主要污染大米,小麦等谷物。杂色曲霉素的慢性毒性主要表现为肝肾中毒,但因其结构与黄曲霉毒素 B_1 相似,也可以转化为黄曲霉毒素 B_1,该物质具有较强的致癌性,国际癌症研究机构认定其为潜在的致癌物质。因此,杂色曲霉素因其毒性和致癌性受到世界各国的高度重视。

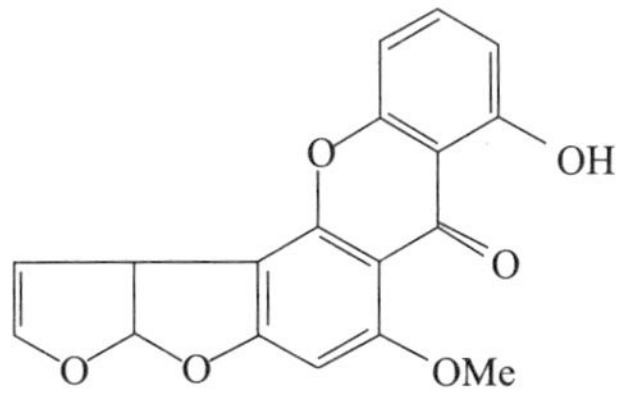

图 12-1　杂色曲霉素的结构式

食品中杂色曲霉素的测定方法主要有薄层色谱法(TLC)、液相色谱法(HPLC),液相色谱串联质谱法(HPLC-MS/MS)等。TLC 法是经典的食品中杂色曲霉素的分析检测方法,具有操作简便,成本低廉等优点,但重复性差,往往作为定性筛查方法;HPLC 法具有灵敏度高,重现性好,普及性广等优点,但对复杂基质样品存在杂峰干扰等问题;LC-MS/MS 法具有分辨率高、前处理简单等优点,采用同位素内标法可准确定量,可作为定性定量检测食品中杂色曲霉素的确证方法。

第一节　同位素稀释-液相色谱-串联质谱法

一、测定标准操作程序

食品中杂色曲霉素的同位素稀释-液相色谱-串联质谱法测定标准操作程序如下:

1 范围

本程序规定了大米、玉米、小麦、大豆及花生中杂色曲霉素测定的同位素稀释-液相色谱串联质谱方法。

本程序适用于大米、玉米、小麦、大豆及花生中杂色曲霉素含量的测定。

2 原理

试样中的杂色曲霉素用乙腈-水溶液提取，提取液稀释后过固相萃取柱或免疫亲和柱净化、浓缩，液相色谱-串联质谱仪检测，同位素稀释内标法定量。

3 试剂和材料

注：除非另有规定，本方法所用试剂均为分析纯，水为 GB/T 6682 规定的一级水。

3.1 试剂

3.1.1 甲醇(CH_3OH)：色谱纯。

3.1.2 乙腈(CH_3CN)：色谱纯。

3.1.3 磷酸氢二钠(Na_2HPO_4)。

3.1.4 氯化钾(KCl)。

3.1.5 磷酸二氢钾(KH_2PO_4)。

3.1.6 氯化钠(NaCl)。

3.1.7 盐酸(HCl)。

3.2 试剂配制

3.2.1 乙腈-水溶液(80＋20)：取 800mL 乙腈，加 200mL 水，混匀。

3.2.2 乙腈-水溶液(40＋60)：取 400mL 乙腈，加 600mL 水，混匀。

3.2.3 甲醇-水溶液(40＋60)：取 400mL 甲醇，加 600mL 水，混匀。

3.2.4 甲醇-水溶液(70＋30)：取 700mL 甲醇，加 300mL 水，混匀。

3.2.5 磷酸盐缓冲溶液(以下称 PBS 溶液)：称取 8.0g 氯化钠，1.2g 磷酸氢二钠(或 2.92g 十二水合磷酸氢二钠)，0.2g 磷酸二氢钾，0.2g 氯化钾，加 900mL 水溶解，盐酸调节 pH 至 7.4，用水定容至 1000mL。

3.3 标准品

3.3.1 杂色曲霉素标准品($C_{18}H_{12}O_6$，CAS 号：10048-13-2)：纯度≥99％，或经国家认证并授予标准物质证书的标准物质。

3.3.2 $^{13}C_{18}$-杂色曲霉素同位素内标：$25\mu g/mL$，或经国家认证并授予标准物质证书的标准物质。

3.4 标准溶液配制

3.4.1 标准储备溶液($100\mu g/mL$)：准确称取杂色曲霉素标准品 1.00mg(准确至 0.01mg)，用甲醇溶解并定容至 10mL。溶液转移至试剂瓶中后，密封后—20℃下保存。

3.4.2 标准中间液($1\mu g/mL$)：准确移取 1.00mL 的杂色曲霉素标准储备溶液至 100mL 容量瓶中，用甲醇定容至刻度。—20℃下保存。

3.4.3 同位素内标中间液($1\mu g/mL$)：准确移取$^{13}C_{18}$-杂色曲霉素同位素内标溶液

(25μg/mL)0.40mL 至 10mL 容量瓶中,用甲醇定容至刻度。－20℃下保存。

3.4.4 标准系列工作溶液:准确移取标准工作液适量至 5mL 容量瓶中,加入 50μL1.0μg/mL 的 $^{13}C_{18}$-杂色曲霉素同位素内标中间液,用甲醇-水溶液(70＋30)定容至刻度,配制成杂色曲霉素浓度分别为 2ng/mL、5ng/mL、10ng/mL、20ng/mL、30ng/mL、40ng/mL、50ng/mL 的系列标准溶液。

3.5 材料

3.5.1 杂色曲霉素免疫亲和柱。

3.5.2 固相萃取柱:N-乙烯吡咯烷酮和二乙烯基苯共聚物填料柱(200mg/6mL),或相当者。

3.5.3 微孔滤膜:0.22μm。

4 仪器设备

4.1 液相色谱-串联质谱仪:配电喷雾离子源。

4.2 高速粉碎机。

4.3 涡旋混合器。

4.4 超声波发生器。

4.5 天平:感量为 0.01g 和 0.00001g。

4.6 离心机:转速≥6000r/min。

4.7 固相萃取装置(带真空泵)。

4.8 氮吹仪。

4.9 试验筛:孔径 1mm～2mm。

5 分析步骤

5.1 提取

将样品用高速粉碎机粉碎后,过试验筛,混合均匀。称取 5g(精确到 0.01g)过筛样品(花生和大豆样品:称取 2g 过筛样品)于 50mL 离心管中,加入 100μL$^{13}C_{18}$-杂色曲霉素同位素内标中间液,静置 30min,再加 20mL 乙腈-水溶液(80＋20),涡旋混匀后超声提取 10min,在 6000r/min 下离心 10min,取上清液待净化。

5.2 净化

5.2.1 固相萃取柱净化

将固相萃取柱依次用 5mL 甲醇和 5mL 水进行活化。准确移取 2mL 上述提取液于 10mL 试管中,加 6mL 水混匀,移入固相萃取柱,控制样液下滴速度约为 3mL/min。待上样液滴完后,依次用 5mL 乙腈-水溶液(40＋60)、5mL 甲醇-水溶液(40＋60)淋洗。待淋洗结束,用真空泵抽干固相萃取柱,加 6mL 乙腈洗脱,控制洗脱液流速约为 3mL/min,抽干固相萃取柱,收集洗脱液。在 60℃下用氮气吹至近干,用 1mL 甲醇-水溶液(70＋30)溶解残留物,过 0.22μm 滤膜后待测定。按同一操作方法做空白试验。

5.2.2 免疫亲和柱净化

将 50mL 一次性注射器针筒与免疫亲和柱的顶部相连。准确移取 2mL 上述提取液于 50mL 的离心管中，加入 28mL PBS 溶液混匀，转移至注射器针筒中，调节样液下滴速度约 3mL/min。待样液滴完后，依次加入 10mL PBS 溶液和 10mL 水淋洗。待水滴完后，用真空泵抽干免疫亲和柱，取下注射器针筒，加 2mL 乙腈洗脱，使其在重力作用下自然下滴，用真空泵抽干免疫亲和柱，收集全部洗脱液。在 60℃ 下用氮气吹至近干，用 1mL 甲醇-水溶液（70＋30）溶解残留物，过 0.22μm 滤膜后待测定。按同一操作方法做空白试验。

注：根据实验室实际情况，选择上述净化方法中的一种即可。

5.3 测定

5.3.1 液相色谱参考条件

色谱柱：C18 柱，柱长 100mm，内径 2.1mm，粒径 1.8μm，或等效柱；柱温：40℃；流动相：水（A 相），甲醇（B 相）；流速：0.2mL/min；梯度洗脱条件：70％B（0～5min），100％B（5min～8min），70％B（8min～12min）。

5.3.2 质谱参考条件

离子源：电喷雾离子源；电离方式：ESI＋；毛细管电压：3.5kV；锥孔电压：145V；干燥气温度：325℃；干燥气流速：480L/h；鞘气温度：350℃；鞘气流速：600L/h；扫描方式：多离子反应监测模式（MRM）。杂色曲霉素及其同位素内标的质谱参数见表1。

表 1 杂色曲霉素及其同位素内标的质谱参数

化合物名称	母离子(m/z)	碎片离子(m/z)	碰撞能量/eV	锥孔电压/V
杂色曲霉素	325.0	280.8*/309.8	35/20	145
$^{13}C_{18}$-杂色曲霉素	343.0	296.9*/326.9	35/20	145
注：* 定量离子。				

5.3.3 标准曲线的制作

将标准系列工作液按浓度由低到高的顺序分别注入液相色谱-串联质谱仪中，测定相应的杂色曲霉素及其同位素内标的峰面积，以标准工作液中杂色曲霉素的浓度为横坐标，以杂色曲霉素与其同位素内标的峰面积比值为纵坐标，绘制标准曲线。

5.3.4 样品测定

将样品液注入液相色谱-串联质谱仪中，得到样品液中杂色曲霉素与其相应同位素内标的峰面积比，根据标准曲线得到待测样品液中杂色曲霉素的浓度。

5.4 空白试验

除不加试样外，按操作步骤进行。应确认不含有干扰待测组分的物质。

5.5 定性测定

试样中杂色曲霉素色谱峰的保留时间与相应标准色谱峰的保留时间相比较，变化范围应在±2.5％之内。

每种被测物的质谱定性离子应出现，至少应包括一个母离子和两个子离子，而且同一检测批次，对同一被测物，样品中目标化合物的两个子离子的相对丰度比与浓度相当的标准溶液相比，其允许偏差不超过表2规定的范围。

表2　定性时相对离子丰度的最大允许偏差

相对离子丰度	>50%	20%~50%	10%~20%	≤10%
允许的相对偏差	±20%	±25%	±30%	±50%

6　分析结果的表述

试样中杂色曲霉素的含量按式(1)计算：

$$X = \frac{\rho \times V}{m} \times f \quad \cdots\cdots\cdots\cdots\cdots\cdots\cdots\cdots\cdots\cdots\cdots \quad (1)$$

式中：

X——试样中杂色曲霉素的含量，单位为微克每千克(μg/kg)；

ρ——测定样液中杂色曲霉素的浓度，单位为纳克每毫升(ng/mL)；

V——试样最终定容体积，单位为毫升(mL)；

m——试样的称样量，单位为克(g)；

f——稀释因子($f=10$)。

计算结果保留三位有效数字。

7　灵敏度和精密度

按照本方法测定杂色曲霉素，称取5.00g大米、玉米及小麦试样时，其检出限(LOD)为0.6μg/kg，定量限(LOQ)为2μg/kg；称取2.00g大豆及花生试样时，其检出限(LOD)为1.5μg/kg，定量限(LOQ)为5μg/kg。

样品中杂色曲霉素的含量在重复性条件下获得的两次独立测定结果的绝对差值不得超过算术平均值的20%。

8　杂色曲霉素及其同位素内标的液相色谱-串联质谱图

见图1。

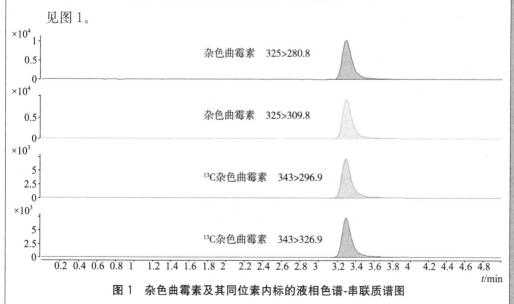

图1　杂色曲霉素及其同位素内标的液相色谱-串联质谱图

二、注意事项

1. 本程序是在 GB 5009.25—2016《食品安全国家标准 食品中杂色曲霉素的测定》(第一法)的基础上进行了调整。在测定本程序规定的适用范围以外的样品类型时,要进行方法验证。

2. 提取液的有机相比例对于杂色曲霉素的提取效率有直接的影响,当提取液中乙腈比例在 70%～90%之间时,提取效率比较理想,本程序选用 80%的乙腈水溶液。

3. 采用固相萃取净化时,用 5mL 40%乙腈水溶液和 5mL 40%甲醇水溶液依次淋洗,可有效去除玉米、花生、大豆等样品中的油脂、色素,但当淋洗液中乙腈比例超过 40%时,杂色曲霉素会在淋洗环节出现流失现象。

4. 使用不同厂商的免疫亲和柱,在样品上样、淋洗和洗脱的操作方面可能略有不同,应该按照说明书要求进行操作。试验中使用的磷酸盐缓冲液(PBS 溶液),可购买市售的磷酸盐缓冲液试剂包,按说明配制 PBS,以简化试验操作。如果实验室自行配制,可按 3.2.5 进行配制,须注意磷酸氢二钠等试剂中结晶水的换算关系。对复杂基质样品,可在 PBS 溶液中加入 0.1%的吐温,可有效去除样品提取液中的油脂、天然色素等杂质。

5. 杂色曲霉素分子结构中含有双呋喃环,环上的氧原子上有孤对电子,容易形成加氢峰,通过对不同流动相(70%甲醇水溶液、60%乙腈水溶液、0.01%甲酸水-甲醇、0.1%甲酸水-乙腈、5mmol/L 乙酸铵水-甲醇及 0.1%甲酸-5mmol/L 甲酸铵水-甲醇)对杂色曲霉素的响应及分离效果的考察,发现杂色曲霉素在 70%甲醇水中响应最高,在色谱柱中保留较好且与杂峰分离完全。

6. 真菌毒素污染农作物颗粒存在分布不均匀的现象,谷物及其制品需充分研磨混匀,确保样品充分均质以保证样品的均匀性和代表性。

7. 试验中用到的所有器皿应洗涤干净,减少对测定的干扰。整个试验过程需在通风橱中进行且尽量做好防护措施,避免危害操作人员的健康。

三、国内外食品中杂色曲霉素的限量及检测方法

目前,国际法典委员会(CAC)、美国食品药品监督管理局(FDA)和欧盟(EU)等国际组织均未规定食品中杂色曲霉素的限量值。我国目前制定的食品安全国家标准未对食品中杂色曲霉素的限量值做出规定。

针对食品中杂色曲霉素的检测方法标准主要采用高效液相色谱法、高效液相色谱-串联质谱法和薄层色谱法,国内外食品中杂色曲霉素的检验方法标准见表 12-1。

表 12-1 国内外食品中杂色曲霉素的检验方法标准

标准编号	标准名称	前处理	测定方法
GB 5009.25—2016	食品安全国家标准 食品中杂色曲霉素的测定	乙腈-水溶液提取,固相萃取柱净化或免疫亲和柱净化	液相色谱-串联质谱法(第一法)、液相色谱法(第二法)

表 12-1(续)

标准编号	标准名称	前处理	测定方法
AOAC 973.38	薄层色谱法检测大麦和小麦中的杂色曲霉素(Sterigmatocystin in barley and wheat thin-layer chromatographic method)	乙腈-氯化钠溶液、正己烷、三氯甲烷提取,在薄层板上点样、展开,用氯化铝显色	薄层色谱法

第二节　液相色谱法

一、测定标准操作程序

食品中杂色曲霉素的液相色谱法测定标准操作程序如下:

1　范围

本程序规定了大米、玉米、小麦、大豆及花生中杂色曲霉素测定的液相色谱方法。

本程序适用于大米、玉米、小麦、大豆及花生中杂色曲霉素含量的测定。

2　原理

样品中的杂色曲霉素用乙腈-水溶液提取,提取液用磷酸盐缓冲液稀释后过免疫亲和柱净化、浓缩,液相色谱分离,紫外检测器检测。外标法定量。

3　试剂和材料

注:除非另有规定,本方法所用试剂均为分析纯,水为 GB/T 6682 规定的一级水。

3.1　试剂

3.1.1　甲醇(CH_3OH):色谱纯。

3.1.2　乙腈(CH_3CN):色谱纯。

3.1.3　磷酸氢二钠(Na_2HPO_4)。

3.1.4　氯化钾(KCl)。

3.1.5　磷酸二氢钾(KH_2PO_4)。

3.1.6　氯化钠(NaCl)。

3.1.7　盐酸(HCl)。

3.2　试剂配制

3.2.1　乙腈-水溶液(80+20):取 800mL 乙腈,加 200mL 水,混匀。

3.2.2　乙腈-水溶液(50+50):取 500mL 乙腈,加 500mL 水,混匀。

3.2.3 磷酸盐缓冲溶液(以下称 PBS 溶液):称取 8.0g 氯化钠,1.2g 磷酸氢二钠(或 2.92g 十二水合磷酸氢二钠),0.2g 磷酸二氢钾,0.2g 氯化钾,用 900mL 水溶解,用盐酸调节 pH 至 7.4,用水定容至 1000mL。

3.3 标准品

杂色曲霉素标准品($C_{18}H_{12}O_6$,CAS 号:10048-13-2):纯度≥99%,或经国家认证并授予标准物质证书的标准物质。

3.4 标准溶液配制

3.4.1 标准储备溶液(100μg/mL):准确称取杂色曲霉素标准品 1.0mg(准确至 0.01mg),用甲醇溶解并定容至 10mL。溶液转移至试剂瓶中后,密封后 −20℃下保存。

3.4.2 标准中间液(1μg/mL):准确移取 1.00mL 的杂色曲霉素标准储备溶液至 100mL 容量瓶中,用甲醇定容。−20℃下保存。

3.4.3 标准系列工作液:准确移取标准工作液适量至 5mL 容量瓶中,用乙腈-水溶液(50+50)定容至刻度(含杂色曲霉素浓度分别为 5ng/mL、10ng/mL、25ng/mL、50ng/mL、75ng/mL、100ng/mL 的系列标准溶液)。

3.5 材料

3.5.1 杂色曲霉素免疫亲和柱。

3.5.2 微孔滤膜:0.22μm。

4 仪器设备

4.1 液相色谱仪:配紫外检测器。

4.2 高速粉碎机

4.3 涡旋混合器。

4.4 超声波发生器。

4.5 天平:感量为 0.01g 和 0.00001g。

4.6 离心机:转速≥6000r/min。

4.7 固相萃取装置(带真空泵)。

4.8 氮吹仪。

4.9 试验筛:孔径 1mm～2mm。

5 分析步骤

5.1 提取

将样品用高速粉碎机粉碎后,过试验筛,混合均匀。称取 5g(精确到 0.01g)过筛样品于 50mL 离心管中,加入 20mL 乙腈-水溶液(80+20),涡旋混匀后超声提取 10min,在 6000r/min 下离心 10min,取上清液待净化。

5.2 净化

将 50mL 一次性注射器针筒与免疫亲和柱的顶部相连。准确移取 2mL 上述提取液,加入 28mL PBS 溶液混匀,转移至注射器针筒中,调节样液下滴速度约 3mL/min。

待样液滴完后,依次加入 10mL PBS 溶液和 10mL 水淋洗。待水滴完后,用真空泵抽干免疫亲和柱,取下注射器针筒,加 2mL 乙腈洗脱,使其在重力作用下自然下滴,用真空泵抽干免疫亲和柱,收集全部洗脱液。在 60℃下用氮气吹至近干,用 1mL 乙腈-水溶液(50+50)溶解残留物,过 0.22μm 滤膜后待测定。按同一操作方法做空白试验。

注:不同厂商的免疫亲和柱,在样品的上样、淋洗和洗脱的操作方面可能略有不同,应该按照供应商所提供的操作说明书要求进行操作。

5.3　测定

5.3.1　液相色谱参考条件

色谱柱:C18 柱(柱长 150mm,柱内径 4.6mm,填料粒径 3.5μm),或等效柱;柱温:40℃;流速 0.8mL/min;进样量:10μL;流动相:水(A 相),乙腈(B 相);梯度洗脱条件:55%B(0min~7.5min),100%B(7.5min~10min),55%B(10min~15min);检测波长:325nm。

5.3.2　标准曲线的制作

将标准系列工作液按浓度由低到高的顺序分别注入液相色谱仪中,测定相应的杂色曲霉素的峰面积,以标准工作液中杂色曲霉素的浓度为横坐标,以相应浓度点的峰面积为纵坐标,绘制标准曲线。

5.3.3　样品测定

将样品液注入液相仪中,得到样品液中杂色曲霉素的峰面积,根据标准曲线得到待测样品液中杂色曲霉素的浓度。

5.4　空白试验

除不加试样外,按操作步骤进行。应确认不含有干扰待测组分的物质。

6　分析结果的表述

试样中杂色曲霉素的含量按式(1)计算:

$$X = \frac{\rho \times V}{m} \times f \quad \cdots\cdots\cdots\cdots\cdots\cdots\cdots\cdots\cdots\cdots\cdots\cdots\cdots\cdots \quad (1)$$

式中:

X——试样中杂色曲霉素的含量,单位为微克每千克(μg/kg);

ρ——测定样液中杂色曲霉素的浓度,单位为纳克每毫升(ng/mL);

V——试样最终定容体积,单位为毫升(mL);

m——试样的称样量,单位为克(g);

f——稀释因子,$f=10$。

计算结果保留三位有效数字。

7　灵敏度和精密度

按照本程序测定大米、玉米、小麦、大豆及花生中的杂色曲霉素时,以称样量 5.00g 计,本方法的检出限(LOD)为 6μg/kg,定量限(LOQ)为 20μg/kg。

样品中杂色曲霉素的含量在重复性条件下获得的两次独立测定结果的绝对差值不得超过算术平均值的 20%。

8 杂色曲霉素标准溶液的液相色谱图

见图1。

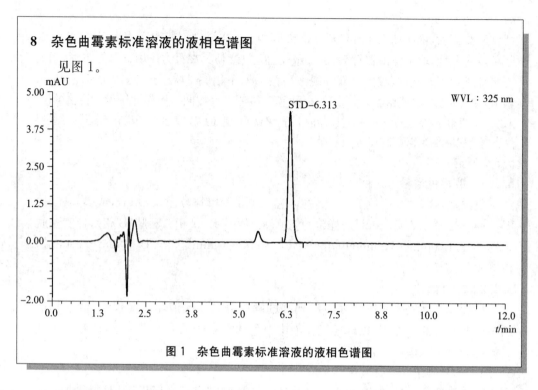

图1 杂色曲霉素标准溶液的液相色谱图

二、注意事项

1. 本程序是在 GB 5009.25—2016《食品安全国家标准 食品中杂色曲霉素的测定》（第二法）的基础上进行了调整。在测定本程序规定的适用范围以外的样品类型时，要进行方法验证。

2. 提取液的有机相比例对于杂色曲霉素的提取效率有直接的影响，当提取液中乙腈比例在 70%～90% 之间时，提取效率比较理想，本程序选用 80% 的乙腈水溶液。

3. 使用不同厂商的免疫亲和柱，样品上样、淋洗和洗脱的操作方法可能略有不同，应该按照说明书要求进行操作。试验中使用的磷酸盐缓冲液（PBS 溶液），可购买市售的磷酸盐缓冲液试剂包，按说明配制 PBS，以简化试验操作；如果实验室自行配制，可按 3.2.5 进行配制，须注意磷酸氢二钠等试剂中结晶水的换算关系；对复杂基质样品，可在 PBS 溶液中加入 0.1% 的吐温，可有效去除样品提取液中的油脂、天然色素等杂质。

4. 真菌毒素污染农作物颗粒存在分布不均匀的现象，谷物及其制品需充分研磨混匀，确保样品充分均质以保证样品的均匀性和代表性。

5. 试验中用到的所有器皿应洗涤干净，减少对测定的干扰。整个试验过程需在通风橱中进行且尽量做好防护措施，避免危害操作人员的健康。

参 考 文 献

[1] GB 5009.25—2016 食品安全国家标准 食品中杂色曲霉素的测定

[2] AOAC official method 973.38 Sterigmatocystin in barley and wheat thin-layer chromatographic method

第十三章

食品中米酵菌酸的测定标准操作程序

米酵菌酸(Bongkrekic Acid)是椰毒假单胞菌属酵米面亚种产生的一种毒素,分子结构见图 13-1。其分子式为 $C_{28}H_{38}O_7$,相对分子质量 486.597,CAS 号 11076-19-0,在酸性、氧化剂、光照条件下不稳定。

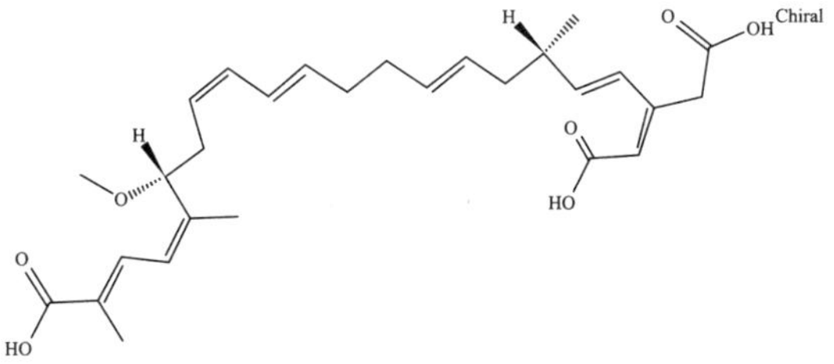

图 13-1 米酵菌酸结构图

米酵菌酸可引起中毒,主要通过食物链进入人体,常见的污染食品主要为谷类发酵制品、薯类制品及银耳等,食用受其污染的食物会引发中毒,严重可致死亡。动物实验表明,米酵菌酸主要作用于肾脏、肝脏及大脑等器官,且细胞内的线粒体对于米酵菌酸的毒性最为敏感,比起其他的线粒体毒物如氰化物或 2,4-二硝基苯,具有更强的致死性。但也有研究表明米酵菌酸在生化和药理学方面具有一定的生物活性和研究价值。

食品中米酵菌酸的测定方法有薄层色谱法(TLC)、液相色谱法(HPLC),液相色谱-串联质谱法(HPLC-MS/MS)等。TLC 法是经典的食品中米酵菌酸的分析检测方法,但其灵敏度较低,定量不准确,适用于毒素含量较高的样品的检测;米酵菌酸有紫外吸收,可使用HPLC 法进行测定,HPLC 法也是目前主要的米酵菌酸的检测方法;LC-MS/MS 法具有较高的灵敏度和准确性,是定性定量检测食品中痕量米酵菌酸的有效方法。

第一节　高效液相色谱法

一、测定标准操作程序

食品中米酵菌酸的高效液相色谱法测定标准操作程序如下:

1 范围

本程序适用于银耳及其制品、酵米面及其制品等食品中米酵菌酸的测定。

2 原理

试样中的米酵菌酸用氨化甲醇提取后,固相萃取柱净化、浓缩,用带二极管阵列检测器的高效液相色谱仪检测,外标法定量。

3 试剂和材料

注:除非另有说明,本方法所用试剂均为分析纯,水为 GB/T 6682 规定的一级水。

3.1 试剂

3.1.1 甲醇(CH_3OH):色谱纯。

3.1.2 乙酸(CH_3COOH):色谱纯。

3.1.3 氨水($NH_3 \cdot H_2O$)。

3.1.4 甲酸(HCOOH):色谱纯。

3.2 试剂配制

3.2.1 甲醇-氨水溶液:量取 80mL 甲醇,加入 1.0mL 氨水,加水定容到 100mL,混匀。

3.2.2 2% 甲酸-甲醇溶液:吸取 2.0mL 甲酸于 100mL 容量瓶中,用甲醇稀释定容至刻度。

3.3 标准品

米酵菌酸标准品($C_{28}H_{38}O_7$):纯度≥95%,或经国家认证并授予标准物质证书的标准物质。

3.4 标准溶液配制

3.4.1 米酵菌酸标准储备液(0.1mg/mL):准确称取米酵菌酸标准品 1mg(精确至0.01mg),用甲醇溶解,转移至 10mL 容量瓶中,用甲醇定容至刻度。置于 2℃~8℃冰箱中避光保存,有效期为 6 个月。

3.4.2 米酵菌酸标准系列工作液:分别吸取米酵菌酸标准储备液用甲醇稀释定容,配制成米酵菌酸浓度分别为 0.2μg/mL、1.0μg/mL、5.0μg/mL、20.0μg/mL、40.0μg/mL 的标准工作溶液。临用时配制。

3.5 材料

固相萃取柱:强阴离子交换柱(60mg/3mL)或效果相当者,临用前用 5mL 甲醇和 5mL 水活化平衡。

4 仪器设备

4.1 高效液相色谱仪,带二极管阵列检测器。

4.2 固相萃取装置。

4.3 超声波振荡器。

4.4 氮吹仪。

4.5 微孔有机滤膜(孔径 0.22μm)。

4.6 天平:感量分别为 0.01g 和 0.01mg。

4.7 涡旋振荡器。

4.8 旋转蒸发仪。

5 操作步骤

5.1 样品制备

干试样经均质、粉碎后过 40 目筛;鲜(湿)试样剪碎、匀浆处理。

5.2 固相萃取法

5.2.1 提取

称取 20g(精确至 0.01g)均质干样品于 250mL 锥形瓶中,加入 100mL 甲醇-氨水溶液;称取 10g(精确至 0.01g)均质鲜(湿)于 250mL 锥形瓶中,加入 80mL 甲醇-氨水溶液。充分混匀,室温下置于暗处浸泡 1h 后,超声提取 30min,过滤。分取干试样提取液 50mL,鲜(湿)试样提取液 40mL。60℃ 水浴中氮吹或旋转蒸发至约 3mL,待净化。

5.2.2 净化

将浓缩后的试样全部转移到已完成活化平衡的固相萃取柱中,依次用 5mL 水和 5mL 甲醇淋洗,抽真空排出固相萃取柱中的残液,再用 6mL 2% 甲酸-甲醇溶液洗脱,收集洗脱液,于 40℃ 水浴中氮吹至干,加入 0.5mL 初始流动相定容,涡旋均质溶解,用 0.22μm 滤膜过滤后进 HPLC 分析。

5.3 仪器测试条件

色谱参考条件列出如下:

(1) 色谱柱:C18 色谱柱(柱长 250mm,内径 4.6mm,粒度 5μm)或同等性能的色谱柱;

(2) 流动相:甲醇+水=75+25,水用冰乙酸调 pH 至 2.5;

(3) 流速:1.0mL/min;

(4) 柱温:30℃;

(5) 检测波长:267nm;

(6) 进样量:20μL。

5.4 标准曲线的制作

分别将 20μL 米酵菌酸标准系列工作液注入液相色谱仪中,测定相应的峰面积,以标准工作液的浓度为横坐标,以峰面积为纵坐标,绘制标准曲线。

5.5 试样溶液的测定

将 20μL 试样溶液注入液相色谱仪中,以保留时间定性,同时记录峰面积,根据标准曲线得到待测液中米酵菌酸的浓度。

6 分析结果的表述

见式(1):

221

$$X=\frac{\rho \times V \times 2 \times 1000}{m \times 1000} \quad\cdots\cdots\cdots\cdots\cdots\cdots\cdots\cdots\cdots\cdots\text{（1）}$$

式中：

X——试样中米酵菌酸的含量，单位为毫克每千克（mg/kg）；

ρ——由标准曲线得到的试样溶液中米酵菌酸的浓度，单位为微克每毫升（μg/mL）；

V——试样溶液的浓缩定容体积，单位为毫升（mL）；

2——稀释倍数；

m——试样称样量，单位为克（g）。

计算结果保留两位有效数字。

7 灵敏度和精密度

按照本程序规定的取样量，干样中检出限为 0.005mg/L，定量限为 0.015mg/kg；湿样中检出限为 0.01mg/L，定量限为 0.03mg/kg。

在重复性条件下获得的两次独立测定结果的绝对差值不得超过算术平均值的 10%。

8 标准色谱图

见图 1。

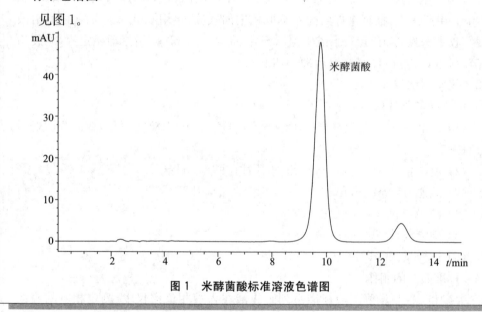

图 1 米酵菌酸标准溶液色谱图

二、注意事项

1. 本程序在 GB 5009.189—2016《食品安全国家标准 食品中米酵菌酸的测定》的基础上进行了调整。

2. 米酵菌酸遇强酸、氧、光照不稳定，试验过程应避光、避强酸，同时应当避免样品提取液长时间暴露于空气中。

3. 米酵菌酸结构式含有 3 个羧基(—COOH),其在液相色谱柱上的保留因子和选择性受流动相 pH 影响较大,一般当流动相 pH＝2.5 时可有效避免离子化从而得到对称的色谱峰。

4. 选用固相萃取法时应选择强阴离子交换柱,如果选用弱阴离子交换柱,在过柱时因米酵菌酸难以保留导致过柱回收率不佳;酸化甲醇洗脱液的酸度对米酵菌酸的洗脱强度有很大影响,一般要求酸化甲醇中甲酸浓度大于 0.1％,但不同品牌的固相萃取柱会有所区别,使用者在使用前应仔细阅读说明书,根据说明书要求进行处理。

5. 确保银耳样品充分粉碎以保证样品的均匀性。银耳样品加入提取溶剂后容易结块,需通过搅拌或振摇等方式充分混匀。

三、国内外米酵菌酸的限量及检测方法

国内米酵菌酸的标准检测方法为液液萃取-液相色谱法和固相萃取-液相色谱法,目前只有银耳及其制品有限量标准,限量值为 0.25mg/kg;国外尚未建立米酵菌酸的标准检测方法和限量值。

第二节　高效液相色谱-串联质谱法

一、测定标准操作程序

食品中米酵菌酸的高效液相色谱-串联质谱法测定标准操作程序如下:

1　范围

本程序适用于银耳及其制品、酵米面及其制品等食品中米酵菌酸的测定。

2　原理

试样中的米酵菌酸用氨化甲醇提取后,固相萃取柱净化、浓缩,用高效液相色谱-串联质谱仪检测,基质匹配标准曲线定量。

3　试剂和材料

注:除非另有说明,本方法所用试剂均为分析纯,水为 GB/T 6682 规定的一级水。

3.1　试剂

3.1.1　甲醇(CH_3OH):色谱纯。

3.1.2　乙酸(CH_3COOH):色谱纯。

3.1.3　氨水($NH_3 \cdot H_2O$)。

3.1.4　甲酸($HCOOH$):色谱纯。

3.1.5　乙腈(CH_3CN):色谱纯。

3.1.6　乙酸铵(CH_3COONH_4)。

3.2 试剂配制

3.2.1 甲醇-氨水溶液:量取 80mL 甲醇,加入 1.0mL 氨水,加水定容到 100mL,混匀。

3.2.2 2%甲酸-甲醇溶液:吸取 2.0mL 甲酸于 100mL 容量瓶中,用甲醇稀释定容至刻度。

3.3 标准品

米酵菌酸标准品($C_{28}H_{38}O_7$):纯度≥95%,或经国家认证并授予标准物质证书的标准物质。

3.4 标准溶液配制

3.4.1 米酵菌酸标准储备液(0.1mg/mL):准确称取米酵菌酸标准品 1mg(精确至 0.01mg),用甲醇溶解,转移至 10mL 容量瓶中,用甲醇定容至刻度。置于 2℃~8℃冰箱中避光保存,有效期为 6 个月。

3.4.2 米酵菌酸标准系列工作液:分别吸取米酵菌酸标准储备液用空白样品基质溶液稀释定容,配制成米酵菌酸浓度分别为 0.005μg/mL、0.010μg/mL、0.020μg/mL、0.050μg/mL、0.100μg/mL 的标准工作溶液。临用时配制。

3.5 材料

固相萃取柱:强阴离子交换柱(60mg/3mL)或效果相当者,临用前用 5mL 甲醇 5mL 水活化平衡。

4 仪器设备

4.1 高效液相色谱-串联质谱仪。

4.2 固相萃取装置。

4.3 超声波振荡器。

4.4 氮吹仪。

4.5 微孔有机滤膜(孔径 0.45μm)。

4.6 天平:感量分别为 0.01g 和 0.01mg。

4.7 涡旋振荡器。

4.8 旋转蒸发仪。

5 操作步骤

5.1 样品制备

干试样经均质、粉碎过后过 40 目筛;鲜(湿)试样剪碎、匀浆处理。

5.2 提取

称取 20g(精确至 0.01g)均质干试样于 250mL 锥形瓶中,加入 100mL 甲醇-氨水溶液;称取 10g(精确至 0.01g)均质鲜(湿)试样于 250mL 锥形瓶中,加入 80mL 甲醇-氨水溶液。充分混匀,室温下置于暗处浸泡 1h 后,超声提取 30min,过滤。分取干试样提取液 50mL,鲜(湿)试样提取液 40mL。60℃水浴中氮吹或旋转蒸发至约 3mL,待净化。

5.3 净化

将浓缩后的试样全部转移到已完成活化平衡的固相萃取柱中,依次用5mL水和5mL甲醇淋洗,抽真空排出固相萃取柱中的残液,再用6mL2%甲酸-甲醇溶液洗脱,收集洗脱液,于40℃水浴中氮吹至干,加入0.5mL初始流动相定容,涡旋均质溶解,用0.22μm滤膜过滤后进HPLC-MS/MS分析。按同一操作方法做空白试验。

5.4 仪器测试条件

色谱参考条件列出如下:

(1) 色谱柱:C18色谱柱(柱长100mm,内径2.1mm,粒度1.7μm)或同等性能的色谱柱;

(2) 流动相:A:10mm乙酸铵水溶液,B:乙腈,洗脱梯度:0min~4min,20%B~40%B;4.01min~6min,90%B;6.01min~8.0min,20%B;

(3) 流速:0.3mL/min;

(4) 柱温:35℃;

(5) 检测方式:ESI负离子模式,多通道反应监测(MRM)模式检测,母离子(m/z,485.5),定性离子(m/z,397.2),定量离子(m/z,441.2);

(6) 进样量:5μL。

5.5 标准曲线的制作

分别将5μL米酵菌酸标准系列工作液注入液相色谱-串联质谱仪中,测定相应的峰面积,以标准工作液的浓度为横坐标,以峰面积为纵坐标,绘制标准曲线。

5.6 试样溶液的测定

将5μL试样溶液注入液相色谱-串联质谱仪中,以保留时间定性,同时记录峰面积,根据标准曲线得到待测液中米酵菌酸的浓度。

6 分析结果的表述

见式(1):

$$X = \frac{\rho \times V \times 2 \times 1000}{m \times 1000} \quad\cdots\cdots\cdots\cdots\cdots\cdots\cdots\cdots\cdots (1)$$

式中:

X——试样中米酵菌酸的含量,单位为毫克每千克(mg/kg);

ρ——由标准曲线得到的试样溶液中米酵菌酸的浓度,单位为微克每毫升(μg/mL);

V——试样溶液的浓缩定容体积,单位为毫升(mL);

2——稀释倍数;

m——试样称样量,单位为克(g)。

计算结果保留两位有效数字。

7 灵敏度和精密度

按照本程序规定的取样量,干样中检出限为0.0005mg/L,定量限为0.0015mg/kg。

湿样中检出限为 0.001mg/L，定量限为 0.003mg/kg。

在重复性条件下获得的两次独立测定结果的绝对差值不得超过算术平均值的 10%。

8 标准质谱图

见图 1。

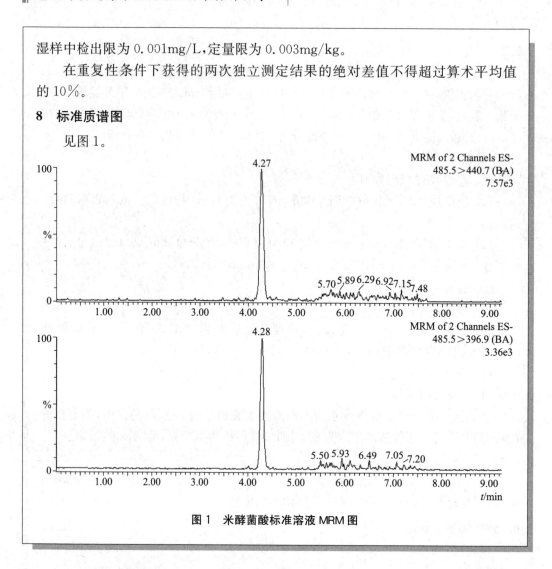

图 1　米酵菌酸标准溶液 MRM 图

二、注意事项

1. 米酵菌酸遇强酸、氧、光照条件下不稳定，试验过程应避光、避强酸，同时应当避免样品提取液长时间暴露于空气中。

2. 米酵菌酸为酸性物质，往往采用电喷雾负离子模式（ESI⁻）检测，但需要注意流动相的选择：采用 0.3% 甲酸水-乙腈溶液为流动相时，可获得较好的色谱峰型，但流动相中的甲酸会抑制米酵菌酸的电离，降低检测灵敏度；采用 10mmol/L 乙酸铵水溶液-乙腈为流动相时，可以获得较好的峰形和检测灵敏度。

3. 选用固相萃取法时应选择强阴离子交换柱，如果选用弱阴离子交换柱，在过柱时因米酵菌酸难以保留将导致过柱回收率不佳；酸化甲醇洗脱液的酸度对米酵菌酸的洗脱强度有很大影响，一般要求酸化甲醇中甲酸浓度大于 0.1%，但不同品牌的固相萃取柱会有所区别，使用者在使用前应仔细阅读说明书，根据说明书要求进行处理。

4. 本程序使用基质匹配标准曲线定量，样品前处理选择强阴离子交换柱进行净化处理,较大程度上消除了机制效应的影响,但在测定过程中还应注意进样体积的溶剂效应和色谱保留行为等因素引起的基质效应。

5. 确保样品充分均质以保证样品的均匀性;银耳样品加入提取溶剂后容易结块,应通过搅拌或振摇等方式充分混匀。

参 考 文 献

[1] NUGTEREN D H,BERENDS W. Investigations on bongkrekic acid,the toxine from Pseudomonas cocovenenans[J]. Recueil,1957,76:13-27.

[2] GB 5009.189—2016 食品安全国家标准 食品中米酵菌酸的测定

[3] 李红艳,金燕飞,黄海智,等.高效液相色谱-二极管阵列检测器结合固相萃取法快速测定食品中米酵菌酸残留[J].食品科学,2016,37(24):247-251.

[4] 苏肯明,梁达清.液相色谱-串联质谱法测定银耳中的米酵菌酸[J].广东化工,2014,41(16):168-169.

[5] 周鹏.超高效液相色谱串联质谱法测定银耳中米酵菌酸[J].食品研究与开发,2015,36(22):123-126.

[6] NY/T 749—2012 绿色食品 食用菌

第十四章

甘蔗中3-硝基丙酸的测定标准操作程序

第一节　液相色谱-串联质谱法

一、概述

3-硝基丙酸(β-Nitropropionic acid)是节菱孢菌产生的有毒代谢产物,黄曲霉、米曲霉、深酒色曲霉、链丝菌、放线菌和丝状菌等真菌也能合成 3-硝基丙酸,在某些高等植物中也有 3-硝基丙酸存在。3-硝基丙酸是变质甘蔗中毒的病因,3-硝基丙酸是一种嗜神经毒素,该中毒症的主要表现为中枢神经系统受损。急性期的症状有呕吐、眩晕、阵发性抽搐、眼球偏侧凝视、昏迷,甚至死亡,后遗症主要为锥体外系的损害,主要症状有屈曲、扭转、痉挛、肢体强直、静止时张力减低等。儿童中毒尤为严重。联合国粮农组织和世界卫生组织关于食品添加剂的联合专家委员会(Joint FAO/WHO Expert Committee on Food Additives)在 1987 年召开的第 31 次会议中明确规定,用米曲霉发酵生产的 α-淀粉酶、蛋白酶、葡萄糖化酶、脂肪酶等,都要求检测 3-硝基丙酸。

3-硝基丙酸纯品为无色针状晶体,溶于水、乙醇、乙酸乙酯、丙酮、乙醚和热的三氯甲烷等极性溶剂,不溶于石油醚和苯;分子式为 $C_3H_5NO_4$,相对分子质量 119,熔点 $66.7℃\sim67.5℃$,CAS 为 504-88-1,结构式见图 14-1。

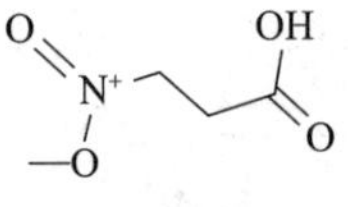

图 14-1　3-硝基丙酸结构式

目前,对于 3-硝基丙酸的检测主要集中于甘蔗及甘蔗制品中。3-硝基丙酸的检测方法主要包括薄层色谱法、气相色谱法、气相色谱-质谱法、离子色谱法、液相色谱法及液相色谱-串联质谱联用法等。净化方法主要是固相萃取柱净化,包括使用离子交换柱、PSA柱及氨基柱等。薄层色谱法繁琐费时、灵敏度低;气相色谱法需要衍生,操作繁琐。现在多用液相色谱法及液相色谱-串联质谱法检测。

二、测定标准操作程序

甘蔗中 3-硝基丙酸的液相色谱-串联质谱联用法测定标准操作程序如下：

1　范围

　　本程序规定了甘蔗中 3-硝基丙酸的测定方法。适用于甘蔗中 3-硝基丙酸的测定。

2　原理

　　试样中的 3-硝基丙酸用乙腈提取，提取液用氨基柱净化，液相色谱-串联质谱法测定，外标法定量。

3　试剂和材料

　　除非另有说明，本方法使用的试剂均为分析纯，水为 GB/T 6682 规定的一级水。

3.1　试剂

3.1.1　甲醇(CH_3OH)：色谱纯。

3.1.2　乙腈(CH_3CN)：色谱纯。

3.1.3　氯化钠($NaCl$)。

3.1.4　甲酸($HCOOH$)。

3.1.5　氨水($NH_3 \cdot H_2O$)。

3.2　溶液配制

3.2.1　甲酸水溶液(0.1%)：吸取 1mL 甲酸于水中，并定容至 1000mL。

3.2.2　氨化甲醇(10%)：量取 10mL 氨水和 90mL 甲醇，混合均匀。

3.2.3　甲醇-水溶液(90%)：量取 90mL 甲醇和 10mL 水，混合均匀。

3.3　标准品

　　3-硝基丙酸($C_3H_5NO_4$，CAS 号：504-88-1)，纯度≥95%，或有证标准物质。

3.4　标准溶液配制

3.4.1　标准储备液(1.0mg/mL)：准确称取 0.1g(精确至 0.0001g)3-硝基丙酸标准品，以乙腈溶解并定容至 10.0mL 作为标准储备液，浓度为 1.0mg/mL，于 4℃下保存。

3.4.2　标准中间液(10μg/mL)：准确移取 1.0mL 3-硝基丙酸标准储备液于 10mL 容量瓶中，用乙腈定容，浓度为 100μg/mL，再稀释 10 倍，浓度为 10μg/mL 于 4℃下保存。

4　仪器和设备

4.1　高效液相色谱-串联质谱仪：配有电喷雾离子源。

4.2　天平：感量 0.01g 和 0.0001g。

4.3　均质器。

4.4 振荡器。

4.5 氮吹仪。

4.6 离心机:转速≥4000r/min。

4.7 氨基柱(500mg,6mL)。

4.8 微孔滤膜:0.22μm,有机型。

5 分析步骤

5.1 样品制备

将甘蔗去皮,均质,分成 2 份作为试样,分别装入洁净的容器内,密封,标识后置于4℃下避光保存。

在制样的操作过程中,应防止样品受到污染或发生残留物含量的变化。

5.2 试样提取

取 1.0g 均质好的试样,置于 50mL 离心管中,加入 20.0mL 乙腈,振荡 20min,加入 1g 氯化钠,振荡 10min,于 4000r/min 条件下,离心 5min,取上清液待净化。

5.3 试样净化

将 5.2 的上清液过柱(氨基柱预先用 6mL 乙腈活化平衡),10mL 甲醇-水溶液(9%)淋洗,2×3mL 氨化甲醇(10%)洗脱,40℃下氮气吹干,1mL 甲酸水溶液(0.1%)复溶,过微孔滤膜后液相色谱测定。

5.4 仪器参考条件

5.4.1 液相色谱条件

色谱柱:HSS T3 柱,100mm×2.1mm,1.8μm,或相当者。

流动相:A:水;B:乙腈。梯度洗脱,梯度见表1。

流速:0.3mL/min。

柱温:40℃。

进样量:10μL。

表 1 流动相梯度洗脱程序

时间/min	流动相 A/%	流动相 B/%
0.00	97.0	3.0
0.50	90.0	10.0
2.00	5.0	95.0
3.00	5.0	95.0
3.10	97.0	3.0
6.00	97.0	3.0

5.4.2 质谱参数

离子化模式:电喷雾电离正离子模式(ESI-)。

质谱扫描方式:多反应离子监测(MRM)。

监测离子对信息见表2。

表2 质谱参数

毒素名称	母离子	定量子离子	碰撞能量/eV
3-硝基丙酸	118	46	5

谱图见图1。

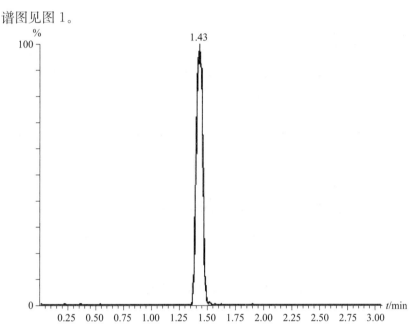

图1 3-硝基丙酸的标准谱图

5.5 定性判定

用液相色谱-串联质谱法对样品进行定性判定,在相同试验条件下,样品中应呈现定量离子对和定性离子对的色谱峰,被测物质的质量色谱峰保留时间与标准溶液中对应物质的质量色谱峰保留时间一致;样品色谱图中所选择的监测离子对的相对丰度比与相当浓度标准溶液的离子相对丰度比的偏差不超过表3规定范围,则可以判断样品中存在对应的目标物质。

表3 定性确证时相对离子丰度的最大允许偏差

相对离子丰度(k)	$k \geqslant 50\%$	$50\% > k \geqslant 20\%$	$20\% > k \geqslant 10\%$	$k \leqslant 10\%$
允许的最大偏差	$\pm 20\%$	$\pm 25\%$	$\pm 30\%$	$\pm 50\%$

5.6 定量测定

在5.4液相色谱-串联质谱联用分析条件下,将10.0μL系列3-硝基丙酸基质匹配标准溶液按浓度从低到高依次注入液相色谱串联质谱联用仪;待仪器条件稳定后,以目标物质和内标的浓度比为横坐标(x轴),目标物质的峰面积为纵坐标(y轴),对各个数值点进行最小二乘线性拟合,标准工作曲线按式(1)计算:

$$y = ax + b \quad\quad\quad\quad\quad\quad\quad\quad (1)$$

式中:

y——目标物质的峰面积;

a——回归曲线的斜率;

x——目标物质的浓度;

b——回归曲线的截距。

标准工作溶液和样液中待测物的响应值均应在仪器线性响应范围内,如果样品含量超过标准曲线范围,需要增加稀释倍数后再测定。

5.7 空白试验

不称取试样,按5.2和5.3的步骤做空白试验。应确认不含有干扰待测组分的物质。

6 分析结果的表述

本程序采用外标法定量。

待测样品中3-硝基丙酸的含量按式(2)中计算:

$$X = \frac{c_i \times V \times f}{m} \quad\quad\quad\quad\quad\quad (2)$$

式中:

X——待测样品中3-硝基丙酸的含量,单位为微克每千克(μg/kg);

c_i——待测物进样液中3-硝基丙酸的浓度,单位为纳克每毫升(ng/mL);

V——定容体积,单位为毫升(mL);

f——试液稀释倍数;

m——样品的称样量,单位为克(g)。

计算结果需扣除空白值,测定结果用平行测定的算术平均值表示,保留三位有效数字。

7 精密度

样品3-硝基丙酸含量在重复性条件下获得的两次独立测定结果的绝对差值不得超过算术平均值的20%。

8 其他

当称样量为1g,3-硝基丙酸的检出限为1μg/kg;定量限分别为3μg/kg。

三、注意事项

1. 甘蔗样品需去皮后再匀浆。

2. 由于甘蔗富含水分,匀浆后会出现分层,应摇匀后再取样。

3. 在提取过程中加入氯化钠使水相和有机相分离,降低有机相中水的含量。

4. 由于3-硝基丙酸具有较强的亲水性,在反相 C18 色谱柱上保留较弱,本标准操作程序中使用了对极性化合物保留能力比较强,并耐受纯水相的 HSS T3 色谱柱。

5. 3-硝基丙酸相对分子质量小,只能找到一个子离子。

四、国内外限量及检测方法

3-硝基丙酸对小鼠的半致死量(LD$_{50}$)为 50mg/kg,但尚无有关 3-硝基丙酸的限量要求。

我国原卫生部在 WS/T 10—1996《变质甘蔗食物中毒诊断标准及处理原则》中用薄层色谱法测定可疑中毒样品中的 3-硝基丙酸,检出限为 0.2μg。

第二节　高效液相色谱法

一、测定标准操作程序

甘蔗中 3-硝基丙酸的高效液相色谱法测定标准操作程序如下:

1　范围

本程序规定了甘蔗中 3-硝基丙酸的测定方法。适用于甘蔗中 3-硝基丙酸的测定。

2　原理

试样中的 3-硝基丙酸用乙腈提取,提取液用氨基柱净化,配有紫外检测器的液相色谱仪测定,外标法定量。

3　试剂和材料

除非另有说明,本方法使用的试剂均为分析纯,水为 GB/T 6682 规定的一级水。

3.1　试剂

3.1.1　甲醇(CH$_3$OH):色谱纯。

3.1.2　乙腈(CH$_3$CN):色谱纯。

3.1.3　氯化钠(NaCl)。

3.1.4　磷酸二氢钾(KH$_2$PO$_4$)。

3.1.5　氨水(NH$_3$·H$_2$O)。

3.2　溶液配制

3.2.1　磷酸二氢钾溶液(0.02mol/L,pH＝3.0):称取 2.722g 磷酸二氢钾,溶于 980mL 水中,调 pH 至 3.0。

3.2.2　氨化甲醇(10%):量取 10mL 氨水和 90mL 甲醇,混合均匀。

3.2.3　甲醇-水溶液(90%):量取 90mL 甲醇和 10mL 水,混合均匀。

3.3　标准品

3-硝基丙酸($C_3H_5NO_4$,CAS 号:504-88-1),纯度≥95%,或有证标准物质。

3.4　标准溶液配制

3.4.1　标准储备液(1.0mg/mL):准确称取 0.1g(精确至 0.0001g)3-硝基丙酸标准品,以乙腈溶解并定容至 10.0mL 作为标准储备液,浓度为 1.0mg/mL,于 4℃下保存。

3.4.2　标准中间液(10μg/mL):准确移取 1.0mL 3-硝基丙酸标准储备液于 10mL 容量瓶中,用乙腈定容,浓度为 100μg/mL,再稀释 10 倍,浓度为 10μg/mL 于 4℃下保存。

4　仪器和设备

4.1　高效液相色谱仪,带紫外检测器。

4.2　天平:感量 0.01g 和 0.0001g。

4.3　均质器。

4.4　振荡器。

4.5　氮吹仪。

4.6　离心机:转速≥4000r/min。

4.7　氨基柱(500mg,6mL)。

4.8　微孔滤膜:0.45μm,有机型。

5　分析步骤

5.1　样品制备

将甘蔗去皮,均质,分成 2 份作为试样,分别装入洁净的容器内,密封,标识后置于 4℃下避光保存。

在制样的操作过程中,应防止样品受到污染或发生残留物含量的变化。

5.2　试样提取

取 1.0g 均质好的试样,置于 50mL 离心管中,加入 20.0mL 乙腈,振荡 20min,加入 1g 氯化钠,振荡 10min,于 4000r/min 条件下,离心 5min,取上清液待净化。

5.3　试样净化

将 5.2 的上清液过柱(氨基柱预先用 6mL 乙腈活化平衡),10mL 甲醇-水溶液(9%)淋洗,2×3mL 氨化甲醇(10%)洗脱,40℃下氮气吹干,1mL 乙腈复溶,过微孔滤膜后液相色谱测定。

5.4　仪器参考条件

色谱柱:C18 色谱柱:250mm×4.6mm,5μm,或相当者。

检测波长:210nm;

流动相:磷酸二氢钾溶液(0.02mol/L,pH=3.0)-乙腈(75+25),等度洗脱。

流动相流速:1.0mL/min。

柱温:40℃。

进样量:50μL。

谱图见图1。

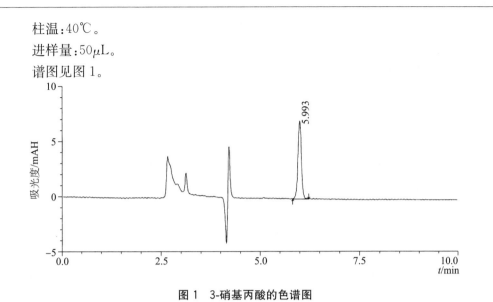

图 1　3-硝基丙酸的色谱图

5.5　试样溶液的测定

在5.4项色谱条件下,将 50.0μL 系列 3-硝基丙酸标准工作溶液按浓度从低到高依次注入高效液相色谱仪;待仪器条件稳定后,以目标物质的浓度为横坐标(x轴),目标物质的峰面积为纵坐标(y轴),对各个数据点进行最小二乘线性拟合,标准工作曲线按式(1)计算:

$$y = ax + b \quad\cdots\cdots\cdots\cdots\cdots\cdots\cdots\cdots\cdots\cdots\cdots\cdots (1)$$

式中:

y——目标物质的峰面积比;

a——回归曲线的斜率;

x——目标物质的浓度;

b——回归曲线的截距。

标准工作溶液和样液中待测物的响应值均应在仪器线性响应范围内,如果样品含量超过标准曲线范围,需稀释后再测定。

5.6　空白试验

不称取试样,按5.2和5.3的步骤做空白实验。应确认不含有干扰待测组分的物质。

6　分析结果的表述

待测样品中 3-硝基丙酸的含量按式(2)计算:

$$X = \frac{c_i \times V \times f}{m} \quad\cdots\cdots\cdots\cdots\cdots\cdots\cdots\cdots\cdots\cdots (2)$$

式中:

X——待测样品中 3-硝基丙酸的含量,单位为微克每千克(μg/kg);

c_i——待测物进样液中 3-硝基丙酸的浓度,单位为纳克每毫升(ng/mL);

V——定容体积,单位为毫升(mL);

f——试液稀释倍数;

m——样品的称样量,单位为克(g)。

注:计算结果需扣除空白值,测定结果用平行测定的算术平均值表示,保留三位有效数字。

7 精密度

样品中 3-硝基丙酸含量在重复性条件下获得的两次独立测定结果的绝对差值不得超过算术平均值的 20%。

8 其他

当称样量为 1g 时,3-硝基丙酸的检出限为 $10\mu g/kg$;定量限为 $30\mu g/kg$。

二、注意事项

1. 如按照标准程序操作,仍不能达到检测要求,可以通过适当加大样品处理量、适当提高浓缩倍速或加大进样量等措施来提高灵敏度。

2. 其余注意事项见第一节有关内容。

参 考 文 献

[1] WS/T 10—1996 变质甘蔗食物中毒诊断标准及处理原则

[2] 江涛,张庆林,罗雪云,等.3-硝基丙酸的高效液相色谱分析[J].卫生研究,1999,28(5):300-301.

[3] 李兵,吴国华,刘伟等.固相萃取-超高效液相色谱串联质谱法检测甘蔗中 3-硝基丙酸的方法研究[J].中国食品卫生杂志,2012,24(2):127-132.

[4] 岳亚军,黄婷.高效液相色谱-串联质谱法测定甘蔗中的 3-硝基丙酸含量[J].食品质量安全检测学报,2016,7(6):2495-2500.

第十五章

食品中交链孢霉毒素的测定标准操作程序

一、概述

交链孢霉属（Alternaria），又称链格孢属，一类广泛分布于各种农作物和泥土里的真菌，能引起水果、蔬菜和粮食的腐败，是污染最普遍的真菌之一，也是水果（如苹果和柑橘等）生长过程中重要的致病菌之一。交链孢霉代谢产生的毒素统称为交链孢霉毒素（Alternaria toxins）。

交链孢霉能够产生大概 70 多种毒素，大体上可以分为 5 类，第一类是二苯并吡喃酮衍生物，主要有交链孢酚（Alternariol，AOH）、交链孢酚单甲醚（Alternariol methyl ether，AME）和交链孢烯（Altenuene，ALT），这类毒素是多种交链孢霉的主要代谢物。第二类是细交链孢菌酮酸（Tenuazonic acid，TeA）及异细交链孢菌酮酸（iso-TeA），它是一类四氨基酸衍生物，这类毒素在粮食（如小麦及其制品）中较为多见。第三类为二萘嵌苯醌类（戊醌类），代表性毒素主要包括交链孢毒素 ATX-Ⅰ、ATX-Ⅱ 和 ATX-Ⅲ，以及 Stemphyltoxin Ⅲ。第四类是一系列长链氨基多元醇的丙三接酸酯类化合物，即 AAL 毒素，AAL 毒素包括 TA 和 TB 两个类别，主要是番茄早疫病菌的代谢物，具有寄主专一性的毒性。第五类为其他结构类毒素，主要为腾毒素（Tentoxin，TEN），它具有环形四肽结构，与伏马菌素的结构及毒性相似。各类交链孢霉毒素的化学结构、化学名称和分子式等信息见图 15-1、图 15-2 和表 15-1。在这些交链孢霉毒素中，AOH、ALT、AME、TeA 和 TEN 是食品中最常见的 5 种交链孢霉毒素。

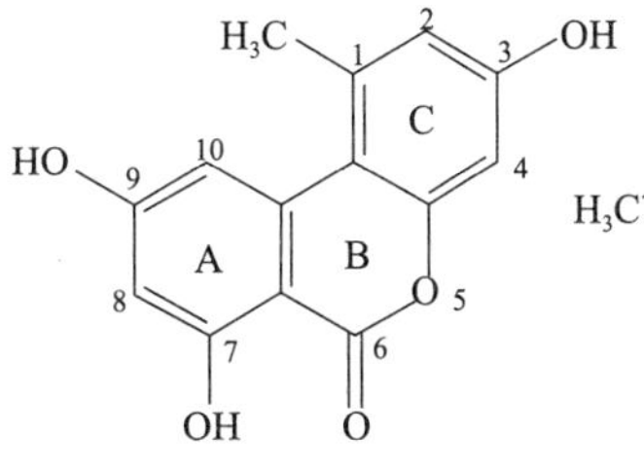

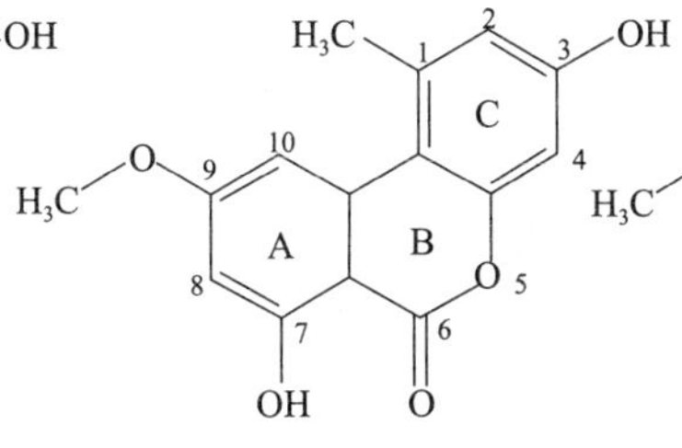

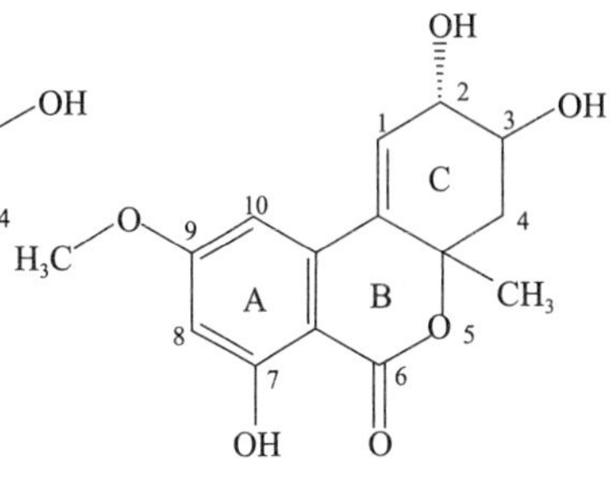

图 15-1　AOH、AME、ALT、TeA、iso-TeA、ATX-Ⅰ、ATX-Ⅱ、ATX-Ⅲ 和 Stemphyltoxin Ⅲ 的化学结构

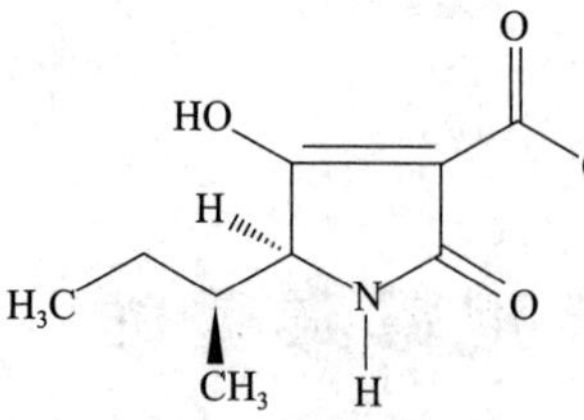

TeA

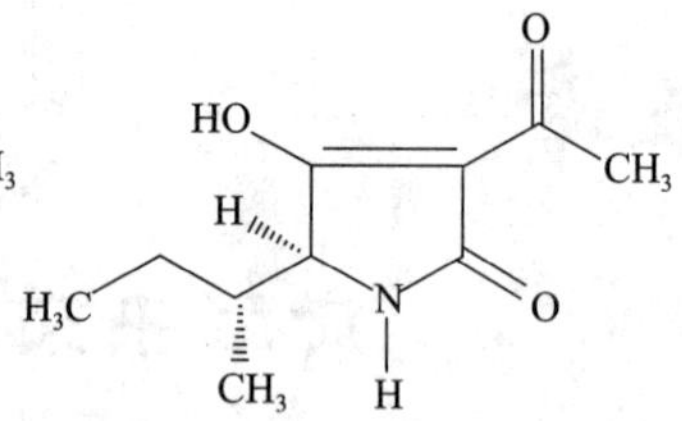

iso-TeA

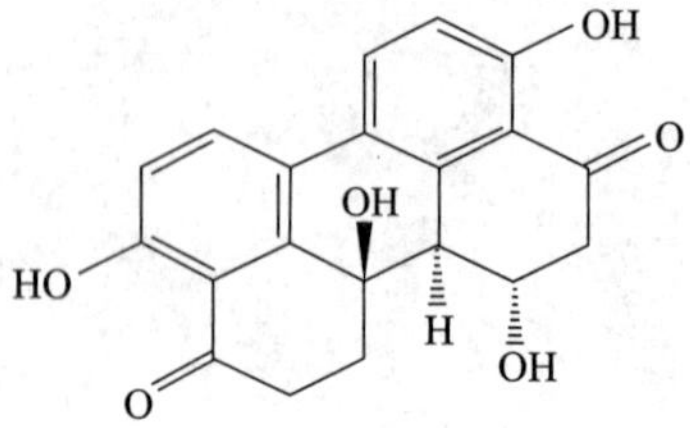

ATX- Ⅰ

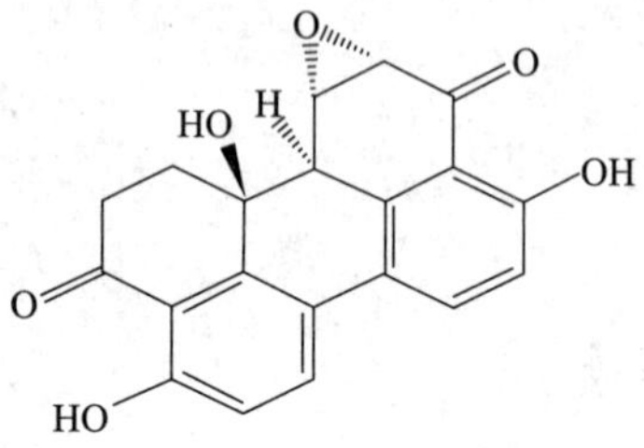

ATX- Ⅱ

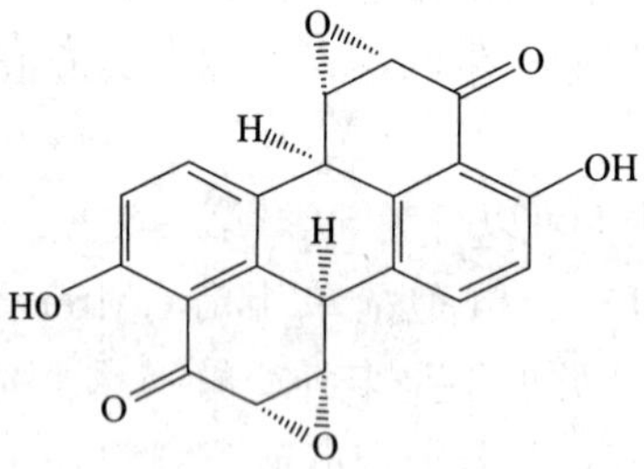

ATX- Ⅲ

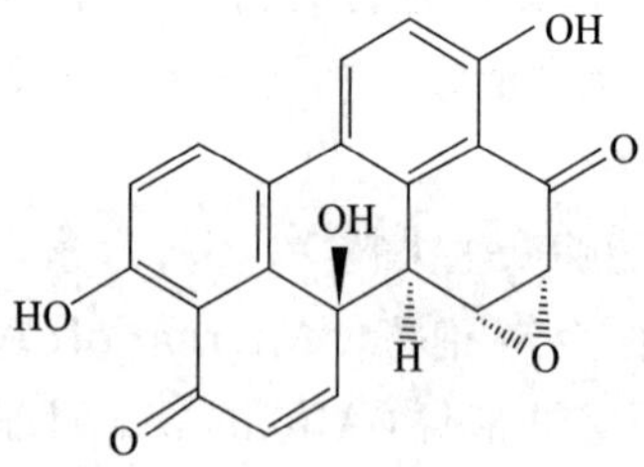

Stemphyltoxin Ⅲ

图 15-1(续)

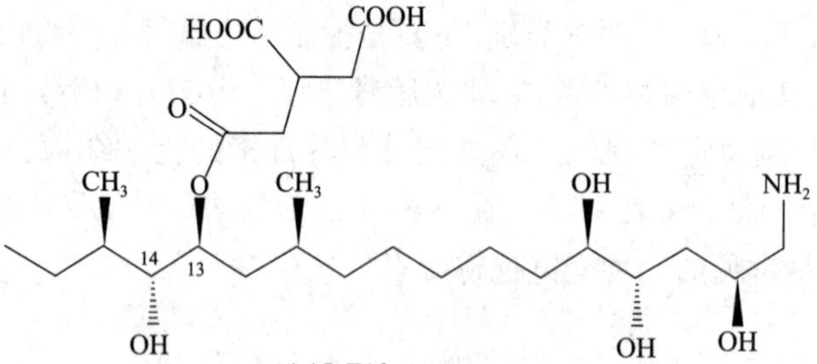

AAL TAl

图 15-2　AAL toxins 和 TEN 的化学结构

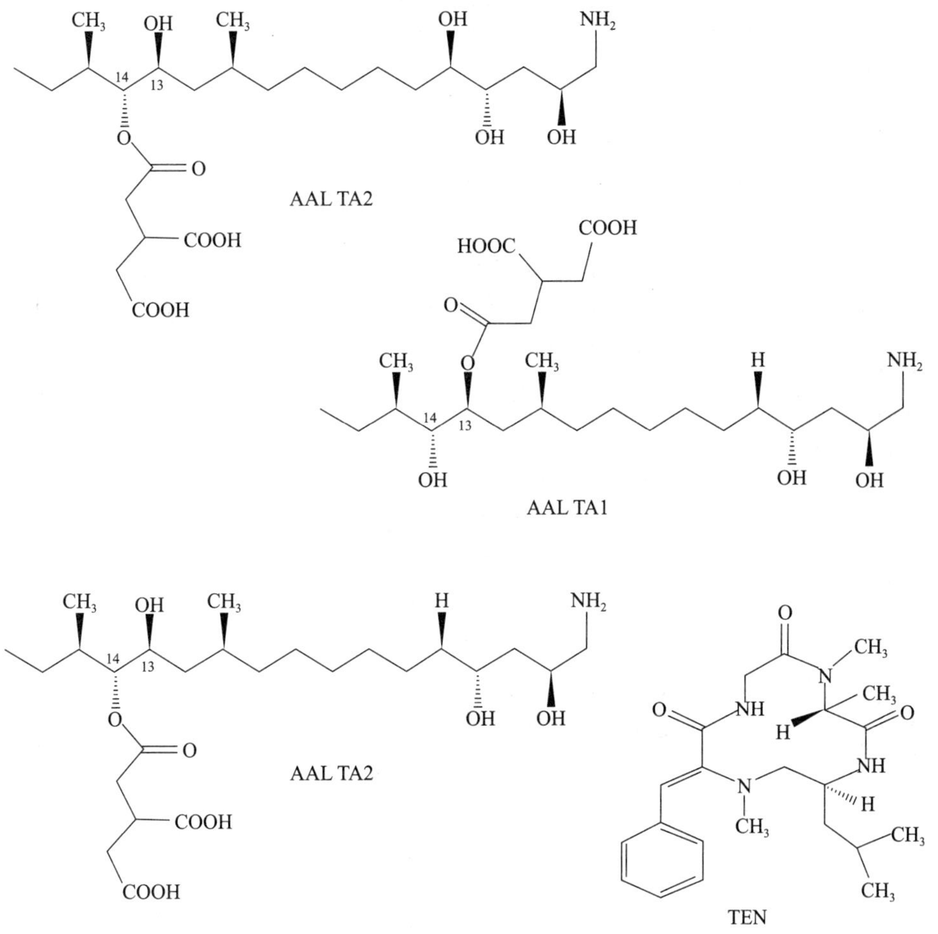

图 15-2(续)

表 15-1 AOH、AME、ALT、ATX-Ⅰ、ATX-Ⅱ、ATX-Ⅲ、TeA、TEN、Stemphyltoxin Ⅲ、
AAL-TA1、AAL-TA2、AAL-TB1 和 AAL-TB2 的化学名称、CAS 号、相对分子质量和分子式

毒素名称	化学名称	CAS 号	相对分子质量	分子式
AOH	3，7，9-Trihydroxy-1-methyl-6H-dibenzo［b，d］pyran-6-one	641-38-3	258	$C_{14}H_{10}O_5$
AME	3,7-Dihydroxy-9-methoxy-1-methyl-6H-dibenzo［b,d］pyran-6-one	23452-05-3	272	$C_{15}H_{12}O_5$
ALT	(2R，3R，4aR)-rel-2，3，4，4a-Tetrahydro-2，3,7-trihydroxy-9-methoxy-4a-methyl-6H-dibenzo［b,d］pyran-6-one	29752-43-0	292	$C_{15}H_{16}O_6$
ATX-Ⅰ	(1S，12aR，12bS)-1，2，11，12，12a，12b-Hexahydro-1，4，9，12a-tetrahydroxy-3，10-perylenedione	56258-32-3	352	$C_{20}H_{16}O_6$

239

表 15-1(续)

毒素名称	化学名称	CAS 号	相对分子质量	分子式
ATX-Ⅱ	(7aR,8aR,8bS,8cR)-7a,8a,8b,8c,9,10-Hexahydro-1,6,8c-trihydroxyperylo[1,2-b]oxirene-7,11-dione	56257-59-1	350	$C_{20}H_{14}O_6$
ATX-Ⅲ	(1aR,1bS,5aR,6aR,6bS,10aR)-1a,1b,5a,6a,6b,10a-Hexahydro-4,9-dihydroxy-perylo[1,2-b;7,8-b']bisoxirene-5,10-dione	105579-74-6	348	$C_{20}H_{12}O_6$
TeA	(5S)-3-Acetyl-1,5-dihydro-4-hydroxy-5-[(1S)-1-methylpropyl]-2Hpyrrol-2-one	610-88-8	197	$C_{10}H_{15}O_3N$
TEN	Cyclo[N-methyl-L-alanyl-L-leucyl-(αZ)-α,β-didehydro-Nmethylphenylalanylglycyl]	28540-82-1	414	$C_{22}H_{30}O_4N_4$
Stemphyltoxin Ⅲ	(7aR,8aR,8bS,8cR)-7a,8a,8b,8c-Tetrahydro-1,6,8c-trihydroxyperyleno[1,2-b]oxirene-7,11-dione	102694-32-6	348	$C_{20}H_{12}O_6$
AAL-TA1	(2R)-1,2,3-Propanetricarboxylic acid,1-[(1S,3S,9R,10S,12S)-13-amino-9,10,12-trihydroxy-1-[(1R,2R)-1-hydroxy-2-methylbutyl]-3-methyltridecyl]mester	79367-52-5	521	$C_{25}H_{47}O_{10}N$
AAL-TA2	(2R)-1,2,3-Propanetricarboxylic acid,1-[(1R,2S,4S,10R,11S,13S)-14-amino-2,10,11,13-tetrahydroxy-4-methyl-1-[(1R)-1-methylpropyl]tetradecyl]mester	79367-51-4	521	$C_{25}H_{47}O_{10}N$
AAL-TB1	(2R)-1,2,3-Propanetricarboxylic acid,1-[(1S,3S,10R,12S)-13-amino-10,12-dihydroxy-1-[(1R,2R)-1-hydroxy-2-methylbutyl]-3-methyltridecyl]ester	176590-32-2	505	$C_{25}H_{47}O_9N$
AAL-TB2	(2R)-1,2,3-Propanetricarboxylic acid,1-[(1R,2S,4S,11R,13S)-14-amino-2,11,13-trihydroxy-4-methyl-1-[(1R)-1-methylpropyl]tetradecyl]mester	176705-51-4	505	$C_{25}H_{47}O_9N$

　　交链孢霉作为是一类常见的致病性真菌,分布广泛,能引起多种田间作物、蔬菜和水果病害,对农业生产、运输和储藏过程中造成损失。交链孢霉毒素还能够污染各类食物和饲料,当人和动物摄入被交链孢霉毒素污染过的食品及饲料后,会导致人和动物不同程度的中毒,且对于某些毒性大的交链孢霉毒素可能还会导致人及动物的致癌、致畸和致突变作用。

　　交链孢霉毒素检测可采用薄层色谱法(TLC)、气相色谱-质谱法(GC-MS)、高效液相色谱法(HPLC)和液相色谱-质谱法(LC-MS/MS)等。TLC 是经典的化学分析方法,适合于毒素含量高的物质检测。对于相对分子质量大和沸点高的交链孢霉毒素来说,GC-MS 使用受到一定的限制。交链孢霉毒素具有紫外和荧光的基团,有一定的紫外或荧光吸收,可采用 HPLC 进行测定。LC-MS/MS 已成为交链孢霉毒素检测的主要方法,可实现食品中多组分交链孢霉毒素同时检测。

二、测定标准操作程序

食品中交链孢霉毒素的 LC-MS/MS 方法测定标准操作程序如下:

1　范围

本程序规定了食品中 5 种交链孢霉毒素的液相色谱-串联质谱测定方法。

本程序适用于食品中细交链孢菌酮酸(tenuazonic acid,TeA)、交链孢酚(alternariol,AOH)、交链孢烯(altenuene,ALT)、腾毒素(tentoxin,TEN)和交链孢酚单甲醚(alternariol monomethyl ether,AME)的测定。

本程序的方法检出限和定量限:当称样量为 5g,总定容体积为 10mL 时,TeA、AOH 和 ALT 的检出限和定量限分别为 1.0μg/kg 和 3.0μg/kg;TEN 和 AME 的检出限和定量限分别为 0.1μg/kg 和 0.3μg/kg。

2　原理

样品经乙腈-甲醇-磷酸盐缓冲溶液振荡提取,低温高速离心,上清液过 HLB 固相萃取柱净化,液相色谱串联质谱测定,基质匹配工作曲线的外标法定量。

3　试剂和材料

除特别注明外,本实验所用试剂均为分析纯,水为符合 GB/T 6682 规定的一级水。

3.1　乙腈(CH_3CN):色谱纯。

3.2　甲醇(CH_3OH):色谱纯。

3.3　无水磷酸二氢钠(NaH_2PO_4):$\geqslant 99.0\%$。

3.4　磷酸(H_3PO_4):$\geqslant 85.0\%$。

3.5　碳酸氢铵(NH_4HCO_3)。

3.6　0.05mol/L 磷酸二氢钠溶液(pH3.0):称取 6.0g 无水磷酸二氢钠(3.3),溶解于 950mL 水中,用磷酸(3.4)调节 pH 至 3.0,用水定容至 1000mL,混匀。

3.7　样品提取液:取 450mL 乙腈(3.1)和 100mL 甲醇(3.2),加到 450mL 0.05mol/L 磷酸二氢钠溶液(pH3.0)(3.6)中,混匀。

3.8　20%甲醇溶液:取 20mL 甲醇(3.2),加水定容至 100mL,混匀。

3.9　碳酸氢铵溶液(1.0mmol/L):准确称取 0.08g 碳酸氢铵(3.5),加水定容至 1000mL,混匀。

3.10　标准品:

3.10.1　细交链孢菌酮酸(TeA,$C_{10}H_{15}NO_3$,CAS 号:610-88-8):纯度大于 99.0%。

3.10.2 交链孢酚（AOH，$C_{14}H_{10}O_5$，CAS 号：641-38-3）：纯度大于 99.0%。

3.10.3 交链孢烯（ALT，$C_{15}H_{16}O_6$，CAS 号：889101-41-1）：纯度大于 99.0%。

3.10.4 腾毒素（TEN，$C_{22}H_{30}N_4O_4$，CAS 号：28540-82-1）：纯度大于 99.0%。

3.10.5 交链孢酚单甲醚（AME，$C_{15}H_{12}O_5$，CAS 号：26894-49-5）：纯度大于 99.0%。

3.11 标准溶液的制备：

3.11.1 标准储备液：准确称取适量各种标准品（3.10），用乙腈（3.1）溶解并定容，混匀，得到 TeA 标准储备液（100μg/mL）、AOH 标准储备液（100μg/mL）、ALT 标准储备液（100μg/mL）、TEN 标准储备液（100μg/mL）和 AME 标准储备液（100μg/mL），－20℃下避光保存。

3.11.2 混合标准工作液（TeA、AOH 和 ALT：1.0μg/mL，TEN 和 AME：0.2μg/mL）：分别准确移取 100μL TeA 标准储备液、100μL AOH 标准储备液、100μL ALT 标准储备液、20μL TEN 标准储备液和 20μL AME 标准储备液（3.12.1）至 10mL 容量瓶中，用乙腈（3.1）定容至刻度，混匀。避光保存于 4℃冰箱内。

3.12 固相萃取柱：Waters Oasis HLB 固相萃取柱（200mg，6mL）或相当者。

4 仪器和设备

4.1 超高效液相色谱串联质谱仪：配有电喷雾离子源。

4.2 电子天平：感量 0.001g 和 0.0001g。

4.3 钢磨。

4.4 均质机。

4.5 漩涡混匀器。

4.6 振荡器。

4.7 氮吹仪。

4.8 高速冷冻离心机：转速不低于 12000r/min，温度范围：－10℃～＋40℃。

4.9 移液器：量程 10μL～100μL 和 100μL～1000μL。

5 分析步骤

5.1 样品制备

谷物及其制品：用钢磨粉碎样品，过 60 目筛，四分法缩分至 500g 作为试样，置于－20℃以下避光保存；蔬菜和水果：用均质机均质样品，取 500g 作为试样，置于－20℃以下避光保存。

5.2 样品提取和净化

5.2.1 提取

称取 5g 试样（精确至 0.001g）于 50mL 刻度离心管中，加入 25mL 样品提取液（3.7），盖紧盖子，漩涡混匀 30s，振荡提取 60min，于 4℃，10000r/min 离心 10min，上清液转移至 50mL 刻度离心管中，用水定容至 30mL，混匀。准确移取 6.0mL 提取液，加入 15mL 0.05mol/L 磷酸二氢钠溶液（pH3.0）（3.6），混匀，待净化。

5.2.2 净化

HLB柱依次用5mL甲醇(3.2)和5mL水活化。将稀释后的样品提取液(5.2.1)全部过柱,再用5mL 20%甲醇溶液(3.8)淋洗,于负压状态下抽干柱子5min。依次用5mL甲醇(3.2)和5mL乙腈(3.1)洗脱,抽干柱子,合并洗脱液于小试管中,45℃水浴氮吹近干,残渣先用200μL甲醇(3.2)复溶,涡旋混匀30s,再加水1.8mL,涡旋混匀30s,于4℃,12000r/min离心10min,上清液供LC-MS/MS分析。

5.3 测定条件

5.3.1 超高效液相色谱条件:

5.3.1.1 色谱柱:Waters UPLC BEH C18柱(2.1mm×100mm,1.7μm)或相当者;

5.3.1.2 流动相:A:碳酸氢铵溶液(1.0mmol/L)(3.18);B:甲醇(3.2)。

5.3.1.3 流动相梯度洗脱程序:见表1。

5.3.1.4 柱温:40℃。

5.3.1.5 样品室温度:10℃。

5.3.1.6 进样量:10μL。

表1 液相色谱梯度洗脱程序

时间/min	流速/(mL/min)	A/%	B/%
0.0	0.20	95	5
2.0	0.20	95	5
3.0	0.20	25	75
4.0	0.20	10	90
6.0	0.20	10	90
7.0	0.20	95	5
9.0	0.20	95	5

5.3.2 质谱参考条件

5.3.2.1 电离源:电喷雾离子源。

5.3.2.2 电离方式:ESI⁻。

5.3.2.3 毛细管电压:2.4kV。

5.3.2.4 离子源温度:150℃。

5.3.2.5 脱溶剂气温度:500℃。

5.3.2.6 脱溶剂气流量:800L/h。

5.3.2.7 锥孔反吹气流量:50L/h。

5.3.2.8 碰撞气流量:0.15mL/min

5.3.2.9 检测方式:多离子反应监测MRM。

5.3.2.10 5种交链孢霉毒素的保留时间、定性定量离子对及锥孔电压、碰撞能量见表2。

表2　5种交链孢霉毒素的质谱参数

目标物	保留时间/min	母离子(m/z)	子离子(m/z)	锥孔电压/V	碰撞能量/eV
细交链孢菌酮酸（TeA）	3.98	196.0	139.1* 112.1	52	20 24
交链孢酚（AOH）	4.57	257.0	213.0* 147.1	64	24 32
交链孢烯（ALT）	4.66	291.0	229.1* 214.1	42	16 22
腾毒素（TEN）	4.95	413.2	141.1* 271.1	50	22 18
交链孢酚单甲醚（AME）	5.41	271.0	256.0* 228.0	56	22 30

注:带*为定量离子。

5.4　测定

5.4.1　基质匹配工作曲线的绘制

称取7份空白试样,每份5.0g(精确至0.001g),按5.2样品提取和净化步骤处理,洗脱液氮吹至近干,准确加入适量混合标准工作液(3.12.2),用甲醇(3.2)和水配制成基质匹配工作曲线,其中TeA、AOH和ALT浓度为:1.0ng/mL、2.0ng/mL、5.0ng/mL、10ng/mL、20ng/mL、50ng/mL和100ng/mL;TEN和AME浓度为:0.2ng/mL、0.4ng/mL、1.0ng/mL、2.0ng/mL、5.0ng/mL、10ng/mL和20ng/mL(注:基质匹配工作曲线系列溶液每份的甲醇含量均为10%;不同基质类型的样品,需要做不同基质类型的基质匹配工作曲线)。见表3。将基质匹配工作曲线系列溶液注入超高效液相色谱串联质谱仪,得到5种交链孢霉毒素的色谱图和峰面积。分别以TeA、AOH、ALT、TEN和AME的浓度为横坐标,以TeA、AOH、ALT、TEN和AME的峰面积为纵坐标,绘制TeA、AOH、ALT、TEN和AME基质匹配工作曲线。

表3　5种交链孢霉毒素空白基质加标工作曲线的配制方法

	STD-1	STD-2	STD-3	STD-4	STD-5	STD-6	STD-7
TeA、AOH和ALT浓度/(ng/mL)	1.0	2.0	5.0	10	20	50	100
TEN、AME浓度/(ng/mL)	0.2	0.4	1.0	2.0	4.0	10	20
混合标准应用液加入量/μL	2	4	10	20	40	100	200
甲醇/μL	198	196	190	180	160	100	—
水/μL	1800	1800	1800	1800	1800	1800	1800

5.4.2 试样溶液的测定

将试样溶液注入超高效液相色谱串联质谱仪,得到 5 种交链孢霉毒素的色谱图和峰面积。

5.4.3 定性

各测定目标化合物的定性以保留时间和两对离子(特征离子对/定量离子对)色谱峰相对丰度进行。要求被测试样与标准溶液中目标化合物保留时间的相对偏差不大于 5%,同时被测试样中目标化合物的两个子离子的相对丰度比与标准溶液相比,允许的偏差不超过表 4 规定的范围。

表 4　定性测定时相对离子丰度的最大允许偏差

相对离子丰度	>50%	>20%至50%	>10%至20%	≤10%
允许的相对偏差	±20%	±25%	±30%	±50%

5.4.4 空白试验

除不加样品外,采用完全相同的测定步骤进行操作。

6 分析结果的表述

试样中 TeA、AOH、ALT、TEN 或 AME 的含量按式(1)进行计算。

$$X = \frac{c_x \times V}{m} \times f \quad \cdots\cdots\cdots\cdots\cdots\cdots\cdots\cdots\cdots\cdots\cdots\cdots\cdots\cdots \quad (1)$$

式中:

X——试样中 TeA、AOH、ALT、TEN 或 AME 的含量,单位为微克每千克($\mu g/kg$);

c_x——由工作曲线计算得到的试样溶液中 TeA、AOH、ALT、TEN 或 AME 的浓度,单位为纳克每升(ng/mL);

V——进样溶液的定容体积,单位为毫升(mL);

m——试样质量,单位为克(g);

f——试样稀释倍数(本程序中 $f=5$)。

以重复性条件下获得的两次独立测定结果的算术平均值表示,结果保留三位有效数字。

7 精密度

在重复性条件下获得的两次独立测定结果的绝对差值不得超过算术平均值的 10%。

8 图谱

见图 1。

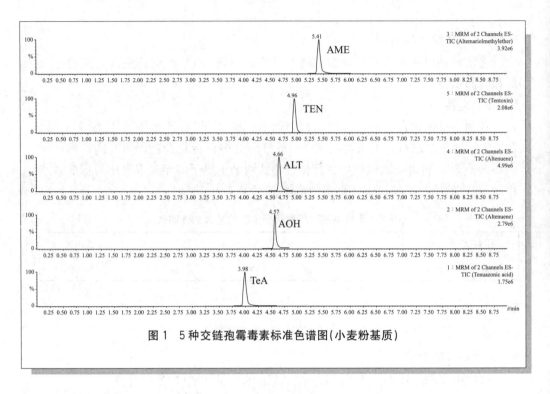

图 1　5 种交链孢霉毒素标准色谱图（小麦粉基质）

三、注意事项

1. 样品提取时，尤其是提取粉末状固体试样时，要保证一定的振荡强度和时间，低速振荡器（振荡幅度 20mm，振荡频率 300r/min）的提取时间不少于 60min，高速振荡器（振荡幅度 3mm，振荡频率 2000r/min）的提取时间不少于 15min。提取液使用低温高速离心，以确保离心的效果。

2. 最终的样品定容溶液应在 4℃，12000r/min 离心 10min，上清液供检测。不可用NYL、RC、PTFE 等材质滤膜过滤样品溶液，因为各类滤膜都会严重吸附 AOH、ALT 和AME，导致测定结果严重偏低。NYL、RC、PTFE 材质滤膜对 AOH、ALT 和 AME 的吸附率见表 15-2。

表 15-2　NYL、RC 和 PTFE 材质滤膜对 AOH、ALT 和 AME 的吸附率　　　　%

滤膜	NYL	RC	PTFE
AOH	99.5	98.2	98.6
ALT	99.2	98.0	98.1
AME	98.2	99.4	97.8

3. 由于不同基质的样品溶液对 5 种交链孢霉毒素均存在明显不同的基质效应，见表 15-3。因此分析不同基质类型的样品时，需要做不同基质类型的空白样品基质匹配工作曲线来进行定量检测（面包和馒头空白基质可以用小麦粉空白基质代替）。

表 15-3　小麦粉、番茄和樱桃基质对 5 种交链孢霉毒素的基质效应　　　%

基质类型	TeA	AOH	ALT	TEN	AME
小麦粉	2.0	48.0	57.5	8.3	50.3
番茄	3.6	32.9	10.9	-41.1#	-14.3#
樱桃	8.7	9.6	6.0	0.9	10.8
注:带# 为具有基质增强效应。					

4. 由于 5 种交链孢霉毒素的同位素标准品较难获得,本程序使用不同基质类型的基质匹配工作曲线来进行定量检测。实验室如能获得交链孢霉毒素的同位素标准时,推荐使用同位素内标法进行定量检测。

5. 在检测中,尽可能使用有证标准物质作为质量控制样品,或采用加标回收试验进行质量控制。

6. 在测定过程中,建议每测定 15 个～20 个样品用同一份标准溶液或标准物质检查仪器的稳定性。

7. 本程序检出限和定量限制定原则:以定性离子通道中信噪比(S/N)为 3 时样品溶液中目标化合物的浓度为检出限;以定量离子通道信噪比(S/N)为 10 时样品溶液中目标化合物的浓度为定量限。

四、国内外对交链孢霉毒素研究进展

目前国内外没有关于食品中交链孢毒素限量的相关法规和标准。2011 年欧洲食品安全局(EFSA)的食品污染物专家组开展了食品和饲料中交链孢霉毒素对人类健康影响的风险评估工作,并发布了食品和饲料中交链孢霉毒素对动物和公众健康风险的科学意见。采用了毒理化学关注阈值(TTC)对欧洲人群膳食暴露交链孢霉毒素对健康的潜在影响进行评估,对于具有基因毒性的 AOH 和 AME,长期低剂量暴露超过了其相应的TTC 值(2.5ng/g 体重·d),并建议需对 AOH 和 AME 的毒性作进一步研究。对于没有基因毒性的 TEN 和 TeA,长期低剂量慢性膳食暴露虽未超过相应的 TTC 值(1500ng/g体重·d),两种毒素对人体健康造成危害的风险较低,但需进一步关注。2016 年 EFSA开展了欧洲人群的交链孢霉毒素膳食暴露研究,该研究显示,膳食暴露 AOH、AME、TeA和 TEN 的主要人群是学步幼儿,4 种交链孢霉毒素的平均暴露量为:AOH:3.8ng/(kg体重·d)～71.6ng/(kg 体重·d),AME:3.4ng/(kg 体重·d)～38.8ng/(kg 体重·d),TeA:100ng/(kg 体重 · d)～1614ng/(kg 体重 · d),TEN:1.6ng/(kg 体重 · d)～33.4ng/(kg 体重·d)。4 种交链孢霉毒素的膳食暴露主要来源为:AOH:水果及其制品,AME:植物油和仁果类水果(比如:梨),TeA:谷基婴幼儿食品和番茄及其制品,TEN:果实蔬菜类(比如:番茄)。该研究还显示,素食者似乎比一般人更高的膳食暴露于交链孢霉毒素。目前,中国尚未在全国范围内开展食品中交链孢毒素污染水平的调查资料,更缺乏膳食暴露交链孢毒素对居民健康影响的风险评估资料。

参 考 文 献

[1] EFSA Panel on Contaminants in the Food Chain. Scientific Opinion on the risks for animal and public health related to the presence of alternaria toxins in feed and food[J]. EFSA Journal 2011,9(10):2407.

[2] TIEMANN U,TOMEK W,SCHNEIDER F,et al. The mycotoxins alternariol and alternariol methyl ether negatively affect progesterone synthesis in porcine granulosa cells in vitro[J]. Toxicol Lett,2009,186(2):139-145.

[3] EFS AUTHORITY,D ARCELLA,M ESKOLA,JAG Ruiz. Dietary exposure assessment to alternaria toxins in the European population[J]. EFSA Journal 2016;14(12):4654.

[4] SILVANA da MOTTA,LUCIA M,VALENTE S,et al. A method for the determination of two alternaria toxin alernariol and alternariol monomethyl ether in tomato products[J]. Brazilian Journal of Microbiology,2000(31):315-320.

[5] 杨万颖,郑彦婕,李碧芳,等.液相色谱串联质谱法同时测定小麦粉10种真菌毒素[J].广东化工,2008,35(185):123-128.

[6] 罗毅,刘锋,冯建林,等.高效液相色谱和高效液相色谱-质谱法测定粮食中互隔交链孢霉醇、互隔交链孢霉醇单甲醚及玉米赤霉烯酮[J].色谱,1994,12(5):342-344.

[7] LOHREY L,MARSCHIK S,CRAMER B,et al. Large-scale synthesis of isotopically labeled $^{13}C_2$-tenuazonic acid and development of a rapid HPLC-MS/MS method for the analysis of tenuazonic acid in tomato and pepper products[J]. J Agric Food Chem,2013,61(1):114-120.

[8] ASAM S,KONITZER K,RYCHLIK M. Precise determination of the alternaria mycotoxins alternariol and alternariol monomethyl ether in cereal,fruit and vegetable products using stable isotope dilution assays[J]. Mycotoxin Res, 2011,27(1):23-28.

[9] FRAEYMAN S,DEVREESE M,BROEKAERT N,et al. Quantitative determination of tenuazonic acid in pig and broiler chicken plasma by LC-MS/MS and its comparative Toxicokinetics [J]. J Agric Food Chem, 2015, 63 (38): 8560-8567.

[10] NOSER J,SCHNEIDER P,ROTHER M,et al. Determination of six alternaria toxins with UPLC-MS/MS and their occurrence in tomatoes and tomato products from the Swiss market[J]. Mycotoxin Res,2011,27(4):265-671.

第十六章

谷物类食品中麦角碱的测定标准操作程序

一、概述

麦角毒素,即麦角生物碱(Ergot alkaloids,EA)简称麦角碱,是麦角菌属浸染禾本科植物(黑麦、小麦、大麦、燕麦、高粱等谷物类作物)而产生的生物碱类毒性。麦角菌的孢子落入三麦花蕊的子房中发育繁殖,形成菌丝,经过2~3周后,即在麦穗上形成菌核,外形呈紫黑色或黑褐色,俗称麦角,作物收割加工时易混入粮食中。麦角中含多种麦角碱,食入含有麦角的面粉,会使人造成麦角中毒,这是人类最早认识的真菌毒素中毒,从症状上可分为痉挛型、坏疽型和混合型。痉挛型主要表现为胃肠道和神经系统的症状,患有恶心、呕吐、头昏、手脚麻木,几周后出现随意肌疼痛性抽搐和肢体痉挛,严重者可以发生角弓反张,死亡率较高,幸存者多留下智力障碍、视觉及听力受损、癫痫等后遗症,甚至成为白痴;坏疽型主要侵害血管神经系统,表现为四肢发绀、疼痛、麻木,继而感觉消失,病变处皮肤发黑、皱缩、干瘪最终为坏疽,此外,麦角中毒还易引起女性流产。历史上曾经发生过多次大规模的人麦角中毒事件。比如:公元994年,法国Aquitaine区约4万人因此而丧生。随着农业的发展和粮食加工水平的提高,流行性麦角中毒的频率和范围减少了许多。尽管如此,20世纪后半叶依然发生了多起人中毒案例。进入21世纪以来,仅2001年有1起中毒事件被报道,18名埃塞俄比亚人患病,至少3人死亡。

麦角菌病主要分布在潮湿的温带地区,所以麦角碱的污染广泛存在于全球,其在谷物中的污染状况与产毒菌株、温湿度、通风、日照等因素有关。调查显示粮食精加工可去除82%的麦角菌核,但是,麦角生物碱依然在瑞士、加拿大、丹麦和德国的面粉中检出,最高浓度达7255μg/kg,远远超过了德国的建议安全限量标准(500μg/kg)。2010—2011年间欧洲食品安全局(EFSA)就麦角碱对人消费食品样品开展评估,采集样本800件,结果显示85%的食品样品检出麦角碱,最高含量1120μg/kg。在我国,虽然没有人麦角中毒的记载,但是在2005年检疫人员在加拿大进口的小麦中截获了麦角,所以还是存在一定风险。

麦角碱是以麦角酸为基本结构的一系列生物碱衍生物。目前已从麦角中提取了40多种生物碱,主要有简单麦角酸衍生物、肽型生物碱、棒麦角生物碱等类型。本部分主要收集了25种麦角生物碱(结构式如图16-1或者可以上chemspider网站查询)在谷物食品中的检测方法。

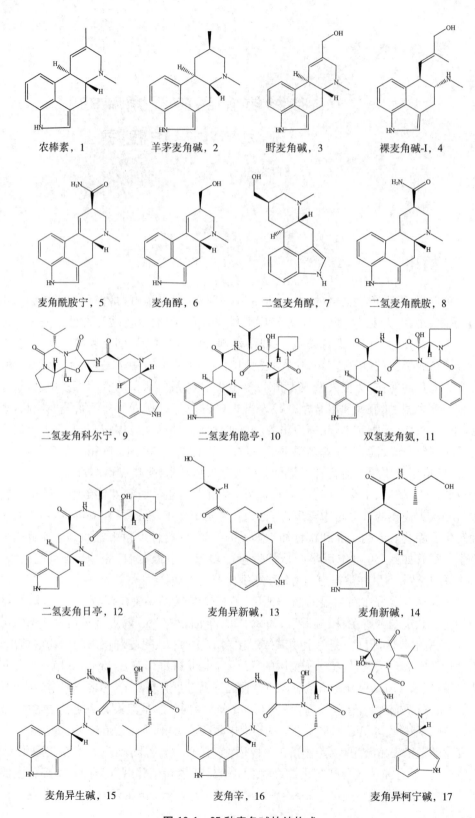

图 16-1　25 种麦角碱的结构式

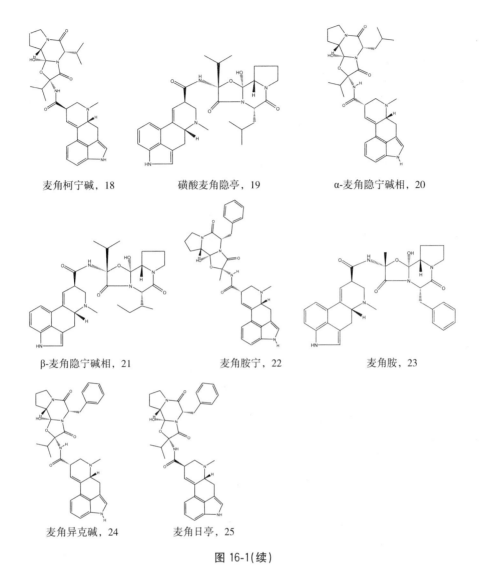

麦角柯宁碱，18　　　　磺酸麦角隐亭，19　　　　α-麦角隐宁碱相，20

β-麦角隐宁碱相，21　　　　麦角胺宁，22　　　　麦角胺，23

麦角异克碱，24　　　　麦角日亭，25

图 16-1(续)

二、测定标准操作程序

谷物类食品中麦角生物碱的测定标准操作程序如下：

1　范围

　　本程序适用于固态、粉末谷物类食品(面粉、面条、面包、方便面)中 25 种麦角生物碱的定量测定。25 种麦角生物碱分别是：1：农棒素(Agroclavine)；2：羊茅麦角碱(Festuclavine)；3：野麦角碱(Elymoclavine)；4：裸麦角碱-I(Chanoclavine)；5：麦角酰胺宁(Erginine)；6：麦角醇(Lysergol)；7：二氢麦角醇(Dihydrolysergol)；8：二氢麦角酰胺(Dihydroergine)；9：二氢麦角科尔宁(Dihydroergocornine)；10：二氢麦角隐亭(Dihydroergocryptine);11:双氢麦角氨(Dihydroergotamine);12:二氢麦角日亭(Dihydroergocristine);13:麦角异新碱(Ergometrinine);14:麦角新碱(Ergometrine);15:麦角异生碱(Ergosinine);16:麦角辛(Ergosine);17:麦角异柯宁碱(Ergocorninine);18:麦角柯宁碱(Ergocornine);19:磺酸麦角隐亭(α-Ergocryptine);20:α-麦角隐宁碱相(α-Ergocryptinine);21:β-麦角隐宁碱相(β-Ergocryptine);22:麦角胺宁(Ergotaminine);23:麦角胺(Ergotamine);24:麦角异克碱(Ergocristinine);25:麦角日亭(Ergocristine)。

2 原理

谷物类食品中的目标化合物经萃取剂(乙腈:3mmol/L 碳酸铵=85:15)提取,再采用分散固相萃取填料 C18 净化,净化液用液相色谱-质谱/质谱仪测定。

3 试剂和材料

3.1 试剂

3.1.1 乙腈:色谱纯。

3.1.2 碳酸铵:分析纯。

3.1.3 超纯水:18.2MΩ。

3.1.4 DSC-18 填料:SUPELCO。

3.2 标准品

农棒素;羊茅麦角碱;野麦角碱;裸麦角碱-I;麦角酰胺宁(纯度>98%);麦角醇;二氢麦角醇;二氢麦角酰胺;二氢麦角科尔宁;二氢麦角隐亭;双氢麦角氨;二氢麦角日亭;麦角异新碱;麦角新碱;麦角异生碱;麦角辛;麦角异柯宁碱;麦角柯宁碱;磺酸麦角隐亭;α-麦角隐宁碱相;β-麦角隐宁碱相(纯度>73.5%);麦角胺宁;麦角胺;麦角异克碱;麦角日亭均购买于 Alfarma(Czech Republic)。

3.3 标准储备溶液:将标准品分别用三氯甲烷溶解配制成浓度为 1000mg/L 的标准储备液,且储存在棕色小瓶里,用锡纸包裹防止见光,−80℃冰箱中保存,有效期6个月(注意:麦角异新碱和麦角新碱,麦角异生碱和麦角辛,麦角胺和麦角胺宁,麦角柯宁碱和麦角异柯宁碱,麦角异克碱和麦角日亭,磺酸麦角隐亭和 α-麦角隐宁碱相)这几种标准品容易发生同分异构体之间的转变,因此需要配制在惰性溶剂三氯甲烷中,且保存在−80℃,使用前用乙腈替换。

3.4 混合标准储备溶液:准确移取上述标准储备溶液,氮气吹干,用乙腈定容至10mL,配制成 10mg/L 的混合标准储备溶液(现用现配)。

3.5 3mmol/L 碳酸铵配制:称取 288mg 碳酸铵溶于 1L 水中。

3.6 提取液配制:850mL 乙腈和 150mL 3mmol/L 碳酸铵混合即可。

3.7 氮气:纯度≥99.999%。

氩气:纯度≥99.999%。

4　仪器与设备

4.1　超高效液相色谱-串联质谱仪(Waters ACQUITY-Xevo TQ-S)。

4.2　低温离心机:转速不低于10000r/min。

4.3　移液器。

4.4　分析天平:感量为0.0001g和0.01g。

4.5　涡旋混合器。

4.6　粉碎机。

4.7　分样筛,孔径850μm。

5　分析步骤

5.1　试样制备

5.1.1　制样

取固体、半固体(面条,面包和方便面)代表性试样约500g,用粉碎机粉碎均匀,过孔径850μm筛网后,装入洁净容器中,密封并标明标记,于室温或按产品包装要求的保存条件保存备用。

5.1.2　试样提取

分别称取预处理固体样品2.0g(准确至0.1g)置于15mL塑料离心管内,加入10mL的提取液(3.6),手摇30s,涡旋混匀30s,4℃下10000r/min离心5min,收集上清液待净化。

5.1.3　净化

取5.1.2步骤中上清液5mL于装有250mg C18填料的离心管,手摇30s,涡旋混匀30s,4℃下10000r/min离心5min,上清液转移至棕色小瓶供LC-MS/MS测定〔注意:尽量缩短样品处理和上机时间,防止样品放置过久(大于一周)引起的同分异构体的相互转化,从而导致结果的偏差〕。

5.2　仪器参考条件

5.2.1　色谱条件

色谱柱:ACQUITY UPLC BEH C18(1.7μm,2.1mm×100mm)或相当。流动相:(A)乙腈和(B)3mmol/L碳酸铵水溶液,梯度淋洗。梯度条件见表1。流速:0.2mL/min;柱温:30℃;进样量:5μL,分离色谱图见图1(注意:可以根据检测不同的目标物调整流动相梯度)。

表1　梯度洗脱条件

时间/min	流速/(mL/min)	A(乙腈)/%	B(3mmol/L 碳酸铵水溶液)/%
0.0	0.2	25	75
2.0	0.2	40	60
6.0	0.2	60	40

表1(续)

时间/min	流速/(mL/min)	A(乙腈)/%	B(3mmol/L 碳酸铵水溶液)/%
9.0	0.2	78	22
11.0	0.2	90	10
12.0	0.2	25	75
14.0	0.2	25	75

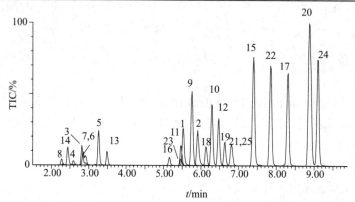

注:峰编号与结构式的编号一致。

图1　25种麦角碱的分离色谱峰

5.2.2　质谱条件

(1) ESI(＋)离子源:毛细管电压2.5kV。

(2) 离子源温度:150℃。

(3) 脱溶剂气温度:500℃。

(4) 脱溶剂气流量:700L/h。

(5) 碰撞室压力:3.1×10^{-3} mbar。

(6) 锥孔电压:30V。

(7) 其他质谱参数见表2。

表2　目标化合物的质谱条件

化合物名称	保留时间/min	母离子	MRM离子对	碰撞能量/eV
Agroclavine 农棒素	5.53	239.1	239.1＞208.1	17
			239.1＞183.1	17
Festuclavine 羊茅麦角碱	5.91	241.1	241.1＞168.1	28
			241.1＞154.0	32
Elymoclavine 野麦角碱	2.81	255.1	255.1＞224.0	15
			255.1＞196.1	19

表 2(续)

化合物名称	保留时间/min	母离子	MRM 离子对	碰撞能量/eV
Chanoclavine-I 裸麦角碱-I	2.59	257.1	257.1＞226.1	10
			257.1＞168.1	21
Erginine 麦角酰胺宁	3.26	268.1	268.1＞223.1	20
			268.1＞208.1	24
Lysergol 麦角醇	2.92	255.1	255.1＞240.1	20
			255.1＞197.1	22
Dihydrolysergol 二氢麦角醇	2.85	257.2	257.2＞208.1	23
			257.2＞182.1	27
Dihydroegine 二氢麦角酰胺	2.28	270.1	270.1＞210.1	22
			270.1＞168.1	13
Dihydroegocornine 二氢麦角科尔宁	5.76	564.3	564.3＞270.1	30
			564.3＞168.10	53
Dihydroegocryptine 二氢麦角隐亭	6.28	578.3	578.30＞270.1	31
			578.30＞253.1	31
Dihydroegotamine 双氢麦角氨	5.45	584.4	584.4＞270.4	29
			584.4＞253.1	33
Dihydroegocristine 二氢麦角日亭	6.48	612.3	612.3＞350.2	25
			612.3＞270.1	32
Ergometrinine 麦角异新碱	3.50	326.2	326.2＞223.1	23
			326.2＞208.1	28
Ergometrine 麦角新碱	2.44	326.2	326.2＞223.1	23
			326.2＞208.1	28
Ergosinine 麦角异生碱	7.39	548.2	548.2＞268.1	23
			548.2＞223.1	31
Ergosine 麦角辛	5.16	548.2	548.2＞268.1	23
			548.2＞223.1	31
Ergocorninine 麦角异柯宁碱	8.30	562.3	562.3＞268.1	25
			562.3＞223.1	37
Ergocornine 麦角柯宁碱	6.13	562.3	562.3＞268.1	25
			562.3＞223.1	37

表2(续)

化合物名称	保留时间/min	母离子	MRM 离子对	碰撞能量/eV
α-Ergocryptine 磺酸麦角隐亭	6.64	576.3	<u>576.3＞268.1</u>	25
			576.3＞223.1	38
α-Ergocryptinine α-麦角隐宁碱相	8.86	576.3	<u>576.3＞268.1</u>	25
			<u>576.3＞223.1</u>	38
β-Ergocryptine β-麦角隐宁碱相	6.80	576.3	<u>576.3＞268.1</u>	25
			576.3＞223.1	38
Ergotaminine 麦角胺宁	7.84	582.2	<u>582.2＞223.1</u>	34
			582.2＞208.1	44
Ergotamine 麦角胺	5.46	582.2	<u>582.2＞223.1</u>	34
			582.2＞208.1	44
Ergocristinine 麦角异克碱	9.10	610.2	610.2＞268.1	26
			<u>610.2＞223.1</u>	35
Ergocristine 麦角日亭	6.83	610.2	<u>610.2＞268.1</u>	26
			610.2＞223.1	35
注:表中下划线为定量离子对。				

注意:保留时间根据色谱柱和流动相的不同而不同,碰撞能量根据仪器的不同而自行优化。

5.3 工作曲线的制备

称取与试样基质相应的阴性样品2.0g(准确至0.1g),样品按5.1.2和5.1.3过程进行处理,得到的基质提取液用于配制基质匹配工作曲线。将标准中间溶液用空白基质提取液稀释成系列基质匹配标准溶液,以目标化合物质量浓度为横坐标,其峰面积积分值为纵坐标,绘制标准曲线,求回归方程和相关系数。基质匹配标准溶液应现用现配。

5.4 试样溶液的测定

将试样溶液与标准溶液和标准曲线按序列进液相色谱-质谱测定,根据标准曲线计算试样中麦角碱的含量。

5.5 空白试验

除不加样品外,采用完全相同的测定步骤进行操作。

6 结果计算

按式(1)计算试样中检测目标物含量(μg/kg):

$$X_i = \frac{c_{Si}V}{m} \quad \cdots\cdots\cdots\cdots\cdots\cdots\cdots\cdots\cdots\cdots\cdots\cdots \quad (1)$$

式中：

X_i——试样中检测目标化合物含量，单位为微克每千克（μg/kg）；

c_{Si}——由回归曲线计算得到的上机试样溶液中目标化合物含量，单位为微克每升（μg/L）；

V——提取后试样的体积，为 10mL；

m——试样的质量，单位为克（g）。

7 灵敏度与精密度

7.1 准确度和精密度

本程序在 0.1μg/kg～1μg/kg 添加浓度的回收率在 76%～120%之间，相对标准偏差（RSD%）在 25%以内。

7.2 定量限（LOQ）和检出限（LOD）

25 种物质在面粉基质中的定量限和检出限具体见表 3（注意：不同型号仪器不同基质的定量限和检出限不同）。

表 3　25 种物质在面粉中的定量限和检出限

化合物名称	定量限/(ng/kg)	检出限/(ng/kg)
麦角异新碱 Ergometrinine	50	20
麦角新碱 Ergometrine	40	10
麦角辛 Ergosine	50	20
麦角异生碱 Ergosinine	20	5
麦角胺 Ergotamine	20	5
麦角胺宁 Ergotaminine	20	5
麦角柯宁碱 Ergocornine	20	5
麦角异柯宁碱 Ergocorninine	20	5
麦角日亭 Ergocristine	20	5
麦角异克碱 Ergocristinine	20	5
磺酸麦角隐亭 α-Ergocryptine	20	5
α-麦角隐宁碱相 α-Ergocryptinine	20	5
β-麦角隐宁碱相 β-Ergocryptine	20	5
麦角酰胺宁 Erginine	50	20
农棒素 Agroclavine	20	5
裸麦角碱-Ichanoclavine-I	50	20
野麦角碱 Elymoclavine	20	5
羊茅麦角碱 Festuclavine	50	20

表3(续)

化合物名称	定量限/(ng/kg)	检出限/(ng/kg)
麦角醇 Lysergol	50	20
二氢麦角日亭 Dihydroegocristine	20	5
二氢麦角隐亭 Dihydroegocryptine	20	5
双氢麦角氨 Dihydroegotamine	20	5
二氢麦角科尔宁 Dihydroegocornine	20	5
二氢麦角酰胺 Dihydroergine	50	20
二氢麦角醇 Dihydrolysergol	20	5

三、注意事项

1. 麦角碱标准溶液分为储备液和使用液,其有效期不同。储备液为三氯甲烷,存储条件为-80℃,可保存1年;使用液为乙腈,存储条件为-20℃,可保存1周。标准曲线均为现用现配。

2. 本程序为二十五种麦角碱同时检测的方法,实验可根据检测目标不同而有选择性地参考。

3. 粮谷中麦角新碱、麦角生碱、麦角胺、麦角克碱、麦角卡里碱、麦角柯宁碱的检测可参考 SN/T 4524—2016。

4. 毒理学试验结果表明"-ine"类化合物毒性比较强,六种同分异构体在有质子的溶剂中容易相互转化,从"-inine"到"-ine"或者从"-ine"到"-inine",因此建议六种同分异构体同时检测。

5. 由于"-inine"和"-ine"类化合物在有质子存在下容易转化,整个试验过程需做好质量控制,每批样品可采用质量控制样品(例如:考核样)进行校正,且实际样品需做加标回收率实验,加标样品数量不低于总样品的10%。

四、国内外食品中麦角碱限量

薄层色谱、毛细管色谱、酶联免疫等方法都曾用于麦角碱的检测中;目前,针对谷物中麦角碱的检测方法主要采用液相色谱,气相色谱和液相色谱质谱联用技术。

为了保护消费者的健康,各国制定麦角碱类物质相关的限量标准并不统一。欧盟发布(EU)2015/1940条例和修订(EC)No.1881/2006号法规中设定麦角菌核在未加工的谷物(除了玉米和水稻)中的最大限量为0.5g/kg;规定黑麦中麦角的限量为0.1%,麦角生物碱在未加工谷物产品、婴幼儿谷物产品和面包等相关食品中的限量目前正在制定中。德国和瑞士建议粮食中麦角碱的限量分别为400μg/kg~500μg/kg和100μg/kg。加拿大和美国规定小麦中麦角碱的限量为0.03%。澳大利亚和新西兰规定粮食中麦角碱的限量为 0.05%。我国在 GB 2715—2016《食品安全国家标准　粮食》中规定小麦、燕麦、莜麦、大麦、米大麦中麦角限量为 0.01%,在小米、玉米和豆类中麦角不得检出。国家标准采用比色法进行麦角红素和麦角生物碱检查。麦角红素在饱和碳酸氢钠溶液中显红色,麦角生物碱的三氯甲烷提取液与对二甲氨基苯甲醛接触后,呈蓝紫色环,数分钟后三氯甲烷层显蓝色,且在 365nm 紫外光灯下,其乙醇溶液显蓝色荧光。SN/T 4524—2016 给出了粮谷中麦角新碱、麦角生碱、麦角胺、麦角克碱、麦角卡里碱、麦角柯宁碱的液相色谱-质谱/质谱检测方法,有效地与国际接轨。

参 考 文 献

[1] Krska,R.,Crews,C.. Significance, chemistry and determination of ergot alkaloids:a review. Food Addit. Contam A,2008(25):722-31.

[2] Krska R.,Crews,C.. HPLC/MS/MS method for the determination of ergot alkaloids in cereals. http://www. food. gov. uk/sites/default/files/C03057. pdf.

[3] Scientific opinion on ergot alkaloids in food and feed EFSA Panel on Contaminants in the Food Chain(CONTAM). EFSA J,2012(10):158.

[4] COMMISSION REGULATION(EU)2015/1940　Amending Regulation(EC) No. 1881/2006 as regards maximum levels of ergot sclerotia in certain unprocessed cereals and the provisions on monitoring and reporting,2015.

[5] GB 2715—2016　食品安全国家标准　粮食

[6] SN/T 4524—2016　出口粮食中 6 种麦角碱的测定　液相色谱-质谱/质谱法

[7] QIAOZHEN GUO,BING SHAO,ZHENXIA DU,et al. Simultaneous determination of 25 ergot alkaloids in cereal samples by ultraperformance liquid chromatography-tandem mass spectrometry J. Agric Food Chem,2016,64(37): 7033-7039.

第十七章

食品中真菌毒素多组分的
测定标准操作程序

第一节　固相萃取柱净化-液相色谱-串联质谱法

一、概述

真菌毒素作为某些真菌在生长过程中产生的次级代谢产物,能够广泛污染食物、农作物及其制品等。目前已知的真菌毒素有300多种,但研究主要集中于对人类和动物健康有确定毒性作用的约20种化合物,主要包括:黄曲霉毒素、赭曲霉毒素、单端孢菌菌毒素、伏马菌素、棒曲霉素和玉米赤霉烯酮类毒素以及其他一些次要真菌毒素。这些真菌毒素在各类食品中天然污染并广泛存在,通过膳食摄入是一般人群摄入真菌毒素的主要途径。

真菌毒素对人类和动物都有很强的毒性,许多真菌毒素在体内积累后能够产生致癌、致畸、致突变、遗传毒性、肝细胞毒性、中毒性肾损害、生殖紊乱和免疫抑制等,会对机体造成永久性的损害。随着对真菌毒素危害的深入研究,公众逐渐认识到其对社会经济和人类健康造成的严重威胁,各国政府对食品中真菌毒素的分布及检测都予以了极大的关注,包括中国在内的大多数国家和地区及国际组织对此设定了严格的限量规定。对于食品中真菌毒素的检测,我国已相继发布很多有关真菌毒素检测的国家标准方法,均为针对单一种类真菌毒素的检测方法。

有关多种真菌毒素的检测报道主要包括各种色谱法,尤其是液相色谱-串联质谱法。也有用薄层色谱法、气相色谱法、液相色谱法、气相色谱-质谱联用法测定两种或几种真菌毒素的报道,但由于分离能力、检测灵敏度、适用检测器、需要衍生等原因只适用于少数有限种类真菌毒素的测定而不能满足常见大多数真菌毒素多组分检测的需求;液相色谱-串联质谱法的优点非常显著,液相色谱与高选择性、高灵敏度的质谱法相结合,能够实现检测样品中多种真菌毒素的同时定量检测,成为近年来多种真菌毒素检测的主流趋势。所使用的质谱检测器,又分为离子阱质谱、串联四极杆质谱、串联四极杆-飞行时间质谱、串联四级杆-轨道阱质谱等多种,最为常用的是串联四极杆质谱检测器。

但是液相色谱-串联质谱法的离子化过程易受基质的干扰产生基质效应,影响定量准确性。采用稳定同位素稀释技术,可以有效校正基质效应对定量分析的影响。采取适当的净化方法,能有效去除样品基质中的干扰物质,降低基质效应。但由于各种类毒素理化性质差异大,特别是伏马毒素具有较强的极性,难以找到有效的净化方法适用于常见大多数真菌毒素。见诸报道的 Mycosep226 柱、QuEChERS、C18 柱、HLB 柱、凝胶色谱等净化方法,效果均不理想。免疫亲和柱是真菌毒素检测过程中最有效的净化方法,现在已有商品化适用于多组分真菌毒素前处理的免疫亲和柱,但价格昂贵,限制了方法的普及性。随着现代科技的发展,仪器的灵敏度大大提高,样品提取液经多倍稀释后直接进样,大大简化前处理过程,同位素内标法校正基质效应,仍能满足检测的灵敏度需要。同位素稀释法前处理简单,但对仪器硬件要求较高,需使用高灵敏的仪器检测,如果所使用的仪器灵敏度不好或者基质复杂的样品,仍然需要经过免疫亲和柱净化后再进样分析。

二、测定标准操作程序

食品中真菌毒素多组分的固相萃取柱净化-液相色谱-串联质谱法测定标准操作程序如下:

1　适用范围

本程序规定了膳食中黄曲霉毒素等 35 种真菌毒素的固相萃取柱净化-液相色谱-串联质谱测定方法。

本程序适用于膳食中黄曲霉毒素 $B_1/B_2/G_1/G_2/M_1/M_2$、脱氧雪腐镰刀菌烯醇(DON)、雪腐镰刀菌烯醇(NIV)、镰刀菌烯酮(Fus X)、3-乙酰基脱氧雪腐镰刀菌烯醇(3-ADON)、15-乙酰基脱氧雪腐镰刀菌烯醇(15-ADON)、玉米赤霉烯酮(ZEN)、玉米赤霉酮(ZAN)、α-玉米赤霉烯醇(α-ZEL)、β-玉米赤霉烯醇(β-ZEL)、α-玉米赤霉醇(α-ZAL)、β-玉米赤霉醇(β-ZAL)、赭曲霉毒素 A/B、T-2/HT-2 毒素、环匹阿尼酸(CPA)、串珠镰刀菌素(MON)、展青霉素(PAT)、脱氧雪腐镰刀菌烯醇-3-葡萄糖苷(DON-3-Glu)、去环氧脱氧雪腐镰刀菌醇(Deepoxy-DON)、新茄病镰刀菌烯醇(NEO)、胶黏毒素(Gliotoxin)、二乙酰藨草镰刀菌烯醇(DAS)、桔青霉素(CIT)、霉酚酸(MPA)、杂色曲霉毒素(ST)、毛壳球菌素 A(CHA)、疣孢青霉原(Verruculogen)和青霉震颤素(Penitrem A)等 35 种真菌毒素的测定。

当称样量为 2g,加入提取液体积为 10mL,各种真菌毒素的检测限详见表 1。

表 1　35 种真菌毒素单标溶液浓度

名称	浓度/ ($\mu g/mL$)	名称	浓度/ ($\mu g/mL$)
黄曲霉毒素 B_1	1.0	雪腐镰刀菌烯醇	100
黄曲霉毒素 B_2	1.0	脱氧雪腐镰刀菌烯醇	100
黄曲霉毒素 G_1	1.0	镰刀菌烯酮	100
黄曲霉毒素 G_2	1.0	3-乙酰基脱氧雪腐镰刀菌烯醇	100
黄曲霉毒素 M_1	1.0	15-乙酰基脱氧雪腐镰刀菌烯醇	100
黄曲霉毒素 M_2	1.0	脱氧雪腐镰刀菌烯醇-3-葡萄糖苷	100

表 1(续)

名称	浓度/($\mu g/mL$)	名称	浓度/($\mu g/mL$)
赭曲霉毒素 A	10	二乙酰蔗草镰刀菌烯醇	100
赭曲霉毒素 B	10	毛壳球菌素	100
杂色曲霉毒素	10	去环氧脱氧雪腐镰刀菌烯醇	100
玉米赤霉烯酮	100	展青霉素	100
玉米赤霉酮	100	环匹阿尼酸	100
α-玉米赤霉烯醇	100	T-2 毒素	100
β-玉米赤霉烯醇	100	HT-2 毒素	100
α-玉米赤霉醇	100	串珠镰刀菌素	100
β-玉米赤霉醇	100	新茄病镰刀菌烯醇	100
霉酚酸	100	桔青霉素	100
疣孢青霉原	100	青霉震颤素	100
胶黏毒素	100		

2 原理

试样中的 35 种真菌毒素在加入一定浓度^{13}C 标记真菌毒素同位素标准溶液后,用乙腈-水(84＋16,体积分数)溶液提取,提取液经离心、过滤后,取上清液过固相萃取柱净化,液相色谱-串联质谱仪多反应监测模式(正离子模式或负离子模式)测定,内标结合基质匹配标准曲线法定量。

3 试剂和材料

除另有规定外,所用试剂均为分析纯,水为 GB/T 6682 规定的一级水。

3.1 试剂

3.1.1 乙腈(CH_3CN):色谱纯。

3.1.2 甲醇(CH_3OH):色谱纯。

3.1.3 甲酸($HCOOH$):色谱纯。

3.1.4 乙酸(CH_3COOH):色谱纯。

3.2 试剂配制

3.2.1 乙腈-水溶液(84＋16,体积分数):量取 840mL 乙腈和 160mL 水,混匀。

3.2.2 乙腈-甲醇溶液(80＋20,体积分数):量取 800mL 乙腈和 200mL 甲醇,混匀。

3.2.3 0.2％甲酸水溶液:吸取 2mL 甲酸,用水稀释至 1L,混匀。

3.2.4 乙腈-水溶液(20％):量取 20mL 乙腈加入到 80mL 水中,混匀。

3.3 标准品

3.3.1 黄曲霉毒素 B_1(AFT B_1,$C_{17}H_{12}O_6$,CAS:1162-65-8):纯度≥98％。

3.3.2　黄曲霉毒素 B_2（AFT B_2，$C_{17}H_{14}O_6$，CAS：7220-81-7）：纯度≥98%。

3.3.3　黄曲霉毒素 G_1（AFT G_1，$C_{17}H_{12}O_7$，CAS：1165-39-5）：纯度≥98%。

3.3.4　黄曲霉毒素 G_2（AFT G_2，$C_{17}H_{14}O_7$，CAS：7241-98-7）：纯度≥98%。

3.3.5　黄曲霉毒素 M_1（AFT M_1，$C_{17}H_{12}O_7$，CAS：6795-23-9）：纯度≥98%。

3.3.6　黄曲霉毒素 M_2（AFT M_2，$C_{17}H_{14}O_7$，CAS：6885-57-0）：纯度≥98%。

3.3.7　脱氧雪腐镰刀菌烯醇（DON，$C_{15}H_{20}O_6$，CAS：51481-10-8）：纯度≥98%。

3.3.8　雪腐镰刀菌烯醇（NIV，$C_{15}H_{20}O_7$，CAS：23282-20-4）：纯度≥98%。

3.3.9　镰刀菌烯酮（Fus X，$C_{17}H_{22}O_8$，CAS：23255-69-8）：纯度≥98%。

3.3.10　3-乙酰基脱氧雪腐镰刀菌烯醇（3-AcDON，$C_{17}H_{22}O_7$，CAS：50722-38-8）：纯度≥98%。

3.3.11　15-乙酰基脱氧雪腐镰刀菌烯醇（15-AcDON，$C_{17}H_{22}O_7$，CAS：88337-96-6）：纯度≥98%。

3.3.12　玉米赤霉烯酮（ZEN，$C_{18}H_{22}O_5$，CAS：17924-92-4）：纯度≥98%。

3.3.13　玉米赤霉酮（ZAN，$C_{18}H_{24}O_5$，CAS：5975-78-0）：纯度≥98%。

3.3.14　α-玉米赤霉烯醇（α-ZEL，$C_{18}H_{24}O_5$，CAS：36455-72-8）：纯度≥98%。

3.3.15　β-玉米赤霉烯醇（β-ZEL，$C_{18}H_{24}O_5$，CAS：71030-11-0）：纯度≥98%。

3.3.16　α-玉米赤霉醇（α-ZAL，$C_{18}H_{26}O_5$，CAS：26538-44-3）：纯度≥98%。

3.3.17　β-玉米赤霉醇（β-ZAL，$C_{18}H_{26}O_5$，CAS：42422-68-4）：纯度≥98%。

3.3.18　赭曲霉毒素 A（OTA，$C_{20}H_{18}ClNO_6$，CAS：303-47-9）：纯度≥98%。

3.3.19　赭曲霉毒素 B（OTB，$C_{20}H_{19}NO_6$，CAS：4825-86-9）：纯度≥98%。

3.3.20　T-2 毒素（T-2，$C_{24}H_{34}O_9$，CAS：21259-20-1）：纯度≥98%。

3.3.21　HT-2 毒素（HT-2，$C_{22}H_{32}O_8$，CAS：26934-87-2）：纯度≥98%。

3.3.22　环匹阿尼酸（CPA，$C_{20}H_{20}N_2O_3$，CAS：18172-33-3）：纯度≥98%。

3.3.23　串珠镰刀菌素（MON，C_4HNaO_3，CAS：71376-34-6）：纯度≥98%。

3.3.24　展青霉素（PAT，$C_7H_6O_4$，CAS：149-29-1）：纯度≥98%。

3.3.25　脱氧雪腐镰刀菌烯醇-3-葡萄糖苷（DON-3-Glu，$C_{21}H_{30}O_{11}$，CAS：131180-21-7）：纯度≥98%。

3.3.26　去环氧脱氧雪腐镰刀菌烯醇（Deepoxy-DON，$C_{15}H_{20}O_5$，CAS：88054-24-4）：纯度≥98%。

3.3.27　新茄病镰刀菌烯醇（NEO，$C_{19}H_{26}O_8$，CAS：36519-25-2）：纯度≥98%。

3.3.28　胶黏毒素（Gliotoxin，$C_{13}H_{14}N_2O_4S_2$，CAS：67-99-2）：纯度≥98%。

3.3.29　二乙酰蔗草镰刀菌烯醇（DAS，$C_{19}H_{26}O_7$，CAS：2270-40-8）：纯度≥98%。

3.3.30　桔青霉素（CIT，$C_{13}H_{14}O_5$，CAS：518-75-2）：纯度≥98%。

3.3.31　霉酚酸（MPA，$C_{17}H_{20}O_6$，CAS：24280-93-1）：纯度≥98%。

3.3.32　杂色曲霉毒素（ST，$C_{18}H_{12}O_6$，CAS：10048-13-2）：纯度≥98%。

3.3.33　毛壳球菌素（CHA，$C_{32}H_{36}N_2O_5$，CAS：50335-03-0）：纯度≥98%。

3.3.34 疣孢青霉原(Verruculogen, $C_{27}H_{33}N_3O_7$, CAS:12771-72-1):纯度≥98%。

3.3.35 青霉震颤素(Penitrem A, $C_{37}H_{44}ClNO_6$, CAS:12627-35-9):纯度≥98%。

3.3.36 同位素内标$^{13}C_{17}$-AFT B1($^{13}C_{17}H_{12}O_6$):0.5μg/mL,纯度≥98%。

3.3.37 同位素内标$^{13}C_{20}$-OTA($^{13}C_{20}H_{18}ClNO_6$):25μg/mL,纯度≥98%。

3.3.38 同位素内标$^{13}C_{24}$-T-2($^{13}C_{24}H_{34}O_9$):25μg/mL,纯度≥98%。

3.3.39 同位素内标$^{13}C_{15}$-DON($^{13}C_{15}H_{20}O_6$):25μg/mL,纯度≥98%。

3.3.40 同位素内标$^{13}C_{18}$-ZEN($^{13}C_{18}H_{22}O_5$):25μg/mL,纯度≥98%。

3.4 标准溶液的配制

3.4.1 单一标准储备液

分别用乙腈溶解或稀释35种真菌毒素的粉末(或液体)标准品,按照表1配制35种真菌毒素单标标准储备液,在-20℃保存。

3.4.2 混合标准储备液

分别移取一定体积的35种真菌毒素单一标准储备液于10mL容量瓶中,用乙腈定容至刻度,得混合标准中间液,-20℃保存,各毒素浓度详见表2。

表2 35种真菌毒素混合标准储备液浓度

名称	浓度/(μg/mL)	名称	浓度/(μg/mL)
黄曲霉毒素 B_1	0.05	雪腐镰刀菌烯醇	10.0
黄曲霉毒素 B_2	0.05	脱氧雪腐镰刀菌烯醇	5.0
黄曲霉毒素 G_1	0.05	镰刀菌烯酮	5.0
黄曲霉毒素 G_2	0.05	3-乙酰基脱氧雪腐镰刀菌烯醇	5.0
黄曲霉毒素 M_1	0.05	15-乙酰基脱氧雪腐镰刀菌烯醇	5.0
黄曲霉毒素 M_2	0.05	脱氧雪腐镰刀菌烯醇-3-葡萄糖苷	5.0
赭曲霉毒素 A	0.05	二乙酰蔗草镰刀菌烯醇	5.0
赭曲霉毒素 B	0.05	毛壳球菌素	5.0
杂色曲霉毒素	0.5	去环氧脱氧雪腐镰刀菌烯醇	5.0
玉米赤霉烯酮	5.0	展青霉素	5.0
玉米赤霉酮	5.0	环匹阿尼酸	5.0
α-玉米赤霉烯醇	5.0	T-2 毒素	1.0
β-玉米赤霉烯醇	5.0	HT-2 毒素	1.0
α-玉米赤霉醇	5.0	串珠镰刀菌素	5.0
β-玉米赤霉醇	5.0	新茄病镰刀菌烯醇	5.0
霉酚酸	5.0	桔青霉素	5.0
疣孢青霉原	5.0	青霉震颤素	5.0
胶黏毒素	5.0		

3.4.3 混合真菌毒素同位素内标工作液

分别移取一定体积的 5 种各真菌毒素同位素标准溶液于 5mL 容量瓶中,用乙腈稀释定容至刻度,充分混匀后于 -20℃ 避光保存。5 种同位素内标浓度详见表 3。(注:使用前要恢复至室温并用涡旋混合器充分混匀)。

表 3 5 种真菌毒素同位素混合内标浓度

名称	浓度/ (μg/mL)	名称	浓度/ (μg/mL)
$^{13}C_{17}$-黄曲霉毒素 B_1	0.01	$^{13}C_{24}$-T-2 毒素	0.05
$^{13}C_{20}$-赭曲霉毒素 A	0.02	$^{13}C_{18}$-玉米赤霉烯酮	0.5
$^{13}C_{15}$-脱氧雪腐镰刀菌烯醇	0.5		

3.4.4 标准曲线的配制

准确移取混合标准储备液适量,采用 20% 乙腈-水溶液(含 0.2% 甲酸)逐级稀释,配制成不同浓度点的混合标准曲线系列溶液,每个标准溶液中均加入 100μL 的混合同位素内标。配制成黄曲霉毒素 B_1 含量为 0.2ng/mL、0.5ng/mL、1ng/mL、2ng/mL、5ng/mL、10ng/mL 的系列标准溶液。

4 仪器和设备材料

4.1 超高压液相色谱-串联质谱仪:配有电喷雾离子源。

4.2 高速离心机:转速≥10000r/min。

4.3 天平:感量 0.1mg 和 0.001g。

4.4 涡旋混合器。

4.5 超声波/涡旋振荡器或摇床。

4.6 移液器:量程 1μL~10μL、10μL~100μL 和 100μL~1000μL。

4.7 分液器(量程 10mL~100mL)。

4.8 样品筛:0.5mm~1mm 孔径。

4.9 氮吹仪。

4.10 固相萃取仪。

4.11 固相萃取柱空柱管(6mL,带筛板)。

4.12 层析用硅胶(孔径 60Å,63μm~100μm)。

4.13 高速粉碎机:转速 10000r/min。

4.14 带盖离心管:50mL 和 1.5mL。

4.15 微孔滤膜(有机系):孔径 0.22μm。

5 操作步骤

5.1 试样制备

谷物及其制品:采样量需大于 1kg,用高速粉碎机将其粉碎,过筛,使其粒径小于 0.5mm~1mm 孔径试验筛,混合均匀后缩分至 100g,储存于样品瓶中,密封保存,供检测用。

5.2 固相萃取柱制备

硅胶于烘箱中 105℃烘 30min,装入可密闭容器(如具塞玻璃烧瓶)中,按重量比加入 3%的水,混匀、冷却放置后即可使用。

将处理好的硅胶 0.5g 装填于空柱管中,盖上筛板,压紧,待用。一般现装现用,也可以装填好后放置于密封袋中短期保存。

5.3 样品提取和净化

准确称取样品 2g 于 50mL 的离心管中,加入 200μL 混合同位素内标后,再加入 10mL 乙腈-水(86:14)溶液,室温下浸泡 1h,超声波超声 1h,10000r/min 下离心 10min(或过玻璃纤维滤纸)。取上清液或滤液,待净化。

吸取上清液或滤液 5mL 过硅胶柱,3mL 甲醇洗脱,抽干,收集所有过柱溶液于 10mL 试管中,氮气吹干(40℃)。加入 200μL 乙腈溶解残渣,涡旋 30s,再加入 800μL 乙腈-水溶液(20:80,含 0.2%甲酸)。混合液涡旋 30s 后,过微孔滤膜后置于进样瓶中,待进样。

5.4 液相色谱-串联质谱参考条件

5.4.1 液相色谱条件

5.4.1.1 液相色谱柱:BEH Shield RP C18 柱(柱长 150mm,柱内径 2.1mm;填料粒径 1.7μm),或等效柱。

5.4.1.2 柱温:40℃。

5.4.1.3 进样量:10μL。

5.4.1.4 流速:0.35mL/min。

5.4.1.5 流动相:A 相:0.2%的氨水+0.25mmol/L 的醋酸铵水溶液;B 相:乙腈-甲醇(80:20)。

5.4.1.6 梯度洗脱程序见表 4。

表 4 液相色谱梯度洗脱程序

时间/min	流速/(mL/min)	$A/\%$	$B/\%$
0.0	0.35	95	5
1.0	0.35	95	5
4.0	0.35	82	18
6.0	0.35	80	20
8.0	0.35	80	20
9.0	0.35	75	25
11.5	0.35	40	60
13.0	0.35	20	80
14.0	0.35	5	95

表4(续)

时间/min	流速/(mL/min)	A/%	B/%
15.5	0.35	5	95
16.0	0.35	95	5
19.0	0.35	95	5

5.4.2 质谱参考条件

5.4.2.1 离子源:电喷雾离子源。

5.4.2.2 质谱扫描方式:多重反应监测模式(MRM)。

5.4.2.3 锥孔电压:3.0kV。

5.4.2.4 加热气温度:500℃。

5.4.2.5 离子源温度:150℃。

5.4.2.6 脱溶剂气:800L/H。

5.4.2.7 35种真菌毒素及其同位素内标的质谱条件参考表5。

表5 35种真菌毒素的质谱参数及其检出限

真菌毒素种类	母离子（m/z）	子离子（m/z）	碰撞能量/eV	锥孔电压/V	离子化模式	检测限（μg/kg）
新茄病镰刀菌烯醇	400	185*/215	21/19	18	ESI+	1.0
黄曲霉毒素 M₂	331	313*/259	18/22	36	ESI+	1.0
黄曲霉毒素 M₁	329	229*/273	42/22	38	ESI+	1.0
黄曲霉毒素 G₂	331	313*/245	24/30	36	ESI+	1.0
黄曲霉毒素 G₁	329	243*/311	28/20	36	ESI+	0.5
黄曲霉毒素 B₂	315	287*/259	24/30	42	ESI+	0.2
黄曲霉毒素 B₁	313	285*/241	20/35	37	ESI+	0.1
胶黏素	327	263*/111	11/29	16	ESI+	2.0
二乙酰蔗草镰刀菌烯醇	384	307*/105	11/31	20	ESI+	1.0
桔青霉素	251	91*/191	41/23	26	ESI+	2.0
T-2 毒素	484	185*/215	19/19	18	ESI+	2.0
HT-2 毒素	442	263*/145	11/25	13	ESI+	25
霉酚酸	321	207*/159	21/41	22	ESI+	2.0
毛壳球菌素	529	130*/511	47/10	24	ESI+	10
疣孢青霉原	534	392*/191	13/21	50	ESI+	1.0
青霉震颤素	636	560*/618	15/10	34	ESI+	10
赭曲霉毒素 A	404	239*/358	27/13	21	ESI+	0.5

表5(续)

真菌毒素种类	母离子 （m/z）	子离子 （m/z）	碰撞 能量/eV	锥孔 电压/V	离子化 模式	检测限 （μg/kg）
赭曲霉毒素 B	370	205*/187	23/37	24	ESI+	0.5
杂色曲霉毒素	325	281*/310	31/25	40	ESI+	5.0
环匹阿尼酸	335	140*/180	27/25	48	ESI-	10
串珠镰刀菌素	97	41	10	20	ESI-	50
脱氧雪腐镰刀菌烯醇	355	295*/265	9/15	20	ESI-	10
雪腐镰刀菌烯醇	371	281*/311	15/9	20	ESI-	50
3-乙酰基脱氧雪腐 镰刀菌烯醇	337	307*/173	15/9	24	ESI-	10
15-乙酰基脱氧雪腐 镰刀菌烯醇	337	150*/219	23/11	20	ESI-	10
镰刀菌烯酮	413	353*/263	11/17	18	ESI-	50
玉米赤霉烯酮	317	175*/131	30/24	44	ESI-	10
玉米赤霉酮	319	159*/174	30/26	44	ESI-	10
α-玉米赤霉烯醇	319	159*/174	30/26	44	ESI-	10
α-玉米赤霉烯醇	319	205*/107	22/30	40	ESI-	10
α-玉米赤霉醇	321	259*/91	24/36	44	ESI-	10
β-玉米赤霉醇	321	259*/91	24/36	44	ESI-	10
展青霉素	153	109*/81	7/11	18	ESI-	10
去环氧脱氧雪腐 镰刀菌烯醇	339	59*/249	11/13	18	ESI-	10
脱氧雪腐镰刀菌 烯醇-3-葡萄糖苷	517	457*/427	15/17	26	ESI-	10
$^{13}C_{17}$-黄曲霉毒素 B_1	330	301*/255	25/37	48	ESI+	—
$^{13}C_{20}$-赭曲霉毒素 A	424	250*/232	25/37	26	ESI+	—
$^{13}C_{24}$-T-2 毒素	509	229*/323	17/15	20	ESI+	—
$^{13}C_{15}$-脱氧雪腐镰刀 菌烯醇	370	310*/279	11/15	20	ESI-	—
$^{13}C_{18}$-玉米赤霉烯酮	335	185*/140	26/36	42	ESI-	—

注：*表示定量子离子。

谱图见图1。

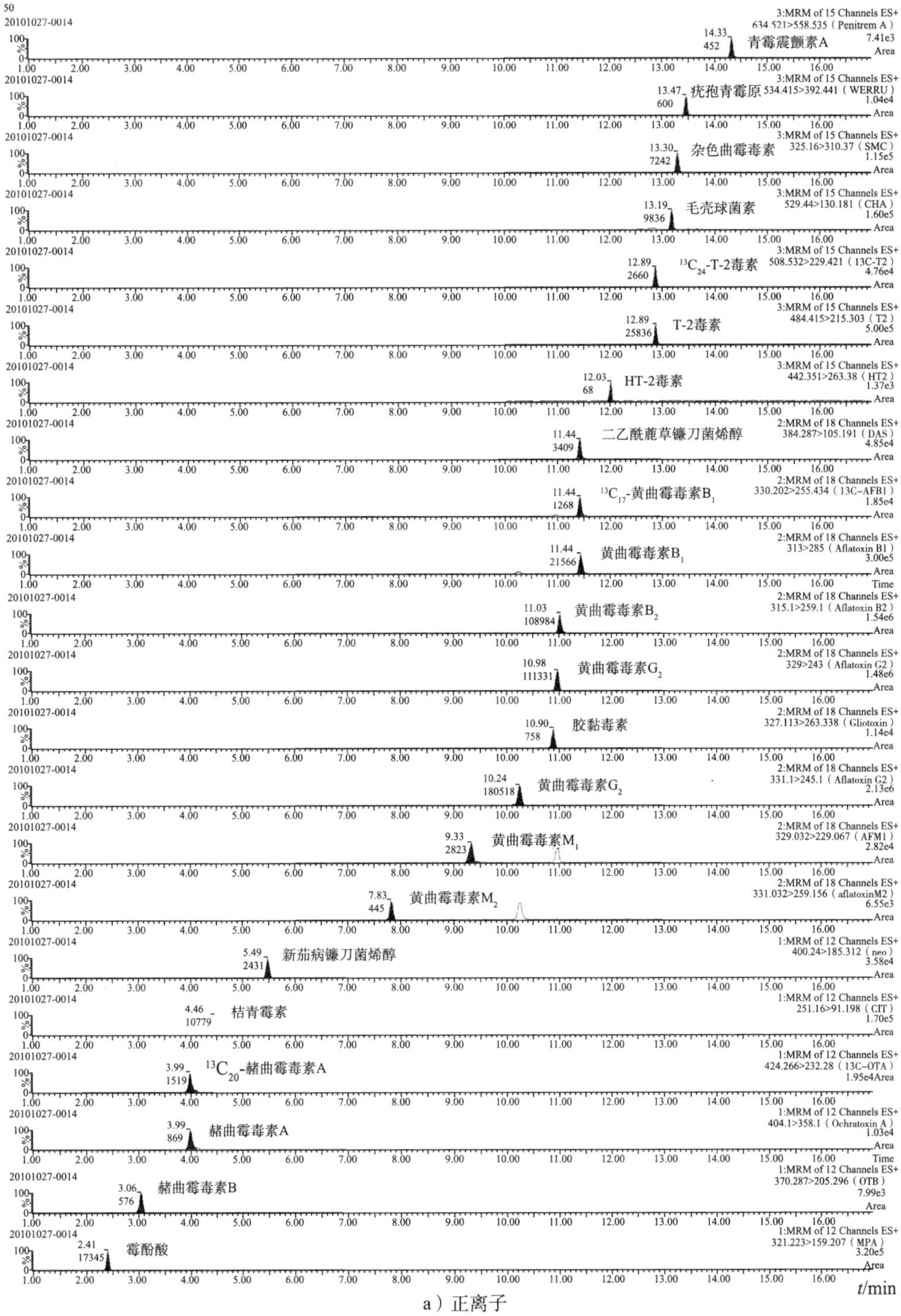

a）正离子

注：正离子的浓度为 10ng/mL，负离子浓度为 50ng/mL，^{13}C-AFT B1，^{13}C-OTA 和 ^{13}C-T-2 浓度为 5ng/mL，^{13}C-ZEN 和 ^{13}C-DON 的浓度为 50ng/mL。

图1　35 种真菌毒素在标准溶液中的 MRM 图谱

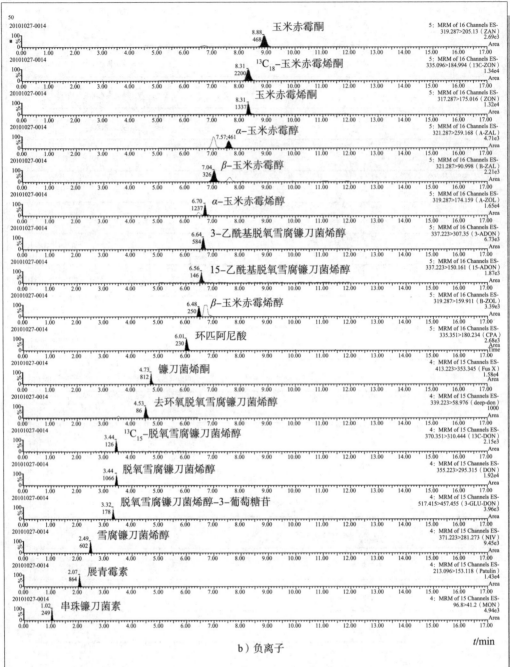

b）负离子

图1(续)

5.5　定性测定

试样中目标化合物色谱峰的保留时间与相应标准色谱峰的保留时间相比较，变化范围应在±2.5%之内。

表6　定性时相对离子丰度的最大允许偏差

相对离子丰度	>50%	20%~50%	10%~20%	≤10%
允许的相对偏差	±20%	±25%	±30%	±50%

每种化合物的质谱定性离子应出现,至少应包括一个母离子和两个子离子,而且同一检测批次,对同一化合物,样品中目标化合物的两个子离子的相对丰度比与浓度相当的标准溶液相比,其允许偏差不超过表6规定的范围。

6　结果计算

6.1　标准曲线的制备

按3.4.4稀释配制系列标准曲线系列,由低到高浓度依次进样检测,以各化合物色谱峰与相对应内标色谱峰的峰面积比值-浓度作图,得到内标法-标准曲线回归方程。

6.2　试样溶液的测定

取5.2项下得到的待测溶液进样,内标法计算待测液中目标物质的质量浓度,按6.3计算样品中待测物的含量。

待测样液中的响应值应在标准曲线线性范围内,超过线性范围则应适当稀释后重新测定。

6.3　计算

按式(1)计算35种真菌毒素的含量:

$$X = \frac{c \times V \times f}{m} \quad\cdots\cdots\cdots\cdots\cdots\cdots\cdots\cdots\cdots\cdots \quad (1)$$

式中:

X——试样中待测毒素的含量,单位为微克每千克($\mu g/kg$);

c——试样中待测毒素按照内标法(或外标法)在标准曲线中对应的浓度,单位为纳克每毫升(ng/mL);

V——试样提取液的体积,单位为毫升(mL);

m——试样称样量,单位为克(g);

f——提取液稀释因子。

计算结果需扣除空白值,测定结果用平行测定的算术平均值表示,保留三位有效数字。

7　精密度

在重复性条件下获得的两次独立测定结果的绝对差值不得超过算术平均值的23%。

三、注意事项

1. 本程序涉及多种真菌毒素,其中包括高致癌化合物黄曲霉毒素,整个实验过程需在通风橱中进行且尽量做好防护措施,避免危害操作人员的健康。

2. 为保证方法的灵敏度及每一个峰的点数,对监测的各离子通道要采取分段监测。

3. 正离子模式下同位素内标(^{13}C-ZEN)对 ZEN 有干扰,只能在负离子模式下使用内标法定量检测。

4. 在负离子模式下检测时,NIV 和 DON 的峰型对进样溶液中有机相含量比较敏感,确保进样溶液中有机相含量不超过 25%。

5. 在负离子模式下检测时,3A-DON 和 15A-DON 结构相近,须使用 150mm 长的色谱柱分离。100mm 长的色谱柱不能将这两种物质基线分离,即使不能达到基线分离,二者定量通道离子对参数不一样,对计算结果没有影响。

6. 出峰时的有机相比例对各物质的灵敏度有影响,可根据情况适当调整洗脱梯度,以得到较好的灵敏度。

7. 程序中使用的硅胶柱是自己装填,且使用的硅胶是经过了活化、去活化的处理,是为了保证硅胶填料具有适当的活性。如有相当的商品化柱子,也可以直接使用。

8. 在过柱后复溶残渣时,先加入 $200\mu L$ 乙腈,再加入 $800\mu L$ 乙腈/0.2% 甲酸水溶液(20/80),是因为青霉震颤素(PenitremA)相对分子质量很大,水溶性差,纯乙腈更容易溶解残渣。

9. 程序中为了校正基质效应,使用了同位素内标。由于只使用了 5 种同位素内标,因此采取了分组校正的方法。以 ^{13}C-OTA 为内标的毒素为:OTA、OTB、CIT、胶黏素(Gliotoxin)、CHA;以 ^{13}C-AFT B_1 为内标的毒素为:DAS、AFT B_1、AFT B_2、AFT G_1、AFT G_2、AFT M_1、AFT M_2、青霉震颤素(PenitremA)、STM;以 ^{13}C-T-2 为内标的毒素为:MPA、HT2 和 T-2;以 ^{13}C-DON 为内标的毒素为:DON、3-ADON、15-ADON、FusX、NIV、MON、deepoxy-DON、DON-3-Glu;以 ^{13}C-ZEN 为内标的毒素为:ZEN、ZAN、α-ZAL、β-ZAL、α-ZEL、β-ZEL、疣孢青霉原(Verruculogen)、NEO、PAT 和 CPA。通过内标校正前处理过程中的损失,再折合相应毒素及内标的基质干扰情况,最后得出所得的真菌毒素的量。在前处理过程中各种真菌毒素的损失基本不超过 20%。

四、国内外检测方法

多种真菌毒素检测的标准方法有 SN/T 3136—2012《出口花生、谷类及其制品中黄曲霉毒素、赭曲霉毒素、伏马毒素 B_1、脱氧雪腐镰刀菌烯醇、T-2 毒素、HT-2 毒素的测定》以及我国台湾地区"食品卫生署"发布的《食品中霉菌毒素检验方法-多重毒素的检验》("卫生食字第 1061900467 号"),均为采用免疫亲和柱净化,液相色谱-串联质谱法检测,基质匹配外标法定量。

第二节　同位素稀释-液相色谱-串联质谱法

一、测定标准操作程序

食品中真菌毒素多组分的测定(同位素稀释-液相色谱-串联质谱法)标准操作程序如下:

1 适用范围

本程序规定了食品中黄曲霉毒素等 16 种真菌毒素的同位素稀释液相色谱-串联质谱测定方法。

本程序适用于小麦、玉米及其制品中黄曲霉毒素 $B_1/B_2/G_1/G_2$、脱氧雪腐镰刀菌烯醇、雪腐镰刀菌烯醇、3-乙酰基脱氧雪腐镰刀菌烯醇、15-乙酰基脱氧雪腐镰刀菌烯醇、玉米赤霉烯酮、赭曲霉毒素 A、伏马毒素 $B_1/B_2/B_3$、T-2/HT-2 毒素、杂色曲霉毒素等 16 种真菌毒素的测定。

当称样量为 5g，加入提取液体积为 20mL，各种真菌毒素的检测限和定量限分别详见表 1（负离子模式）和表 2（正离子模式）。

2 原理

试样中的 16 种真菌毒素用乙腈-水-甲酸（70＋29＋1，体积比）溶液提取，提取液经稀释、离心、过滤后，取上清液加入一定浓度 ^{13}C 标记真菌毒素同位素标准溶液，液相色谱-串联质谱仪多反应监测模式（正离子模式或负离子模式）测定，内标法定量。

3 试剂和材料

除另有规定外，所用试剂均为分析纯，水为 GB/T 6682 规定的一级水。

3.1 试剂

3.1.1 乙腈（CH_3CN）：色谱纯。

3.1.2 甲醇（CH_3OH）：色谱纯。

3.1.3 甲酸（HCOOH）：色谱纯。

3.1.4 乙酸（CH_3COOH）：色谱纯。

3.2 试剂配制

3.2.1 乙腈-水-甲酸溶液（70＋29＋1，体积分数）：量取 700mL 乙腈加入到 290mL 水中，加入 10mL 甲酸，混匀。

3.2.2 乙腈-水溶液（50＋50，体积分数）：量取 500mL 乙腈加入到 500mL 水中，混匀。

3.2.3 0.2％甲酸水溶液：吸取 2mL 甲酸，用水稀释至 1L，混匀。

3.2.4 乙腈-水溶液（20％）：量取 20mL 乙腈加入到 80mL 水中，混匀。

3.3 标准品

3.3.1 黄曲霉毒素 B_1（AFT B_1，$C_{17}H_{12}O_6$，CAS：1162-65-8）：纯度≥98％。

3.3.2 黄曲霉毒素 B_2（AFT B_2，$C_{17}H_{14}O_6$，CAS：7220-81-7）：纯度≥98％。

3.3.3 黄曲霉毒素 G_1（AFT G_1，$C_{17}H_{12}O_7$，CAS：1165-39-5）：纯度≥98％。

3.3.4 黄曲霉毒素 G_2（AFT G_2，$C_{17}H_{14}O_7$，CAS：7241-98-7）：纯度≥98％。

3.3.5 脱氧雪腐镰刀菌烯醇（DON，$C_{15}H_{20}O_6$，CAS：51481-10-8）：纯度≥98％。

3.3.6 雪腐镰刀菌烯醇（NIV，$C_{15}H_{20}O_7$，CAS：23282-20-4）：纯度≥98％。

3.3.7 3-乙酰基脱氧雪腐镰刀菌烯醇（3-AcDON，$C_{17}H_{22}O_7$，CAS：50722-38-8）：纯度≥98％。

3.3.8 15-乙酰基脱氧雪腐镰刀菌烯醇（15-AcDON，$C_{17}H_{22}O_7$，CAS：88337-96-6）：纯度≥98％。

3.3.9　玉米赤霉烯酮(ZEN，$C_{18}H_{22}O_5$，CAS：17924-92-4)：纯度≥98%。

3.3.10　赭曲霉毒素 A(OTA，$C_{20}H_{18}ClNO_6$，CAS：303-47-9)：纯度≥98%。

3.3.11　伏马毒素 B_1(FB$_1$，$C_{34}H_{59}NO_{15}$，CAS：116355-83-0)：纯度≥98%。

3.3.12　伏马毒素 B_2(FB$_2$，$C_{34}H_{59}NO_{14}$，CAS：116355-84-1)：纯度≥98%。

3.3.13　伏马毒素 B_3(FB$_3$，$C_{34}H_{59}NO_{14}$，CAS：136379-59-4)：纯度≥98%。

3.3.14　T-2 毒素(T-2，$C_{24}H_{34}O_9$，CAS：21259-20-1)：纯度≥98%。

3.3.15　HT-2 毒素(HT-2，$C_{22}H_{32}O_8$，CAS：26934-87-2)：纯度≥98%。

3.3.16　杂色曲霉毒素(ST，$C_{18}H_{12}O_6$，CAS：10048-13-2)：纯度≥98%。

3.3.17　同位素内标$^{13}C_{17}$-AFT B_1($^{13}C_{17}H_{12}O_6$)：0.5μg/mL，纯度≥98%。

3.3.18　同位素内标$^{13}C_{17}$-AFT B_2($^{13}C_{17}H_{14}O_6$)：0.5μg/mL，纯度≥98%。

3.3.19　同位素内标$^{13}C_{17}$-AFT G_1($^{13}C_{17}H_{12}O_7$)：0.5μg/mL，纯度≥98%。

3.3.20　同位素内标$^{13}C_{17}$-AFT G_2($^{13}C_{17}H_{14}O_7$)：0.5μg/mL，纯度≥98%。

3.3.21　同位素内标$^{13}C_{15}$-NIV($^{13}C_{15}H_{20}O_7$)：25μg/mL，纯度≥98%。

3.3.22　同位素内标$^{13}C_{15}$-DON($^{13}C_{15}H_{20}O_6$)：25μg/mL，纯度≥98%。

3.3.23　同位素内标$^{13}C_{15}$-3-AcDON($^{13}C_{17}H_{22}O_7$)：25μg/mL，纯度≥98%。

3.3.24　同位素内标$^{13}C_{15}$-15-AcDON($^{13}C_{17}H_{22}O_7$)：25μg/mL，纯度≥98%。

3.3.25　同位素内标$^{13}C_{18}$-ZEN($^{13}C_{18}H_{22}O_5$)：25μg/mL，纯度≥98%。

3.3.26　同位素内标$^{13}C_{20}$-OTA($^{13}C_{20}H_{18}ClNO_6$)：25μg/mL，纯度≥98%。

3.3.27　同位素内标$^{13}C_{34}$-FB$_1$($^{13}C_{34}H_{59}NO_{15}$)：25μg/mL，纯度≥98%。

3.3.28　同位素内标$^{13}C_{34}$-FB$_2$($^{13}C_{34}H_{59}NO_{14}$)：10μg/mL，纯度≥98%。

3.3.29　同位素内标$^{13}C_{34}$-FB$_3$($^{13}C_{34}H_{59}NO_{14}$)：10μg/mL，纯度≥98%。

3.3.30　同位素内标$^{13}C_{24}$-T-2($^{13}C_{24}H_{34}O_9$)：25μg/mL，纯度≥98%。

3.3.31　同位素内标$^{13}C_{22}$-HT-2($^{13}C_{22}H_{32}O_8$)：25μg/mL，纯度≥98%。

3.3.32　同位素内标$^{13}C_{18}$-ST($^{13}C_{18}H_{12}O_6$)：25μg/mL，纯度≥98%。

3.4　标准溶液的配制

3.4.1　单一标准储备液

　　分别用乙腈或乙腈：水(50：50，体积比)溶解或稀释 16 种真菌毒素的粉末(或液体)标准品，按照表1配制 16 种真菌毒素单标标准储备液，在-20℃保存。

表 1　16 种真菌毒素单标溶液浓度

名称	浓度/(μg/mL)	名称	浓度/(μg/mL)
黄曲霉毒素 B_1	1.0	玉米赤霉烯酮	100
黄曲霉毒素 B_2	1.0	雪腐镰刀菌烯醇	100
黄曲霉毒素 G_1	1.0	脱氧雪腐镰刀菌烯醇	100
黄曲霉毒素 G_2	1.0	3-乙酰基脱氧雪腐镰刀菌烯醇	100
赭曲霉毒素 A	1.0	15-乙酰基脱氧雪腐镰刀菌烯醇	100

表1(续)

名称	浓度/(μg/mL)	名称	浓度/(μg/mL)
伏马毒素 B_1	50	杂色曲霉毒素	10
伏马毒素 B_2	50	HT-2 毒素	100
伏马毒素 B_3	50	T-2 毒素	100

3.4.2　混合标准储备液

分别移取一定体积的 16 种真菌毒素单一标准储备液于 10mL 容量瓶中,用乙腈定容至刻度,得混合标准中间液,−20℃保存,各毒素浓度详见表2。

表2　16 种真菌毒素混合标准储备液浓度

名称	浓度/(μg/mL)	名称	浓度/(μg/mL)
黄曲霉毒素 B_1	0.5	雪腐镰刀菌烯醇	50
黄曲霉毒素 B_2	0.5	脱氧雪腐镰刀菌烯醇	50
黄曲霉毒素 G_1	0.5	3-乙酰基脱氧雪腐镰刀菌烯醇	50
黄曲霉毒素 G_2	0.5	15-乙酰基脱氧雪腐镰刀菌烯醇	50
玉米赤霉烯酮	5	赭曲霉毒素 A	0.5
T-2 毒素	5	伏马毒素 B_1	10
HT-2 毒素	10	伏马毒素 B_2	10
杂色曲霉毒素	0.5	伏马毒素 B_3	10

3.4.3　混合真菌毒素同位素内标工作液

分别移取一定体积的 16 种各真菌毒素同位素标准溶液于 5mL 容量瓶中,用乙腈稀释定容至刻度,充分混匀后于 −20℃避光保存。16 种同位素内标浓度详见表3(注:使用前要恢复至室温并用涡旋混合器充分混匀)。

表3　16 种真菌毒素稳定同位素混合溶液浓度

名称	浓度/(μg/mL)	名称	浓度/(μg/mL)
$^{13}C_{17}$-黄曲霉毒素 B_1	0.01	$^{13}C_{15}$-雪腐镰刀菌烯醇	1.25
$^{13}C_{17}$-黄曲霉毒素 B_2	0.01	$^{13}C_{15}$-脱氧雪腐镰刀菌烯醇	1.25
$^{13}C_{17}$-黄曲霉毒素 G_1	0.01	$^{13}C_{15}$-3-乙酰基脱氧雪腐镰刀菌烯醇	1.25
$^{13}C_{17}$-黄曲霉毒素 G_2	0.01	$^{13}C_{15}$-15-乙酰基脱氧雪腐镰刀菌烯醇	1.25
$^{13}C_{18}$-玉米赤霉烯酮	1.25	$^{13}C_{34}$-伏马毒素 B_1	0.5
$^{13}C_{20}$-赭曲霉毒素 A	0.02	$^{13}C_{34}$-伏马毒素 B_2	0.5
$^{13}C_{24}$-T-2 毒素	0.05	$^{13}C_{34}$-伏马毒素 B_3	0.5
$^{13}C_{18}$-杂色曲霉毒素	0.02	$^{13}C_{22}$-HT-2 毒素	0.5

3.4.4 标准曲线的配制

准确移取混合标准储备液适量,采用20％乙腈-水溶液逐级稀释,配制成不同浓度点的混合标准曲线系列溶液,各标准点的含量见表4。

分别准确移取$20\mu L$同位素内标混合溶液于各内插管中,加入$180\mu L$对应的混合标准曲线浓度点溶液,于涡旋混合器上混合均匀,配制成混合标准曲线溶液系列。

表4 标准系列浓度

名称	系列1/ (ng/mL)	系列2/ (ng/mL)	系列3/ (ng/mL)	系列4/ (ng/mL)	系列5/ (ng/mL)	系列6/ (ng/mL)
黄曲霉毒素 B_1	0.05	0.1	0.2	0.5	1.0	2.0
黄曲霉毒素 B_2	0.05	0.1	0.2	0.5	1.0	2.0
黄曲霉毒素 G_1	0.05	0.1	0.2	0.5	1.0	2.0
黄曲霉毒素 G_2	0.05	0.1	0.2	0.5	1.0	2.0
雪腐镰刀菌烯醇	5	10	20	50	100	200
脱氧雪腐镰刀菌烯醇	5	10	20	50	100	200
3-乙酰基脱氧雪腐 镰刀菌烯醇	5	10	20	50.0	100.0	200
15-乙酰基脱氧雪腐 镰刀菌烯醇	5	10	20	50.0	100.0	200
玉米赤霉烯酮	0.5	1.0	2.0	5.0	10.0	20
T-2毒素	0.5	1.0	2.0	5.0	10.0	20
HT-2毒素	1.0	2.0	4.0	10.0	20.0	40
杂色曲霉毒素	0.05	0.1	0.2	0.5	1.0	2.0
赭曲霉毒素A	0.05	0.1	0.2	0.5	1.0	2.0
伏马毒素 B_1	1.0	2.0	4.0	10.0	20.0	40
伏马毒素 B_2	1.0	2.0	4.0	10.0	20.0	40
伏马毒素 B_3	1.0	2.0	4.0	10.0	20.0	40

4 仪器和设备

4.1 超高效液相色谱-串联质谱仪:配有电喷雾离子源。

4.2 高速离心机:转速$\geq 10000r/min$。

4.3 天平:感量0.1mg和0.001g。

4.4 涡旋混合器。

4.5 超声波/涡旋振荡器或摇床。

4.6 移液器:量程$1\mu L \sim 10\mu L$、$10\mu L \sim 100\mu L$和$100\mu L \sim 1000\mu L$。

4.7 分液器(量程$10mL \sim 100mL$)。

4.8 样品筛:0.5mm~1mm孔径。

4.9　氮吹仪。

4.10　高速粉碎机:转速10000r/min。

4.11　带盖离心管:50mL和1.5mL。

4.12　微孔滤膜(有机系):孔径0.22μm。

5　操作步骤

5.1　试样制备

谷物及其制品:采样量需大于1kg,用高速粉碎机将其粉碎,过筛,使其粒径小于0.5mm~1mm孔径试验筛,混合均匀后缩分至100g,储存于样品瓶中,密封保存,供检测用。

5.2　样品提取及净化

准确称取5g(精确到0.01g)试样于50mL离心管中,加入20mL乙腈-水-甲酸(70+29+1,体积比)溶液,并用涡旋混合器混匀1min,置于旋转摇床上振荡提取30min,取1.0mL提取液至1.5mL离心管中,以10000r/min离心5min。准确转移0.5mL上清液于另一1.5mL离心管中,加入1.0mL水,旋涡混匀后,在4℃下以10000r/min的转速离心5min,吸取上清液过0.22μm滤膜。吸取180μL处理好的样品滤液于300μL内插管中,加入20μL稳定同位素混合溶液,涡旋混匀,待进样。

5.3　液相色谱-串联质谱参考条件

5.3.1　液相色谱条件

5.3.1.1　液相色谱柱:BEH C18柱(柱长150mm,柱内径2.1mm;填料粒径1.7μm),或等效柱。

5.3.1.2　柱温:40℃。

5.3.1.3　进样量:10μL。

5.3.1.4　流速:0.3mL/min。

5.3.1.5　流动相:A相:水(ESI-)/0.2%甲酸水溶液(ESI+);B相:乙腈。

5.3.1.6　梯度洗脱程序见表5和表6。

表5　正离子模式液相色谱梯度洗脱程序

时间/min	流速/(mL/min)	A/%	B/%
0.0	0.30	80	20
1.0	0.30	80	20
4.0	0.30	60	40
7.0	0.30	30	70
7.5	0.30	0	100
8.5	0.30	0	100
8.7	0.30	80	20
12.0	0.30	80	20

表6 负离子模式液相色谱梯度洗脱程序

时间/min	流速/(mL/min)	A/%	B/%
0.0	0.30	95	5
1.0	0.30	95	5
1.5	0.30	80	20
5.0	0.30	75	25
5.1	0.30	40	60
7.0	0.30	40	60
7.1	0.30	5	95
8.1	0.30	5	95
8.2	0.30	95	5
12.0	0.30	95	5

5.3.2 质谱参考条件

5.3.2.1 离子源:电喷雾离子源。

5.3.2.2 质谱扫描方式:多重反应监测模式(MRM)。

5.3.2.3 锥孔电压:3.0kV。

5.3.2.4 加热气温度:500℃。

5.3.2.5 离子源温度:150℃。

5.3.2.6 脱溶剂气:800L/H。

5.3.2.7 16种真菌毒素及其同位素内标的质谱条件参考表7和表8。

表7 5种负离子模式真菌毒素的质谱参数及其检出限

真菌毒素种类	母离子 (m/z)	子离子 (m/z)	碰撞能量/ eV	锥孔电压/ V	保留时间/ min	检测限/ (μg/kg)
雪腐镰刀菌烯醇	311	281 * /187	10/25	14	2.86	35
脱氧雪腐镰刀菌烯醇	295	265 * /137	12/18	14	3.12	5.0
3-乙酰基脱氧雪腐镰刀菌烯醇	337	307 * /173	10/12	12	5.02	6.5
15-乙酰基脱氧雪腐镰刀菌烯醇	337	150 * /219	12/12	12	4.89	7.5
玉米赤霉烯酮	317	175 * /131	24/30	44	7.52	5.0
$^{13}C_{15}$-雪腐镰刀菌烯醇	326	295	10	14	2.86	—
$^{13}C_{15}$-脱氧雪腐镰刀菌烯醇	310	279	12	16	3.12	—

表 7(续)

真菌毒素种类	母离子（m/z）	子离子（m/z）	碰撞能量/eV	锥孔电压/V	保留时间/min	检测限/（μg/kg）
$^{13}C_{15}$-3-乙酰基脱氧雪腐镰刀菌烯醇	354	323	8	12	5.02	—
$^{13}C_{15}$-15-乙酰基脱氧雪腐镰刀菌烯醇	354	292	12	12	4.89	—
$^{13}C_{18}$-玉米赤霉烯酮	335	185	26	42	7.52	—
注：*表示定量子离子。						

表 8　11 种正离子模式真菌毒素的质谱参数及其检出限

真菌毒素种类	母离子（m/z）	子离子（m/z）	碰撞能量/eV	锥孔电压/V	保留时间/min	检测限/（μg/kg）
黄曲霉毒素 G_2	331	313*/245	24/30	36	4.44	1.0
黄曲霉毒素 G_1	329	243*/311	28/20	36	4.85	0.2
黄曲霉毒素 B_2	315	287*/259	24/30	42	4.85	0.1
黄曲霉毒素 B_1	313	285*/241	20/35	37	5.27	0.1
T-2 毒素	484	305.1*/185	14/20	18	6.99	2.0
HT-2 毒素	425.3	263.0*/245	12/12	13	5.92	25
伏马毒素 B_1	722.5	334.3*/352.3	40/32	42	5.20	10
伏马毒素 B_2	706.5	336.3*/318.3	38/38	40	6.18	10
伏马毒素 B_3	706.5	336.3*/318.3	38/38	40	5.82	50
赭曲霉毒素 A	404	239*/358	27/13	21	7.23	0.5
杂色曲霉毒素	325	281*/310	31/25	40	7.53	5.0
$^{13}C_{17}$-黄曲霉毒素 B_1	330	301	20	37	5.27	—
$^{13}C_{17}$-黄曲霉毒素 B_2	332	303	24	42	4.85	—
$^{13}C_{17}$-黄曲霉毒素 G_1	346	257	28	36	4.85	—
$^{13}C_{17}$-黄曲霉毒素 G_2	348	330	24	36	4.44	—
$^{13}C_{24}$-T-2 毒素	508.3	322.1	15	15	6.99	—
$^{13}C_{22}$-HT-2 毒素	447.2	278.1	13	13	5.92	—
$^{13}C_{34}$-伏马毒素 B_1	756.5	356.4	40	42	5.20	—

表8(续)

真菌毒素种类	母离子(m/z)	子离子(m/z)	碰撞能量/eV	锥孔电压/V	保留时间/min	检测限/(μg/kg)
$^{13}C_{34}$-伏马毒素 B_2	740.5	358.4	38	40	6.18	—
$^{13}C_{34}$-伏马毒素 B_3	740.5	358.4	38	40	5.82	—
$^{13}C_{20}$-赭曲霉毒素 A	424	250	27	21	7.23	—
$^{13}C_{18}$-杂色曲霉毒素	343	327	25	33	7.53	—

注:* 表示定量子离子。

谱图见图 1、图 2。

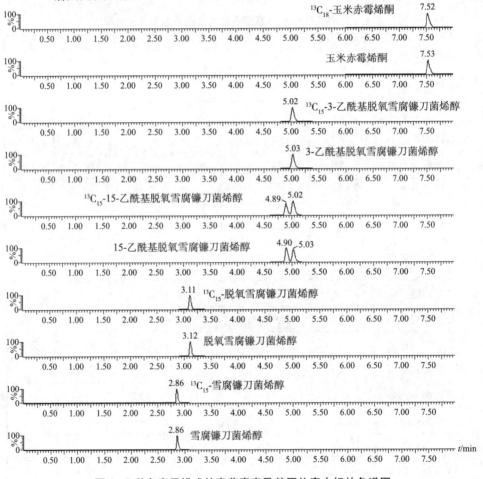

图1　5种负离子模式的真菌毒素及其同位素内标的色谱图

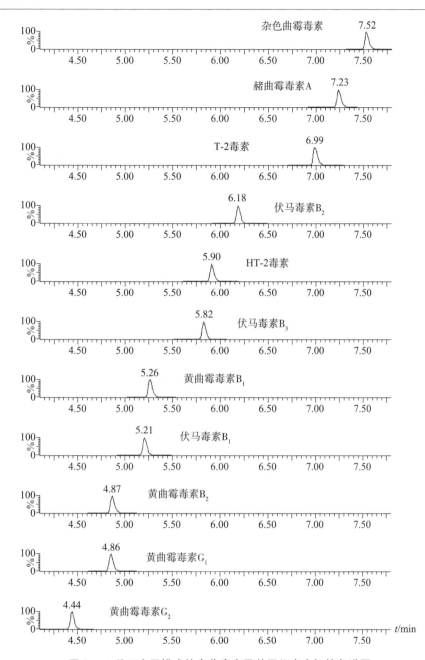

图 2　11 种正离子模式的真菌毒素及其同位素内标的色谱图

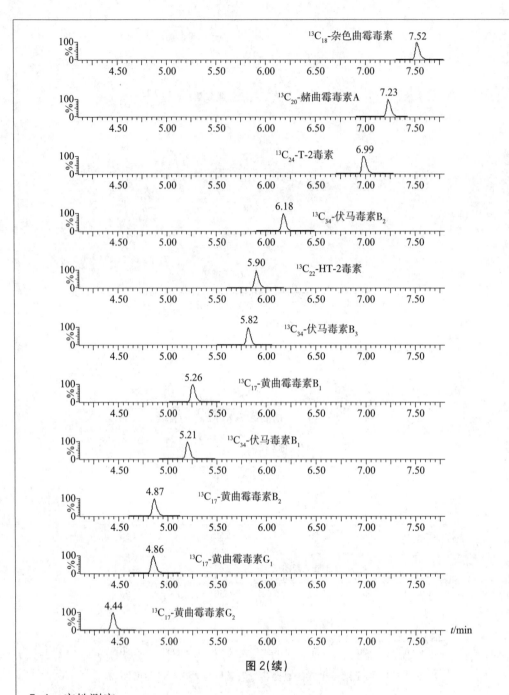

图 2(续)

5.4 定性测定

试样中目标化合物色谱峰的保留时间与相应标准色谱峰的保留时间相比较，变化范围应在±2.5%之内。

每种化合物的质谱定性离子应出现，至少应包括一个母离子和两个子离子，而且同一检测批次，对同一化合物，样品中目标化合物的两个子离子的相对丰度比与浓度相当的标准溶液相比，其允许偏差不超过表 9 规定的范围。

表9　定性时相对离子丰度的最大允许偏差

相对离子丰度	＞50％	20％～50％	10％～20％	≤10％
允许的相对偏差	±20％	±25％	±30％	±50％

6　结果计算

6.1　标准曲线的制备

按3.4.4稀释配制系列标准曲线系列,由低到高浓度依次进样检测,以各化合物色谱峰与相对应内标色谱峰的峰面积比值-浓度作图,得到内标法-标准曲线回归方程。

6.2　试样溶液的测定

取5.2下得到的待测溶液进样,内标法计算待测液中目标物质的质量浓度,按6.3计算样品中待测物的含量。

待测样液中的响应值应在标准曲线线性范围内,超过线性范围则应适当稀释后重新测定。

按式(1)计算16种真菌毒素的残留量:

$$X = \frac{c \times V \times f}{m} \quad\cdots\cdots\cdots\cdots\cdots\cdots\cdots\cdots\cdots\cdots\cdots (1)$$

式中:

X——试样中待测毒素的含量,单位为微克每千克($\mu g/kg$);

c——试样中待测毒素按照内标法(或外标法)在标准曲线中对应的浓度,单位为纳克每毫升(ng/mL);

V——试样提取液的体积,单位为毫升(mL);

m——试样称样量,单位为克(g);

f——提取液稀释因子,$f=3$。

注:计算结果需扣除空白值,测定结果用平行测定的算术平均值表示,保留三位有效数字。

7　精密度

在重复性条件下获得的两次独立测定结果的绝对差值不得超过算术平均值的23％。

二、注意事项

1. 本程序是在《2017年国家食品污染物和有害因素风险监测工作手册》的基础上进行了调整。

2. 本程序中使用了16种同位素内标,与目标化合物一一对应,消除了各种毒素之间基质效应的差别。

3. 其余注意事项见第一节相关内容。

第三节 免疫亲和层析净化-液相色谱-串联质谱法

一、测定标准操作程序

食品中真菌毒素多组分的免疫亲和层析净化-液相色谱-串联质谱法测定标准操作程序如下：

1 适用范围

本程序规定了食品中黄曲霉毒素等10种真菌毒素的免疫亲和层析净化-液相色谱-串联质谱法测定方法。

本程序适用于小麦、玉米及其制品中黄曲霉毒素 $B_1/B_2/G_1/G_2$、脱氧雪腐镰刀菌烯醇、玉米赤霉烯酮、赭曲霉毒素 A、伏马毒素 B_1、T-2/HT-2 毒素等10种真菌毒素的测定。

当称样量为5g,加入提取液体积为20mL,各种真菌毒素的检测限和定量限分别详见表1。

表1 10种真菌毒素单标溶液浓度

名称	浓度/(μg/mL)	名称	浓度/(μg/mL)
黄曲霉毒素 B_1	1.0	玉米赤霉烯酮	100
黄曲霉毒素 B_2	1.0	脱氧雪腐镰刀菌烯醇	100
黄曲霉毒素 G_1	1.0	赭曲霉毒素 A	1.0
黄曲霉毒素 G_2	1.0	T-2 毒素	100
伏马毒素 B_1	50	HT-2 毒素	100

2 原理

试样中的多种真菌毒素用乙腈-水、甲醇-水溶液依次提取后,经免疫亲和柱净化,氮气吹干浓缩,乙腈-水溶液复溶后,加入一定浓度的 ^{13}C 标记真菌毒素同位素标准溶液,液相色谱-串联质谱仪多反应监测模式测定,内标法定量。

3 试剂和材料

除另有规定外,所用试剂均为分析纯,水为 GB/T 6682 规定的一级水。

3.1 试剂

3.1.1 乙腈(CH_3CN):色谱纯。

3.1.2 甲醇(CH_3OH):色谱纯。

3.1.3 乙酸铵(CH_3COONH_4):色谱纯。

3.1.4 甲酸($HCOOH$):色谱纯。

3.1.5 乙酸(CH_3COOH)：色谱纯。

3.1.6 氯化钠（NaCl）。

3.1.7 磷酸氢二钠（Na_2HPO_4）。

3.1.8 磷酸二氢钾（KH_2PO_4）。

3.2 试剂配制

3.2.1 磷酸盐缓冲液（以下简称 PBS）：称取 8.00g 氯化钠，1.20g 磷酸氢二钠，0.20g 磷酸二氢钾，0.20g 氯化钾，用 900mL 水溶解，用盐酸调节 pH 至 7.0，用水定容至 1000mL。

3.2.2 乙腈-水-甲酸溶液（70＋29＋1）：量取 290mL 水加入到 700mL 乙腈中，加入 10mL 甲酸，混匀。

3.2.3 甲醇-水溶液（80＋20）：量取 200mL 水加入到 800mL 甲醇中，混匀。

3.2.4 甲醇-甲酸溶液（98＋2），取 2mL 甲酸加入到 98mL 甲醇中，混匀。

3.2.5 0.2％甲酸溶液：取 2mL 甲酸，用水稀释至 1L，混匀。

3.2.6 乙腈-水溶液（20％）：量取 20mL 乙腈加入到 80mL 水中，混匀。

3.2.7 0.1％吐温 PBS：取 1g 吐温，用 PBS 稀释至 1L，混匀。

3.2.8 0.1％吐温水溶液：取 1g 吐温，用水稀释至 1L，混匀。

3.3 标准品

3.3.1 黄曲霉毒素 B_1（AFT B_1，$C_{17}H_{12}O_6$，CAS：1162-65-8）：纯度≥98％。

3.3.2 黄曲霉毒素 B_2（AFT B_2，$C_{17}H_{14}O_6$，CAS：7220-81-7）：纯度≥98％。

3.3.3 黄曲霉毒素 G_1（AFT G_1，$C_{17}H_{12}O_7$，CAS：1165-39-5）：纯度≥98％。

3.3.4 黄曲霉毒素 G_2（AFT G_2，$C_{17}H_{14}O_7$，CAS：7241-98-7）：纯度≥98％。

3.3.5 脱氧雪腐镰刀菌烯醇（DON，$C_{15}H_{20}O_6$，CAS：51481-10-8）：纯度≥99％。

3.3.6 玉米赤霉烯酮（ZEN，$C_{18}H_{22}O_5$，CAS：17924-92-4）：纯度≥99％。

3.3.7 赭曲霉毒素 A（OTA，$C_{20}H_{18}ClNO_6$，CAS：303-47-9）：纯度≥99％。

3.3.8 伏马毒素 B_1（FB_1，$C_{34}H_{59}NO_{15}$，CAS：116355-83-0）：纯度≥99％。

3.3.9 T-2 毒素（T-2，$C_{24}H_{34}O_9$，CAS：21259-20-1）：纯度≥99％。

3.3.10 HT-2 毒素（HT-2，$C_{22}H_{32}O_8$，CAS：26934-87-2）：纯度≥99％。

3.3.11 同位素内标$^{13}C_{17}$-AFT B_1（$^{13}C_{17}H_{12}O_6$）：0.5μg/mL，纯度≥98％。

3.3.12 同位素内标$^{13}C_{17}$-AFT B_2（$^{13}C_{17}H_{14}O_6$）：0.5μg/mL，纯度≥98％。

3.3.13 同位素内标$^{13}C_{17}$-AFT G_1（$^{13}C_{17}H_{12}O_7$）：0.5μg/mL，纯度≥98％。

3.3.14 同位素内标$^{13}C_{17}$-AFT G_2（$^{13}C_{17}H_{14}O_7$）：0.5μg/mL，纯度≥98％。

3.3.15 同位素内标$^{13}C_{15}$-DON（$^{13}C_{15}H_{20}O_6$）：25μg/mL，纯度≥99％。

3.3.16 同位素内标$^{13}C_{18}$-ZEN（$^{13}C_{18}H_{22}O_5$）：25μg/mL，纯度≥99％。

3.3.17 同位素内标$^{13}C_{20}$-OTA（$^{13}C_{20}H_{18}ClNO_6$）：25μg/mL，纯度≥99％。

3.3.18 同位素内标$^{13}C_{34}$-FB_1（$^{13}C_{34}H_{59}NO_{15}$）：25μg/mL，纯度≥99％。

3.3.19 同位素内标$^{13}C_{24}$-T-2（$^{13}C_{24}H_{34}O_9$）：25μg/mL，纯度≥99％。

3.3.20 同位素内标$^{13}C_{22}$-HT-2($C_{22}H_{32}O_8$):25μg/mL,纯度≥99%。

3.4 标准溶液的配制

3.4.1 单一标准储备液

分别用乙腈或乙腈：水(50：50,体积分数)溶解或稀释 10 种真菌毒素的粉末(或液体)标准品,按照表1配制10种真菌毒素单标标准储备液,在-20℃保存。

3.4.2 混合标准储备液

分别移取一定体积的10种真菌毒素单一标准储备液于10mL容量瓶中,用乙腈定容至刻度,得混合标准中间液,-20℃保存,各毒素浓度详见表2。

表2 10种真菌毒素混合标准储备液浓度

名称	浓度/(μg/mL)	名称	浓度/(μg/mL)
黄曲霉毒素 B_1	0.5	玉米赤霉烯酮	5
黄曲霉毒素 B_2	0.5	脱氧雪腐镰刀菌烯醇	50
黄曲霉毒素 G_1	0.5	赭曲霉毒素 A	0.5
黄曲霉毒素 G_2	0.5	T-2 毒素	5
伏马毒素 B_1	10	HT-2 毒素	10

3.4.3 混合真菌毒素同位素内标工作液

分别移取一定体积的10种各真菌毒素同位素标准溶液于5mL容量瓶中,用乙腈稀释定容至刻度,充分混匀后于-20℃避光保存。10种同位素内标浓度详见表3(注：使用前要恢复至室温并用涡旋混合器充分混匀)。

表3 10种真菌毒素稳定同位素混合溶液浓度

名称	浓度/(μg/mL)	名称	浓度/(μg/mL)
$^{13}C_{17}$-黄曲霉毒素 B_1	0.01	$^{13}_{18}$-玉米赤霉烯酮	1.25
$^{13}C_{17}$-黄曲霉毒素 B_2	0.01	$^{13}_{15}$-脱氧雪腐镰刀菌烯醇	1.25
$^{13}C_{17}$-黄曲霉毒素 G_1	0.01	$^{13}_{20}$-赭曲霉毒素	0.02
$^{13}C_{17}$-黄曲霉毒素 G_2	0.01	$^{13}_{24}$-T-2 毒素	0.05
$^{13}C_{34}$-伏马毒素 B_1	0.5	$^{13}_{22}$-HT-2 毒素	0.5

3.4.4 标准曲线的配制

准确移取混合标准储备液适量,采用 20% 乙腈-水溶液逐级稀释,配制成不同浓度点的混合标准曲线系列溶液,各标准点的含量见表4。

分别准确移取 20μL 同位素内标混合溶液于各内插管中,加入 180μL 对应的混合标准曲线浓度点溶液,于涡旋混合器上混合均匀,配制成混合标准曲线溶液系列。

表4　标准系列浓度

名称	系列1/ (ng/mL)	系列2/ (ng/mL)	系列3/ (ng/mL)	系列4/ (ng/mL)	系列5/ (ng/mL)	系列6/ (ng/mL)
黄曲霉毒素 B_1	0.05	0.1	0.2	0.5	1.0	2.0
黄曲霉毒素 B_2	0.05	0.1	0.2	0.5	1.0	2.0
黄曲霉毒素 G_1	0.05	0.1	0.2	0.5	1.0	2.0
黄曲霉毒素 G_2	0.05	0.1	0.2	0.5	1.0	2.0
伏马毒素 B_1	1.0	2.0	4.0	10.0	20.0	40
脱氧雪腐镰刀菌烯醇	5	10	20	50	100	200
玉米赤霉烯酮	0.5	1.0	2.0	5.0	10.0	20
赭曲霉毒素 A	0.05	0.1	0.2	0.5	1.0	2.0
T-2 毒素	0.5	1.0	2.0	5.0	10.0	20
HT-2 毒素	1.0	2.0	4.0	10.0	20.0	40

4　仪器和设备

4.1　超高效液相色谱-串联质谱仪:配有电喷雾离子源。

4.2　高速离心机:转速≥10000r/min。

4.3　天平:感量 0.1mg 和 0.001g。

4.4　涡旋混合器。

4.5　超声波/涡旋振荡器或摇床。

4.6　移液器:量程 $1\mu L \sim 10\mu L$、$10\mu L \sim 100\mu L$ 和 $100\mu L \sim 1000\mu L$。

4.7　分液器(量程 10mL～100mL)。

4.8　样品筛:0.5mm～1mm 孔径。

4.9　氮吹仪。

4.10　高速粉碎机:转速 10000r/min。

4.11　带盖离心管:50mL 和 1.5mL。

4.12　免疫亲和柱:六合一真菌毒素免疫亲和柱。

4.13　微孔滤膜(有机系):孔径 $0.22\mu m$。

5　操作步骤

使用不同厂商的免疫亲和柱,在样品上样、淋洗和洗脱的操作方面可能略有不同,应该按照说明书要求进行操作。

5.1　试样制备

谷物及其制品:采样量需大于1kg,用高速粉碎机将其粉碎,过筛,使其粒径小于0.5mm～1mm孔径试验筛,混合均匀后缩分至100g,储存于样品瓶中,密封保存,供检测用。

5.2 试样提取

称取 5g 试样(精确到 0.01g)于 50mL 离心管中,加入 20mL 乙腈-水-甲酸(70+29+1,体积比),涡旋 1min,置于旋转摇床上振荡提取 30min。10000r/min 下离心5min(或以玻璃纤维滤纸过滤至滤液澄清),收集清液于干净的容器中。

5.3 净化

准确移取上述清液 2mL,用 0.1%吐温 PBS 溶液稀释至 20mL,混匀后上样。调节下滴速度,控制样液流速为 1mL/min~3mL/min,直至空气进入亲和柱中。用 5mL0.1%吐温-水溶液、10mL 水依次淋洗免疫亲和柱,弃去全部流出液,抽干小柱。

5.4 洗脱

将干净的收集管放置于亲和柱下方,加入 3×1mL 甲醇-甲酸(98+2)洗脱亲和柱,控制每秒 1 滴的下滴速度,收集全部洗脱液至试管中,在 50℃下用氮气缓缓地将洗脱液吹至近干,加入 1.0mL 乙腈-水溶液(3.2.6),涡旋 30s 溶解残留物,0.22μm 滤膜过滤。吸取 180μL 处理好的样品滤液于 300μL 内插管中,加入 20μL 稳定同位素混合溶液,涡旋混匀,待进样。

5.5 液相色谱-串联质谱参考条件

5.5.1 液相色谱条件

5.5.1.1 液相色谱柱:BEHC18 柱(柱长 100mm,柱内径 2.1mm;填料粒径1.7μm),或等效柱。

5.5.1.2 柱温:40℃。

5.5.1.3 进样量:10μL。

5.5.1.4 流速:0.3mL/min。

5.5.1.5 流动相:A 相:水(ESI-)/0.2%甲酸水溶液(ESI+);B 相:乙腈。

梯度洗脱程序见表 5 和表 6。

表 5 正离子模式液相色谱梯度洗脱程序

时间/min	流速/(mL/min)	A/%	B/%
0.0	0.30	80	20
1.0	0.30	80	20
4.0	0.30	60	40
6.0	0.30	30	70
6.2	0.30	5	95
7.2	0.30	5	95
7.5	0.30	80	20
10.0	0.30	80	20

表6　负离子模式液相色谱梯度洗脱程序

时间/min	流速/(mL/min)	A/%	B/%
0.0	0.30	95	5
1.0	0.30	95	5
2.0	0.30	40	60
3.5	0.30	40	60
3.6	0.30	5	95
5.0	0.30	5	95
5.1	0.30	95	5
8.0	0.30	95	5

5.5.2　质谱参考条件

5.5.2.1　离子源:电喷雾离子源。

5.5.2.2　质谱扫描方式:多重反应监测模式(MRM)。

5.5.2.3　锥孔电压:3.0kV。

5.5.2.4　加热气温度:500℃。

5.5.2.5　离子源温度:150℃。

5.5.2.6　脱溶剂气:800L/H。

5.5.2.7　10种真菌毒素及其同位素内标的质谱参数见表7。

表7　10种真菌毒素的质谱参数及其检出限

真菌毒素种类	离子化方式	母离子(m/z)	子离子(m/z)	碰撞能量/eV	锥孔电压/V	保留时间/min	检测限/(μg/kg)
脱氧雪腐镰刀菌烯醇	—	295	265*/137	12/18	14	2.35	5
黄曲霉毒素 G_2	+	331	313*/245	24/30	36	3.37	0.05
黄曲霉毒素 G_1	+	329	243*/214	20/28	36	3.77	0.05
黄曲霉毒素 B_2	+	315	287*/259	24/30	42	3.77	0.05
黄曲霉毒素 B_1	+	313	285.1*/241.0	20/35	37	4.17	0.05
T-2 毒素	+	483.8	305.1*/185.0	15/17	15	5.87	0.5
HT-2 毒素	+	425.3	263.0*/245.0	12/12	13	4.94	10
伏马毒素 B_1	+	722.5	334.2*/352.3	40/32	42	4.38	1
玉米赤霉烯酮	—	317	175*/131	24/30	44	3.44	1
赭曲霉毒素 A	+	404	239*/358	27/13	21	6.07	0.05

表7(续)

真菌毒素种类	离子化方式	母离子（m/z）	子离子（m/z）	碰撞能量/eV	锥孔电压/V	保留时间/min	检测限/(μg/kg)
¹³C₁₅-脱氧雪腐镰刀菌烯醇	－	310	279	12	16	2.35	－
¹³C₁₇-黄曲霉毒素 B₁	＋	330	301	20	37	4.17	－
¹³C₁₇-黄曲霉毒素 B₂	＋	332	303	24	42	3.77	－
¹³C₁₇-黄曲霉毒素 G₁	＋	346	257	28	36	3.77	－
¹³C₁₇-黄曲霉毒素 G₂	＋	348	330	24	36	2.35	－
¹³C₂₄-T-2 毒素	＋	508.3	322.1	15	15	5.87	－
¹³C₂₂-HT-2 毒素	＋	464.3	278.1	13	13	4.94	－
¹³C₃₄-伏马毒素 B₁	＋	756.5	356.4	40	42	4.38	－
¹³C₁₈-玉米赤霉烯酮	－	335	185	26	42	3.44	－
¹³C₂₀-赭曲霉毒素 A	＋	424	250	27	21	6.07	－

注：* 表示定量子离子。

谱图见图1、图2。

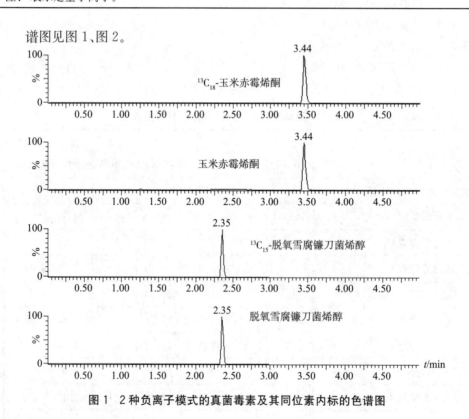

图1　2种负离子模式的真菌毒素及其同位素内标的色谱图

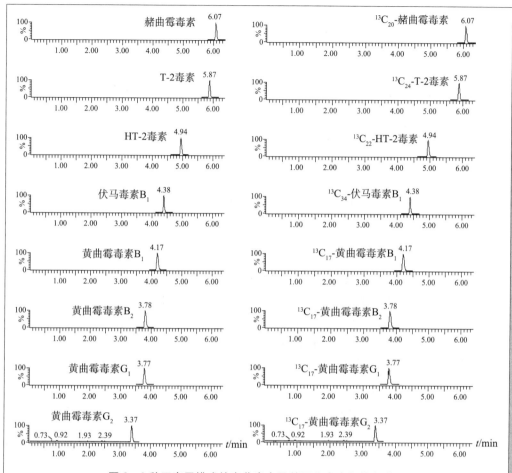

图2　8种正离子模式的真菌毒素及其同位素内标的色谱图

5.6　定性测定

试样中目标化合物色谱峰的保留时间与相应标准色谱峰的保留时间相比较，变化范围应在±2.5%之内。

每种化合物的质谱定性离子应出现，至少应包括一个母离子和两个子离子，而且同一检测批次，对同一化合物，样品中目标化合物的两个子离子的相对丰度比与浓度相当的标准溶液相比，其允许偏差不超过表8规定的范围。

表8　定性时相对离子丰度的最大允许偏差

相对离子丰度	>50%	20%~50%	10%~20%	≤10%
允许的相对偏差	±20%	±25%	±30%	±50%

6　结果计算

6.1　标准曲线的制备

按3.4.4稀释配制系列标准曲线系列，由低到高浓度依次进样检测，以各化合物色谱峰与相对应内标色谱峰的峰面积比值-浓度作图,得到内标法-标准曲线回归方程。

6.2　试样溶液的测定

取 5.4 下得到的待测溶液进样,内标法计算待测液中目标物质的质量浓度,按 6.3 计算样品中待测物的含量。

待测样液中的响应值应在标准曲线线性范围内,超过线性范围则应适当稀释后重新测定。

6.3　结果计算

按式(1)计算 10 种真菌毒素的残留量:

$$X = \frac{c \times V \times f}{m} \quad\cdots\cdots\cdots\cdots\cdots\cdots\cdots\cdots\cdots\cdots\cdots\cdots\cdots (1)$$

式中:

X——试样中待测毒素的含量,单位为微克每千克,$\mu g/kg$;

c——试样中待测毒素按照内标法(或外标法)在标准曲线中对应的浓度,单位为纳克每毫升(ng/mL);

V——试样提取液的体积,单位为毫升(mL);

m——试样称样量,单位为克(g);

f——提取液稀释因子。

计算结果需扣除空白值,测定结果用平行测定的算术平均值表示,保留三位有效数字。

7　精密度

在重复性条件下获得的两次独立测定结果的绝对差值不得超过算术平均值的 23%。

二、注意事项

1. 免疫亲和柱在使用前需做回收率实验,以保证所用免疫亲和柱能适用于真菌毒素多组分检测的要求。有的厂家是使用两根不同的免疫亲和柱串联,需按厂家说明书使用。

2. 如按照标准程序操作净化效果不理想时,可以适当增加上样液中吐温的含量。

3. 市售的多毒素免疫亲和柱适用毒素种类不限于操作程序中列出的 10 种,可以根据厂家的范围使用。

4. 其余注意事项见第一节和第二节中有关内容。

参 考 文 献

[1] SN/T 3136—2012　出口花生、谷类及其制品中黄曲霉毒素、赭曲霉毒素、伏马毒素 B_1、脱氧雪腐镰刀菌烯醇、T-2 毒素、HT-2 毒素的测定

［2］食品中霉菌毒素检验方法　多重毒素的检验，"卫生食字第 1061900467 号"，我国台湾地区"卫生福利署"

［3］GB 2761—2017　食品安全国家标准　食品中真菌毒素限量

［4］EC 1881—2006　Setting maximum levels for certain contaminants in foodstuffs（食品污染物最高限量）

第十八章

真菌毒素快速筛查技术

一、概述

目前大多数真菌毒素的检测以色谱分析方法为主,包括液相色谱法、气相色谱与质谱联用、液相色谱与质谱联用等仪器分析方法。尽管仪器分析方法精确,但其样品前处理方法复杂,检测成本昂贵且并不适于大量样本的高通量检测。快速筛查技术具有检测快速、灵敏、成本低等特点,越来越受到检测行业的关注。免疫分析技术、近红外技术、生物化学传感器技术、实时荧光定量分析技术、聚合酶链式反应快速检测技术、连接酶链式反应快速检技术、环介导等温扩增快速检测技术、滚动环式扩增快速检测技术、薄层色谱技术等都被用于真菌毒素的快速检测。此外,新型生物材料及检测元件在真菌毒素快速检测中也得到应用,如分子印迹聚合物、适配体、毒素替代物技术的应用。

近年来,随着单克隆抗体技术的出现,基于抗原和抗体的免疫学快速检测技术,逐渐成为食品安全领域的研究热点,在检测领域受到越来越广泛欢迎。免疫学快速检测技术主要有酶联免疫吸附法(ELISA)、免疫荧光快速检测法、免疫磁珠快速检测法、免疫传感器、免疫芯片分析、侧流免疫层析技术等。上述免疫学分析技术都存在一定的优缺点,如免疫荧光技术,检测灵敏度虽高,但荧光示踪物价格较高,荧光检测设备昂贵;免疫传感器检测方法灵敏高、配套设备小巧、检测过程可自动化特点,但该方法存在稳定性差、装置构成复杂等缺点;免疫芯片技术可实现高通量的检测,具有自动化程度高、结果精确性高、样品用量极少等优势,但需要专业的检测仪器,现阶段方法多数停留在实验室阶段。

ELISA检测技术,曾被美国官方分析化学师协会(AOAC)列为残留检测三大支柱技术之一,具有高特异性、准确性、简便、快速等特点,可以检测兽药残留、致病菌、病毒、毒素以及转基因产品。我国现行的有关国家标准和行业标准中针对真菌毒素的定量筛查方法主要是酶联免疫吸附法。

侧流免疫层析技术的定性快速筛查方法主要有胶体金免疫层析法、复合纳米粒子标记免疫层析法、磁珠免疫层析法、磁珠脂质体免疫层析法。定量分析方法有量子点层析法、基于时间分辨荧光免疫分析的层析法、荧光微球免疫层析法。我国的有关国家标准和行业标准中纳入了胶体金免疫层技术,原国家食品药品监督管理总局陆续发布了多种物质的胶体金免疫层析法作为食品安全监督检查快检技术手段之一。

二、ELISA 技术

1. ELISA 技术原理

用于真菌毒素检测的免疫分析模式主要是竞争抑制法的 ELISA。竞争抑制法的 ELISA 原理是将待检抗原和酶标抗原与一定量的抗体竞争结合,标本中抗原越多,与固相抗体结合的酶标抗原越少,与底物反应生成的颜色越浅,因此根据颜色深浅可定量测定。具体可以分为直接法和间接法。直接法操作步骤是:将一定量的特异性抗体包被于固相载体,加入待测抗原和一定量的酶标已知抗原,使二者与固相抗体竞争结合,经洗涤分离,最后结合于固相的酶标抗原与待测抗原含量呈负相关。间接法的操作步骤是:将一定量的偶联有小分子半抗原的完全抗原包被到固相载体,然后加入待测小分子和一定量的特异性抗体,待测的小分子和固定的完全抗原上的小分子抗原竞争与抗体结合,洗涤分离后,加入带有标记的二抗,通过底物显色,最终得到的信号和待测小分子的含量呈反比关系。

2. ELISA 标准操作程序

食品中黄曲霉毒素 M_1、黄曲霉毒素 B_1、赭曲霉毒素 A、脱氧雪腐刀菌烯醇、玉米赤霉烯酮、伏马菌素、T-2 毒素、展青霉素等 ELISA 分析方法均有报道。现就食品中赭曲霉毒素 A 和黄曲霉毒素 B_1 的 ELISA 分析法为例,描述其测定标准操作程序,如图 18-1 所示。

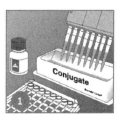

添加200μL的偶合物至每个颜色标记的稀释孔。

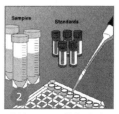

添加100μL的标准或样品至偶合物中。

充分混合。移取100μL混合后的溶液到抗体包被的孔中。孵育5min-60min。

倒掉孔中的溶液并用去离子水或缓冲溶液进行冲洗(5次)。

在吸水纸巾上拍干微孔板。

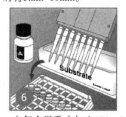

向每个微孔中加入100μL底物,孵育5min-20min。

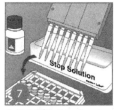

向每个微孔中加入100μL终止液。

使用450nm波长的酶标仪读取结果。

图 18-1　酶联免疫检测流程图示

（1）食品中赭曲霉毒素 A 的 ELISA 分析标准操作程序如下：

1 范围

本程序规定了食品中赭曲霉毒素 A 的测定方法。

本程序适用于玉米、小麦、大麦、大米、大豆及其制品中赭曲霉毒素 A 的测定。

2 原理

用甲醇-水提取试样中的赭曲霉毒素 A，提取液经过滤、稀释后，采用酶联免疫吸附法测定赭曲霉毒素 A 的含量，外标法定量。

3 试剂和材料

注：除非另有说明，本方法所用试剂均为分析纯，试验用水为 GB/T 6682 规定的一级水。

3.1 试剂

3.1.1 氯化钠（NaCl）：分析纯。

3.1.2 氯化钾（KCl）：分析纯。

3.1.3 磷酸二氢钾（KH_2PO_4）：分析纯。

3.1.4 十二水磷酸氢二钠（$Na_2HPO_4 \cdot 12H_2O$）：分析纯。

3.1.5 吐温-20（$C_{58}H_{114}O_{26}$）：分析纯。

3.1.6 柠檬酸钠（$Na_3C_6H_5O_7 \cdot 2H_2O$）：分析纯。

3.1.7 柠檬酸（$C_6H_8O_7 \cdot H_2O$）：分析纯。

3.1.8 $3,3',5,5'$-四甲基联苯胺（TMB）：分析纯。

3.1.9 过氧化氢（H_2O_2）：分析纯。

3.1.10 浓硫酸（H_2SO_4）：分析纯，纯度 98%。

3.2 试剂配制

3.2.1 提取液：甲醇-水（60∶40，体积分数）。

3.2.2 标准溶液稀释液：甲醇-水（5∶95，体积分数）。

3.2.3 洗涤液：分别称取 40.0g 氯化钠、1.0g 氯化钾、1.0g 磷酸二氢钾、14.5g 十二水磷酸氢二钠，加入 2.5mL 吐温-20，用水溶解后定容至 500mL，得到浓缩洗涤液，使用前用水 10 倍稀释。

3.2.4 赭曲霉毒素 A 稀释缓冲液：分别称取 8.0g 氯化钠、0.2g 氯化钾、0.2g 磷酸二氢钾、2.9g 十二水磷酸氢二钠，用水溶解后定容至 1000mL。

3.2.5 柠檬酸缓冲溶液：分别称取 10.15g 柠檬酸钠、13.76g 柠檬酸，用水溶解后定容至 1000mL。

3.2.6 底物溶液甲：称取 0.4g TMB 用柠檬酸缓冲溶液溶解后定容至 1000mL。

3.2.7 底物溶液乙：移取 1.5mL 30% H_2O_2 用柠檬酸缓冲溶液稀释后定容至 1000mL。

3.2.8 显色底物溶液：底物溶液甲-底物溶液乙（50∶50，体积分数）。

3.2.9 反应终止液：移取 22.2mL 浓硫酸缓慢加入至 177.8mL 水中。

3.3　标准品

赭曲霉毒素 A($C_{20}H_{18}C_1NO_6$，CAS 号：303-47-9)，纯度≥99％。或经国家认证并授予标准物质证书的标准物质。

3.4　标准溶液配制

3.4.1　赭曲霉毒素 A 标准储备液：准确称取一定量的赭曲霉毒素 A 标准品，用甲醇溶解后配成 $100\mu g/mL$ 的标准储备液，在 $-20℃$ 下避光保存，可使用 3 个月。

3.4.2　赭曲霉毒素 A 标准工作液：根据使用需要移取一定量的赭曲霉毒素 A 标准储备液(3.4.1)，用稀释缓冲液(3.2.4)稀释，分别配成相当于 0ng/mL、0.03ng/mL、0.09ng/mL、0.27ng/mL、0.81ng/mL、2.43ng/mL 的标准工作液，在 4℃ 下避光保存，可使用 7 天。

3.5　材料

3.5.1　酶标抗原：辣根过氧化物酶(HRP)与赭曲霉毒素 A 人工抗原的偶联物。

3.5.2　包被抗赭曲霉毒素 A 抗体的 96 孔微孔板。

3.5.3　定性滤纸。

4　仪器和设备

4.1　酶标测定仪：配有 450nm 和 630nm 的检测波长和振荡功能。

4.2　小型粉碎机。

4.3　微量移液器：$20\mu L\sim200\mu L$ 单道移液器，$100\mu L\sim1000\mu L$ 单道移液器，$50\mu L\sim300\mu L$ 八道移液器。

4.4　多功能旋转混合器或高速均质器或摇床。

4.5　酶标板振荡器。

4.6　涡旋混合器。

4.7　分析天平：感量 0.01g。

5　分析步骤

5.1　试样制备

称取玉米、小麦、大麦、大米、大豆及其制品 500.0g，用粉碎机粉碎并通过 $830\mu m$ 圆孔筛，混匀后备用。

5.2　试样提取

称取试样 4.0g(精确至 0.1g)，加入 10mL 提取液，在多功能旋转混合器上振荡提取 10min 或高速均质器均质提取 3min 或摇床振荡 40min。静止 3min 后用定性滤纸过滤，移取上清 $100\mu L$ 溶液置 1.5mL 离心管中，加入 $500\mu L$ 赭曲霉毒素 A 稀释缓冲液后混匀，作为提取试样，备用。

5.3　试样测定

5.3.1　将赭曲霉毒素 A 系列标准工作液和提取试样所用孔条插入酶标板架，标准品和样品均需做平行实验，记录标准溶液和试样的位置。

5.3.2　分别吸取 $50\mu L$ 赭曲霉毒素 A 系列标准工作液和提取试样加至相应的微孔

中,然后各加入 $50\mu L$ 酶标抗原,加盖,室温反应 15min。

5.3.3 弃掉孔中液体,将微孔架倒置在吸水纸上拍打以保证完全除去孔中的液体,然后每孔加入 $250\mu L$ 洗涤液,置振荡器上振荡后弃掉孔中液体,拍干。重复操作 4 次,洗板时每次间隔 10s,洗完后用力在吸水纸上排干。

5.3.4 每孔加入 $150\mu L$ 显色底物溶液,室温避光温育 10min。

5.3.5 每孔加入 $50\mu L$ 反应终止液,混匀。

5.3.6 置酶标仪中,振荡混匀,测定 450nm 处的吸光度值,参比波长设为 630nm。

5.4 标准曲线的制作

在仪器最佳工作条件下,测定赭曲霉毒素 A 标准工作液的吸光度,以赭曲霉毒素 A 标准品浓度值(ng/mL)的对数值为横坐标,百分吸光度值为纵坐标,绘制标准工作曲线。用标准工作曲线对样品进行定量,样品溶液中待测物的吸光度值均应在仪器测定的线性范围内。

6 结果计算和表述

提取试样中赭曲霉毒素 A 吸光度按式(1)计算:

$$A = \frac{B}{B_0} \times 100\% \quad\cdots\cdots\cdots\cdots\cdots\cdots\cdots\cdots\cdots\cdots\cdots \text{(1)}$$

式中:

A——百分吸光度值;

B——标准溶液或提取试样吸光度值的平均值;

B_0——空白的吸光度值。

试样中赭曲霉毒素 A 含量按式(2)计算:

$$X = \frac{\rho \times V \times f}{m} \quad\cdots\cdots\cdots\cdots\cdots\cdots\cdots\cdots\cdots\cdots \text{(2)}$$

式中:

X——试样中赭曲霉毒素 A 的含量,单位为微克每千克($\mu g/kg$);

ρ——提取试样液中赭曲霉毒素 A 的浓度,单位为微克每升($\mu g/L$);

V——试样体积,单位为毫升(mL);

f——试样稀释倍数;

m——试样质量,单位为克(g);

计算结果表示到小数点后一位有效数字。

7 精密度

样品中赭曲霉毒素 A 含量的重复性条件下获得的两次独立测试结果的绝对差值不得超过算术平均值的 15%。

8 其他

玉米、小麦、大麦、大米、大豆及其制品的检出限和定量限分别为 $0.1\mu g/kg$ 和 $0.3\mu g/kg$。

（2）食品中黄曲霉毒素 B_1 的 ELISA 分析标准操作程序如下：

黄曲霉毒素 B_1 酶联免疫吸附法

1 范围

本程序规定了谷物及其制品、豆类及其制品、坚果及籽类、油脂及其制品、调味品等中黄曲霉毒素 B_1 的测定方法。

本程序适用于谷物及其制品、豆类及其制品、坚果及籽类、油脂及其制品、调味品中黄曲霉毒素 B_1 的测定。

2 原理

试样中的黄曲霉毒素 B_1 用甲醇水溶液提取，经振荡、涡旋、离心（过滤）、稀释等处理获取上清液。被辣根过氧化物酶标记或固定在反应孔中的黄曲霉毒素 B_1，与试样上清液或标准品中的黄曲霉毒素 B_1 竞争性结合特异性抗体。在洗涤后加入相应显色剂显色，经无机酸终止反应，于 450nm 或 630nm 波长下检测。样品中的黄曲霉毒素 B_1 与吸光度在一定浓度范围内呈反比，外标法定量。

3 试剂和材料

注：除非另有说明，本方法所用试剂均为分析纯，试验用水为 GB/T 6682 规定的一级水。

3.1 试剂

3.1.1 氯化钠（NaCl）：分析纯。

3.1.2 氯化钾（KCl）：分析纯。

3.1.3 磷酸二氢钾（KH_2PO_4）：分析纯。

3.1.4 十二水磷酸氢二钠（$Na_2HPO_4 \cdot 12H_2O$）：分析纯。

3.1.5 吐温-20（$C_{58}H_{114}O_{26}$）：分析纯。

3.1.6 柠檬酸钠（$Na_3C_6H_5O_7 \cdot 2H_2O$）：分析纯。

3.1.7 柠檬酸（$C_6H_8O_7 \cdot H_2O$）：分析纯。

3.1.8 3,3′,5,5′-四甲基联苯胺（TMB）：分析纯。

3.1.9 过氧化氢（H_2O_2）：分析纯。

3.1.10 浓硫酸（H_2SO_4）：分析纯，纯度 98％。

3.1.11 盐酸（HCL）：分析纯，纯度 98％。

3.1.12 正己烷：分析纯。

3.1.13 甲醇：分析纯。

3.1.14 乙腈：分析纯。

3.2 试剂配制

3.2.1 1mol/L 盐酸：量取 8.6mL 盐酸，加水定容至 100mL。

3.2.2 1mol/L $ZnSO_4$ 溶液：称取 28.8g 七水合硫酸锌，加入 100mL 去离子水充分溶解。

3.2.3 乙酸乙酯-二三氯甲烷混合液（4∶1，体积分数）：量取 400mL 乙酸乙酯与 100mL 的二三氯甲烷混匀。

3.2.4 洗涤液:分别称取 40.0g 氯化钠、1.0g 氯化钾、1.0g 磷酸二氢钾、14.5g 十二水磷酸氢二钠,加入 2.5mL 吐温-20,用水溶解后定容至 500mL,得到浓缩洗涤液,使用前用水 10 倍稀释。

3.2.5 黄曲霉毒素 B$_1$ 稀释缓冲液:分别称取 8.0g 氯化钠、0.2g 氯化钾、0.2g 磷酸二氢钾、2.9g 十二水磷酸氢二钠,用水溶解后定容至 1000mL。

3.2.6 样品稀释液 A:同黄曲霉毒素 B$_1$ 稀释缓冲液(3.2.5)。

3.2.7 样品稀释液 B:量取 30mL 无水甲醇与 70mL 样品稀释液 A 混匀备用。

3.2.8 样品稀释液 C:样品稀释液 A-水(4:1,体积分数)。

3.2.9 样品稀释液 D:水-洗涤液(1:1,体积分数)。

3.2.10 柠檬酸缓冲溶液:分别称取 10.15g 柠檬酸钠、13.76g 柠檬酸,用水溶解后定容至 1000mL。

3.2.11 底物溶液甲:称取 0.4g TMB 用柠檬酸缓冲溶液溶解后定容至 1000mL。

3.2.12 底物溶液乙:移取 1.5mL 30%H$_2$O$_2$ 用柠檬酸缓冲溶液稀释后定容至 1000mL。

3.2.13 显色底物溶液:底物溶液甲-底物溶液乙(50:50,体积分数)。

3.2.14 反应终止液:移取 22.2mL 浓硫酸缓慢加入至 177.8mL 水中。

3.3 标准品

黄曲霉毒素 B$_1$ 标准品(C$_{17}$H$_{12}$O$_6$,CAS:1162-65-8):纯度≥98%,或经国家认证并授予标准物质证书的标准物质。

3.4 标准溶液配制

3.4.1 黄曲霉毒素 B$_1$ 标准储备液:准确称取一定量的黄曲霉毒素 B$_1$ 标准品,用甲醇溶解后配成 100μg/mL 的标准储备液,在-20℃下避光保存,可使用 3 个月。

3.4.2 黄曲霉毒素 B$_1$ 标准工作液:根据使用需要移取一定量的黄曲霉毒素 B$_1$ 标准储备液(3.4.1),用稀释缓冲液(3.2.5)稀释,分别配成相当于 0ng/mL、0.03ng/mL、0.09ng/mL、0.27ng/mL、0.81ng/mL、2.43ng/mL 的标准工作液,在 4℃下避光保存,可使用 7 天。

3.5 材料

3.5.1 酶标抗体:辣根过氧化物酶(HRP)与羊抗鼠抗体偶联物。

3.5.2 包被黄曲霉毒素 B$_1$ 抗原的 96 孔微孔板。

3.5.3 黄曲霉毒素 B$_1$ 抗体溶液:黄曲霉毒素 B$_1$ 单克隆抗体工作液。

4 仪器和设备

4.1 酶标测定仪:配有 450nm 和 630nm 的检测波长和振荡功能。

4.2 小型粉碎机。

4.3 微量移液器:20μL～200μL 单道移液器,100μL～1000μL 单道移液器,50μL～300μL 八道移液器。

4.4 多功能旋转混合器或高速均质器或摇床。

4.5 酶标板振荡器。

4.6 涡旋混合器。

4.7　分析天平:感量0.01g。

5　分析步骤

5.1　试样制备

称取玉米、小麦、大麦、大米、高粱、大豆及其制品500.0g,用粉碎机粉碎并通过830μm圆孔筛,混匀后备用。

5.2　试样提取

5.2.1　分别称取大豆粉、绿豆粉、红豆粉、大米粉、大麦粉、高粱米粉、小麦粉试样各1.0g(精确至0.1g),加入5mL甲醇,在多功能旋转混合器上振荡提取10min或高速均质器均质提取1min。静止3min后用定性滤纸过滤或3500r/min离心5min,移取上清100μL溶液置1.5mL离心管中,对于大豆粉、绿豆粉、红豆粉、面粉、高粱粉、小麦粉加入300μL水后混匀;对于大麦粉和大米粉加入300μL样品稀释液D(3.2.9)后混匀。

5.2.2　称取辣椒粉、孜然粉、酱油、豆豉、花生粉各1.0g(精确至0.1g),加入5mL甲醇,在多功能旋转混合器上振荡提取10min或高速均质器均质提取1min。静止3min后用定性滤纸过滤或3500r/min离心5min,移取上清100μL溶液置1.5mL离心管中,对于辣椒粉、豆豉加入400μL样品稀释液A(3.2.6)后混匀;对于酱油和花生粉加入400μL水后混匀。

5.2.3　称取八角茴香粉、花椒粉、胡椒粉各1.0g(精确至0.1g),加入5mL乙腈,在多功能旋转混合器上振荡提取10min或高速均质器均质提取1min。静止3min后用定性滤纸过滤或3500r/min离心5min,移取上清100μL溶液置1.5mL离心管中,对于八角茴香粉、胡椒粉加入1mL正己烷,再加入400μL样品稀释液C(3.2.8)后混匀,高速涡动30s,3500r/min离心5min后完全弃去上层正己烷及中间层;对于花椒粉加入1mL正己烷,再加入900μL样品稀释液C(3.2.8)后混匀,3500r/min离心5min后完全弃去上层正己烷及中间层。

5.2.4　量取食用植物油0.1mL于4mL离心管中,依次加入1mL正己烷,1mL样品稀释液B(3.2.7),充分涡动30s,3500r/min离心5min后完全弃去上层正己烷及中间层。

5.2.5　量取2mL调制乳(如谷粒多、麦香早餐奶),依次加入0.4mL的$ZnSO_4$溶液(3.2.2),7mL乙酸乙酯-二三氯甲烷混合液(3.2.3)样品稀释液B(3.2.3),高速涡动1min,3500r/min离心5min,取1.5mL上清液于新的离心管中,50℃～60℃水浴中,氮气吹干,加入2mL正己烷,再加入1mL样品稀释液(3.2.7),充分涡动30s;3500r/min离心5min后完全弃去上层正己烷及中间层。

5.3　试样测定

5.3.1　将黄曲霉毒素B_1系列标准工作液和提取试样最终液体所用孔条插入酶标板架,标准品和样品均需做平行实验,记录标准溶液和试样的位置。

5.3.2　分别吸取50μL黄曲霉毒素B_1系列标准工作液和提取试样加至相应的微孔中,然后各加入50μL酶标抗体,再加入50μL黄曲霉毒素B_1抗体溶液,加盖,室温反应20min。

5.3.3　弃掉孔中液体,将微孔架倒置在吸水纸上拍打以保证完全除去孔中的液体,

然后每孔加入 $250\mu L$ 洗涤液,置振荡器上振荡后弃掉孔中液体,拍干。重复操作 4 次,洗板时每次间隔 10s,洗完后用力在吸水纸上排干。

5.3.4　每孔加入 $150\mu L$ 显色底物溶液,室温避光温育 10min。

5.3.5　每孔加入 $50\mu L$ 反应终止液,混匀。

5.3.6　置酶标仪中,振荡混匀,测定 450nm 处的吸光度值,参比波长设为 630nm。

5.4　标准曲线的制作

在仪器最佳工作条件下,测定黄曲霉毒素 B_1 标准工作液的吸光度,以黄曲霉毒素 B_1 标准品浓度值(ng/mL)的对数值为横坐标,百分吸光度值为纵坐标,绘制标准工作曲线。用标准工作曲线对样品进行定量,样品溶液中待测物的吸光度值均应在仪器测定的线性范围内。

6　结果计算和表述

提取试样中黄曲霉毒素 B_1 吸光度按式(1)计算:

$$A = \frac{B}{B_0} \times 100\% \quad \cdots\cdots\cdots\cdots\cdots\cdots\cdots\cdots\cdots\cdots\cdots (1)$$

式中:

A——百分吸光度值;

B——标准溶液或提取试样吸光度值的平均值;

B_0——空白的吸光度值。

试样中黄曲霉毒素 B_1 含量按式(2)计算:

$$X = \frac{\rho \times V \times f}{m} \quad \cdots\cdots\cdots\cdots\cdots\cdots\cdots\cdots\cdots\cdots (2)$$

式中:

X——试样中黄曲霉毒素 B_1 的含量,单位为微克每千克($\mu g/kg$);

ρ——提取试样液中黄曲霉毒素 B_1 的浓度,单位为微克每升($\mu g/L$);

V——试样体积,单位为毫升(mL);

f——试样稀释倍数;

m——试样质量,单位为克(g)。

计算结果表示到小数点后一位有效数字。

7　精密度

样品中黄曲霉毒素 B_1 含量的重复性条件下获得的两次独立测试结果的绝对差值不得超过算术平均值的 15%。

8　其他

当称取大豆粉、绿豆粉、红豆粉、大米粉、大麦粉、高粱米粉、小麦粉样品为 1.0g 时,方法的检出限和定量限分别为 $0.72\mu g/kg$ 和 $3.0\mu g/kg$。当称取辣椒粉、孜然粉、酱油、豆豉、花生粉、八角茴香粉、花椒粉、胡椒粉样品为 1.0 克时,方法的检出限和定量限分别为 $0.9\mu g/kg$ 和 $3.0\mu g/kg$。当量取食用植物油样品 0.1mL 时,方法的检出限和定量限分别为 $0.3\mu g/kg$ 和 $1.0\mu g/kg$。当量取 2mL 调制乳(如谷粒多、麦香早餐奶)样品时,方法的检出限和定量限分别为 $0.06\mu g/kg$ 和 $0.1\mu g/kg$。

3. 注意事项

（1）食品中赭曲霉毒素 A 的 ELISA 分析标准操作程序是参照 GB 5009.96—2016《食品安全国家标准　食品中赭曲霉毒素 A 的测定》进行了调整，食品中黄曲霉毒素 B_1 的 ELISA 分析标准操作程序是参照 GB 5009.22—2016《食品安全国家标准　食品中黄曲霉毒素 B 族和 G 族的测定》第四法的内容进行了调整。

（2）使用所配制试剂前，仔细阅读本操作规范。请勿使用过期试剂，不同批次配制的试剂不得混用；试剂使用前，待其恢复至室温 25℃±2℃（提示：约 2h），方可使用；应避免使用金属类物质盛装和搅拌试剂；各试剂在使用前请摇匀。检测时，应尽量减少板孔上方空气流动；若显色底物在使用前已变成蓝色，或混合后立即变蓝，说明试剂已变质。终止液中含有硫酸，使用时防止灼伤皮肤及腐蚀衣物。不同标准品、样品所用吸头不得混用，否则会影响实验结果。混合试剂时应避免出现气泡。使用后请立即将试剂放回2℃~8℃保存。

4. 国内外限量及检测方法

（1）食品中赭曲霉毒素 A 限量

食品中赭曲霉毒素 A 限量见表 18-1。

表 18-1　食品中赭曲霉毒素 A 限量

组织、国家或地区	食品类别	限量（MLs）/（μg/kg）
CAC	小麦	5.0
	大麦	5.0
	黑麦	5.0
	未加工的谷物	5.0
	葡萄汁，再制的浓缩葡萄汁，葡萄浆、葡萄汁和再制的浓缩葡萄汁、直接食用的产品	2.0
欧盟	未加工谷物为原料的所有产品，包括加工谷物和直接食用的谷物	3.0
	酿酒用水果干（红醋栗、葡萄干等）	10.0
	烤制的咖啡豆和研磨烤制的咖啡，除外速溶咖啡	5.0
	速溶咖啡	10.0
	酒类（包括起泡酒，除外白酒、酒精度不低于 15 的酒和果酒）	2.0
	加香酒，加香酒基饮料和加香酒配制的鸡尾酒	2.0
	加工的谷基食品和婴幼儿食品	0.50
	特殊医学用食品	0.50
	调味料，包括干调味料	15~20
	甘草根，植物浸泡类食品的原料	20
	甘草提取物，用于某些饮料或糖果	80
	小麦蛋白，非供消费者直接食用的	8.0
韩国	谷物及其简单加工制品（研磨、切碎等）	5.0
	咖啡豆及烤制的咖啡	5.0
	速溶咖啡	10.0
	大豆饼	20

表 18-1(续)

组织、国家或地区	食品类别	限量(MLs)/(μg/kg)
韩国	红辣椒粉	7.0
	葡萄汁、浓缩葡萄汁,酒类	2.0
	水果干	10.0
	婴幼儿食品、婴幼儿谷物食品	0.50
中国	谷物	5.0
	谷物碾磨加工品	5.0
	豆类	5.0
	葡萄酒	2.0
	烘焙咖啡豆	5.0
	研磨咖啡(烘焙咖啡)	5.0
	速溶咖啡	10.0

（2）食品中黄曲霉毒素 B_1 限量

国际法典委员会(CAC)和美国食品与药品监督管理局(FDA)规定食品中黄曲霉毒素含量(指 AFT B_1、AFT B_2、AFT G_1 和 AFT G_2 的总量)不能超过 $15\mu g/kg$；欧盟规定花生、坚果及其加工产品、谷类食品及其加工产品中黄曲霉毒素 B_1 限量为 $2.0\mu g/kg$。日本检验检疫措施规定,黄曲霉毒素 B_1 在进出口食品中不得检出。《食品安全国家标准　食品中真菌毒素限量》(GB 2761—2011)也已明确规定食品中黄曲霉毒素 B_1 的限量值(见表 18-2)。

表 18-2　食品中黄曲霉毒素 B_1 限量

食品类别(名称)	限量/(μg/kg)
谷物及其制品	
玉米、玉米面(渣、片)及玉米制品	20
稻谷[a]、糙米、大米	10
小麦、大麦、其他谷物	5.0
小麦粉、麦片、其他去壳谷物	5.0
豆类及其制品	
发酵豆制品	5.0
坚果及籽类	
花生及其制品	20
其他熟制坚果及籽类	5.0
油脂及其制品	
植物油脂(花生油、玉米油除外)	10
花生油、玉米油	20
调味品	
酱油、醋、酿造酱	5.0

表 18-2(续)

食品类别(名称)	限量/(μg/kg)
特殊膳食用食品	
婴幼儿配方食品	
婴儿配方食品[b]	0.5(以粉状产品计)
较大婴儿和幼儿配方食品[b]	0.5(以粉状产品计)
特殊医学用途婴儿配方食品	0.5(以粉状产品计)
婴幼儿辅助食品	0.5
婴幼儿谷类辅助食品	
特殊医学用途配方食品[b](特殊医学用途婴儿配方食品涉及的品种除外)	0.5(以固态产品计)
辅食营养补充品[c]	0.5
运动营养食品[b]	0.5
孕妇及乳母营养补充食品[c]	0.5

[a] 稻谷以糙米计。
[b] 以大豆及大豆蛋白制品为主要原料的产品。
[c] 只限于含谷类、坚果和豆类的产品。

（3）食品中赭曲霉毒素的检验方法

国内外食品中赭曲霉毒素 A 的检验方法标准比较见表 18-3 和表 18-4。

表 18-3　国内外食品中赭曲霉毒素 A 的检验方法标准比较

方法	GB 5009.96—2016			
仪器	LC	LC/MS	薄层	ELISA
定量方法	外标法	外标法		
样品前处理	溶液提取,离心后过滤,用固相萃取柱或免疫亲和色谱柱净化浓缩,洗涤洗脱后氮吹后复溶	溶液提取,离心后过滤,用固相萃取柱或免疫亲和色谱柱净化浓缩,洗涤洗脱后氮吹后复溶	溶液提取,液液萃取,蒸发	甲醇-水提取后过滤,稀释
灵敏度	不同物质的检出限最低为 0.1μg/kg,定量限为 0.3μg/kg	检出限为 0.5μg/kg,定量限为 1.5μg/kg	检出限为 5μg/kg	检出限和定量限分别 1μg/kg 和 2μg/kg
标准曲线	1ng/mL～50ng/mL	1ng/mL～50ng/mL		0.2ng/mL～5ng/mL
适用范围	葡萄酒、咖啡、小麦、小麦粉、大豆、稻谷(糙米)、玉米、粮食和粮食制品、食用植物油、大豆、油菜籽、葡萄干、胡椒粒/粉、酱油、醋、酱及酱制品	玉米、小麦等粮食制品、辣椒及其制品、啤酒、熟咖啡、酱油		玉米、小麦、大麦、大米、大豆及其制品

表18-4 国内外食品中赭曲霉毒素A的检验方法标准比较

方法	AOAC 2000.03	AOAC 973.37	AOAC 2001.01	AOAC 991.44	AOAC 2000.09	AOAC 975.38	AOAC 2004.10
仪器	LC	薄层色谱法	LC	LC	LC	薄层色谱法	LC
定量方法	外标法		外标法	外标法	外标法		外标法
样品前处理	溶液提取、免疫亲和色谱柱净化浓缩、洗涤洗脱后吹氮复溶	溶液提取、过滤、液液苯取、蒸发	溶液提取、免疫亲和色谱和色谱净化浓缩、洗涤洗脱后吹氮复溶	溶液提取、固相萃取柱净化浓缩、洗涤洗脱后吹氮后复溶	溶液提取、过基硅烷柱后，在用免疫亲和色谱柱净化浓缩、洗涤洗脱后吹氮复溶	溶液提取、过滤、液液苯取、蒸发	溶液提取、免疫亲和色谱柱净化浓缩、洗涤洗脱后吹氮后复溶
灵敏度	>1ng/g		白葡萄酒：0.1ng/mL~2.0ng/mL 红葡萄酒：0.2ng/mL~3.0ng/mL 啤酒：0.2ng/mL~2.0ng/mL	大麦：>2ng/g 小麦麸、黑麦：>5ng/g 谷物：>10ng/g	>1.2ng/g		>2.60ng/g
标准曲线	0.5ng/mL~10ng/mL		0.6ng/mL~60ng/mL	0.5ng/mL~4.0ng/mL	0.5ng/mL~10.0ng/mL		2ng/mL~40ng/mL
适用范围	大麦	大麦	白葡萄酒、红葡萄酒、啤酒	谷物和大麦	烘焙咖啡	绿色咖啡	绿色咖啡

（4）食品中黄曲霉毒素 B_1 的检验方法

食品中黄曲霉毒素 B_1 的检验方法标准比较见表 18-5。

表 18-5　食品中赭曲霉毒素 A 的检验方法标准比较

方法	5009.22 第一法	5009.22 第二法	5009.22 第三法	5009.22 第四法	5009.22 第五法	本规程
仪器	同位素稀释液相色谱-串联质谱	高效液相色谱-柱前衍生法	高效液相色谱-柱后衍生法	酶联免疫吸附筛查法	薄层色谱	酶联免疫吸附筛查法
定量方法	内标法	外标法	外标法	外标法		外标法
样品前处理	用乙腈-水溶液或甲醇-水溶液提取，提取液用含 1% TritonX-100（或吐温-20）的磷酸盐缓冲溶液稀释后（必要时经黄曲霉毒素固相净化柱初步净化），通过免疫亲和柱净化和富集，净化液浓缩、定容和过滤	用乙腈-水溶液或甲醇-水溶液的混合溶液提取，提取液经黄曲霉毒素固相净化柱净化去除脂肪、蛋白质、色素及碳水化合物等干扰物质，净化液用三氟乙酸柱前衍生	用乙腈-水溶液或甲醇-水溶液的混合溶液提取，提取液经免疫亲和柱净化和富集，净化液浓缩、定容和过滤	试样中的黄曲霉毒素 B_1 用甲醇水溶液提取，经均质、涡旋、离心（过滤）等处理	样品经提取、浓缩、薄层分离	试样中的黄曲霉毒素 B_1 用甲醇提取，经离心（过滤）后，稀释备用

表 18-5(续)

方法	5009.22 第一法	5009.22 第二法	5009.22 第三法	5009.22 第四法	5009.22 第五法	本规程
灵敏度	当称取样品 5g 时,AFTB₁ 的检出限为:0.03μg/kg,AFTB₁ 的定量限为 0.1μg/kg	当称取样品 5g 时,柱前衍生法的 AFTB₁ 的检出限为 0.03μg/kg;柱前衍生法的 AFTB₁ 的定量限为 0.1μg/kg	当称取样品 5g 时,柱后化学衍生法、柱后溴衍生法、柱后碘衍生法、柱后电化学衍生法的 AFTB₁ 的检出限为 0.03μg/kg;无衍生法:AFTB₁ 的检出限为 0.1μg/kg;柱后化学衍生法、柱后溴衍生法、柱后碘衍生法、柱后电化学衍生法:AFTB₁ 的定量限为 0.1μg/kg;无衍生法:AFTB₁ 的定量限为 0.05μg/kg	当称取谷物、坚果品、油脂、调味品等样品 5g 时,方法检出限为 1μg/kg,定量限为 3μg/kg。当称取特殊膳食用食品样品 5g 时,方法检出限为 0.1μg/kg,定量限为 0.3μg/kg	薄层板上黄曲霉毒素 B₁ 的最低检出量为 0.0004μg,检出限为 5μg/kg	检出限不小于 0.06μg/kg,定量限不小于 0.1μg/kg
标准曲线	0.1ng/mL~10.0ng/mL	0.1ng/mL~40.0ng/mL	0.6ng/mL~60ng/mL			0.03ng/mL~2.43ng/mL
适用范围	谷物及其制品、豆类及其制品、坚果及其制品、油脂及其制品、调味品、婴幼儿配方食品和婴幼儿辅助食品	谷物及其制品、豆类及其制品、坚果及其制品、油脂及其制品、调味品、婴幼儿配方食品和婴幼儿辅助食品	谷物及其制品、豆类及其制品、坚果及其制品、油脂及其制品、调味品、婴幼儿配方食品和婴幼儿辅助食品	谷物及其制品、豆类及其制品、坚果及其制品、油脂及其制品、调味品、婴幼儿配方食品和婴幼儿辅助食品	玉米、大米、小麦、面粉、薯干、豆类、花生、花生酱、花生油、香油、酱油、菜油、醋、干酱类(包括豆豉、腐乳制品)	谷物及其制品、豆类及其制品、坚果及其制品、油脂及其制品、调味品

三、胶体金免疫层析技术

1. 胶体金免疫层析技术原理

胶体金是氯金酸的水溶液，是氯金酸在还原剂如白磷、柠檬酸三钠等的作用下，聚合成特定大小的金颗粒，并由于静电作用与蛋白分子结合成为一种稳定胶体金溶液。胶体金免疫层析技术是以胶体金作为示踪标志物，将胶体金标记抗体吸附在结合垫上，以结合有抗原或二抗的条状纤维层析材料如硝酸纤维素膜（NC 膜）为固相，通过毛细作用使待测物从样本垫一端扩散向另一端，在与结合垫上的胶体金标记抗体特异性结合后继续移动，当结合物移动至固定的抗体或抗原的区域时，结合物又与之发生特异性结合并聚集在检测带上，当聚集到一定量时，检测带显现出肉眼可见的红色，由此可判定检测结果。示意图见图 18-2。

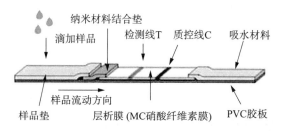

图 18-2　胶体金免疫层析反应示意图

2. 胶体金免疫层析技术标准操作程序

食品中黄曲霉毒素 M_1、黄曲霉毒素 B_1、赭曲霉毒素 A、脱氧雪腐刀菌烯醇、玉米赤霉烯酮、伏马菌素、T-2 毒素、展青霉素及黄曲霉总量定量等胶体金免疫层析分析方法均有报道，此外，荧光定量试纸也有所应用。现就生乳中黄曲霉毒素 M_1 和小麦中脱氧雪腐刀菌烯醇的胶体金免疫层析法为例，描述其测定标准操作程序。

（1）生乳中赭曲霉毒素 A 的胶体金免疫层析法测定标准操作程序如下：

1　范围

本程序规定了生乳中黄曲霉毒素 M_1 快速检测方法。

本程序适用生乳中黄曲霉毒素 M_1 快速测定。

2　原理

样品中残留的黄曲霉毒素 M_1 与检测试纸条中检测线（T 线）上黄曲霉毒素 M_1-BSA 偶联物共同竞争胶体金标记的特异性抗体，通过 T 线与控制线（C 线）颜色深浅比较，对样品中黄曲霉毒素 M_1 的含量进行定性判定。

3　试剂和材料

注：除非另有说明，本方法所用试剂均为分析纯，实验用水为 GB/T 6682 规定的一级水。

3.1 试剂

黄曲霉毒素 M_1 对照品。

3.2 材料

黄曲霉毒素 M_1 检测试纸,金标微孔。

3.3 标准溶液的配制

标准储备液:准确称取适量参考物质(精确至 0.0001g),用乙腈溶解,配制成 10mg/L 的标准储备液。-20℃冷冻避光保存,有效期 12 个月。

4 仪器和设备

4.1 电子天平:感量为 0.0001g。

4.2 移液枪:200μL,1000μL。

4.3 胶体金读数仪(可选)。

5 分析步骤

5.1 试样制备

检测前样品需要充分混匀。

5.2 测定步骤

5.2.1 试纸条与金标微孔测定步骤

吸取 200μL 样品待测液于金标微孔中,抽吸 5～10 次混合均匀,室温(20℃～25℃)温育 5min,将试纸条吸水海绵端垂直向下插入金标微孔中,温育 3min～6min,从微孔中取出试纸条,进行结果判定。

5.2.2 检测卡测定步骤

吸取适量样品待测液于检测卡的样品槽中,室温(20℃～25℃)温育 5min～10min,直接进行结果判定。见图 1。

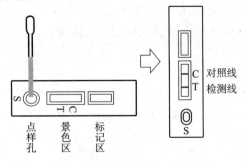

图 1　测卡测定步骤示意图

5.3 质控试验

每批样品应同时进行空白试验和加标质控试验。

5.3.1 空白试验

称取空白试样,按照 5.2 和 5.3 步骤与样品同法操作。

5.3.2 加标质控试验

准确量取空白样品适量置于 50mL 具塞离心管中,加入适量黄曲霉毒素 M_1 标准工作液,使其浓度为 $0.5\mu g/kg$,按照 5.2 和 5.3 步骤与样品同法操作。

6 结果判定要求

结果的判断也可使用胶体金读数仪判读,读数仪的具体操作与判读原则请参照读数仪的使用说明书。采用目视法对结果进行判读,目视判定示意图如图 2 和图 3 所示。

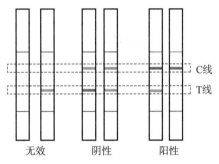

图 2 目视判定示意图(比色法)

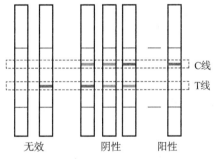

图 3 目视判定示意图(消线法)

6.1 比色法

6.1.1 无效

控制线(C 线)不显色,表明不正确操作或试纸条/检测卡无效。

6.1.2 阳性结果

检测线(T 线)不显色或检测线(T 线)颜色比控制线(C 线)颜色浅,表明样品中黄曲霉毒素 M_1 高于方法检测限,判为阳性。

6.1.3 阴性结果

检测线(T 线)颜色比控制线(C 线)颜色深或者检测线(T 线)颜色与控制线(C 线)颜色相当,表明样品中黄曲霉毒素 M_1 低于方法检测限或无残留,判为阴性。

6.2 消线法

6.2.1 无效

控制线(C 线)不显色,表明不正确操作或试纸条/检测卡无效。

6.2.2 阳性结果

检测线(T线)不显色,表明样品中黄曲霉毒素 M_1 高于方法检测限,判为阳性。

6.2.3 阴性结果

检测线(T线)与控制线(C线)均显色,表明样品中黄曲霉毒素 M_1 低于方法检测限或无残留,判为阴性。

6.3 质控试验要求

空白试验测定结果应为阴性,加标质控试验测定结果应为阳性。

7 结论

当检测结果为阳性时,应对结果进行确证。

8 性能指标

8.1 检测限:$0.1\mu g/kg$。

8.2 灵敏度:灵敏度应≥95%。

8.3 特异性:特异性应≥95%。

8.4 假阴性率:假阴性率应≤5%。

8.5 假阳性率:假阳性率应≤5%。

(2)小麦中脱氧雪腐镰刀菌烯醇的胶体金免疫层析法测定标准操作程序如下:

1 范围

本程序规定了小麦中脱氧雪腐镰刀菌烯醇快速检测方法。

本程序适用小麦中脱氧雪腐镰刀菌烯醇快速测定。

2 原理

脱氧雪腐镰刀菌烯醇(简称:呕吐毒素)检测试纸条中检测线(T线)上呕吐毒素-BSA 偶联物共同竞争胶体金标记的特异性抗体,采用读数仪对 T 线与控制线(C线)颜色深浅比较获得定量检测结果。

3 试剂和材料

3.1 试剂

所用试剂均为分析纯,试验用水为 GB/T 6682 规定的一级水。

3.2 材料

WATEX 呕吐毒素检测试纸。

4 仪器和设备

4.1 电子天平:感量为 $0.0001g$。

4.2 移液枪:$200\mu L$,$1000\mu L$。

4.3 AgraVision ® 读数仪、AgraStrip ® 加热器(带盖)。

4.4　Romer 系列 II 型研磨机。

5　分析步骤

5.1　试样制备

样品粉碎:对小麦样品使用 Romer 系列 II 型研磨机研磨,使至少 75% 的研磨样品能够通过 20 目筛网,彻底混合并对样品进行二次取样。

5.2　测定步骤

5.2.1　称取 10g 研磨样品置于 Whirl-Pak 过滤包的一侧。

5.2.2　从铝箔袋中取出一个提取缓冲包,放入 Whirl-Pak 过滤包中装有样品的一侧(提取缓冲包在提取过程中会充分溶解)。

5.2.3　向 Whirl-Pak 过滤包中加入 30mL 水并密封[注意:样品与提取溶液比例应为 1∶3(质量浓度)。由于提取缓冲包对湿度非常敏感,请时刻密封铝箔袋]。

5.2.4　在室温下剧烈摇晃 Whirl-Pak 过滤包 2min 后再静置样品 2min。

5.2.5　将样品提取液用稀释缓冲液按照 1∶21 比例进行稀释,提取样品另一侧的溶液进行检测。若样品含太多泡沫,则通过倾斜过滤包的方式避开泡沫吸取待测溶液。例如:使用蓝色吸头并加入 1000μL 稀释缓冲液,然后使用黄色/白色吸头并加入 50μL 提取液,进行混合(注:DDGS 用稀释缓冲液按照 1∶31 比例进行稀释)。见图 1。

1 一种水基提取液

加入样品和缓冲盐包　　　加入去离子水　　　手动振荡并沉淀

2 根据需要进行的检测选用专用的缓冲液　　**3** 检测
按操作说明稀释

选择黄曲霉毒素、　　根据操作说明稀释　　将试纸和稀释后的提　　扫描校准曲线条码并
玉米赤霉烯酮、伏　　样品提取液　　取液加入抗体包被孔,　　读取检测结果
马毒素或呕吐毒素　　　　　　　　在加热器中恒温3min
检测试纸

图 1　AgraStrip WATEX 脱氧雪腐镰刀菌烯醇测定步骤示意图

5.3 检测步骤

AgraStrip 孵育器的温度设定为 45℃,保持孵育器 12h 开启状态。将加热器的上盖掀开放置顶部,打开酶联偶合物微孔板并掰下 1 或 2 个微孔,将剩余微孔密封收好。

5.3.1 向微孔中加入 100μL 的样品提取液,抽吸 10 次混合均匀。

5.3.2 将试纸条插入微孔,放入加热器并盖盖。

5.3.3 让试纸条反应 3min,打开加热器上盖,置于顶部。

5.3.4 将试纸条放在吸水纸上进行擦拭,插入试纸槽进行读取。

5.3.5 使用 AgraVision 读数仪进行读取〔采用试剂盒配套的 SD 卡,根据不同基质分别扫码 Methodl(定量范围 1:0ppm～6ppm、定量范围 2:5ppm～30ppm)或者 Method2(定量范围 1:0ppm～6ppm、定量范围 2:5ppm～30ppm)进行数据读取〕。

6 结果判定

试纸条上方 C 线显线,则说明试纸条有效。试纸条下方的 T 线用来判断检测结果。

6.1 无效结果

若 C 线没有出现,则说明检测无效。样品需要重新用试纸条检测。

6.2 有效结果

两条线都清晰可见,则说明检测有效,需使用 AgraVision 读数仪进行结果读取。

6.3 质控试验要求

阴性质控样品结果应为阴性,阳性质控样品结果应为阳性,否则实验无效。

7 结论

当检测结果为阳性时,应对结果进行确证。

8 性能指标

8.1 检测限(LOD):0.15mg/kg。

8.2 灵敏度:灵敏度应≥95%。

8.3 特异性:特异性应≥95%。

8.4 假阴性率:假阴性率应≤5%。

8.5 假阳性率:假阳性率应≤5%。

3. 注意事项

(1) 不同批次配制的试剂不得混用。黄曲霉毒素 M_1 胶体金试纸条或检测卡及配套的试剂仅可室温存放,不得在 2℃～8℃ 环境中保存。呕吐毒素的水萃取定量"一步"侧向免疫层析试纸条及配套试剂在 2℃～8℃ 环境中冷藏保存。

(2) 初筛结果为阳性样本可进行仪器复核。

4. 国内外限量及检测方法

(1) 生乳中黄曲霉毒素 M_1 限量

国际食品法典委员会标准将鲜牛奶中黄曲霉毒素 M_1 的限量定为 0.5μg/kg。美国、印度、肯尼亚、沙特阿拉伯等国家规定牛奶中黄曲霉毒素 M_1 的限量值为 $0.5\mu g/kg$。欧盟、土耳其和波兰规定黄曲霉毒素 M_1 的最低限量值为 $0.025\mu g/kg$。墨西哥规定黄曲霉毒素 M_1 的限量值为 $0.5\mu g/L$。南非规定牛奶中黄曲霉毒素 M_1 的限量值为 $0.05\mu g/kg$。我国对乳及乳制品中黄曲霉毒素 M_1 的限量值规定为 $0.5\mu g/kg$。

（2）小麦中呕吐毒素限量

美国、韩国等国家规定小麦中脱氧雪腐镰刀菌烯醇的限量定为 $1000mg/kg$。我国现行法律规定小麦中脱氧雪腐镰刀菌烯醇的限量定为 $1000mg/kg$。

（3）生乳中黄曲霉毒素 M_1 检测方法

国际现行方法以液相色谱为主，美国 AOAC986.16 方法采用柱前衍生-反相色谱分离-荧光检测器鲜奶中黄曲霉毒素 M_1，AOAC2000.08 方法采用免疫亲和柱净化-反相液色谱分离-荧光检测器直接液态奶中黄曲霉毒素 M_1。欧盟 EN ISO 14501:2007 采用免疫亲和柱净化-反相液色谱分离-荧光检测器乳及粉中的黄曲霉毒素 M_1。我国对食品中黄曲霉毒素 M_1 的国标检测方法见表 18-6。

表 18-6　食品中黄曲霉毒素 M_1 国标检验方法比较

方法	GB 5009.24 第一法	GB 5009.24 第二法	GB 5009.24 第三法	本程序
仪器	同位素稀释液相色谱-串联质谱	高效液相色谱法	酶联免疫吸附筛查法	免疫层析法
定量方法	内标法	外标法	外标法	外标法
样品前处理	甲醇-水溶液提取，上清液用水或磷酸盐缓冲液稀释后，经免疫亲和柱净化和富集，净化液浓缩、定容和过滤	甲醇-水溶液提取，上清液稀释后，经免疫亲和柱净化和富集，净化液浓缩、定容和过滤	试样中的黄曲霉毒素 M_1 经均质、冷冻离心、脱脂或有机溶剂萃取等处理获得上清液后待分析	直接加样分析
灵敏度	称取液态乳、酸奶 4g 时，检出限为 $0.005\mu g/kg$，定量限为 $0.015\mu g/kg$。称取乳粉、特殊膳食用食品、奶油和奶酪 1g 时，检出限为 $0.02\mu g/kg$，定量限为 $0.05\mu g/kg$	称取液态乳、酸奶 4g 时，检出限为 $0.005\mu g/kg$，AFT M1 定量限为 $0.015\mu g/kg$。称取乳粉、特殊膳食用食品、奶油和奶酪 1g 时，本方法 AFT M1 检出限为 $0.02\mu g/kg$，AFT M_1 定量限为 $0.05\mu g/kg$ ～ $0.025\mu g/kg$	称取液态乳 10g 时，方法检出限为 $0.01\mu g/kg$，定量限为 $0.03\mu g/kg$。称取乳粉和含乳特殊膳食用食品 10g 时，方法检出限为 $0.1\mu g/kg$，定量限为 $0.3\mu g/kg$。称取奶酪 5g 时，方法检出限为 $0.02\mu g/kg$，定量限为 $0.06\mu g/kg$	检出限 $0.1\mu g/kg$
标准曲线	$0.05ng/mL$ ～ $5.0ng/mL$	$0.05ng/mL$ ～ $5.0ng/mL$		

表 18-6(续)

方法	GB 5009.24 第一法	GB 5009.24 第二法	GB 5009.24 第三法	本程序
适用范围	于乳、乳制品和含乳特殊膳食用食品	乳、乳制品和含乳特殊膳食用食品	乳、乳制品和含乳特殊膳食用食品	生乳

（4）小麦中呕吐毒素检测方法

美国 AOAC986.17 方法采用薄层色谱法检测小麦中脱氧雪腐镰刀菌烯醇；美国 AOAC986.18 方法采用气相色谱法检测小麦中脱氧雪腐镰刀菌烯醇。我国对食品中呕吐毒素的国标检测方法见表 18-7。

表 18-7　食品中呕吐毒素国标检验方法比较

方法	GB 5009.111 第一法	GB 5009.111 第二法	GB 5009.111 第三法	本程序
仪器	同位素稀释液相色谱-串联质谱	高效液相色谱法	薄层色谱测定法	水萃取定量"一步"侧向免疫层析法
定量方法	内标法	外标法	外标法	外标法
样品前处理	水溶液提取，上清液用磷酸盐缓冲液稀释后，经专用型固相净化柱净化，过滤	水溶液提取，上清液稀释后，经免疫亲和柱净化和富集，净化液浓缩、定容和过滤	试样中的脱氧雪腐镰刀菌烯醇经提取、净化、浓缩和硅胶 G 薄层展开后，加热薄层展开后，加热薄层板。由于在制备薄层板时加入了三氯化铝，使脱氧雪腐镰刀菌烯醇在 365nm 紫外光灯下显蓝色荧光，与标准比较	样品经缓冲体系提取、稀释后于金标孔中加热环境中反应，借助仪器读数
灵敏度	当称取谷物及其制品、酒类、酱油、醋、酱及酱制品试样 2g 时，方法中的脱氧雪腐镰刀菌烯醇、3-乙酰脱氧雪腐镰刀菌烯醇、15-乙酰脱氧雪腐镰刀菌烯醇检出限为 $10\mu g/kg$，定量限为 $20\mu g/kg$。当称取酒类试样 5g 时，方法中的脱氧雪腐镰刀菌烯醇、3-乙酰脱氧雪腐镰刀菌烯醇、15-乙酰脱氧雪腐镰刀菌烯醇检出限为 $5\mu g/kg$，定量限为 $10\mu g/kg$	当称取谷物及其制品、酱油、醋、酱及酱制品试样 25g 时，脱氧雪腐镰刀菌烯醇的检出限为 $100\mu g/kg$，定量限为 $200\mu g/kg$；当称取酒类试样 20g 时，脱氧雪腐镰刀菌烯醇的检出限为 $50\mu g/kg$，定量限为 $100\mu g/kg$	薄层板上脱氧雪腐镰刀菌烯醇的最低检出量为 100ng，检出限为 $300\mu g/kg$	检出限 0.15mg/kg

表 18-7(续)

方法	GB 5009.111 第一法	GB 5009.111 第二法	GB 5009.111 第三法	本程序
标准曲线	10ng/mL～640ng/mL	100ng/mL～ 5000ng/mL	/	/
适用范围	谷物及其制品、酒类、酱油、醋、酱及酱制品	谷物及其制品、酱油、醋、酱及酱制品	谷物及其制品	小麦

参 考 文 献

[1] GB 2761—2017 食品安全国家标准 食品中真菌毒素限量

[2] GB 5009.96—2016 食品安全国家标准 食品中赭曲霉毒素 A 的测定

[3] GB 5009.22—2016 食品安全国家标准 食品中黄曲霉毒素 B 族和 G 族的测定

[4] 食品快速检测方法评价技术规范. http://www.sda.gov.cn/WS01/CL1605/171311.html

[5] GB 5009.24—2016 食品安全国家标准 食品中黄曲霉毒素 M 族的测定

[6] NY/T 2547—2014 生鲜乳中黄曲霉毒素 M_1 筛查技术规程

[7] SY/T 4534.1—2016 商品化试剂盒检测方法 黄曲霉毒素 M_1 方法一

[8] GB 5009.111—2016 食品安全国家标准 食品中脱氧雪腐镰刀菌烯醇及其乙酰化衍生物的测定

[9] 骆鹏杰.食品中典型化学污染物免疫检测方法学研究[D].北京:中国疾病预防控制中心,2012.

[10] 刘娜,武爱波.真菌毒素快速检测技术研究进展[J].食品安全质量检测学报.2014,5(7):1965-1970.

[11] 谢艳君,杨英,孔维军,杨世海,杨美华.基于不同纳米材料的侧流免疫层析技术在真菌毒素检测中的应用[J].分析化学评述与进展,2015,43(4):618-628.

第十九章

真菌毒素标准物质的研制

第一节　真菌毒素标准物质

　　真菌毒素是由真菌产生的次级代谢产物,常见的真菌毒素包括黄曲霉毒素(Aflatoxin)、呕吐毒素(Deoxynivalenol)、赭曲霉毒素 A(Ochratoxin A)、伏马毒素(Fumonisin)、玉米赤霉烯酮(Zearalenone)、T-2 毒素(T-2 toxin)和 HT-2 毒素(HT-2 toxin),广泛存在于各种粮油及其制品中。据联合国粮农组织估计,全世界谷物供应链的 25％受到真菌毒素污染,对人体和动物的健康具有极大的危害。因此对于真菌毒素分析检测尤为关键,而具有精准量值的"真菌毒素标准物质"是分析检测真菌毒素的"金标尺"。无论在定性分析,定量分析以及方法开发及评价方面都有着重要的作用,是真菌毒素检测结果可靠性、有效性和一致性的重要保障。

　　标准物质(Reference material,RM)是一种或多种足够均匀和很好地确定了的特性值,用以校准设备,评价测量方法或给材料赋值的材料或物质。根据其溯源性可分为标准物质,有证标准物质(Certified reference material,CRM)和基准标准物(Primary reference material,PRM),其中 CRM 是附有证书的标准物质,其一种或多种特性值采用建立了溯源性的程序确定,使之可溯源到准确复现的用于表示该特性值的计量单位,每个标准值都附有给定置信水平的不确定度,而 PRM 是一种最高计量品质,用基准方法确定量值的标准物质。

　　真菌毒素标准物质根据其存在形式可分为真菌毒素纯度标准物质和真菌毒素基体标准物质。纯度标准物质一般为单一成分的真菌毒素固体或经溶剂稀释的标准溶液。基体标准物质是真菌毒素存在于真实基质中的标准物质。其最重要的用途之一是对分析方法的测试和确认,可用于评价整个分析过程的质量。基体标准物质中以自然状态存在于基体材料中的为自然基体标准物质,而将目标物人为添加/合成至基体材料中的为添加/合成基体标准物质。由于真菌毒素发生和分布的特点,基质中自然状态下真菌毒素的存在方式与人为添加的真菌毒素有着较大的差异,因此对于真菌毒素基体标准物质而言,自然基体标准物质具有更好的实际指导作用。

第二节　真菌毒素标准物质的研制

　　由于真菌毒素种类多,分布基质范围广,检测样品量大,对于不同种类,不同含量,不同基质的真菌毒素标准物质的需求量日益增加,真菌毒素标准物质的研制受到了广泛的关注。

真菌毒素标准物质的研制一般可分为以下几个步骤:(1)原料的获取,如通过菌种接种获取高含量的真菌毒素样品,或者采用收集自然污染的真菌毒素原料样品;(2)原料的制备和加工,如通过提取和纯化分离获取真菌毒素纯度标准物质,利用研磨和混合得到均一性的真菌毒素基体标准物质;(3)分装和稳定性保障,采用真空,避光等方式的包装,可有效地降低真菌毒素标准物质的分解;(4)均一性和稳定性分析;(5)定值,可采用多种不同原理的检测方法或者多家实验室联合定值的方法对真菌毒素进行准确的定值。

一、真菌毒素纯度标准物质的研制方法

真菌毒素纯度标准物质的研制首先要根据研制目标真菌毒素选择合适的菌种,将菌种接种至相应的培养液中,在合适的环境条件下,经过数天甚至数周的培养,用有机溶剂提取培养产物中的真菌毒素,使用色谱制备或重结晶等手段进行分离纯化,通过高效液相色谱、紫外分光光度计和液质联用对产物进行纯度分析,最终获得真菌毒素纯度标准物质。

1. 原料的获取

(1) 菌株筛选

真菌毒素的产生与真菌种类及其生长环境息息相关,根据研制目标真菌毒素来选择合适的高产毒菌种至关重要,各种真菌毒素的产毒菌种及其生长环境要求见表 19-1。菌种经过一段时间的保藏后,难免会发生变异,产生新的代谢产物,这些产物会极大地影响分离步骤。因此,为了减少突变、杂菌产生,必须定期更新菌种或进行菌种传代,获得特定菌株。筛选菌株见图 19-1。

表 19-1　真菌毒素的产毒菌种及其生长环境要求

毒素名称	产毒菌种	培养环境条件	培养基
黄曲霉毒素	黄曲霉、寄生曲霉、集峰曲霉、伪溜曲霉	35℃条件下培养 16～17 天	大米培养基
赭曲霉毒素	赭色曲霉	28℃条件培养 5 天	天然培养基玉米小麦培养基 液体培养基:YES 培养基 固体培养基:PDA 培养基
伏马毒素	串珠镰刀菌、轮状镰刀菌、多育镰刀菌	28℃条件培养 3 周	优化大米培养基
脱氧雪腐镰刀菌烯醇	禾谷镰刀菌、黄色镰刀菌	28℃培养 4 周	大米培养基

表 19-1(续)

毒素名称	产毒菌种	培养环境条件	培养基
展青霉素	棒曲霉、展青霉、扩张曲霉、曲青霉	28℃培养 10 天～14 天	PDA 培养基
玉米赤霉烯酮	禾谷镰刀菌、黄色镰刀菌、三线镰刀菌、尖孢镰刀菌、雪腐镰刀菌	30℃培养 10 天	MS 培养基
T-2 毒素	禾谷镰刀菌、三线镰刀菌、拟枝孢镰刀菌、茄病镰刀菌	25℃培养 14 天	酵母-麦芽汁琼脂培养基

图 19-1　筛选菌株

（2）接种和培养

将经过筛选的菌株接种于相应的培养基中,放入霉菌培养箱,在一定的温度和湿度条件下培养,应注意观察培养箱的运行情况和霉菌生长情况。培养菌株见图 19-2。

（3）提取

菌株经过严格受控的发酵后,选用合适的有机溶剂将培养产物中的真菌毒素提取出来。有机溶剂的选择主要根据目标真菌毒素的理化性质,采用相似相溶原理,常用的提取溶剂有甲醇、乙腈、乙酸乙酯、二氯甲烷等。按提取溶剂与发酵液 1∶1 的比例加入提取溶剂,同时加入适量氯化钠,放入振荡器中以 150r/min 的振幅振荡提取 30min,完成后静置分层,保留有机相层。

图 19-2　培养菌株

2. 原料的制备和加工

（1）分离和纯化

在原料的获取过程中,由于不断的发酵,除了目标真菌毒素外,真菌还会产生其他代谢物、色素、酯类物质等杂质,导致粗提物中通常含有大量杂质,要获得预期纯度的标准物质,需要经过分离和纯化。在分离和提纯过程中,经过色谱学分离或其他不同分离性能的制备步骤,目标真菌毒素被一步步纯化,最终要达到纯度大于98%的目标。常用的分离纯化方法有以下几种:

① 重结晶:通过冷却提取溶液、溶剂蒸发或加入沉淀剂等方式使得目标真菌毒素从提取溶液中析出,如此反复进行重结晶,逐步提高纯度,直到达到目标要求。

② 色谱学分离:将提取溶液注入制备色谱仪,在合适的色谱条件下将目标真菌毒素与杂质分离纯化,通过馏分收集器收集目标真菌毒素。见图 19-3。

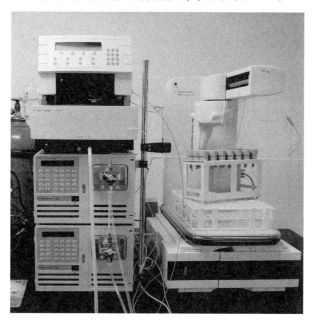

图 19-3　制备色谱分离纯化

（2）浓缩

将纯化后的初制品放入冷冻干燥机，通过冷冻干燥等方式除去溶剂，获得标准真菌毒素固体粉末。

3. 纯度分析

根据真菌毒素化学结构和特性的不同，通常采用紫外分光光度法（UV spectrophotometry）、液相色谱-质谱联用法（LC-MS/MS）、高效液相色谱法（HPLC）和核磁共振法（NMR）对目标物产物的纯度进行分析。图 19-4a）、图 19-4b）依次为液相色谱质谱联用法、高效液相色谱法对培养物中的黄曲霉毒素 B_1 进行纯度分析的质谱图和色谱图。

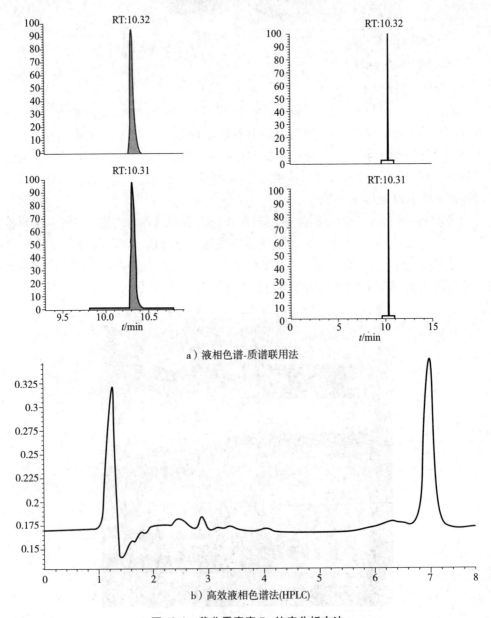

a）液相色谱-质谱联用法

b）高效液相色谱法（HPLC）

图 19-4 黄曲霉毒素 B_1 纯度分析方法

4. 分装、均一性和稳定性测试

（1）固体纯度标准物质

对纯度符合要求的固体纯度标准物质进行分装，按分装的批量数随机抽取一定数量进行均匀性检验，按预期存储要求储存，进行稳定性检验。

（2）液体纯度标准物质

将纯度符合要求的固体标准物质放至室温，用经过计量检定的分析天平准确称取所需量，用合适的溶剂溶解（常用溶剂为甲醇或乙腈）并用经过检定的容量瓶或者采用重量法进行定容，混匀，分装至每个独立包装中，按分装的批量数随机抽取一定数量进行均匀性检验，按预期存储要求储存，进行稳定性测试。图 19-5 为玉米赤霉烯酮液体纯度标准物质在−18℃、4℃、25℃、40℃条件下存放 0 月、3 月、6 月、12 月后的稳定性测试结果。

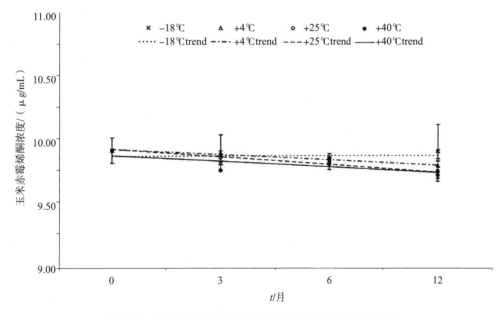

图 19-5　玉米赤霉烯酮液体纯度标准物质稳定性测试结果

5. 定值

纯度标准物质的定值通常可以采用以下两种方法：

（1）同一实验室采用两种或者更多不同原理的方法定值

需要一定资质的实验室采用独立的参考方法进行测量，所用方法能进行完整的不确定度评定，当采用两种方法定值时，每种方法至少需要 6 个独立数据，当用 3 种或者 3 种以上方法定值时，每种方法至少提供 5 个独立数据。

（2）由多家实验室联合定值

多家实验室联合定值是组织具有一定资质的多家实验室采用各自独立可靠的方法进行测量。需要各联合定值的实验室应具有一定的技术权威性，具有必备的能力和经验，同时对于各独立结果之间的差异，以及差异产生的原因可以进行统计分析。

6. 注意事项

(1) 菌种的退化会导致产率降低以及产物杂质的增加,需要定期对菌种进行核查和更新菌株。

(2) 真菌毒素毒性较强,尤其是真菌毒素纯度标准物质的浓度较高,在研制和使用过程中应格外的注意,确保实验安全。

(3) 真菌毒素纯度标准物质易受光照、温度等影响而分解,需避光低温保存。

二、真菌毒素基体标准物质的研制方法

1. 小麦粉中脱氧雪腐镰刀菌烯醇标准物质的研制方法

小麦作为全球最主要的粮食作物,是人类蛋白质和碳水化合物的主要摄取来源,小麦粉是由小麦磨成的粉末,也是中国大部分地区的主食,目前以小麦粉制作的食物品种繁多。根据近几年对谷物中的脱氧雪腐镰刀菌烯醇的监测调查研究中发现,在小麦粉样品中,脱氧雪腐镰刀菌烯醇检出率高达95%以上,且含量分布较为宽泛。因此,在市场上采集的小麦粉样品可较为充分地反映样品采集的广泛性及代表性,从而可在一定程度上体现出研究结果的普遍性。所以市场上出售的小麦粉满足标准物质技术规范规定的候选物要具有适用性和代表性的原则,适用于制备食品基质的标准物质。

(1) 小麦粉中脱氧雪腐镰刀菌烯醇标准物质制备流程

样品采集后,为确保样品的稳定性和均匀性,将同一批次同一产地的不同包装样品等分混匀,每等分在搅拌机内混匀10h。待每部分混匀后,再将各混匀等分混合,重复操作。混合后样品使用铝箔袋进行分装,每包装按照设定规格称取内容物,整齐码放于密封包装桶(箱)中。为了保证脱氧雪腐镰刀菌烯醇标物在存放过程中的稳定性,使用Co-60γ射线对样品进行照射灭菌,照射剂量为5kGy。制备流程见图19-6。

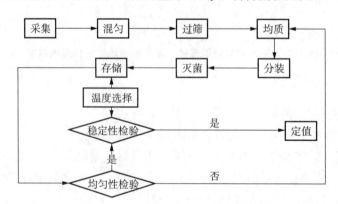

图 19-6　小麦粉中脱氧雪腐镰刀菌烯醇标准物质制备流程图

(2) 均匀性检验

标准物质均匀性是标准物质最基本的属性,是用来描述标准物质特性空间分布特征的。均匀性是指物质的一种或几种特性具有相同组分或相同结构的状态,通过检验具有规定大小的样品,若被测量的特性值均在规定的不确定度范围内,则该标准物质对这一

特性来说是均匀的。凡成批制备并分装成最小包装单元的标准物质必须进行均匀性检验。

① 均匀性检验抽样方法及总体最小包装单元数量

根据 GB/T 15000.3—2008/ISO Guide 35:2006《标准样品工作导则(3)标准样品定值的一般原则和统计方法》规定,在批定值项目中必须进行均匀性的研究,以证明一批分包装(单元)是足够均匀的。按照抽样方案,从批单元中选取一个子集,通常由 10～30 个单元子样组成,进行均匀性研究。如果研制的标准物质分 3 水平浓度,每个浓度水平分装 500 袋,每袋约 100g,选择随机抽样方法,将所有分包装样品按照 001、002、003、004、…500 编号,按照随机数原则,抽取(编号从小到大排列)的 16 个样品进行袋间均匀性研究。同时为考察袋内均匀性,从每一袋抽取的样品中取出 3 份检验,做袋内均匀性检验,考察特性值在袋间及袋内的均匀程度。进样按照编号 1-1-1、1-2-1、1-3-1、…、1-16-1;1-1-2、…、1-16-2;1-1-3、…、1-16-3;2-1-1、…、2-16-3、…;3-1-1、…、3-16-3 的顺序进行。

② 测量方法的选择

选择测定结果可靠,稳定性和可重复性较好的测量方法,尽可能采用国家标准测定方法。

③ 均匀性检验数据分析

均匀性检验的数据可采用 F 检验进行统计处理。此法是通过组间变动性和组内变动性的比较来判断各组测量值之间有无系统误差,如果二者的比小于统计检验的临界值 F_a,则认为样品是均匀的。

(3)稳定性检验

稳定性是标准物质的重要参数之一,它是指在规定的时间间隔和环境条件下,标准物质的特性量值保持在规定范围内的性质。标准物质的稳定性是用来描述标准物质的特性量值随时间变化的。规定的时间间隔越长,表明该标准物质的稳定性越好。一般需考察所研制标准物质在模拟运输条件下的短期稳定性和储存条件下的长期稳定性。

① 长期稳定性检验

1)试验设计

考察稳定性时每次随机选定不同浓度水平各 3 个包装的样品进行检测,时间先密后疏,在保存的 0、1、3、6、12 月进行稳定性检验。

2)试验方法

选择测定结果可靠,稳定性和可重复性较好的测量方法,尽可能与均匀性的测定方法一致。

3)统计检验

常用的检验方法有直线拟合法和 t 检验法:

a)直线拟合法

将稳定性检验的数据,以 x 代表时间,以 y 代表标准物质的特性值(如:脱氧雪腐镰刀菌烯醇的含量),拟合成一条直线,则有斜率 b_1,见式(19-1):

$$b_1 = \frac{\sum\limits_{i=1}^{n}(x_i - \overline{x})(y_i - \overline{y})}{\sum\limits_{i=1}^{n}(x_i - \overline{x})^2} \quad \text{…………………… (19-1)}$$

根据公式直线截距 $b_0 = \overline{y} - b_1\overline{x}$、直线的标准偏差 $s^2 = \dfrac{\sum\limits_{i=1}^{n}(y_i - b_0 - b_1 x_1)^2}{n-2}$、斜率不确定度 $s(b_1) = \dfrac{s}{\sqrt{\sum\limits_{i=1}^{n}(x_i - \overline{x})^2}}$ 计算各含量水平的截距 b_0、标准偏差 s^2、斜率不确定度 $s(b_1)$ 以及 $\overline{y}$、$\overline{x}$。

查 t 检验分布表得自由度为 $n-2(n=5)$ 和 $p=0.95(95\%$ 置信区间) 的 t 因子等于 3.18,如果 $|b_1| < t_{0.95, n-2} \times s(b_1)$,则斜率是不显著的,未观测到不稳定性。

b) t 检验法

假如长期存放温度为 25℃,存放间隔时间单位为月,设 0 月时测得数据平均值为 $\overline{x}_1$,标准偏差为 s_1;同温度下其他月份测得数据平均值分别为 $\overline{x}_2$、$\overline{x}_3$、…、$\overline{x}_n$,标准偏差分别为 s_2,s_3,…,s_n,n 为测定时的时间间隔(月),对所得数据按式(19-2)进行双总体 t 检验:

$$t = \frac{\overline{x}_1 - \overline{x}_2}{\sqrt{\dfrac{(n_1-1)s_1^2 + (n_2-1)s_2^2}{n_1+n_2-2} \cdot \dfrac{n_1+n_2}{n_1 n_2}}} \quad \text{………………… (19-2)}$$

若统计量 t 与 t 临界值 $t_\alpha(n_1+n_2-2)$ 之间的关系为:$t \leqslant t_\alpha(n_1+n_2-2)$,则认为该标准物质的特性量值没有发生显著性变化。按照长期稳定性检测计划监测存放不同时间后基质标准物质中目标组分的含量。

按照 t 分布检验表,在显著性水平 $\alpha=0.01$ 条件下,$t < t_\alpha(n_1+n_2-2)$,即该标准物质的特性量值含量没有发生显著性变化,稳定性良好。

按国家"标准物质管理办法"中规定,一级标准物质的稳定性应在 1 年以上,二级标准物质的稳定性应在半年以上。如果在指定条件下存放 1 年,样品特征属性稳定,研究组可继续考察该特征值是否具有更长的稳定期。

② 短期稳定性检验

为了有效减少温度、湿度及光照等气候条件的影响,天然基质样品在空气中暴露也有利于真菌毒素的生长,固体基体标准物质的包装应尽可能采用聚丙烯塑料瓶密封或铝箔袋真空包装。考虑到所研制标物采用了避光密封的包装方式,因此在本工作中仅需考察在运输过程中温度对样品中目标物的影响。

短期稳定性考察温度需考虑极端气候条件下的运输温度,如冬、夏两季最低、最高温度下的稳定性情况。随机抽取不同浓度水平样品各 3 份,并将其分别放置于相应的温度水平环境中,分别在第 0、1、3、7、14 天取样检测。

(4) 定值

① 溯源性描述

在定值过程中配制标准曲线所采用的标准物质应为商品化标准物质,研制单位应按照正规的采购途径进行采购,对供货方的资质进行评价,尽可能索取具有明确的不确定度的纯度标准物质证书。在定值前可采用相应的液相、质谱等定量定性方法对其含量以及纯度进行技术确认。

实验过程所使用的分析天平、容量器具及检测仪器等计量设备,应由计量检定部门进行检定,获取相应的检定/校准证书,并经符合性确认。

参与本标准物质定值的各实验室均应通过实验室资质认定,具有测定真菌毒素的专业技术人员、成熟的测定方法和先进的实验条件,各实验室采用的方法均通过测定商品化的有证标准物质来验证其准确性,保证定值方法稳定、准确、可靠。

② 测量方法描述

多家联合定值最大的缺点在于实验室条件不一,人员水平不一,测定方法准确度不一,这往往使得测定结果差异较大,因此需要建立一定的原则,以尽可能地减少由此造成的误差,一般需要满足以下四条原则:合作定值实验室均须为国内具有先进水平的实验室,实验工作由技术熟练的专业人员进行操作;用统一的标准试剂;有准确的分析方法,通过测定商品化的有证标准物质进行验证;定值工作需在不同的工作日内进行,每袋最少取样 3 份,最少提交 6 个样品数据。各定值实验室均采用相同或相似的前处理方法,根据各自实验室条件,选择最为稳定的仪器进行测定。

③ 定值数据统计处理方式和数据采用原则

根据多个实验室合作定值时测量数据的处理原则,数据处理经过了以下几个步骤:

1）对每个操作者的一组独立测量结果,在技术上说明可疑值的产生并予剔除后,用狄克逊法从统计上再次剔除可疑值。列出每个操作者测量结果:原始数据、平均值、标准偏差、测量次数。

2）汇总全部测量数据,根据达戈斯提诺法检验数据正态性。

3）在数据服从正态分布或近似正态分布的情况下,将每个实验室所测数据的平均值视为单次测量值构成一组新的测量数据。根据狄克逊法从统计上剔除可疑值。

4）用科克伦(Cochran)法检查各组数据之间是否等精度。当数据为等精度时,计算出总平均值和标准偏差。当数据不等精度时可考虑用不等精度加权方式处理。

5）当全部原始数据服从正态分布或近似正态分布情况下,也可视其全部为一组新的测量数据,按狄克逊法从统计上剔除可疑值,再计算全部原始数据的总平均值和标准偏差。

(5) 不确定度评定

① 不确定度来源分析

标准物质的不确定度主要由四部分组成:(1)由购买的标准品纯度引起的不确定度;(2)测量值引起的不确定度,包括:称量引起的不确定度、回收率引起的不确定度、仪器测定引起的不确定度、标准曲线引起的不确定度;(3)物质的均匀性引起的不确定度;(4)物质的稳定性引起的不确定度。

② 不确定度分量的计算

对每一个不确定度来源通过测量或估计进行量化,不确定度分量随分析物的含量水平而变化,应在分析物含量水平附近的一个小范围内进行不确定度评估,给出含量水平与不确定度的相关性,计算出含量水平下的不确定度。

③ 不确定度的合成

将得到的各不确定度分量合成即得到相对合成标准不确定度,相对合成标准不确定度乘以扩展因子($k=2$)得相对扩展不确定度 Uc。

④ 结果表达

根据 JJF 1343—2012《标准物质定值的通用原则及统计学原理》,基体标准物质真菌毒素含量的特性值以标准值和总不确定度给出,其中标准值为实验室协作定值的平均值。

2. 玉米粉中玉米赤霉烯酮标准物质的研制

玉米是主要的粮食作物之一,含有丰富的营养物质。由于病虫害、异常气候及不当储藏等因素的影响,玉米在生产、加工、流通和储藏等过程中容易受到镰刀菌的污染,产生玉米赤霉烯酮(Zearalenone,ZON)。因此,研制玉米粉中玉米赤霉烯酮标准物质有着重要的意义。下文以欧盟有证标准物质玉米粉中玉米赤霉烯酮标准物质(Zearalenone in Maize,BCR-717)为例介绍其研制过程。

(1)玉米赤霉烯酮基体标准物质的制备

玉米赤霉烯酮基体标准物质的制备过程如图 19-7 所示,使用 ZON 含量约为 $530\mu g/kg$ 的自然污染玉米粉样品与空白玉米粉样品混合,制备得到浓度约为 $40\mu g/kg\sim120\mu g/kg$ 的目标玉米赤霉烯酮基体标准物质。充分混合后为更好地长期储存,将标物样品干燥至水分在 6% 左右。采用使用铝箔袋在氮气环境下包装,并使用 Co-60γ 射线对标物进行照射灭菌,剂量为 15kGy。

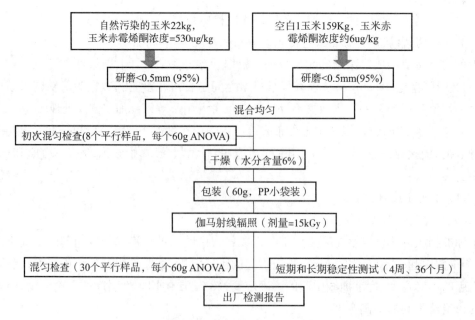

图 19-7   玉米粉中玉米赤霉烯酮标准物质制备流程图

（2）基体标准物质的主要指标的表征。

基体标准物质研制过程中，除了对于目标物的分析定值外，作为目标物载体的实物基体的分析同样非常重要。通过对基体标准物质主要理化指标的表征，可以有效评估实物基体的理化性质，确保实物基体状态在合理、正常的范围内，同时在稳定性研究过程中，除了要保证目标物的量值结果稳定，还需要考察实物基体主要理化指标的稳定性，从而保证实物基体不变质。表 19-2 列出了欧盟 BCR-717 玉米粉中玉米赤霉烯酮标准物质的主要理化指标。

表 19-2　主要理化指标

指标名称	BCR-717
干基重（Dry residue）	95.5%
灰分含量（Ash content）	1.43%
脂肪含量（Fat content）	4.8%
蛋白含量（Protein content）	10.4%
麦角固醇含量（Ergosterol content）	1.53mg/kg
总膳食纤维含量（Total dietary fibre）	11.7%

玉米赤霉烯酮是镰刀菌产生的次级代谢产物之一，而在自然污染过程中，镰刀菌产生还会产生其他有毒的次级代谢产物，如脱氧雪腐镰刀菌烯醇及其衍生物。因此，一般情况下，自然污染的实物基体标准物质会同时含有多种真菌毒素。通过对这类镰刀菌类毒素的表征，可以帮助用户在使用中更好的避免由于检测方法受到不同毒素交叉反应干扰带来检测结果偏差。表 19-3 为 BCR-717 玉米粉中玉米赤霉烯酮标准物质中其他主要镰刀菌类毒素的含量。

表 19-3　其他主要镰刀菌类毒素含量

镰刀菌类毒素	方法检出限/(μg/kg)	BCR-717/(μg/kg)
脱氧雪腐镰刀菌烯醇（Deoxynivalenol）	60	740
雪腐镰刀菌烯醇（Nivalenol）	60	未检出
3-乙酰-脱氧雪腐镰刀菌烯醇（3-acetyl-deoxynivalenol）	96	未检出
15-乙酰-脱氧雪腐镰刀菌烯醇（15-acetyl-deoxynivalenol）	109	120
镰刀菌烯酮（Fusarenon X）	73	未检出
串珠镰刀菌素（Moniliformin）	120	135

（3）均一性研究

类似于小麦粉中脱氧雪腐镰刀菌烯醇标准物质的均一性分析，玉米赤霉烯酮基体标准物质同样采用单因素方差分析 F 检验进行统计处理，由表 19-4 得出 F＜Fcrit，说明在

95％置信区间的批内和批间的玉米赤霉烯酮含量没有显著性差异，可以证明其均一性良好。

表 19-4　BCR-717 均一性结果统计分析

平均值	100.4μg/kg
SD	1.4μg/kg
RSD	1.4％
N	30
swb	2.25％
Ubb	0.81％
F	0.81
Fcrit	1.85

此外，还对各样品的结果按制备顺序排列后进行了线性回归，计算在 95％置信区间的斜率，通过斜率来分析样品间玉米赤霉烯酮浓度是否存在显著性变化趋势（significant trends）。图 19-8 为均一性研究中各样品 ZON 含量的归一化结果的线性回收，并未发现有显著性变化趋势，说明样品均一性良好。

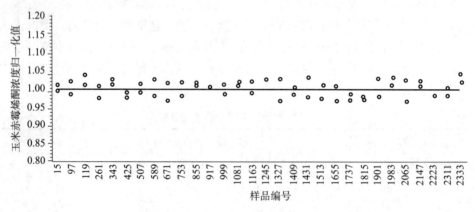

图 19-8　各样品 ZON 含量的归一化结果

（4）稳定性研究

玉米赤霉烯酮基体标准物质的短期稳定性研究考察了 4 个不同的温度条件（4℃、25℃、40℃和70℃）下 4 个不同的时间点（0 周、1 周、2 周、4 周）的稳定性。长期稳定性研究考察了 3 个不同的温度条件（4℃、25℃和 40℃）下 6 个不同的时间点（0 月、3 月、6 月、12 月、24 月和 36 月）的稳定性。为避免检测方法的日间差对稳定性检测结果的影响，所有的检测采用同步稳定性评估的方法。即将所有的样品放置在稳定性评估所要求的温度条件下保存，定期取出满足稳定性测试时间的部分样品并保存在－18℃环境下，待稳定性实验结束后，所有样品一起进行检测分析。通过同步稳定性评估使得所有的评估结果均在重复性条件下检测,可以有效地减少各时间点结果的离散性。利用回归分析,短期稳定性研究结果显示,未观察到常温下玉米赤霉烯酮基体标准物质的不稳定性趋势,常温下短期稳定性的不确定度贡献可以忽略。长期稳定性研究结果显示在 4℃的保存条件下,玉米赤霉烯酮基体标准物质的保质期可以达到 3 年。

（5）定值

① 定值方法要求及质量控制

玉米赤霉烯酮基体标准物质通过 23 家实验室联合定值,各实验室可以采用不同的检测方法,但方法均需满足欧盟对于 ZON 检测方法的性能要求:

1）允许回收率范围:70%-110%。

2）日间回收率的相对标准偏差≤15%。

3）日内标准溶液进样重复性的相对标准偏差≤3%。

4）日间标准溶液进样重复性的相对标准偏差≤5%。

5）不少于 5 点的线性标准曲线。

采用空白加标作为各联合定值实验室的质量控制,通过分析回收率结果可以作为各实验室数据可靠性的判定依据之一,最终各实验室定值结果需要校正同一天检测的回收率获得。

② 定值结果分析

玉米赤霉烯酮基体标准物质的多家实验室联合定值的结果分析,采用类似于脱氧雪腐镰刀菌烯醇标准物质研制中的数据统计方法进行。

3. 注意事项

（1）采用辐照等灭菌手段是制备真菌毒素基体标准物质必不可少的过程,辐照剂量需要着重的优化,辐照剂量过小会使得灭菌效果不佳,辐照剂量过大有导致部分真菌毒素分解,均匀性变差,通过比较不同辐照剂量的真菌毒素含量及带菌量的变化选择最优辐照剂量。

（2）有效的包装形式可以增加真菌毒素基体标准物质的稳定性,使用铝箔袋避光可以减少真菌毒素的分解,采用真空包装或者冲氮包装可以延长实物基体的保质期,使用前应检查包装是否有破损。

（3）基体标准物质通常采用冷藏或者冷冻保存,在使用过程中应避免样品吸水后水分的变化对量值的影响。

（4）基体标准物质使用过程中应注意其最小取样量,使用量应不小于最小取样量。

第三节　真菌毒素标准物质的应用

真菌毒素标准物质在真菌毒素分析检测过程中有着广泛的应用。不但可以作为真菌毒素检测结果量值传递的基础,确保结果可溯性和一致性,也可以作为真菌毒素分析检测质量控制的保障,保证分析过程的可靠性,还可用于真菌毒素分析检测新方法和新仪器开发、评价和确认。具体应用体现在以下几个方面:

1．检测结果溯源性和可靠性保证

现有真菌毒素定量检测方法均基于真菌毒素标准物质进行定量分析，通常需要使用真菌毒素纯度标准物质来制作标准曲线，为实际样品的检测建立定量关系，因此真菌毒素标准物质作为检测结果的溯源性保证发挥了重大的作用。同时，在检测过程中，采用真菌毒素基体标准物质进行检测的质量控制，可以有效地保证结果的可靠性。

2．分析方法的开发、评价和确认及仪器的验证

在真菌毒素方法的开发过程中，使用真菌毒素标准物质可以有效地评价方法的性能，考察方法的实际应用效果。而《检测和校准实验室能力认可准则》中也规定，实验室应对非标准方法、实验室设计（制定）的方法、超出其预定范围使用的标准方法、扩充和修改过的标准方法进行确认，以证实该方法适用于预期的用途，其中使用标准物质校准就是确认方法的重要技术手段。对仪器设备（如真菌毒素快速检测设备）选型调研时，同样可以使用标准物质进行仪器的准确性、灵敏度、稳定性和适用性的评价，具有非常好的效果。

3．能力验证和比对工作

能力验证对于实验室和检测机构，是一种有效的外部质量保证活动，也是实验室内部质量控制技术的补充。由于标准物质具有很好地均一性和稳定性，能够很好地应用于能力验证和比对工作中。

第四节　选择和使用真菌毒素标准物质

正确合理的选择和使用真菌毒素标准物质是保证真菌毒素分析检测结果的可靠性、准确性和一致性的重要手段。在使用真菌毒素标准物质的过程中，必须按照标准物质相应的规定及真菌毒素自身的特点合理的选择和使用。注意事项主要包括以下几个方面：

1．标准物质的选择

对于真菌毒素标准物质，尤其是基体标准物质而言，选择基体相同或相近的标准物质尤为重要。由于不同基体间的基质效应不同，使其对方法的要求和效果也不同，在选择真菌毒素基体标准物质的过程中，应选用与被测样品基体相匹配的基体标准物质，以保证最大程度地发挥标准物质的作用。除了选择合适的基质外，对于标准物质合适的量值和不确定度的选择同样重要。一般来说，真菌毒素的量值选择在安全限量或者目标测试浓度附近最佳，而标准物质的不确定度应小于分析方法的不确定度。

2．标准物质的使用

在使用标准物质前，应全面认真地阅读标准物质证书，严格遵循标准物质的使用说明，不仅应了解标准物质的量值，还应充分熟悉标准物质最小取样量和有效期。最小使用量不应小于其规定的最小取样量，且在标准物质有效期内的使用。如果标准物质已经过期或已经配成溶液，则需要通过技术核查来判断是否适用。判断方法如下：

假如标准物质的特性量值为 x_{CRM}，其不确定度为 U_{CRM}，其标准不确定度为 u_{CRM}。核

查实验室用实际检测时所用方法对该标准物质进行测量,其测量值为 x_{meas},测量方法的不确定度为 U_{meas},标准不确定度为 u_{meas}。

(1) 判断方法 I:见式(19-3):

$$|x_{\text{CRM}} - x_{\text{meas}}| \leqslant \sqrt{U_{\text{CRM}}^2 + U_{\text{meas}}^2} = k\sqrt{u_{\text{CRM}}^2 + u_{\text{meas}}^2} \quad \cdots\cdots\cdots\cdots \text{(19-3)}$$

(2) 判断方法 II:见式(19-4):

$$\frac{1 - R_m}{u(R_m)} \leqslant ta(n-1) \quad \cdots\cdots\cdots\cdots\cdots\cdots\cdots \text{(19-4)}$$

$$R_m = \frac{x_{\text{meas}}}{x_{\text{CRM}}}$$

如式(19-3)或式(19-4)为满足,则认为核查标准仍然有效。

3. 真菌毒素标准物质的验证

标准物质作为测量标准,已经广泛用于各行各业的检测工作,发挥着其应有的作用。标准物质按照其溯源性要求又分为有证标准物质和一般标准物质。在我国,标准物质的管理规定,有证标准物质按照技术水平(不确定度水平)又有一级和二级之分。一级标准物质的研制必须完全遵循相应的技术规范,所有特性量值必须完全符合技术规范的要求。二级标准物质是参考一级标准物质技术规范研制的,同样具有溯源性。因此,实验室认可工作对于有证标准物质(一级、二级和一般)标准物质的验证和期间核查应区别对待。

对于有证的真菌毒素标准物质,因为其研制过程严谨且经过了严格的审查,所发布的特性量值均按照(一级)或参考(二级)技术规范确定,均匀性,稳定性也都经过查核,非常具有可靠性。只要按照证书上的存储条件和方法保存,同时保证在有效期内使用即可。这类标准物质的验证,例如对于新购买的检查物品是否和购买内容以及规格相一致、证书是否齐全、是否在有效期内、运输过程有没有破损、运输条件是否满足要求,等等,开瓶时确保状况是否良好即可使用,无须进行量值核查。否则有证标准物质也就失去了意义。

对于开封的有证真菌毒素标准物质,首先,实验室应制定相应的管理规范,严格按照证书要求保存和使用,避免使用过程中引入污染和变质,确保无失效使用,其量值核查可以通过常规的实验室质控样品监控或者采取新配制的和前一次的结果进行横向比较以确定配制过程的正确以及标准物质有没有在保存过程中有降解。

对于一般的真菌毒素标准物质,不仅应该严格执行验证工作,还应该定期进行期间核查,确保标准物质的持续置信度水平。因为这类真菌毒素标准物质一般无法证明其溯源性,也没有充分的数据证明其均匀性和稳定性。所幸的是,随着我国在实验室质量体系方面的推荐,我们大部分国内检测或者研究实验室,多数情况下均使用有证标准物质,只有在无法购买到有证标准物质时才会采用内部标准物质,这种情况并不多见。

参 考 文 献

[1] 全浩,韩永志.标准物质及其应用技术[M].2 版.北京:中国标准出版社,2003.

[2] 全国标准物质管理委员会.标准物质的研制管理与应用[M].北京:中国计量出

版社,2010.

[3] 全国标准物质管理委员会.标准物质定值原则和统计学原理[M].北京:中国质检出版社,2011.

[4] JJF 1006—1994 一级标准物质技术规范

[5] ISO Guide 35:2006 Reference materials-general and statistical principles for certification

[6] 许娇娇,黄百芬,蔡增轩,等.面粉中脱氧雪腐镰刀菌烯醇标准物质的研制[J].中国食品卫生杂志,2016,28(3):291-294.

[7] R. Krska,R. D. Josephs,S. MacDonald,H. Pettersson,The certification of the mass concentration of zearalenone in acetonitrile ERM AC699 and mass fraction of zearalenone in maize-very low level ERM BC716 and zearalenone in maize-low level ERM BC717,EUR Report 20782 EN,Office for Official Publications of the European Communities,Luxemburg,2004.